高职高专教育“十二五”规划建设教材

畜禽传染病与诊疗技术

李文刚　姚卫东　秦　华　主编

中国农业大学出版社
·北京·

内容简介

《畜禽传染病与诊疗技术》属于中国农业大学出版社高职高专教育“十二五”规划建设教材，是畜牧兽医类各相关专业的主要核心专业课程。结合当前畜牧业的特点，本书重点讲述集约化养殖程度高的猪、禽传染病，同时兼顾集约化趋势明显的牛、羊等动物的重要传染病。内容上重点介绍动物重要传染病的流行特点及规律，同时为达到传染病准确诊断及净化的目的，突出了实验室诊断及防控措施。总之，具有内容新、针对性强、适应面广、浅显易懂的特点，适合高职高专畜牧兽医类各相关专业学生。

图书在版编目(CIP)数据

畜禽传染病与诊疗技术/李文刚等主编. —北京：中国农业大学出版社，2011.7(2017.6 重印)

ISBN 978-7-5655-0297-2

Ⅰ.①畜…　Ⅱ.①李…　Ⅲ.①畜禽-动物疾病：传染病-诊疗　Ⅳ.①S858

中国版本图书馆 CIP 数据核字(2011)第 094732 号

书　　名　畜禽传染病与诊疗技术

作　　者　李文刚　姚卫东　秦　华　主编

策划编辑　姚慧敏　伍　斌　　**责任编辑**　莫显红

封面设计　郑　川　　**责任校对**　王晓凤　陈　莹

出版发行　中国农业大学出版社

社　　址　北京市海淀区圆明园西路 2 号　　**邮政编码**　100193

电　　话　发行部 010-62818525，8625　　读者服务部 010-62732336

编辑部 010-62732617，2618　　出　版　部 010-62733440

网　　址　http：//www.cau.edu.cn/caup　　**e-mail** cbsszs @ cau.edu.cn

经　　销　新华书店

印　　刷　北京时代华都印刷有限公司

版　　次　2011 年 7 月第 1 版　2017 年 6 月第 2 次印刷

规　　格　787×980　16 开本　28.25 印张　520 千字

定　　价　42.00 元

编审人员

主　编　李文刚　河南牧业经济学院
　　　　姚卫东　辽宁农业职业技术学院
　　　　秦　华　遵义职业技术学院

副主编　路　燕　辽宁职业学院
　　　　车有权　黑龙江农业职业技术学院
　　　　张学栋　黑龙江农业经济职业学院

编　者　（按姓氏笔画为序）
　　　　王　留　商丘职业技术学院
　　　　曲哲会　信阳农林学院
　　　　陈　益　河南牧业经济学院
　　　　周启扉　黑龙江农业工程职业学院
　　　　桂文龙　江苏农牧科技职业学院
　　　　葛红霞　黑龙江农垦农业职业技术学院

主　审　刘振湘　湖南环境生物职业技术学院

前　言

近年来，我国畜牧业快速发展，将成为农村经济的支柱产业，在国民经济中发挥越来越重要的作用。由于生态环境的变化和畜禽及其产品的国际贸易交流日益广泛，新的传染病不断出现，域外传染病传入我国的危险增加，使一些原来已经得到一定控制的传染病又重新流行，一些条件性病原微生物也常引起致病。与此同时，分子生物学的发展和在畜禽传染病研究中的应用，使我们迫切感到原有教材内容需要更新和调整。为了实现畜牧业向现代化、规模化、专业化方向发展，实现畜禽传染病防制技术与国际标准接轨，适应全国高职高专教学的需要，我们编写了《畜禽传染病与诊疗技术》这本教材。本教材适用于 3 年制高职高专畜牧兽医类专业。

本教材的编写坚持高职高专教育"以服务为宗旨、以就业为导向"的办学方针，紧紧围绕适应生产一线需要，体现以应用为目的，以必需、够用为尺度，力求反映当前畜禽传染病防制的新知识、新技术和新方法。所选编的疾病种类既考虑到我国不同地区动物种类差异的实际情况，又增加了新近发现的一些传染病，以便尽可能满足不同地区学校和更多专业的需求。内容上有鲜明的职业性、较强的针对性、应用性和可操作性。本教材教学目标明确、内容丰富、重点突出、贴近生产、便于操作。全书分理论和实验两部分内容，理论部分分为 7 章，论述了畜禽传染病的病原、流行病学、临床症状、病理变化、诊断和防制措施；实验部分分为 4 章，分别论述了畜禽传染病基本实验技术、猪、禽、反刍动物传染病诊断技术。

学习本课程需要掌握"动物微生物"、"动物病理与药理"、"兽医临床诊疗技术"、"动物内科病"、"动物外科与产科"等课程中的相关知识和技能。

本教材的编写人员分工如下（按章节顺序排列）：李文刚编写内容简介、第七章，并负责全书的统稿；路燕编写前言、绪论、第一章；姚卫东编写第二章；张学栋编写第三章（第一节至第十二节）；桂文龙编写第三章（第十三节至第二十节）；曲哲会编写第四章；王留编写第五章（第一节至第十一节）；陈益编写第五章（第十二节至

第二十一节)；车有权编写第六章；秦华编写实验部分的前言、畜禽传染病诊疗技术试验须知、第一章、第二章；葛红霞编写实践部分的第三章；周启扉编写实践部分的第四章。本教材由刘振湘审稿，在此表示诚挚的感谢。

由于编者的水平有限，书中缺点与不妥之处在所难免，恳请有关专家、广大师生和读者批评指正。

编　者

2010 年 8 月

目　录

第二篇 实验部分

绪　论

畜禽传染病与诊疗技术主要介绍家畜、家禽传染病的发生、发展规律以及预防、控制和消除传染病的方法。

畜禽传染病是对养殖业危害最严重的一类疾病，它不仅可以造成大批畜禽发病死亡，而且还引起畜禽群体的生产性能下降、治疗或扑灭费用增加，影响食品安全和畜产品的质量，从而使养殖业的经济效益明显下降，并限制了畜禽及其产品的对外贸易，而且某些人畜共患的传染病还能给人民健康带来严重威胁。尤其是现代化养殖业，畜群饲养高度集中，调运频繁，更易受到传染病的侵袭。因此，掌握畜禽传染病的防制技术，对控制传染病的发生和流行，促进畜牧业持续发展和保障人民身体健康都具有重要的意义。

一、我国畜禽传染病防制技术的主要成就

畜禽传染病的控制和消灭程度，是衡量一个国家兽医业发展水平的重要标志，也代表一个国家的文明程度和经济发展实力。近20年来，我国畜禽重大传染病的防制取得显著进展，1956年消灭了牛瘟，1996年消灭了牛肺疫。猪瘟、新城疫、马传染性贫血、马鼻疽、布鲁菌病、炭疽、兔病毒性出血症、狂犬病等一些严重危害畜牧业生产和人民身体健康的畜禽传染病已得到较好的控制。猪、禽发病死亡率从20世纪70年代的12%和20%降为20世纪90年代的8%和18%，为我国畜牧业生产突飞猛进的发展，跃居世界畜牧业生产大国提供了坚实的保障。

1. 马、牛、羊传染病

我国在马、牛、羊传染病的防制工作中，以消灭牛瘟、牛肺疫和控制马传染性贫血所取得的成就最为突出。新中国成立前牛瘟流行几乎遍及全国，大批牛只死于此病。新中国成立后党和政府高度重视牛瘟的防制工作，研制出牛瘟兔化弱毒、牛瘟山羊化兔化弱毒和牛瘟绵羊化兔化弱毒疫苗，并积极开展了扑灭牛瘟的工作，到1956年在全国范围内消灭了牛瘟。牛肺疫曾在全国各地流行较为广泛，给养牛业

造成较为严重的经济损失。科学工作者相继研制出了牛肺疫兔化弱毒疫苗和牛肺疫兔化绵羊适应菌苗，并在全国广泛应用，于1996年彻底消灭了牛肺疫。20世纪60年代初，我国暴发了马传染性贫血，造成大批马匹死亡，对我国养马业危害极其严重。我国从1974年开始将临床综合诊断、补体结合试验和琼脂扩散试验列入诊断规程，1983年发明了马传染性贫血驴白细胞弱毒疫苗，并在全国推广应用，控制了该病的流行。这是目前国际上唯一的马传染性贫血活毒疫苗。该成果达到了国际领先水平。此外，我国在布鲁菌病、牛流行热、羊痘、牛病毒性腹泻-黏膜病、牛白血病、蓝舌病等传染病的免疫预防和诊断技术等方面的研究均取得了卓著成果。

2. 猪传染病

猪瘟是危害最大、最受重视的一种疫病。20世纪50年代我国成功研制了中国系猪瘟兔化弱毒疫苗，该疫苗具有高度的安全性和良好的免疫原性，且具有无残毒、毒力不返强等优点。在全国推广应用以后，对控制猪瘟的流行起到了重要作用。1994年研制的猪瘟单克隆抗体诊断试剂盒，为我国控制和消灭猪瘟提供了有效的检测手段。另外，在猪瘟疫苗生产方法改进、免疫程序、免疫诊断、免疫监测及非典型猪瘟等方面的研究都取得了显著成果。我国还研制成功安全有效的猪瘟、猪丹毒、猪肺疫三联疫苗和猪瘟、猪丹毒二联疫苗。

现代养猪业由于生产规模和饲养密度的加大，致使猪呼吸系统传染病的发生越来越频繁，病因也越来越复杂。其中发病较多的猪肺疫、猪接触传染性胸膜肺炎、猪传染性萎缩性鼻炎和猪气喘病，均已研制出安全有效的疫苗和快速诊断方法，成功地控制了猪呼吸系统传染病的大范围流行。

猪传染性繁殖障碍综合征的病因较多，国际已公认的有非典型猪瘟、猪伪狂犬病、猪细小病毒病、流行性乙型脑炎、猪衣原体病以及近年来新发现的猪繁殖与呼吸综合征和猪脑心肌炎等。其中伪狂犬病、猪细小病毒病、流行性乙型脑炎和猪衣原体病在我国已相继研究成功了相应的检测方法和以疫苗接种为主要手段的防制措施。在伪狂犬病基因工程疫苗的研究方面，已取得了可喜进展。近年来，及时确诊了在我国部分地区暴发的人—猪链球菌病、亚洲Ⅰ型口蹄疫，确定了以高致病性蓝耳病病毒变异株为主要病因的“猪高热综合征”并已得到有效控制。此外，对新发现的由圆环病毒(PCV2)引起的断奶仔猪多系统衰弱综合征也进行了大量研究并取得显著进展。

猪传染性腹泻是危害养猪业的一大类疫病。包括猪大肠杆菌病、仔猪副伤寒、猪传染性胃肠炎、猪流行性腹泻和猪痢疾等。从病原特性、诊断方法和免疫预防等方面都已做了大量研究，取得显著成果。其中大肠杆菌K88、K99、987P三价灭活苗和K88、LTB二价基因工程苗已推广应用。猪传染性胃肠炎、猪流行性腹泻、猪轮状病毒感染的疫苗及其联苗已研制成功，能同时检测这三种腹泻病毒的 ELISA 试剂盒业已问世。

3. 家禽传染病

随着家禽生产的快速发展，我国的禽病防制技术也有了显著成效。在家禽疫病中受到普遍重视并进行重点研究的主要有：新城疫、马立克氏病、传染性法氏囊病、禽流感、传染性支气管炎、传染性喉气管炎、慢性呼吸道病、鸭瘟、小鹅瘟等。

新城疫在我国是分布最广、危害最严重的禽病之一。兽医科研人员对其进行了深入系统的研究，特别在疫苗研制、免疫程序、免疫方法和免疫监测等方面的研究成果较为突出。随着弱毒疫苗和灭活疫苗的广泛应用，近年来，新城疫的暴发流行已明显受到控制，但由于不少地方新城疫的免疫程序和方法还比较混乱，经常出现一些鸡群的免疫水平不高或不一致，导致接种过疫苗的鸡群仍然散发，在临诊症状、病理变化、发病率和死亡率等方面表现新特点的非典型新城疫，如何防制非典型新城疫已成为当前研究该病的重要课题。近年来，我国十分重视禽流感的防制和研究，在禽流感的疫情调查、诊断、免疫监测、病毒分离和鉴定、疫苗研制以及病毒分子生物学方面做了大量的工作，并取得了显著成果。另外，我国对家禽的其他常发传染病也进行了大量研究，主要有马立克氏病、传染性法氏囊病、传染性支气管炎、传染性喉气管炎、鸡大肠杆菌病、鸡沙门杆菌病、鸡毒支原体感染、鸭瘟、小鹅瘟等，尤其在疫苗研制、免疫程序、免疫方法、免疫监测等方面的成果突出。研制成功的马立克病弱毒疫苗、鸡传染性法氏囊病弱毒细胞疫苗、鸡传染性喉气管炎弱毒疫苗、鸡传染性支气管炎灭活疫苗、鸡传染性鼻炎灭活疫苗、禽流感灭活疫苗（H5 亚型、N28 株）及重组禽流感病毒灭活疫苗（H5N1 亚型、Re-1 株）、鸭瘟弱毒疫苗等各种疫苗和建立的各种诊断技术，已在生产实践中广泛应用，对防制这些疫病起到了很重要的作用。

二、近年畜禽传染病的发生和流行特点

1. 流行强度有所改变

由于实施综合性防制措施、畜禽抵抗力增强、环境条件的改变、病原变异、毒力减弱等多种因素的影响，致使一些曾暴发流行且死亡率高的畜禽传染病的流行较为缓慢，并表现为散发。例如猪瘟和新城疫，目前很少出现暴发和大流行。猪瘟出现了以繁殖障碍为主的综合征，新城疫多数表现产蛋下降或呼吸道症状。但也有一些传染病则由流行缓慢变为迅速传播。如猪伪狂犬病，过去多为一个地区或猪场发生，但在 20 世纪 90 年代则呈世界流行趋势，发病率和死亡率显著增加。又如

鸽、鹅副黏病毒Ⅰ型感染，过去多呈隐性感染，个别发病，而现在呈流行性，死亡率较高。上述情况表明，畜禽传染病的流行正在不断发生变化。

2.传染病的种类增多

随着境外大量畜禽的引进和活疫苗产品多渠道进入我国市场，由于缺乏有效的检疫及防控手段，加之国内畜禽调运频繁，特别是有些地区兽医卫生防疫机构不健全，致使新的疫病不断出现。如牛传染性鼻气管炎、猪繁殖与呼吸综合征、猪细小病毒感染、猪传染性胃肠炎、猪流行性腹泻、猪传染性萎缩性鼻炎、猪圆环病毒感染、鸡传染性贫血、禽流感、包涵体肝炎、产蛋下降综合征、病毒性关节炎等数十种疫病传入我国并迅速蔓延。这些疫病的出现给防疫增加了许多新问题，严重威胁养殖业的发展，为此这些疫病的防制和研究工作应该受到高度重视。

3.发病非典型化和病原毒力变异

在疫病流行过程中，病原的毒力常发生变异，有些病原的毒力出现减弱，加上畜禽群体中的免疫水平不高或不一致，导致某些传染病在流行病学、临诊症状和病理变化等方面出现非典型化。如近年出现的非典型新城疫和猪瘟即是明显的例证。另一方面，有些病原的毒力出现增强，虽然进行免疫接种，但仍常出现免疫失败。如传染性法氏囊病病毒和马立克病病毒，均出现了超强毒，从而给畜禽传染病的防制带来新的困难。

4.某些细菌性疾病的危害日益严重

近年来，细菌性传染病明显增加，如大肠杆菌病、沙门杆菌病、链球菌病、多杀性巴氏杆菌病、葡萄球菌病、支原体病等。这些细菌性疾病的危害日益严重，已成为畜牧业生产中不可忽视的问题。造成这种情况的原因主要有：大规模集约化饲养以后，畜群密度过大、饲养管理条件不能及时改善、多种不良的应激因素等使畜禽的抵抗力下降，容易使一些细菌大量繁殖、致病力增强；畜禽群体中流行的免疫抑制性疾病也容易使机体继发细菌性疾病；盲目地乱用抗生素、任意加大剂量、在饲料中混加不必要的抗生素等，使一些常见细菌产生较强的耐药性，一旦发病抗菌药物则难以奏效。

5.混合感染增多

在畜禽传染病流行过程中，常常出现两种或多种传染病的混合感染，如病毒性疾病与病毒性疾病混合感染，病毒性疾病与细菌性疾病混合感染，细菌性疾病与细菌性疾病混合感染，甚至有时还能混合感染某种寄生虫。这样，在临诊表现上，与单一病原感染有相同之处，又有不同之处，因而极易导致临诊病例的错误诊断。因此，在进行畜禽传染病诊断和制定防制措施时，均应考虑不同传染病混合感染的问题。

三、我国畜禽传染病防制工作的展望

1.贯彻“预防为主”的方针

应做好饲养管理、防疫卫生、预防接种、检疫、隔离、消毒等综合性防制措施，以达到提高畜禽健康水平和抗病能力的目的，控制和杜绝传染病的传播蔓延，降低发病率和死亡率。只要实施综合性防制措施，很多传染病是可以控制的。随着大规模集约化养殖业的发展，贯彻“预防为主”的方针显得更加重要。

2.加强动物防疫法的宣传和贯彻实施

《中华人民共和国动物防疫法》已于1998年1月起正式实施，这是我国兽医史上的一部大法，使我国畜禽防疫工作真正纳入了法制轨道，各地防疫部门应认真贯彻执行，增强全民的法制观念。职能部门要加大执法力度，逐步实现防疫工作规范化、科学化和法制化。认真执行国境检疫、交通检疫、市场检疫和屠宰检疫等各项检疫工作，严格控制传染病的传入和蔓延。规范兽医生物制品和兽药的申报、生产、监督、检验和销售环节。严格执行动物防疫法中的有关传染病的预防、控制和消灭的各项具体规定。

3.进一步健全和完善畜禽防疫体系，不断提高专业人员的业务素质

各级政府要健全和完善畜禽防疫机构和防疫队伍，提高专业素质，克服防疫意识淡薄的倾向。应结合各地的实际情况，制定配套的防疫、消毒等卫生措施；建立科学的免疫程序和免疫方法；健全和规范传染病的诊断、检测方法；建立严格的疫情报告制度；完善药品、疫苗、诊断液的购储和冷冻体系，加大防疫工作中的科技含量，切实执行各项防疫政策和措施，真正做到防重于治。

4.加强畜禽传染病防制技术的科学研究和科技成果推广

我国在颁布动物防疫法以后，相继制定了一系列有关的法令和管理条例，逐步完善兽医管理体制，并在畜禽传染病防制和兽医科学技术研究上取得了显著成绩，但与世界上畜牧业发达国家相比，我国对畜禽传染病的消灭和控制程度仍然很低，在疫病的检测、诊断、预防和扑灭等各个环节都存在体系不健全、设备简陋、技术手段落后等问题，特别是与国际接轨的预防检疫体系尚未健全。在畜禽传染病防制和兽医卫生管理工作难度不断加大的情况下，畜禽传染病仍然是威胁着畜牧生产和畜产品安全的主要因素，也影响着我国畜产品在国际市场上的信誉，因此，加强我国畜禽传染病的防制研究和科技成果推广是非常必要的。要着重研究和解决我国畜禽传染病防制工作中的关键问题，开展重要传染病病原的分子生物学研究，对病原微生物的基因结构、遗传变异规律、耐药性机理及免疫原性等进行分析，探明一些传染病的免疫保护和防制效果欠佳的原因，为研制和开发新型疫苗和兽药提

供科学依据。提高畜禽传染病的诊断水平，建立快速、敏感、准确、简便的诊断方法，并组装成标准化的诊断试剂盒，以便在生产中普及和推广应用。尽快制定符合我国畜牧业生产的疫病诊断标准。开展重要传染病的流行病学研究，建立较完整的疫病流行病学数据库和流行趋势计算机模拟预测模型。开展畜禽传染病免疫机理的研究，为免疫防制提供科学依据。对取得的重大研究成果，应加速转化为生产力，尽快实现产业化，建立符合市场经济发展的科技运行机制。利用现代信息网络技术，不断跟踪、分析和利用国内外的先进科技信息，不断采用先进手段、设备和技术，提高畜牧业生产和传染病预防工作的科技含量，为畜牧业的高速发展提供保证。

第一篇　理论部分

第一章　畜禽传染病的传染过程和流行过程
第二章　畜禽传染病的防疫措施
第三章　人畜共患病
第四章　猪的传染病
第五章　家禽的传染病
第六章　反刍动物传染病
第七章　马的传染病

第一章 畜禽传染病的传染过程和流行过程

本章导读

本章主要介绍了畜禽传染病的概念、传染病发生的条件、传染病病程的发展阶段、传染病流行过程的基本环节；感染的类型、流行过程的表现形式、流行过程的季节性和周期性。

1. 重点掌握畜禽传染病的概念、传染病发生的条件、传染病流行过程的基本环节。

2. 掌握畜禽传染病病程的发展阶段、流行过程的表现形式、流行过程的季节性和周期性。

3. 了解感染的类型、疫源地和自然疫源地的概念。

一、传染和传染病的概念

（一）传染的概念

病原微生物侵入动物机体，并在一定的部位定居、生长繁殖，从而引起机体一系列的病理反应，这个过程称为传染（感染）。动物感染病原微生物后会有不同的临床表现，从完全没有临床症状到明显的临床症状，甚至死亡，这种不同的临床表现又称为感染梯度。

病原微生物进入动物机体后不一定引起感染过程。在多数情况下，动物的机体条件不适合侵入的病原微生物生长繁殖，或动物体能迅速动员防御力量将该入侵者消灭，从而不出现可见的病理变化和临床症状，这种状态成为抗感染免疫。抗感染免疫就是机体对病原微生物的不同程度的抵抗力。畜禽对某一病原微生物没有免疫力（亦即没有抵抗力）称为有易感性。病原微生物只有侵入有易感性的畜禽机体才能引起感染过程。

(二)传染病的概念

由病原微生物引起,有一定的潜伏期和临床表现,并具有传染性的疾病称为传染病。传染病的表现虽然多种多样,但亦具有一些共同特征,以此可与非传染病相区别。

1. 传染病是由病原微生物与动物机体相互作用所引起的

每一种传染病都有其特异的致病性微生物存在,如猪瘟是由猪瘟病毒引起的,没有猪瘟病毒就不会发生猪瘟。

2. 传染病具有传染性和流行性

传染性是指从患传染病的动物体内排出的病原微生物,侵入另一个有易感性的健康动物体内,并能引起同样症状的特性。像这样使疾病从患病动物传染给健康动物的现象,就是传染病与非传染病相区别的一个重要特征。流行性是指在一定适宜条件下,在一定时间内,某一地区易感动物群中可能有许多动物被感染,致使传染病蔓延散播而形成流行的特性。

3. 被传染的动物发生特异性反应和耐过动物能获得特异性免疫

在传染发展过程中,由于病原微生物的抗原刺激作用,机体产生特异性抗体或变态反应等。这种变化和反应可以用血清学方法检查出来。动物耐过某种传染病后,在大多数情况下均能产生特异性免疫,使动物机体在一定时期内或终生不再感染该种传染病。

4. 具有特征性的临床表现

大多数传染病都具有该病特征性的综合症状及一定的潜伏期和病程经过。

(三)传染病发生的条件

传染病的发生必须具备下列 3 个条件:

(1)具备一定数量和足够毒力的病原微生物以及适宜的侵入门户。没有病原微生物,传染病就不可能发生。病原微生物的毒力弱或数量少,一般也不引起传染病。病原微生物侵入动物机体的部位(传染门户)不适宜,也不能引起传染病。

(2)具有对该传染病有易感性的动物。病原微生物只有侵入有易感性的动物机体才能引起传染病。同一毒力和数量的病原微生物,侵入抵抗力不同的同一种动物,可产生不同的结果,有的临床症状严重,有的轻微,有的不发病。

(3)具有可促使病原微生物侵入易感动物机体的外界环境。外界环境条件能影响病原微生物的生命力和毒力,能影响动物机体的易感性,能影响病原微生物接触和侵入易感动物的可能和侵害程度。没有一定的外界环境条件,传染病也不能发生。

在传染病的发生过程中，病原微生物的致病作用和机体的防御机能，是在一定的传播途径和外界环境条件下，不断相互作用的过程，只有具备病原微生物以及适宜的侵入门户、易感动物和外界环境这3个条件，传染病才能发生。了解传染病在动物个体中发生的条件，对于控制和消灭传染病具有重要意义。

二、感染的类型

病原微生物在感染过程中表现出各种形式或类型，可归纳如下。

1. 外源性感染和内源性感染

病原微生物从动物体外侵入机体引起的感染过程，称为外源性感染，大多数传染病属于这一类。如果病原微生物是寄生在动物机体内的条件性病原微生物，在机体正常的情况下，它并不表现其病原性。但当机体受不良因素的影响，致使抵抗力下降时，可引起病原微生物活化，大量繁殖，毒力增强，致使机体发病，这就是内源性感染。如猪肺疫等病有时就是这样发生的。

2. 单纯感染和混合感染，原发感染和继发感染

由一种病原微生物所引起的感染，称为单纯感染。大多数感染过程属这种感染。由两种以上的病原微生物同时引起的感染称为混合感染，如牛可同时患结核病和布鲁菌病。动物感染了一种病原微生物之后，在机体抵抗力减弱的情况下，又由侵入的或原来存在于体内的另一种病原微生物引起的感染，称为继发感染。最初的感染称为原发感染。如猪瘟病毒是猪瘟的原发性病原，但慢性猪瘟常出现由猪霍乱沙门杆菌引起的继发感染。混合感染和继发感染的传染病，都表现较为严重而复杂的临床症状和病理变化，使诊断和防制增加了困难。

3. 显性感染和隐性感染

表现出该病明显临床症状的感染过程称为显性感染。在感染后不呈现任何临床症状而呈隐蔽经过的称为隐性感染。隐性感染的动物或称为亚临床型，有些动物虽然外表看不到症状，但体内可呈现一定的病理变化；有些隐性感染动物则既不表现症状，又无肉眼可见的病理变化。但它们能排出病原微生物而散播传染，一般只能用微生物学和血清学方法才能检查出来。这些隐性感染的动物在机体抵抗力下降时也能转化为显性感染。

4. 局部感染和全身感染

由于动物机体的抵抗力较强，而侵入的病原微生物毒力较弱或数量较少，只局限在一定部位生长繁殖，并引起一定程度的病变，称局部感染，如化脓性葡萄球菌、链球菌等所引起的各种化脓创。如果动物机体抵抗力较弱，病原微生物冲破了机体的各种防御屏障而侵入血液向全身扩散，则发生全身感染，表现形式主要有菌血

症、病毒血症、毒血症、败血症、脓毒败血症等。

5. 最急性型、急性型、亚急性型和慢性型感染

病程短促，常在数小时或 1 d 内，症状或病变不显著而突然死亡称为最急性型感染，常见于传染病的流行初期。病程较长，从几天至 2～3 周不等，具有该传染病明显症状的称为急性型感染。病程比急性感染更长，症状不如急性型显著而比较缓和的称为亚急性型感染。病程发展缓慢，常在数周至数月，临床症状不明显则称为慢性型感染。

6. 病毒的持续性感染和慢病毒感染

动物长期处于感染状态称为持续性感染。这是由于入侵的病毒不能杀死宿主细胞而形成病毒与细胞间的共生平衡，感染动物可长期或终生带毒，而且经常或反复不定期地向体外排出病毒，但常缺乏临床症状，或出现与免疫病理反应有关的症状。疱疹病毒、黏膜病毒、副黏病毒、反录病毒和朊病毒等科属的成员可导致持续性感染。慢病毒感染又称长程感染，是指潜伏期长，发病呈进行性且最后以死亡为转归的病毒感染。其与持续性感染的不同点在于疾病过程缓慢，但不断发展且最后常引起死亡。常见的慢性传染性疾病有牛海绵状脑病、绵羊痒病、梅迪-维斯纳病、山羊关节炎-脑炎等。

以上感染类型都是从某个侧面或某种角度相对进行分类的，各型之间会出现交叉、重叠和相互转化。识别这些感染类型对预后的判断、防制和流行病学调查都有重要意义。

三、传染病病程的发展阶段

畜禽传染病的病程经过，在大多数情况下具有一定的规律性，一般分为 4 个阶段。

1. 潜伏期

从病原微生物侵入动物机体并进行繁殖开始到该病最初的临床症状出现为止，这段时间称为潜伏期。不同的传染病其潜伏期的长短常常是不相同的，就是同一种传染病的潜伏期长短也有很大的变动范围。这是由于不同的动物种属、品种或个体的易感性不同，病原微生物的种类、数量、毒力和侵入途径、部位等因素也有所不同而出现的差异。如炭疽的潜伏期 1～14 d，平均为 1～5 d；猪瘟 2～20 d，平均为 5～8 d(表 1-1-1)。一般来说，急性传染病的潜伏期差异范围较小，并且潜伏期也较短；慢性传染病以及症状不很显著的传染病潜伏期差异较大，并且潜伏期也较长。同一种传染病潜伏期短促时，疾病经过一般较严重；反之，潜伏期延长时，病程一般较轻缓。了解各种传染病的潜伏期，对于传染病的诊断，确定传染病的封锁

期，控制传染源，制定防制措施，都有重要的实际意义。

表 1-1-1 一些主要畜禽传染病的潜伏期

病名	平均时间	最短时间	最长时间
炭疽	1～5 d	数小时	2 周
巴氏杆菌病	1～5 d	数小时	10 d
口蹄疫	2～4 d	14～16 h	11 d
布鲁菌病	2 周	5～7 d	2 个月以上
结核病	16～45 d	1 周	数个月
破伤风	1～2 周	1 d	1 个月以上
狂犬病	2～8 周	8 d	可达 1 年以上
猪瘟	1 周	2 d	3 周
猪丹毒	3～5 d	1 d	7 d
仔猪副伤寒	1～2 周	3 d	1 个月
猪水疱病	3～5 d	1～2 d	1 周左右
猪气喘病	1～2 周	3～5 d	1 个月
牛肺疫	2～4 周	8 d	4 个月
鸡新城疫	3～5 d	2 d	15 d
鸭瘟	3～4 d		

2. 前驱期

潜伏期后到该病特征性临床症状出现前，这段时间称前驱期，是疾病的征兆阶段。多数传染病呈现一般症状，如体温升高，食欲减退，精神沉郁，呼吸、脉搏增数，生产性能降低等，说明已发病，但很难确诊。前驱期通常只有数小时至 1～2 d。

3. 明显期

前驱期后到该病的特征性症状逐渐明显地表现出来，这段时间称为明显期，也叫发病期。是疾病发展到高峰的阶段，比较容易识别，在诊断上有重要意义。

4. 转归期

从特征性症状之后一直到该传染病的结局的一段时间，表现为痊愈（康复或免疫）或死亡两种情况。如果病原微生物的致病性增强，或动物体的抵抗力减弱，则传染过程以动物死亡为转归；如果动物体的抵抗力增强，则机体逐渐恢复健康，表现为临床症状逐渐减轻，体内的病理变化逐渐消失，正常的生理机能逐渐恢复。机体在一定时期内保留免疫特性，虽然在一定时间内还有带菌（毒）、排菌（毒）现象存在，但最后病原微生物可被消灭清除。

四、畜禽传染病流行过程的基本环节

畜禽传染病的流行过程是指从畜禽个体感染发病发展到群体感染发病的过程,也就是传染病在动物群体中发生、发展和终止的过程。畜禽传染病能够在畜禽之间直接接触感染或间接地通过媒介物(生物或非生物)互相感染,构成流行。

(一)流行过程的基本环节

传染病在畜禽群中蔓延流行,必须具备传染源、传播途径和易感畜禽群 3 个基本环节,若缺少任何一个环节,新的传染就不可能发生,也不可能构成传染病在畜禽群中的流行。当流行已经形成时,若切断任何一个环节,流行即告终止(图 1-1-1)。因此,要针对 3 个基本环节采取综合性防制措施,如消灭传染源、切断传播途径、增强易感动物的抵抗力,中断或杜绝流行过程的发生和发展,是预防和扑灭动物传染病的主要手段。

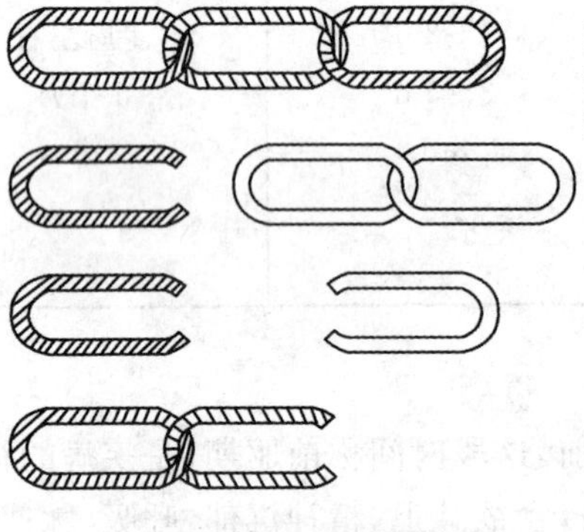

图 1-1-1 传染病流行过程中 3 个基本环节的联系示意图

1. 传染源(亦称传染来源)

是指某种传染病的病原微生物在其中寄居、生长、繁殖,并能排出体外的畜禽机体。具体来说,传染源就是受感染的畜禽,它必须是活的机体,包括患病畜禽和病原携带者。

(1)患病畜禽。患病畜禽是重要的传染源。不同患病时期的畜禽,作为传染源的意义也不相同。前驱期和症状明显期的患病畜禽可以排出大量毒力强大的病原微生物,因此作为传染源的作用也最大。潜伏期和恢复期的患病畜禽是否具有传染源的作用,则随病种不同而异。

患病畜禽能排出病原微生物的整个时期称为传染期。不同传染病传染期长短不同。各种传染病的隔离期就是根据传染期的长短来制定的。为了控制传染源，对患病畜禽原则上应隔离至传染期终了为止。

(2)病原携带者。是指外表无症状但携带并排出病原微生物的畜禽，因而是更危险的传染源。如果检疫不严，常被认为是健康畜禽而参与流动，从而将病原微生物散播到其他地区，造成新的流行。病原携带者是一个统称，如已明确所带病原微生物的性质。也可以相应地称为带菌者、带毒者等。病原携带者一般可分为以下3种类型：

①潜伏期病原携带者：这一时期大多数传染病的病原微生物数量还很少，不具备排出的条件，因此不能起传染源的作用。但有少数传染病(如狂犬病、口蹄疫和猪瘟等)，在潜伏期的后期能够排出病原微生物。

②恢复期病原携带者：一般来说，处于这个时期的病原携带者传染性很弱或没有传染性，但还有一些传染病(如猪气喘病、猪痢疾、布鲁菌病、巴氏杆菌病等)在临床痊愈的恢复期仍能排出病原微生物。对于这种病原携带者，应考查其病史，并进行多次病原学检查方能查出。

③健康病原携带者：是指没有患过某种传染病但却能排出该种病原微生物的畜禽。一般认为这是隐性感染的结果，通常只能靠实验室方法检出。这种携带状态一般时间短暂，作为传染源的意义有限，但是巴氏杆菌病、沙门杆菌病、猪丹毒、猪气喘病、猪痢疾等病的健康病原携带者较多，水禽携带禽流感病毒等现象为数众多，可成为重要的传染源。

2. 传播途径

病原微生物由传染源排出后，通过一定的方式再侵入其他易感动物所经的途径称为传播途径。研究传染病传播途径的目的在于切断病原微生物继续传播的途径，防止易感畜禽受感染，这是预防动物传染病的重要环节之一。

按病原微生物更换宿主的方法可将传播途径可分为水平传播和垂直传播两种方式。

(1)水平传播。是指传染病在群体或个体之间以水平形式横向传播。在传播方式上可分为直接接触传播和间接接触传播。

①直接接触传播：是指在没有外界因素参与下，病原微生物通过被感染的动物(传染源)与易感动物直接接触(如交配、舔咬、触嗅等)而引起的传播方式。有代表性的是狂犬病，通常只有通过患病畜禽咬伤并随唾液将狂犬病病毒带进伤口而传染。以直接接触为主要传播方式的传染病为数不多，其流行特点是一个接一个的发生，形成明显的锁链状，一般不造成广泛的流行。

②间接接触传播：是指必须在外界因素参与下，病原微生物通过传播媒介使易

感动物发生传染的方式。大多数传染病都是通过这种方式传播的。将病原微生物从传染源传播给易感畜禽的各种外界环境因素称为传播媒介。传播媒介可能是生物(媒介者),也可能是无生命的物体(媒介物或称污染物)。大多数传染病以间接接触为主要传播方式,同时也可以通过直接接触传播。两种方式都能传播的传染病称为接触性传染病。间接接触传播一般通过以下几种途径传播:

a. 经污染的饲料、饮水和物体传播。这是最常见的几种方式。传染源的分泌物、排泄物和患病畜禽尸体及其流出物污染了饲料、牧草、水源、饲槽、用具、畜舍、车船等,都有可能引起以消化道为主要侵入门户的传染病,如口蹄疫、猪瘟、鸡新城疫、沙门杆菌病、结核病、炭疽等。

b. 经飞沫和尘埃传播。空气不适于任何病原微生物的生存,但空气可作为媒介物成为病原微生物在一定时间内暂时存留的环境。经空气传播主要是以飞沫和尘埃为媒介。患病畜禽由于咳嗽、打喷嚏以及鸣叫时喷出带有病原微生物的微细泡沫,如果被健康畜禽吸入而感染称飞沫传播。呼吸道传染病主要是通过飞沫而传播的,如结核病、猪气喘病、猪流行性感冒、鸡传染性喉气管炎等。一般畜禽饲养密度大、舍内黑暗、通风不良、寒冷和畜禽集中等,飞沫传播的作用时间较长,通常有利于空气传播。从传染源排出的分泌物、排泄物和处理不当的尸体散布在外界环境中,病原微生物附着物干燥后,由于空气流动的冲击,带有病原微生物的尘埃在空气中飞扬,被易感畜禽吸入而感染称尘埃传播。但实际上尘埃传播的作用比飞沫传播要小,因为只有少数在外界环境生存能力较强的病原微生物能耐过干燥或阳光的暴晒。能经过尘埃传播的传染病有结核病、炭疽、痘病等。

c. 经污染的土壤传播。随患病畜禽的排泄物、分泌物或其尸体一起进入土壤并长期生存的病原微生物称土壤性病原微生物。一些病原微生物形成芽孢后能在土壤中长期生存,如果畜禽伤口污染了土壤中的芽孢时在一定条件下即可能引起感染,如破伤风和恶性水肿等;畜禽啃食污染牧草或土壤时亦可被感染,如炭疽和气肿疽等。猪丹毒的病原微生物虽然不形成芽孢,但对干燥和腐败等外界环境因素的抵抗力较强,落入土壤中能生存一定时间。土壤性病原微生物一旦污染土壤,可形成长久疫源地,造成严重后患,应特别注意。

d. 经生物媒介传播。主要是指节肢动物、野生动物和人类。

节肢动物主要有虻类、螫蝇、蚊、蠓、家蝇和蜱等。它们主要是机械性传播,通过在患病畜禽(或尸体)和健康畜禽之间的刺螫吸血和污染排泄(或分泌)物而散播病原微生物。也有少数是生物性传播,某些病原微生物(如立克次体)在感染畜禽前,必须先在一定种类的节肢动物(如蜱)体内经过一定的发育阶段才能致病。经节肢动物传播的疾病有炭疽、脑炎、马传染性贫血等。

野生动物的传播可以分为机械性传播和生物性传播两类。机械性传播是指野生动物本身对该病原微生物无易感性，但可机械地传播疾病，如乌鸦啄食炭疽畜禽尸体后，从粪便排出炭疽杆菌芽孢。生物性传播是指野生动物本身对病原微生物有易感性，受传染后再传染给其他易感畜禽，此时野生动物实际上是起了传染源的作用。如狐、狼、吸血蝙蝠等将狂犬病传染给其他畜禽，鼠类传播沙门杆菌病、钩端螺旋体病、布鲁菌病、伪狂犬病等。

人类除在人畜共患病中作为传染源外，饲养人员和畜牧兽医技术人员在工作中如不注意遵守防疫卫生制度，衣物和器械消毒不严时，容易机械性传播病原微生物。如体温计、注射针头等器械如消毒不严就可能称为炭疽、鸡新城疫等病的传播媒介。

(2)垂直传播。是亲代到子代的传播，它包括以下几种方式：

①经胎盘传播：已经被感染的妊娠家畜经胎盘血流将病原微生物传播给胎儿，使其受到感染称为胎盘传播。可经胎盘传播的疾病有猪瘟、猪细小病毒感染、牛黏膜病、蓝舌病、伪狂犬病、布鲁菌病、衣原体病、钩端螺旋体病等。

②经卵传播：卵细胞携带有病原微生物，在发育时使胚胎受到感染称为经卵传播，主要见于禽类。可经卵传播的病原微生物有禽白血病病毒、禽腺病毒、鸡传染性贫血病毒、禽脑脊髓炎病毒、鸡白痢沙门杆菌等。

③经产道传播：病原微生物经妊娠家畜阴道通过子宫颈口到达绒毛膜或胎盘引起胎儿感染；或胎儿从无菌的羊膜腔穿出而暴露于严重污染的产道时，胎儿经皮肤、呼吸道、消化道感染母体的病原微生物。可经产道传播的病原微生物有大肠杆菌、葡萄球菌、链球菌、沙门杆菌和疱疹病毒等。

畜禽传染病的传播途径比较复杂，每种传染病都有其特定的传播途径，有的只有一种途径，有的有多种途径。即使是同一种传染病，不同的病例也可能有不同的传播途径。掌握传播途径将有助于对传染病的诊断。

3. 易感畜禽群

是指畜禽个体对某种病原微生物缺乏抵抗力，容易被感染的特性。

畜禽易感性的高低虽然与病原微生物的种类和毒力强弱有关，但主要还是由畜禽的遗传特征、特异免疫状态等因素决定。外界环境条件也可以直接影响到畜禽群体的易感性和病原微生物的传播。某地区畜禽群体中易感个体所占的比例和易感性高低，直接影响到传染病能否造成流行以及流行的严重程度。影响畜禽群体易感性的因素主要有以下几方面：

(1)畜禽群体的内在因素。不同种类的畜禽对于同一种病原微生物所表现的临床反应有很大的差异，这是由遗传因素决定的。不同品系的畜禽对传染病抵抗力的遗传性差别，有些是抗病育种的结果。例如，通过选种培育而成的白来航鸡对雏鸡白痢沙门杆菌有一定的抵抗力，不同年龄的畜禽对同种传染病的易感性不同，幼龄的畜禽群对一般传染病的易感性较成年动畜禽群高，这往往和畜禽特异性免疫状态有关。

(2)畜禽群体的外界因素。各种饲养管理条件包括饲料质量、畜舍卫生、粪便处理、拥挤、饥饿及隔离检疫等都是与疫病发生有关的重要因素。

(3)畜禽群体的特异免疫状态。在某些传染病流行时，畜禽群体中易感性最高的个体易于死亡，余下的畜禽或已耐过或经过隐性感染后对相应的传染病获得了特异免疫力。因此，在传染病发生流行之后，该地区畜禽群体的易感性降低，传染病停止流行。获得这种特异免疫的畜禽所生的后代，常有先天性被动免疫(母源抗体)，使其在幼年时期有一定的免疫力。在某些传染病常发地区中的畜禽，其易感性很低，不少病原携带者无临床表现，因此大多表现为隐性感染。但从无病地区新引进的畜禽群如果被感染常引起急性暴发，如猪气喘病等。一般来说，如果畜禽群中有70％～80％的畜禽有抵抗力，就不会发生大规模的暴发流行。但随着时间推移，新引进易感畜禽或新出生畜禽增多，都会使易感畜禽的比例逐步增加，在一定条件下又足以引起传染病再一次流行。

五、疫源地和自然疫源地

1.疫源地

具有传染源及其排出的病原微生物所存在的地区称为疫源地。疫源地具有向外传播病原微生物的条件，因此可能威胁其他地区的安全。疫源地的含义要比传染源的含义广泛得多，除传染源之外，它还包括被污染的环境以及这个范围内的可疑动物群和贮存宿主等。疫源地的范围大小要根据传染源的分布和污染范围的具体情况而定。它可能只限于个别畜栏、厩舍、牧地，也可能包括某畜牧场、自然村或更大的地区。通常将范围小的疫源地或单个传染源所构成的疫源地称为疫点。有某种传染病正在流行的地区称为疫区，其范围除患病动物所在的畜牧场、自然村外，还包括患病畜禽于发病前(该病的最长潜伏期)后曾经活动过的地区。多个疫点连接成片并范围较大即构成疫区。从防疫工作的实际出发，有时也将某个比较孤立的畜牧场或自然村称为疫点，所以疫点与疫区的划分不是绝对的。疫区周围可能受到威胁的地区称为受威胁区。疫区和受威胁区又统称非安全区。受威胁区以外的地区为安全区。

2.自然疫源地

有些传染病的病原微生物在自然条件下，即使没有人类或家畜的参与，也可以通过传播媒介感染动物造成流行，并且长期在自然界循环延续其后代，这些传染病称为自然疫源性疾病，如流行性出血热、森林脑炎、狂犬病、伪狂犬病、犬瘟热等。存在自然疫源性疾病的地区，称为自然疫源地。

六、流行过程的某些规律

(一)流行过程的表现形式

在畜禽传染病的流行过程中，根据在一定时间内发病率的高低和传播范围的大小(即流行强度)，可分为 4 种表现形式。

1. 散发性

发病畜禽数量不多，某种传染病在一个较长的时间内呈散性发生或零星出现，疾病的发生无规律性，并且发病时间和地点没有明显的联系。形成散发的原因有：

(1)畜禽群对某病的免疫水平较高，但对于流行性很强的传染病，如果防疫密度不高时，可能会出现散发病例，如猪瘟。

(2)某病的隐性感染比例较大，仅有一部分畜禽偶尔表现症状，如钩端螺旋体病。

(3)某病的传播需要一定的条件，如破伤风需要有破伤风梭菌和厌氧深创同时存在的条件。

(4)个体抵抗力明显减弱或具备个体传播条件，如散发性巴氏杆菌病。

2. 地方流行性

在一定的地区或畜禽群中，发病畜禽数量较多，但传播范围常局限于一定地区并且是较小规模的流行，可称为地方流行性。它有两方面的含义：一方面表示在一定地区一个较长的时间里发病的数量稍微超过散发性。另一方面除了表示一个相对的数量以外，有时还包含着地区性的意义，如猪丹毒、猪气喘病等常以地方流行性的形式出现。

3. 流行性

是指在一定时间内一定畜禽群发病率超过正常范围，传播范围广的一种流行。发病数量并没有绝对数界限，当对某种病称其为流行时，各地畜禽群出现的病例数是很不一致的。流行性疾病传播范围广、发病率高，如不加强防制，常可传播到几个乡、县、甚至省。如口蹄疫、猪瘟、鸡新城疫等。

“暴发”大致可作为流行性的同义词。一般认为，某种传染病在局部范围内的一定畜禽群中，在短期内(该病的最长潜伏期内)突然出现很多病例时，可称为暴发。

4. 大流行

指来势猛，传播快，受害畜禽比例大，涉及面广的传染病。是一种大规模的流行，流行范围可扩大至全国，甚至几个国家或几个大洲。如口蹄疫、牛瘟和流感等都曾出现过大流行。

上述几种流行形式之间的界限是相对的，不是固定不变的。

(二)流行过程的季节性和周期性

1. 季节性

某些畜禽传染病常常发生于一定的季节，或在一定的季节出现发病率显著上升的现象，称为流行过程的季节性。出现季节性的原因主要有以下几方面：

(1)季节对病原微生物在外界环境中存在和散播的影响。夏季气温高，日照时间长，这不利于那些抵抗力较弱的病原微生物在外界环境中存活，例如，外界环境中的口蹄疫病毒在炎热的气候和强烈的日光暴晒情况下很快失去活力。因此，口蹄疫的流行一般在夏季减缓或平息。又如在多雨和洪水泛滥季节，若土壤中含有炭疽杆菌芽孢或气肿疽梭菌芽孢，则可随洪水散播，因而炭疽或气肿疽的发生可能增多。

(2)季节对活的传播媒介的影响。夏、秋炎热季节，蝇、蚊、虻类等吸血昆虫大量滋生，活动频繁，凡是能由它们传播的疾病，都较易发生，如猪丹毒、流行性乙型脑炎、炭疽等。

(3)季节对畜禽活动和抵抗力的影响。季节变化主要影响到气温和饲料的变化。冬季气温低，青绿饲料减少，可使畜禽抵抗力降低，这对于由条件性病原微生物所引起的传染病产生的影响尤其明显。加之冬季舍饲期间，畜禽聚集拥挤，接触机会增多，如果舍内温度低，湿度大，通风不良，常易促使经由空气传播的呼吸道传染病发生。

2. 周期性

某些畜禽传染病经过一定的间隔时期(常以数年计)，还可能再度流行，这种现象称为流行过程的周期性。在传染病流行期间，易感畜禽除发病死亡或淘汰以外，其余的患病畜禽由于康复或处于隐性感染而获得免疫力，因而使流行逐渐停息。但是经过一定时间以后，由于免疫力逐渐消失，或新的畜禽出生，或引入新的易感畜禽，使畜禽群的易感性再度增高，结果可能导致重新流行。大动物每年更新数量不大，多年以后易感动物的百分比逐渐增大，传染病才能再度流行，因此周期性比较明显。猪和家禽等食用动物每年更新或流动的数目很大，传染病可以每年流行，因此周期性一般不太明显。

畜禽传染病流行过程的季节性或周期性是可以改变的。如果掌握了其特性和规律，采取综合性防制措施，改善饲养管理，增强机体抵抗力，有计划地做好预防接种等，可以使传染病不发生季节性或周期性流行。

七、影响流行过程的因素

畜禽传染病的流行过程必须具备传染源、传播途径和易感畜禽群3个基本环节。只有这3个基本环节相互连接，协同作用时，传染病才有可能发生和流行。3个基本环节相互连接、协同起作用的因素是畜禽活动所在的环境和条件，即各种自然因素和社会因素。它们是通过对3个环节中某一环节直接作用，或对三者之间相互关系的间接作用，而影响流行过程的。

1.自然因素

对流行过程有影响的自然因素主要包括气候、气温、湿度、阳光、雨量、植被、地形、地理环境等，它们对3个环节的作用错综复杂。对于传染源来说，一定的地理条件(海、河、高山等)对传染源的转移产生一定的限制，成为天然的隔离条件。季节变换使畜禽机体抵抗力随之变动，如气喘病的隐性病猪，在寒冷潮湿的季节里病情加重，咳嗽频繁，排出病原微生物增多，散播传染的机会也增加。反之，在干燥、温暖的季节里，如果饲养管理较好，病情容易好转，咳嗽减少，散播病原微生物的机会也减少。对于传播媒介来说，自然因素对其影响更为明显，适宜的温度和湿度等环境条件，有利于节肢动物的繁殖和活动，因此也就增加了传播疾病的机会。对于易感畜禽来说，自然因素的影响主要是提高或降低机体的抵抗力，从而减少或增加传染病的发生和流行。例如，冬季寒冷，低温高湿，畜禽易受凉，呼吸道黏膜的抵抗力降低，容易造成呼吸道传染病的流行。

2.社会因素

影响畜禽传染病流行过程的社会因素主要包括经济、文化、科学技术水平以及贯彻执行法令法规的情况等。这些既可能是促进畜禽传染病流行的原因，也是可以有效消灭和控制传染病流行的关键所在。严格执行兽医法规和采取相应的防制措施，是控制和消灭传染病的重要保证。实践证明，缺乏法律约束和长远的防疫规划，是造成一些传染病不能消灭和使疫情扩散的主要原因之一。因此，应根据已颁布的动物防疫法等兽医法规，制定防疫规划并严格贯彻执行。这样，就可能消灭和控制危害畜牧业生产的各种动物传染病，为人类做出贡献。

第二章　畜禽传染病的防疫措施

本章导读

本章主要从传染病防疫的原则、检疫、消毒、灭鼠、杀虫、免疫接种以及药物防制等方面对传染病进行综合预防和控制。

1. 掌握防控传染病的各种消毒、灭鼠、杀虫。

2. 掌握畜禽传染病的免疫接种方法及注意事项。

3. 掌握畜禽传染病的药物保健及防制方法。

4. 了解检疫的种类、检疫的意义、防疫报告的书写。

第一节　防疫工作的基本原则和内容

一、防疫工作的基本原则

1. 健全机构的原则

县以上农牧部门是兽医行政机构，县级人民政府和乡级人民政府应当采取有效措施，加强村级防疫员队伍建设，还可根据动物防疫工作需要，向乡、镇或者特定区域派驻兽医机构，共同担负畜禽传染病的预防与扑灭工作。兽医防疫工作是一项系统的工程，它与农业、商业、外贸、卫生、交通等部门都有密切的关系，只有依靠政府的统一领导、协调，从全局出发，大力合作，统一部署，全面安排，才能有效及时地把兽医防疫工作做好。

2. 预防为主的原则

畜禽生产过程中，搞好综合性的防疫措施是极其重要的。随着集约化畜牧业的发展，“预防为主”方针的重要性显得更加突出，否则兽医防疫工作将会陷入完全被动的局面，畜牧生产也会走向危险的境地。

3. 法规建设的原则

我国于 1991 年实施了《中华人民共和国进出境动植物检疫法》，1998 年 1 月开始实施了《中华人民共和国动物防疫法》，2007 年 8 月 30 日又进行了修订并于 2008 年 1 月 1 日执行。这些兽医法规对我国畜禽防疫和检疫工作的方针和基本原则做了明确而具体的叙述，它们是兽医工作者开展防疫、检疫工作的法律依据。

4. 调查监测的原则

由于不同传染病在时间、地区及畜禽群中的分布特征、危害程度和影响流行的因素有一定的差异，因此要制定适合本地区或养殖场的传染病防制计划或措施，必须在对该地区展开流行病学调查和研究的基础上进行。

5. 突出重点的原则

畜禽传染病的控制或消灭需要针对流行过程的 3 个基本环节采取综合性防制措施。但在实施和执行综合性措施时，必须考虑不同传染病的特点及不同时期、不同地点和畜禽群的具体情况，突出主要因素和主导措施，即使为同一种畜禽传染病，在不同情况下也可能有不同的主导措施，在具体条件下究竟应采取哪些主导措施要根据具体情况而定。

二、防疫工作的基本内容

畜禽传染病的流行是由传染源、传播途径和易感畜禽群 3 个相互联系的环节而形成的一个复杂过程。因此，采取适当的措施来消除或切断 3 个环节的相互联系，就可以使畜禽传染病的流行终止。在采取具体防疫措施时，必须从“养、防、检、治”四个方面采取综合性的防疫措施，方可控制畜禽传染病的发生和蔓延。综合性防疫措施可分为平时的预防措施和发生疫病时的扑灭措施两个方面。

1. 平时的原则性预防措施

(1)科学饲养管理，搞好卫生消毒，增强畜禽机体抗病能力。

(2)贯彻自繁自养的原则，减少疫病传播，对引入动物要严格检疫。

(3)拟订和执行定期预防接种和补种计划。

(4)定期杀虫灭鼠，粪便进行无害化处理。

(5)认真贯彻执行国境检疫、交通检疫、市场检疫和屠宰检验等各项法规和制度。

(6)各地兽医机构应调查研究当地疫情分布,相邻地区联防协作,有计划地对畜禽传染病进行消灭和控制,并防止外来疫病的侵入。

2.发生疫情时的原则性扑灭措施

(1)及时发现、诊断和上报疫情,并通知邻近单位做好预防工作。

(2)迅速隔离病畜,对污染和疑似污染的地方进行紧急消毒。

(3)若发生"一类"疫病应采取封锁措施。如口蹄疫、炭疽等。

(4)以疫苗实行紧急接种,对病畜进行及时和合理的治疗。

(5)合理处理死畜和淘汰的病畜。

第二节 畜禽传染病的防疫措施

一、疫情报告和诊断

(一)疫情报告制度

1.国内疫情报告系统

按照《中华人民共和国动物防疫法》中的规定,任何从事动物疫情监测、检验检疫、疫病研究与诊疗以及动物饲养、屠宰、经营、隔离、运输等活动的单位和个人,发现动物染疫或者疑似染疫的,应当立即向当地兽医主管部门、动物卫生监督机构或者动物疫病预防控制机构报告,并采取隔离等控制措施,防止动物疫情扩散。其他单位和个人发现动物染疫或者疑似染疫的,应当及时报告。任何单位和个人都不得以自身利益或其他原因为借口,瞒报、谎报或阻碍他人报告畜禽疫情。接到动物疫情报告的单位,应当及时采取必要的控制处理措施,并按照国家规定的程序上报。当畜禽突然死亡或怀疑发生传染病时,除立即报告畜禽防疫监督机构外,在兽医人员未到现场或未作出诊断前,应将患病畜禽进行隔离并派专人管理,对患病畜禽污染的环境和用具进行严格消毒,患病畜禽的尸体应保留完整,未经兽医检查同意不得擅自急宰和剖检,以便为传染病的准确、快速诊断提供材料,并防止病原体的扩散。动物疫情由县级以上人民政府兽医主管部门认定;其中重大动物疫情由省、自治区、直辖市人民政府兽医主管部门认定,必要时报国务院兽医主管部门认定。国务院兽医主管部门应当及时向国务院有关部门和军队有关部门以及省、自治区、直辖市人民政府兽医主管部门通报重大动物疫情的发生和处理情况;发生人畜共患传染病的,县级以上人民政府兽医主管部门与同级卫生主管部门应当及时相互通报。国务院兽医主管部门负责向社会及时公布全国动物疫情，也可以根据需要授权省、自治区、直辖市人民政府兽医主管部门公布本行政区域内的动物疫情。其他单位和个人不得发布动物疫情。

2. 国际疫情报告系统

为了限制重要畜禽传染病的扩散，在世界范围内更好地控制畜禽传染病，国际兽疫局对其成员国规定了畜禽疫情国际通报的权利和义务，其程序和内容简述如下：

(1)当某成员国或某地区出现国际兽疫局规定的A类疾病或其他国家具有重要流行病学意义的非A类疾病时，应在24 h内通过电传、电报、传真或电子邮件通报中央局(即国际兽疫局常设秘书处)。

(2)初次通报后，在疫情稳定或传染病根除之前应按上述方法每周上报一次疫情控制的进展情况。

(3)疫情扑灭后或未发生重大疫情的国家或地区，应对A类疾病和具有重要流行病学意义的非A类传染病，按月上报其控制和存在状况。

(4)所有A类、B类及其他具有重要社会经济意义的传染病每年应上报一次。

在传染病发生时，各国兽医行政管理部门除上报上述内容外，还应通报为防止传染病传播所采取的措施，包括检疫措施、疫区内畜禽及其产品和其他物品等流通的限制措施、传播媒介的控制措施等。

(二)畜禽传染病的诊断

畜禽传染病的诊断就是依靠人的感官或利用其他方法对患病畜禽进行检查，从而做出诊断。及时准确有效的诊断是扑灭畜禽传染病工作成败的关键。诊断畜禽传染病的常用方法有：临床诊断、流行病学诊断、病理学诊断、病原学诊断和免疫学诊断等。实际工作过程中，需根据某种畜禽传染病的特点采用几种方法进行综合诊断，有时仅需要采用其中一两种方法便可做出准确诊断。现将常用的诊断方法简介如下：

1. 临床诊断

这是最基本、最简便易行的方法，也是畜禽传染病诊断的起点和基础。它是利用人的感官或借助一些最简单的器械如温度计、听诊器等直接对患病畜禽进行检查，有时也需要结合血、尿、粪的常规检查方可做出诊断，对某些具有典型症状的病例，通过临床诊断一般可以确诊。如破伤风、猪气喘病等。但应当指出这种方法有一定的局限性和片面性，如对发病初期特征性症状尚不明显的病例和非典型病例，通过临床诊断难以确诊，只能提出可疑畜禽传染病的大致范围，必须结合其他方法才能做出确诊。在进行临床诊断时，应注意对整个发病畜禽群所表现的综合症状加以分析判断，不要单凭个别或少数病例的症状轻易下结论，以防误诊。

2.流行病学诊断

流行病学诊断经常与临床诊断是联系在一起的。流行病学诊断是在流行病学调查（即疫情调查）的基础上进行的，疫情调查可在临床诊断过程中进行，如以座谈式向畜主询问疫情，并对现场进行仔细检查，取得第一手资料，然后对材料进行分析，做出诊断。由于畜禽传染病不同，流行病学诊断的重点也不一样。一般应调查本次流行的情况、疫情来源以及传播途径和方式等问题。

3.病理诊断

大多数的畜禽传染病都有不同程度的特殊病理变化，对于诊断畜禽传染病具有重要价值。如鸡新城疫、猪瘟、禽霍乱、猪气喘病等。但有些病例，如最急性和非典型病例，其病理变化不太典型，尤其是非典型病例，需多剖检一些病例进行综合方可发现某病典型病理变化，如非典型鸡新城疫。病理组织学诊断是经典的诊断方法之一，主要是通过显微镜观察病料组织切片中的特征性显微病变和特殊结构，借以诊断或区别不同的传染病。目前病理组织学诊断对某些传染病仍是最主要和可靠的诊断方法，例如狂犬病和牛海绵状脑病。

4.病原学诊断

这是诊断畜禽传染病最重要的方法之一，是确诊畜禽传染病的重要依据。常用病原学诊断方法如下：

(1)病料涂片镜检。通常在有显著病变的不同组织器官和不同部位涂抹数片，进行染色镜检。此法对于一些具有特征性形态的病原微生物如炭疽杆菌、巴氏杆菌等可以迅速做出诊断，但对大多数畜禽传染病来说，只能提供进一步检查的依据或参考。

(2)分离培养和鉴定。用人工培养方法将病原体从病料中分离出来。细菌、真菌、螺旋体等可选择适当的人工培养基，病毒可先用动物或组织培养等方法分离培养，分得病原体后，再进行形态学、培养特性、动物接种及免疫学试验等方法作出鉴定。

(3)动物接种试验。通常选择对该种畜禽传染病病原体最敏感的动物进行人工感染试验。将病料用适当的方法进行人工接种，然后根据对不同动物的致病力、症状和病理变化特点来帮助诊断。当实验动物死亡或经一定时间杀死后，观察体内变化，并采取病料进行涂片检查和分离鉴定。

一般应用的实验小动物有家兔、小鼠、豚鼠、仓鼠、家禽、鸽等，在实验小动物对该病原体无感受性时，可以采用有易感性的大动物进行试验，但费用大，而且需要严格的隔离条件和严格的消毒措施，因此只有在非常必要和条件许可时才能进行。

从病料中分离出微生物，虽是确诊的重要依据，但也应注意畜禽的“健康带菌”现象，其结果还需与临床及流行病学、病理变化结合起来进行分析。有时即使没有发现病原体，也不能完全否定该种畜禽传染病的诊断。

(4)免疫组化技术。是指用标记的特异性抗体(抗原)对组织细胞内抗原(抗体)分布进行检测的方法。根据标记物的不同分为免疫荧光组化技术、免疫酶组化技术、免疫电镜技术等。不同的免疫组化技术各自具有独特的试剂和方法，包括抗体制备、组织材料处理、免疫染色、对照试验及显微观察等。在涉及病毒、细菌和原生生物等抗原的检测或鉴定中，该技术具有以下几方面的优点：样品运送方便；能够安全地控制对人员具有潜在致病作用的病原体；使样品的保存和回顾性研究成为可能；诊断快速；能够对无活性的病原体进行检测。

随着单克隆抗体技术的发展，免疫组化技术在畜禽传染病诊断方面的应用将愈来愈广泛。

分子生物学诊断技术畜禽传染病诊断方面的应用也愈来愈广泛，如多聚酶链式反应、限制性酶切片段长度多态性分析、核酸探针技术等。

5.血清学试验

是通过免疫学方法诊断畜禽传染病最常用的重要方法之一，包括血清学试验和变态反应两类。

(1)血清学试验。利用抗原和抗体特异性结合的免疫学反应进行诊断。可以用已知抗原来测定被检畜禽血清中的特异性抗体，也可以用已知的抗体(免疫血清)来测定被检材料中的抗原。血清学试验有中和试验(毒素抗毒素中和试验、病毒中和试验等)；凝集试验(直接凝集试验 、间接凝集试验、间接血凝试验)；沉淀试验(环状沉淀试验、琼脂扩散沉淀试验)；溶细胞试验(溶菌试验、溶血试验)；补体结合试验以及免疫荧光试验、免疫酶技术、放射免疫测定、单克隆抗体和核酸探针等。

(2)变态反应。变态反应是诊断畜禽某些传染病的重要免疫学方法之一。畜禽患某些传染病(主要是慢性畜禽传染病)时，可对该病病原体或其产物的再次进入产生强烈的反应。该种方法可用于结核病、布鲁菌病等多种畜禽传染病的诊断。

二、检疫

动物检疫是指国家法定的机构和人员，依照法定的方法和技术标准，对畜禽、畜禽产品的健康卫生状况实施定性检测和处理的一种具有强制性的技术性措施。动物检疫作为发现、预防、控制、扑灭畜禽传染病的重要手段，因而也是畜禽防疫的重要内容，是畜禽传染病防制的一个重要环节，它直接关系到畜牧业生产的发展，对外贸易的信誉以及人民身体健康等，应特别引起重视。

(一)检疫的范围

1. 国内畜禽检疫的范围

国内畜禽检疫的范围包括畜禽和畜禽产品。畜禽是指家畜家禽和人工饲养、合法捕获的其他动物。如:猪、羊、牛、鸡、实验动物、观赏动物、演艺动物等。畜禽产品是指畜禽的生皮、胚胎、种蛋以及未经加工的胴体、脏器、血液、骨、蹄等。

2. 进出境畜禽检疫的范围

进出境畜禽检疫的范围包括畜禽、畜禽产品和其他检疫物。畜禽是指饲养、野生的活动物,包括畜、禽、兽、蛇、鱼、蜂等;畜禽产品是指来源于畜禽未经加工或者虽经加工但仍可能传播传染病的产品,如生皮张、毛类、肉类等;其他检疫物是指疫苗、血清、诊断液等。

3. 运载饲养畜禽及其产品的工具

包括车、船、飞机、包装物、饲料和铺垫材料、饲养工具等。

(二)检疫的对象

畜禽检疫对象是指畜禽检疫中政府规定的畜禽传染病。畜禽传染病的种类很多,畜禽检疫只是把其中的一部分规定为畜禽检疫对象,而不是所有的畜禽传染病。《中华人民共和国动物防疫法》第十条规定,全国畜禽检疫对象的具体病种名录由国务院畜牧兽医行政管理部门规定并公布。《中华人民共和国进出境动植物检疫法》第十八条规定,进境畜禽检疫对象的名录由国务院农业行政主管部门制定并公布。

1. 重点检疫对象

(1)人畜和多种畜禽共患的传染病,如炭疽、结核病、布鲁菌病、狂犬病等。

(2)危害性大而目前预防控制困难的畜禽传染病,如口蹄疫、牛海绵状脑病、痒病、梅迪-维斯纳病等。

(3)急性烈性畜禽传染病,如猪瘟、鸡新城疫等。

(4)我国尚未发现的国外传染病,如非洲猪瘟、非洲马瘟等。

2. 全国畜禽检疫对象

全国动物疫病检疫对象共分三类 116 种,其中一类畜禽传染病包括口蹄疫、猪水疱病、猪瘟、非洲猪瘟、非洲马瘟、牛瘟、牛传染性胸膜肺炎、牛海绵状脑病、痒病、蓝舌病、小反刍兽疫、绵羊痘和山羊痘、禽流行性感冒(高致病性禽流感)、鸡新城疫等共 14 种。

3. 进境畜禽检疫对象

为防止国外畜禽传染病的侵入,我国由国务院农业行政主管部门制定并公布了《中华人民共和国进境畜禽一二类传染病、寄生虫病名录》，其中一类传染病包括口蹄疫、非洲猪瘟、猪水疱病、猪瘟、牛瘟、小反刍兽疫、蓝舌病、痒病、牛海绵状脑病、非洲马瘟、鸡瘟、新城疫、鸭瘟、牛肺疫、牛结节疹共 15 种。

4. 国际畜禽检疫对象

1986 年国际兽疫局委员会修订的《国际动物卫生法典》规定，国际畜禽检疫对象分两类，A 类 16 种，B 类 79 种，共 95 种。其中 A 类包括口蹄疫、水疱性口炎、猪水疱病、牛瘟、小反刍兽疫、牛传染性胸膜肺炎、结节性疹、裂谷热、蓝舌病、绵羊痘和山羊痘、非洲马瘟、非洲猪瘟、猪瘟、传染性脑脊髓炎、鸡瘟（A 型流感）和鸡新城疫。

（三）检疫类型

根据畜禽及其产品的动态和运转形式，我国动物检疫在总体上分为国内检疫和国境检疫两大类，其大致分类与检疫步骤如下。

1. 国内检疫

是指为有效地防止重要传染病的发生和传播，根据法律规定由法定机构或人员对境内畜禽及其产品实施的、具有法律效力和法律后果的技术措施和政府行为。国内检疫由县级以上农牧部门的所属的动物检疫站和乡（镇）畜牧兽医站等部门负责执行。分为产地检疫、净化检疫、运输检疫、屠宰检疫和市场检疫。

(1)产地检疫。是指畜禽在离开饲养、生产地之前所进行的畜禽检疫。通过产地检疫，能把畜禽传染病控制在原地，消灭在移动之前。产地检疫主要由乡（镇）畜牧兽医站具体负责，而出口畜禽的产地检疫应由当地县级以上畜牧兽医行政管理部门畜禽防疫监督机构负责。产地检疫合格的应出具《畜禽产地检疫合格证明》，不合格的应按有关规定处理。

(2)净化检疫。是指在国内某地发生规定的检疫对象流行时进行的检疫，又称疫区检疫。如发现为一类畜禽传染病，当地县级以上地方人民政府畜牧兽医行政管理部门应当立即派人到现场，划定疫点、疫区、受威胁区，并对疫区进行封锁。应根据疫情处理的要求及时提出净化检疫方案，明确疫区检疫的目的、达到的目标、采用的方法和依据的标准。进行人力、物力、技术等方面的准备。

(3)运输检疫。是指对运出县境的畜禽及其产品进行的检疫。运输检疫包括铁路检疫、公路检疫、水运检疫、空运检疫等。运输检疫的主要任务是监督检查，即验证、查物。

(4)屠宰检疫。包括宰前检疫和宰后检疫。宰前检疫是指对待宰畜禽活体进行的畜禽检疫。宰前检疫能检出宰后检疫难以检出的传染病，如破伤风、狂犬病、李氏杆菌病、乙型脑炎、胃肠炎、口蹄疫及某些中毒性传染病等；宰后检疫是宰前检疫的继续和补充。宰前检疫通常只能根据畜禽的体温反应和明显的临床症状等将患病畜禽检查出来，而对于那些不出现体温反应或临床症状不明显的畜禽则很难发现。在屠宰过程中，通过对肉尸和内脏病理变化及异常表现的直接观察和其他检测方法，则可以将该类患病畜禽检查出来。

(5)市场检疫。是指畜禽及其产品在进入市场商品交易时所实施的检疫。市场检疫包括集市检疫、交易检疫、采购检疫。市场是畜禽及其产品的集散地，集中时相互间接触机会多，易互相传播传染病，离散时又容易扩散传染病。做好市场检疫可以防止患有检疫对象的畜禽及其产品上市交易，保护畜牧业生产发展，保证消费者安全，促进经济贸易。

2.国境检疫

国境检疫又叫进出境检疫或口岸检疫(简称外检)，是一项政策性和技术性相结合的兽医卫生防疫工作，对维护国家主权、控制畜禽重大传染病的传入和流行，保障养殖业的正常发展和人民的身体健康都有重要的意义。包括进境检疫、出境检疫、过境检疫、携带和邮寄物检疫、运输工具检疫等。

(1)进境检疫。是指对畜禽、畜禽产品和其他检疫物在进入国境过程中进行的畜禽检疫。进境检疫对防止国外畜禽传染病传入我国有着极其重要的意义。进境检疫包括签订双边检疫议定书、审批、报检、现场检疫、隔离检疫、处理与放行等程序。

在检疫过程中，若发现农业部颁布的《中华人民共和国进境畜禽一、二、三类传染病、寄生虫病名录》中一类传染病或双边检疫议定书规定的传染病时，全群畜禽或畜禽遗传物质禁止进境，做退回或销毁处理；检出二类病的阳性畜禽应退回或销毁，同群的其他畜禽进行隔离观察，阴性时可以进境。

(2)出境检疫。是指对畜禽、畜禽产品和其他检疫物在输出国外前进行的检疫。出境检疫对维护我国的国际信誉，促进对外经济贸易，有着重要的意义。畜禽、畜禽产品和其他检疫物经检疫合格或除害处理合格者，才准予出境。出境检疫包括报检、检疫和离境等程序。

(3)过境检疫。是指对载有畜禽、畜禽产品和其他检疫物的运输工具要通过我国国境时进行的畜禽检疫。过境检疫对防止畜禽传染病传入我国和传出国境都有重要的意义。

(4)携带、邮寄物检疫。是指携带物检疫和邮寄物检疫。携带物检疫是指对进入国境的旅客、交通员工携带的或托运的畜禽及其产品进行的畜禽检疫，简称为旅检。邮寄物检疫是指对邮寄入境的畜禽产品进行的畜禽检疫，简称为邮检。携带或邮寄的畜禽及其产品，未经检疫或检疫不合格者，不许入境。

(5)运输工具检疫。是指对来自畜禽疫区的进境运输工具,所有进出境、过境装载畜禽、畜禽产品及其他检疫物的运输工具(包括集装箱)进行的检疫。

三、隔离和封锁

(一)隔离

隔离是指将患病畜禽和疑似感染畜禽控制在一个有利于防疫和生产管理的环境中进行单独饲养和防疫处理的一种措施。它是控制和扑灭畜禽传染病的重要措施之一,一般适用二三类动物疫病的控制和扑灭,也是发生一类传染病实行强制性封锁前采取的措施。其目的是为了控制传染源,防止畜禽继续受到传染,控制畜禽传染病蔓延,以便将疫情控制在最小范围内加以就地扑灭。根据诊断检疫结果,可将全部受检畜禽分为患病畜禽群、可疑感染畜禽群和假定健康畜禽群三类,以便分别对待。

1. 患病畜禽群

是指有典型症状或类似症状,或其他诊断方法检查为阳性的畜禽。对检出的患病畜禽应立即送往隔离栏舍或偏僻地方进行隔离。如患病畜禽数量较多时,可隔离于原畜禽舍内,而将少数疑似感染畜禽移出观察。对有治疗价值的,要及时治疗;对危害严重、缺乏有效治疗办法或无治疗价值的,应扑杀后深埋或销毁。对患病畜禽要设专人护理,禁止闲散人员出入隔离场所。饲养管理用具要专用,并经常消毒,粪便发酵处理,对人畜共患病还要做好个人防护。

2. 可疑感染畜禽群

是指在发生某种畜禽传染病时,与患病畜禽同群或同舍,并共同使用饲养管理用具、水源等的畜禽。这些畜禽有可能处在潜伏期中或有排菌(毒)危害,故应经消毒后转移隔离(应与患病畜禽分别隔离),限制活动范围,详细观察、及时分化。有条件时可进行紧急预防接种或药物预防。根据该种畜禽传染病潜伏期的长短,经一定时间观察不再发病后,要在畜禽消毒后解除隔离。

3. 假定健康畜禽群

是指与患病畜禽有过接触或患病畜禽邻近畜舍的畜禽,临床上没有任何症状假定健康的畜禽。对假定健康畜禽应及时进行紧急预防接种,加强饲养管理和消毒等,以保护畜禽群的安全。

(二)封锁

封锁是指当某地或养殖场暴发法定一类传染病和外来传染病时,为了防止传染病扩散以及安全区健康畜禽的误入而对疫区或其畜禽群采取划区隔离、扑杀、销毁、消毒和紧急免疫接种等强制性措施。

根据我国《动物防疫法》的规定，当确诊为一类动物疫病时当地县级以上地方人民政府兽医主管部门应当立即派人到现场，划定疫点、疫区、受威胁区，调查疫源，及时报请本级人民政府对疫区实行封锁。疫区范围涉及两个以上行政区域的，由有关行政区域共同的上一级人民政府对疫区实行封锁，或者由各有关行政区域的上一级人民政府共同对疫区实行封锁。必要时，上级人民政府可以责成下级人民政府对疫区实行封锁。封锁的目的是保护广大地区畜群的安全和人民健康，把畜禽传染病控制在封锁区之内，发动群众力量就地扑灭。封锁行动应通报邻近地区政府采取有效措施，同时逐级上报国家畜牧兽医行政机关或国际兽疫局，并由其统一管理和发布国家畜禽疫情信息。

封锁区的划分，必须根据该畜禽传染病的流行规律、当时的流行情况和当地的条件，按“早、快、严、小”的原则进行。“早”是早封锁，“快”是行动果断迅速，“严”是严密封锁，“小”是把疫区尽量控制在最小范围内。封锁是针对传染源、传播途径、易感畜禽群 3 个环节采取的措施。根据我国有关兽医法规的规定，具体措施如下：

1. 封锁的疫点应采取的措施

(1)当某地暴发法定 A 类或一类传染病、外来传染病以及人兽共患病时，其疫点内的所有畜禽，无论其是否实施过免疫接种，在兽医行政部门的授权下，宰杀感染特定传染病的畜禽及同群可以感染畜禽，并在必要时宰杀直接接触畜禽或可能传播病原体的间接接触畜禽，尸体一律焚烧或深埋处理。扑杀政策是畜禽传染控制上采取的一项最严厉的强制性措施，也是兽医学中特有的传染病控制方法。

(2)严禁人、畜禽、车辆出入和畜禽产品及可能污染的物品运出。在特殊情况下人员必须出入时，需经有关兽医人员许可，经严格消毒后出入。

(3)对病死畜禽及其同群畜禽，县级以上农牧部门有权采取扑灭、销毁或无害化处理等措施，畜主不得拒绝。

(4)疫点出入口必须有消毒设施，疫点内用具、圈舍、场地必须进行严格消毒，疫点内的畜禽粪便、垫草、受污染的草料必须在兽医人员监督指导下进行无害化处理。

2. 封锁的疫区应采取的措施

(1)交通要道必须建立临时性检疫消毒卡，备有专人和消毒设备，监视畜禽及其产品移动，对出入人员、车辆进行消毒。

(2)停止集市贸易和疫区内畜禽及其产品的采购。

(3)未污染的畜禽产品必须运出疫区时，需经县级以上农牧部门批准，在兽医防疫人员监督指导下，经外包装消毒后运出。

(4)非疫点的易感畜禽,必须进行检疫或预防注射。农村城镇饲养及牧区畜禽与放牧水禽必须在指定疫区放牧,役畜限制在疫区内使役。

3.受威胁区及其应采取的措施

疫区周围地区为受威胁区,其范围应根据传染病的性质、疫区周围的山川、河流、草场、交通等具体情况而定。受威胁区应采取如下主要措施。

(1)对受威胁区内的易感畜禽应及时进行预防接种,以建立免疫带。

(2)管好本区易感畜禽,禁止出入疫区,并避免饮用疫区流过来的水。

(3)禁止从封锁区购买牲畜、草料和畜产品,如从解除封锁后不久的地区买进牲畜或其产品,应注意隔离观察,必要时对畜产品进行无害处理。

(4)对设于本区的屠宰场、加工厂、畜产品仓库进行兽医卫生监督,拒绝接受来自疫区的活畜及其产品。

(5)解除封锁。疫区内(包括疫点)最后一头病畜禽扑杀或痊愈后,经过该病一个潜伏期以上的检测、观察、未再出现病畜禽时,经彻底消毒清扫,由县级以上农牧部门检查合格,经原发布封锁令的政府发布解除封锁令后,并通报毗邻地区和有关部门。疫区解除封锁后,病愈畜禽需根据其带毒时间,控制在原疫区范围内活动,不能将它们调到安全区去。

四、传染病病畜禽的治疗

畜禽传染病的治疗与一般普通病不同,特别是那些流行性强、危害严重的畜禽传染病,必须在严格封锁或隔离的条件下进行,务必使治疗的患病畜禽不致成为散播病原的传染源。对畜禽传染病的治疗,一方面是为了挽救患病畜禽,减少损失;另一方面在某种情况下也是为了消除传染源,是综合性防疫措施中的一个组成部分。治疗中,在用药方面坚持因地制宜,勤俭节约的原则。既要考虑针对病原体,消除其致病作用,又要帮助畜禽机体增强一般抗病能力和调整、恢复生理机能,而采取综合性的治疗方法。患病畜禽的治疗必须及早进行,不能拖延时间。还应尽量减小诊疗工作的次数和时间,以免经常惊扰而使患病畜禽得不到安静的休养。不能单靠药物治疗,而应尽力扶持和增强患病畜禽本身的抵抗力。

(一)针对病原体的疗法

在畜禽传染病的治疗方面,应用能够抑制病原体的繁殖或杀灭病原体的药物或制品帮助畜禽机体杀灭或抑制病原体,或消除其致病作用的疗法是很重要的,一般可分为特异性疗法、抗生素疗法和化学疗法等。

1.特异性疗法

应用针对某种畜禽传染病的高免血清、痊愈血清(或全血)等特异性生物制品进行治疗，因为这些制品只对某种特定的畜禽传染病有效，而对其他病无效，故称为特异性疗法。

高免血清由于代价高、生产少、难购买而使应用受到限制，一般用于某些急性畜禽传染病或珍贵畜禽传染病的治疗。诊断确实的基础上在病的早期注射足够剂量的高免血清，常能取得良好的疗效。如缺乏高免血清，可用耐过畜禽或人工免疫畜禽的血清或血液代替，也可起到一定的作用，但用量须加大。使用血清时如为异种畜禽血清，应特别注意防止过敏反应。最近几年，高免卵黄液的开发应用，使畜禽传染病的特异治疗得到较多应用。因为卵黄中的抗体与血清中的抗体基本上相同(最多差一个滴度)，所以可用某种畜禽传染病(如新城疫和法氏囊病等)的疫苗对鸡进行强化免疫，当抗体水平达到要求(用血清学方法监测)时，即可采集鸡蛋制备高免卵黄液应用于生产。

2.抗生素疗法

抗生素主要用于由细菌引起的畜禽传染病的治疗。合理地应用抗生素是发挥抗生素疗效的重要前提，不合理的应用或滥用抗生素往往引起多种不良后果，一方面可能使敏感的病原微生物产生耐药性；另一方面可能对机体造成不良反应，甚至引起中毒，再就是可能使药效降低或抵消。使用时一般需注意以下几个问题。

(1)掌握抗生素的适应症(最好结合药敏试验结果选药)。每一种抗生素都有其固定的抗菌谱，应根据临诊诊断确定或估计出病原微生物种类，选择最敏感的药物进行治疗。但是随着抗生素在生产中的广泛应用，耐药菌株越来越多，有的甚至找不到敏感的药物。鉴于这种情况，最好是先分离病原菌，做药敏试验，然后根据药敏试验结果选用高敏药物进行治疗。这样既可有效的治疗患病畜禽，又可防止由于抗生素无效或效果差而延误治疗时机造成药物的浪费。

(2)要考虑用量、疗程、给药途径、不良反应、经济价值等问题。关于剂量，开始宜大，以便使血药浓度快速升至有效水平，以后再据病情酌减。疗程应以发病的具体情况而定，急性传染病病例，在药物效果较好时 3 d 后即可停药。慢性传染病由于病程缓慢，疗程一般较长，可控制在 5～7 d，若有必要继续治疗，可适当延长或换另一种药物。用药途径最好根据药物的特点及病情和病的特点来确定。如消化道传染病最好经饲料拌药途径给药，食欲下降或废绝的患病畜禽可经饮水途径给药，食欲、饮水均废绝的患畜禽则应注射给药。饮水途径给药只能用水溶性好的药物；易被消化道破坏的药物最好注射给药；有的药物有不良反应(如硫酸庆大霉素、先锋霉素Ⅱ、洁霉素等对肾脏有损害作用)，应用时应加以注意。当药物价格总值超过患病畜禽本身价值时则不应进行治疗。

(3)不要滥用。用量既要充足，又不能超量，否则都会带来不良后果。用量不足易导致耐药菌株的出现；用量大，一是造成浪费，二是易引起中毒，如痢菌净在用量超过 500 mg/kg，经过一定时间便会使鸡中毒。用量大小与细菌对药物的敏感性有关，中敏药物剂量应适当增加。另外，肉鸡于出售前 15 d 禁止用抗生素，以防止药物残留。

(4)抗生素的联合应用。有些抗生素联合应用，通过协同作用可以增进疗效。如青霉素与链霉素主要表现出协同作用，抗生素和磺胺类药物多数都有协同作用，如青霉素和磺胺、链霉素与磺胺嘧啶等均有协同作用。另外应防止有拮抗作用的抗生素联合应用，如土霉素与链霉素合用会产生拮抗作用，反而影响治疗效果。

抗生素的联合应用，取得成功的实例很多，但临床上不能无原则地盲目应用，必须有明确的特征。一般适合用于下列情况：

①病因不明，病情危害的严重感染或败血症；

②单一抗菌药不能有效控制的感染或混合感染；

③需长期用药的传染病；

④对某些抗生素不易渗入的感染病灶，如中枢神经的感染；

⑤毒性较大，联合用药减少剂量后可降低不良反应的抗生素。

3. 化学疗法

使用化学药物帮助机体消灭或抑制病原微生物的治疗方法，称为化学疗法。治疗畜禽传染病常用的化学药物有以下几种：

(1)磺胺类药物。这是一类化学合成的抗菌药物，可抑制大多革兰氏染色阳性和部分阴性细菌，对放线菌和一些大型病毒也有一定作用；个别磺胺类药物还能选择性地抑制某些原虫(如球虫等)。除用于消化道抗菌作用的磺胺脒(SG)以外，其他许多磺胺类如磺胺嘧啶(SD)、磺胺双甲嘧啶(SM2)等，在口服(饲料)给药时应加等量的小苏打，以助其溶解、吸收，并防止它在泌尿系统结晶析出，造成严重后果。

(2)抗菌增效剂。这是一类广谱抗菌药物，与磺胺类药并用，能显著增加疗效，与某些抗生素并用亦能显著增加疗效，故称为抗菌增效剂。临诊上常用的抗菌增效剂有三甲氧苄氨嘧啶(TMP)和二甲氧苄氨嘧啶(DVD，又称敌菌净)等。

(3)硝基呋喃类药。本类药物是广谱抗菌药，对多种革兰氏染色阴性及阳性细菌具有抗菌作用。常用的为呋喃妥因。本类药物抗菌谱广，且不易产生耐药性，主要用于尿路感染。

(4)氟喹诺酮类药物。这是一类分子结构中含有 4-喹诺酮环结构的药物，属于广谱抗菌药，对绝大部分革兰氏染色阴性细菌抗菌效果好。主要品种有诺氟沙星、培氟沙星、依诺沙星、氧氟沙星、环丙沙星、乙基环丙沙星、单诺沙星、洛美沙星、氧罗沙星等。其中以环丙沙星、乙基环丙沙星、氧氟沙星的抗菌作用较强。

(5)其他抗菌药。如有黄连素、痢菌净、氟哌酸、吡哌酸、喹乙醇等，这些药物抗菌谱广，抗菌活性强，多用于畜禽肠道感染。异烟肼(雷米封)、对柳氨酸等，对结核病有一定疗效。

抗病毒感染的药物近年来有所发展，但仍远较抗菌药物为少，毒性一般较大。目前在人医临床上试用的药物有碘苷(疱疹净)、三氮唑核苷(病毒唑)、吗啉胍(病毒灵)、阿昔洛韦和干扰素等十余种，但在兽医临床上应用的还很少。

(二)针对畜禽机体的疗法

在畜禽传染病的治疗中，除针对病原微生物进行治疗外，还要采取针对畜禽机体的疗法，以增强机体抵抗力，调整和恢复畜禽机体的生理机能，促使机体战胜传染病，恢复健康。

1.加强护理

对患病畜禽的护理是治疗工作的基础。对患传染病的畜禽的治疗应在严格隔离的条件下进行，冬季应注意防寒保暖、阳光充足，夏季应注意防暑降温、通风良好，供给优质的饲料和饮水，并经常消毒，亦可经注射、灌服或饮水给以葡萄糖、维生素或其他营养性物质以维持生命，帮助患病畜禽渡过难关。

2.对症疗法

在畜禽传染病的治疗过程中，为了减缓或消除某些严重的症状，调节和恢复机体的生理机能所采取的疗法，称为对症疗法。如使用退热、止痛、止血、镇静、兴奋、强心、利尿、清泻、止泻、防止酸中毒、调节电解质平衡等药物，以及采取某些急救手术或局部治疗等，都属于对症治疗的范畴。

(三)微生态制剂调整治疗

微生态制剂是利用正常微生物群的成员制成的活的微生物制剂，它具有补充或调整充实微生物群落的内涵，维持或调整微生态平衡，达到辅助治疗传染病、增进健康的目的。例如调痢牛，主要用于仔猪黄痢、白痢等。

(四)中药制剂的治疗

中药制剂的治疗作用主要是通过调整畜禽机体的整体功能，直接或间接起治疗作用。

(1)中药制剂的一些有效成分对畜禽机体直接起缓解症状的作用，即对症治疗作用。如柴胡的有效成分柴胡苷，有显著的镇静作用和较强的镇咳作用。

(2)有些中草药被畜禽机体吸收后，通过从不同方面对畜禽机体的功能进行综合调整，可增强机体的免疫功能和抗病力。如党参、黄芪、白术、何首乌、熟地等具有增加营养、增强体质、提高机体免疫机能和抗病力的作用。

(3)有些中草药的有效成分可直接具有抗菌和抗病毒的作用。如金银花的含绿原酸类等具有抑制金黄色葡萄球菌、痢疾杆菌、伤寒杆菌、肺炎球菌等的作用。

中药的治疗作用，往往是以上几种兼而有之，这就是中药治疗疾病的独到之处。

五、消毒、杀虫、灭鼠

消毒是指通过物理、化学或生物学方法杀灭或清除环境中病原体的技术或措施。目的是消灭被传染源散播于外界环境中的病原体，以切断传播途径，阻止畜禽传染病的蔓延。对于不同途径传播的畜禽传染病消毒的重点不一样，预防消化道传播的传染病应着重抓好草料、饮水、饲养用具和粪尿卫生管理；预防呼吸道传播的传染病应着重保持空气流通、多晒太阳、适时空气消毒和降低饲养密度等；预防虫媒性传播的传染病主要改善环境卫生、采取杀虫、驱虫、灭虫的措施；预防经皮肤传播的传染病主要搞好固定鞍挽具消毒，防止外伤及时处理外伤等。

(一)消毒的种类

根据消毒的目的不同可将消毒分为预防性消毒、随时消毒和终末消毒。

1. 预防性消毒

是指在平时的饲养管理过程中，对畜舍、空气、场地用具和饮水或畜禽群等进行定期消毒，以达到预防一般畜禽传染病的目的。

2. 随时消毒

是指在发生畜禽传染病后到解除封锁期间，疫源地内有传染源存在，为了及时消灭刚由传染源排出的病原体，而进行的反复多次的消毒。消毒对象是患病畜禽及带菌(毒)畜禽的排泄物、分泌物以及被其污染的畜舍、用具、场地和物品等。

3. 终末消毒

是指疫源地内的患病畜禽解除隔离、痊愈或死亡后，或者在疫区解除封锁时，为了消灭疫区内可能残存的病原体，而进行的一次全面彻底的大消毒。消毒对象是传染源污染和可能污染的所有畜舍、饲料饮水、用具、场地及其他物品等。

(二)消毒的方法

消毒的方法可概括为物理消毒法、化学消毒法和生物学消毒法。

1. 物理消毒法

是指通过机械性清扫、冲洗、通风换气、高温、干燥、照射等物理方法对环境和物品中病原体的清除或杀灭。

(1)机械性清除。主要是通过清扫、洗刷、通风、过滤等机械方法消除病原体。本法是一种普通而又常用的方法,但不能达到彻底消毒的目的,作为一种辅助方法,需与其他消毒方法配合进行。

(2)日光、紫外线消毒。日光消毒是利用阳光光谱中的紫外线、热线及其他射线进行消毒的一种常用的方法。其中紫外线具有较强的杀菌能力,阳光的灼热和蒸发水分造成的干燥也有杀菌作用。本法对于牧场、草地、运动场、畜栏、饲养用具及环境等的消毒很有实际意义。在实际工作中常采用紫外灯产生紫外线进行空气消毒,消毒时灯管与污染物体表面的距离不得超过 1.5 m。消毒时间应根据污染的程度确定,通常为 0.5～2 h,但随着照射时间的适当延长,能够增强消毒效果。各种病原体对紫外线的抵抗力由小至大的顺序为革兰阴性菌、革兰阳性菌、病毒、细菌芽孢,抵抗力较强的病原体需要的照射量或照射时间应适当延长。

(3)焚烧。是一种简单易行可靠的消毒方法。常在发生烈性畜禽传染病,如炭疽、气肿疽时,对病畜尸体及其污染的垫草、草料等进行焚烧,对厩舍墙壁、地面可用喷灯进行喷火消毒。金属制品可用火焰烧灼和烘烤进行消毒。

(4)干热灭菌法。包括火焰烧灼灭菌法和烘烤灭菌法,该两种方法的灭菌效果明显、使用操作也比较简单。当病原体抵抗力较强时,可通过火焰发射器对粪便、场地、墙壁、笼具、其他废弃物品进行烧灼灭菌,或将畜禽的尸体以及传染源污染的饲料、垫草、垃圾等进行焚烧处理;全进全出制畜禽圈舍中的地面、墙壁、金属制品也可用火焰烧灼灭菌。

烘烤灭菌也称热空气灭菌法,该法主要用于干燥的玻璃器皿,如烧杯、试管、培养皿、玻璃注射器等灭菌。灭菌时,将待灭菌物品放入烘烤箱内,使温度逐渐上升到 160℃维持 2 h,可以杀死全部细菌及其芽孢。

(5)湿热灭菌法。包括煮沸消毒、高压蒸汽消毒和间歇蒸汽消毒等。

①煮沸消毒:是日常最为常用而且效果确实的消毒方法。一般病原菌的繁殖型在 60～70℃经 30～60 min 或 100℃的沸水中 5 min 内即可死亡。多数芽孢在煮沸 15～30 min 内即可死亡,煮沸 1～2 h 可以消灭所有的病原体。常用于耐煮的金属器械、木质和玻璃器具、工作服等的消毒。在煮沸金属器械和玻璃器械时,可加 1%～2%苏打或 0.5%肥皂等碱性物质,以提高沸点,增强杀菌效果。塑料、皮革制品易变形,不能煮沸消毒。

②高压蒸气消毒:相对湿度 80%～100%的热空气消毒。能携带许多能量,遇到消毒物品时凝集成水,并放出大量热能,从而达到消毒,其效果好。农村可用蒸笼进行。在实验室主要利用高压蒸气消毒,通常在 121℃维持 30 min,就可杀死细菌和芽孢。此外,病死畜禽化制站也利用高压蒸气消毒。

③间歇蒸汽消毒法：由于在 100℃时维持 30 min 可以杀死污染物品中细菌的繁殖体，因而将消毒后的物品置于室温下过夜，使其中的细菌芽孢和霉菌孢子萌发，第 2 天和第 3 天再用同样的方法进行处理和消毒，便可杀灭全部的细菌、真菌及其芽孢和孢子。此法常用于易被高温破坏物品如鸡蛋、血清、牛乳和各种糖类等培养基的灭菌。

2. 化学消毒法

是用化学药物杀灭病原体的方法，常用化学药品的溶液或蒸汽进行消毒，在防疫工作中最为常用。选用消毒药应考虑杀菌谱广，有效浓度低，作用快，效果好；对人畜无害；性质稳定，易溶于水，不易受有机物和其他理化因素影响；使用方便，价廉，易于推广；无味，无臭，不损坏被消毒物品；使用后残留量少或副作用小等。临床实践中常用的消毒剂种类很多，根据其化学特性分为：酚类、醛类、醇类、酸类、碱类、氯制剂、氧化剂、碘制剂、染料类、重金属盐和表面活性剂等。

3. 生物消毒法

在兽医防疫实践中，常用该法将被污染的粪便堆积发酵，利用嗜热细菌繁殖时产生高达 70℃以上的热量，经过 1～2 个月将病毒、细菌（芽孢除外）等病原体杀死，既达到消毒的目的，又保持了肥效。但本法不适用于炭疽、气肿疽等芽孢菌引起的畜禽传染病，这类畜禽传染病的粪便应焚烧或深埋。

(三)消毒程序和制度

1. 消毒程序

根据消毒的类型、对象、环境温度、病原体性质以及传染病流行特点等因素，将多种消毒方法科学合理地加以组合而进行的消毒过程称为消毒程序。以全进全出制生产系统中的消毒为例，空栏消毒的程序通常为粪污清除、高压水枪冲洗、消毒剂喷洒、干燥后熏蒸消毒或火焰消毒、再次喷洒消毒剂、清水冲洗、晾干后再将畜禽群转入。

消毒程序的制定应根据本场的生产方式、主要流行的传染病、消毒剂的特点和消毒设备及设施的种类等因素确定，但消毒前将畜禽圈舍内的粪便、污物清扫、冲洗干净是提高消毒效果的前提。条件较好的养殖场应在消毒后对生产的关键环节，如育雏舍、产仔舍等实施消毒效果的检查。

2. 消毒制度

养殖场通常应将各种消毒工作制度化，明确规定和记录消毒工作的管理者和执行人，使用消毒剂的种类、浓度和方法，消毒的间隔期限，消毒剂的轮换使用情况以及消毒设施、设备的管理和维护等内容。

(四)消毒效果的检查

1. 房舍机械清除效果的检查

主要是对房舍及设备的清洁程度进行检查。其次是检查管理用具等的消毒程度以及消毒粪便所采取的方法(是否进行生物热消毒、焚烧等)。

2. 消毒药剂选择正确性的检查

了解消毒工作的记录,检查消毒药物的种类、浓度、温度及其用量。可从没有用完的消毒液中进行消毒药物浓度、杀菌力等方面的化学检查,如测定甲醛、有效氯的浓度等。

3. 灭菌器消毒效果的检查

通常用最高温度计、压力计等放在高压灭菌器中的不同部位,监测其运行过程中温度和压力的动态变化;也常用抵抗力比普通病原菌大的嗜热脂肪杆菌芽孢、枯草杆菌芽孢等做成试验菌纸片,经过待检灭菌器消毒处理后再检测这些细菌的活性。

4. 污染区消毒效果的检查

在实践中常以某些条件致病菌,如金黄色葡萄球菌和大肠杆菌等作为评价指标。一般规定检查 10 个样品,检测结果全部为阴性时表明消毒合格。畜禽圈舍地面和墙壁的消毒效果检验,一般是通过比较消毒前和消毒后被消毒物品上至少 5 块相等面积(10 cm×10 cm)中的细菌数,根据细菌数量减少的百分比进行效果的评价。

5. 空气消毒效果的检查

一般是比较消毒前后空气中微生物的数量作为评价依据。空气中微生物样品的采集方法有 2 种,即自然沉降法和冲击采样法。

自然沉降法是将带有固体培养基的培养皿放置在待测空间中的不同位置,并打开平皿盖让其暴露于空气中一定时间,通过空气中微生物的自然沉降采集样品。但该方法只能捕获直径大于 10 μm 以上的颗粒,对体积更小、流行病学意义更大的传染性颗粒很难捕获,故准确性差。

冲击采样法是用空气采样器先抽取一定体积的空气,然后强迫空气通过狭缝直接高速冲击到缓慢转动的琼脂培养基表面,经过培养比较消毒前后的细菌数。该方法是目前公认的标准空气采样法。

(五)杀虫与灭鼠

主要是消灭虻、蝇、蚊、蜱等节肢动物和鼠类,它们是多种传染病的传播媒介,也可成为传染源。

1.杀虫方法

(1)物理杀虫法。机械性的拍打捕捉、火焰烧杀、沸水或蒸气热杀等。

(2)药物杀虫法。用化学杀虫剂杀灭。作用方法主要是胃毒药剂、接触毒药剂、熏蒸毒药剂和内吸毒药剂等。如有机磷类的辛硫磷等;拟除虫菊酯类的胺菊酯等;昆虫生长调节剂如保幼激素、发育抑制剂等;驱避剂如邻苯二甲酸二甲酯、避蚊胺等。

(3)生物杀虫法。是以昆虫的天敌或病菌及雄虫绝育技术等方法杀灭昆虫。如养柳条鱼灭蚊;用辐射使雄虫绝育;或使用过量的激素,抑制昆虫的变态和蜕皮;或利用病原微生物感染昆虫使其死亡。这些方法具有无公害、不产生抗药性的优点,已日益受到重视。另外,改造昆虫滋生的环境以减少滋生等,也是杀虫的方法。

2.灭鼠

鼠类是许多人畜共患病的传播媒介和传染源,它们可以传播的动物传染病有炭疽、布鲁菌病、结核病、土拉杆菌病、李氏杆菌病、钩端螺旋体病、伪狂犬病、口蹄疫、猪瘟、猪丹毒、巴氏杆菌病和立克次氏体病等。

灭鼠应从两个方面进行,一方面根据鼠类的生态学特点防鼠、灭鼠,从动物栏舍建筑和卫生措施上防止鼠类的滋生和活动;另一方面采取各种方法直接杀灭鼠类。直接杀灭鼠类的方法大体上可分为两类。

(1)器械灭鼠。用各种工具以不同方式扑杀鼠类,如关、夹、压、扣、套、翻、堵、挖灌等。

(2)药物灭鼠。根据毒物进入途径可分为消化道药物和熏蒸药物两类。消化道药物主要有磷化锌、杀鼠灵、安妥、敌鼠钠盐和氟乙酸钠等。熏蒸药物有三氯硝基甲烷和灭鼠烟剂。

六、免疫接种和药物预防

(一)免疫接种

免疫接种是给畜禽接种各种免疫制剂(菌苗、疫苗、类毒素及免疫血清),使畜禽个体和群体产生对畜禽传染病的特异性免疫力。它是使易感畜禽转化为不易感畜禽的一种手段。有计划有组织地进行免疫接种,是预防和控制畜禽传染病的重要措施之一,在某些畜禽传染病如猪瘟、鸡新城疫等病的防制过程中,免疫接种更具有关键性的作用。根据免疫接种的时机不同,可分为预防接种和紧急接种两类。

1.预防接种

预防接种是指在经常发生某些畜禽传染病的地区,或有某些畜禽传染病潜在的地区,或受到邻近地区某些畜禽传染病经常威胁的地区。为了防患于未然,在平时有计划地给健康畜禽群进行的免疫接种。预防接种常用的免疫制剂有疫(菌)苗、类毒素等。由于所用免疫制剂的品种不同,接种方法也不一样,有皮下注射、肌肉注射、皮肤刺种、口服、点眼、滴鼻、喷雾吸入等。随着集约化畜牧业的发展,饲养数量显著增加。因此,预防接种方向也由逐头打预防针改为简便的饮水免疫和气雾免疫,如鸡新城疫疫苗、猪肺疫弱菌苗的饮水免疫,牛羊布鲁菌菌苗的饮水免疫和气雾免疫等,均获得了良好的免疫效果,而且节省了大量的人力。接种后一般经1～3周产生免疫力。可获得持续数月至1年以上的免疫力。

(1)调查研究,做好宣传进行有计划的预防接种。预防接种应首先对本地区近年来畜禽曾发生过的畜禽传染病流行情况进行调查了解。然后有针对性地拟定年度或周期预防接种计划,确定免疫制剂的种类和接种时间,按所制订的各种畜禽免疫程序进行免疫。例如,某地区为预防猪瘟、猪丹毒、猪肺疫等传染病,要求每年全面地定期接种两次,在两次间隔期间,每月或每半月检查一次,对新生仔猪(1月龄以上)和新从外地引进的猪只,进行及时的补种,以提高防疫密度。

有时也进行计划外的预防接种。如输入或输出家畜时,为避免在运输途中或达到目的地后暴发某些传染病而进行的预防接种,可用疫苗、菌苗或类毒素,若时间紧迫也可应用免疫血清进行免疫。如果在某一地区过去从未发生过某种畜禽传染病,也没有从别处传染的可能时,则不需对该畜禽传染病进行免疫。

预防接种前,应对被接种的畜禽进行详细的检查和调查了解。根据具体情况确定接种的时机。成年的、体质健壮或饲养管理条件好的家畜,接种后会产生较坚强的免疫力,可按计划进行接种;而对于幼年的、体质弱的,有慢性病的和妊娠后期的母畜,饲养管理条件不好的家畜,进行预防接种的同时,必须创造条件改善饲养管理,如果是已经受感染的威胁,最好暂不接种。

预防接种前,还要对当时当地的畜禽传染病情况进行调查,如发现疫情,则应首先安排紧急防疫,如无特殊畜禽传染病流行则按原计划进行定期预防接种。接种后,应加强饲养管理,使机体产生较好的免疫力,减少接种后的反应。

(2)应注意预防接种反应。生物制剂对于畜禽机体来说,都是异物,经接种后总有一个反应过程,但反应的强度和性质有所不同。有的程度轻微,不会对机体带来危害,只要精心护理,就会恢复,但有些不良反应或剧烈反应则应引起注意。所谓不良反应就是指经预防接种后引起持久的或不可逆的组织、器官损害或功能障碍而致的后遗症。接种反应的类型可分为如下几种。

①正常反应:是指由于制品本身的特性而引起的反应,其性质和反应强度因制品而异。如有些制品是活菌苗或活疫苗,接种后实际是一次轻度感染,也会发生某种局部反应或全身反应。

②严重反应：和正常反应没有本质上的区别，但程度轻重或发生反应的畜禽数量超过正常比例。引起严重反应的原因或由于某一批生物制品质量较差；或是使用方法不当，如接种剂量过大，接种技术不正确，接种途径错误等；或是个别畜禽对某种生物制品过敏。这类反应通过严格控制制品质量和按照说明书使用可以减少到最低程度，只有个别特殊的畜禽才会发生。

③合并症：是指与正常反应性质不同的反应。主要包括超敏感（血清病过敏休克、变态反应）、扩散为全身感染和诱发潜伏感染等。

(3)几种疫苗的联合应用。这是预防接种工作的发展方向。由于一定地区、一定季节内某种畜禽流行的传染病种类较多，往往在同一时间需要给畜禽接种两种不同或两种以上的疫苗，以分别刺激机体产生保护性抗体。这种免疫接种可以大大提高工作效率，很受广大养殖者和基层兽医防疫人员的欢迎，但在当前仍以常规疫苗为主的形势下，疫苗联合使用时应考虑到疫苗的相互作用。从理论上讲，在增殖过程中不同病原微生物可通过不同的机制彼此相互促进或相互抑制，当然也可能彼此互不干扰。前两种情况对弱毒苗的联合免疫接种影响很大，主要是因为弱毒活苗在产生免疫力之前需要在机体内进行一定程度的增殖，因此选择疫苗联合接种免疫时，应根据研究结果和试验数据确定那些弱毒苗可以联合使用，那些疫苗在使用时应有一定的时间间隔以及接种的先后顺序等。生物制品厂生产的联合疫苗都经过实验检验，相互之间不会出现干扰作用。

近年来的研究表明，灭活疫苗联合使用时似乎很少出现相互影响的现象，甚至某些疫苗还具有促进其他疫苗免疫力产生的作用。但考虑到畜禽体的承受能力、传染病危害程度和目前的疫苗生产工艺等因素，常规灭活疫苗无限制累加联合也会影响主要传染病的免疫防制，其原因是因为畜禽机体对多种外界因素刺激的反应性是有限度的，同时接种疫苗的种类或数量过多时，不仅妨碍畜禽体针对主要传染病高水平免疫力的产生，而且有可能出现较剧烈的不良反应而减弱机体的抗病能力。因此，对主要畜禽传染病的免疫防制，应尽量使用单独的疫苗或联合较少的疫苗进行免疫接种，以达到预期的接种效果。

(4)制定合理的免疫程序。所谓免疫程序，就是对某种畜禽，根据其常发的各种畜禽传染病的性质、流行病学，母源抗体水平，有关疫（菌）苗首次接种的要求以及免疫期长短等，制定该种畜禽从出生经青年到成年或屠宰配套接种程序。目前国际上还没有一个可供统一使用的疫（菌）苗免疫程序，各国都在实践中总结经验，制定出合乎本地区、本牧场具体情况的免疫程序，而且还在不断研究改进中。

制定免疫程序通常应遵循如下原则：

①畜禽群的免疫程序是由传染病的分布特征决定的：由于畜禽传染病在地区、

时间和畜禽群中的分布特点和流行规律不同,它们对畜禽造成的危害程度也会随着发生变化,一定时期内兽医防疫工作的重点就有明显的差异,需要随时调整。有些传染病流行时具有持续时间长、危害程度大等特点,应制定长期的免疫防制对策。

②免疫程序是由疫苗的免疫学特性决定的:疫苗的种类、接种途径、产生免疫力需要的时间、免疫力的持续期等差异是影响免疫效果的重要因素,因此在指定免疫程序时要根据这些特性的变化进行充分的调查、分析和研究。

③免疫程序应具有相对的稳定性:如果没有其他因素的参与,某地区或养殖场在一定时期内畜禽传染病分布特征是相对稳定的。因此,若实践证明某一免疫程序的应用效果良好,则应尽量避免改变这一免疫程序。如果发现该免疫程序执行过程中仍有某些传染病流行,则应及时查明原因(疫苗、接种、时机和病原体变异等),并进行适当地调整。

④幼畜幼禽的母源抗体水平:免疫过的妊娠母畜所产仔畜体内在一定时间内有母源抗体存在,对建立自动免疫有一定的影响,因此对幼龄畜禽进行免疫接种往往不能获得满意的效果。以猪瘟为例。母猪于配种前后接种猪瘟疫苗者,所产仔猪由于从初乳中获得母源抗体,在 20 日龄以前对猪瘟具有坚强免疫力,30 日龄以后母源抗体急剧衰减,至 40 日龄时几乎完全丧失,哺乳仔猪如在 20 日龄左右首次免疫接种猪瘟弱毒疫苗,至 65 日龄左右进行第二次免疫接种,这是我国目前公认的较合适的猪瘟免疫程序,另据国内外一些报道认为,初生仔猪在吃初乳前接种猪瘟弱毒疫苗,可免受母源抗体的影响而获得可靠免疫力,这种免疫有一些优越性,但也存在一些困难,饲养人员和兽医人员必须随时观察。产后立即进行免疫接种,再者注苗与哺乳的时间间隔亦应注意,据丘惠深(2001)报道认为产后 1 h 进行免疫为宜。

(5)实行免疫监测制度,合理免疫。在影响疫(菌)苗免疫效果的因素中,接种畜禽体内原有抗体(母源抗体和自动免疫抗体)是主要因素之一。实践证明,免疫过的母畜所生的仔畜,可从初乳中获得母源抗体;免疫过的种禽卵所孵出的雏禽,也可获得母源抗体。如初免时机选择不当,就可影响免疫效果。因此,为了使免疫接种获得可靠的免疫效果,必须建立免疫监测制度,排除对畜禽免疫的干扰因素,以保证免疫程序的合理实施。所谓免疫监测,就是利用血清学方法,对某些疫(菌)苗免疫畜禽在免疫接种前后的抗体跟踪监测,以确定接种时间和免疫效果。在免疫前,监测有无相应抗体及其水平,以便掌握合理的免疫时机,避免重复和失误;在免疫后,监测是为了了解免疫效果,如不理想可查找原因,进行重免;有时还可及时发现疫情,尽快采取扑灭措施。如鸡新城疫的免疫监测手段是鸡新城疫血凝抑制试验。

(6)预防接种失败的原因。免疫失败是指经某病疫苗接种的畜禽群,在该疫苗有效免疫期内,仍发生该畜禽传染病;或在预定时间内经检测免疫力达不到预期水平,即预示着有发生该畜禽传染病的可能。造成疫苗接种失败的原因如下:

①幼畜禽体内存有高度的被动免疫力(母源抗体),可能中和了疫苗。

②环境条件恶劣、寄生虫侵袭、营养不良等应激,影响了畜禽的免疫应答。

③传染性法氏囊病、传染性贫血、马立克氏病、霉菌素中毒等引起的免疫抑制。

④畜禽群中已潜伏着传染病。

⑤活苗因保存、运输或处理不当而死亡;或使用超过有效期的疫苗。

⑥可能疫苗不含激发该畜禽传染病保护性免疫所需的相应抗原,即疫苗的毒(菌)株或血清型不对。

⑦使用饮水法或气雾法接种时,疫苗分布不匀,使部分畜禽未接触到或因剂量不足而仍然易感。

2.紧急接种

紧急接种是指在发生畜禽传染病时,为了迅速控制和扑灭畜禽传染病的流行,而对疫区和受威胁区尚未发病的畜禽进行的应急性免疫接种。紧急接种从理论上讲应使用免疫血清,或先注射血清,2 周后再接种疫(菌)苗,即所谓共同接种较为安全有效。但因免疫血清用量大,价格高,免疫期短,且在大批畜禽急需接种时常常供不应求,因此在防疫中很少应用,有时只用于种畜场、良种场等。实践证明,在疫区和受威胁区有计划地使用某些疫(菌)苗进行紧急接种是可行而有效的。如在发生猪瘟、鸡新城疫和口蹄疫等急性畜禽传染病时,用相应疫苗进行紧急接种,可收到很好的效果。

应用疫(菌)苗进行紧急接种时,必须先对畜禽群逐头逐只地进行详细的临床检查,逐头测温,只能对无任何临床症状的畜禽进行紧急接种,对患病畜禽和处于潜伏期的畜禽,不能接种疫(菌)苗,应立即隔离治疗或扑杀。但应注意,在临床检查无症状而貌似健康的畜禽中,必然混有一部分潜伏期的畜禽,在接种疫(菌)苗后不仅得不到保护,反而促进其发病,造成一定的损失,这是一种正常的不可避免的现象。但由于这些急性畜禽传染病潜伏期短,而疫(菌)苗接种后又能很快产生免疫力,因而发病后不久即可下降,疫情会得到控制,多数畜禽得到保护。

3.环状免疫带建立

通常指某些地区发生急性、烈性传染病时,在封锁疫点和疫区的同时,根据该病的流行特点对封锁区及其外围一定区域内所有易感染畜禽进行的免疫接种。建立免疫带的目的主要是防止传染病扩散,将传染病控制在封锁区内就地扑灭。

4. 免疫隔离屏障建立

通常是指为防止某些传染病从有传染病的国家向无该病的国家扩散，而对国界线周围地区的畜禽群进行的免疫接种。

紧急接种是综合防制措施的一个重要环节，必须与其中的封锁、检疫、隔离、消毒等环节密切配合，才能取得较好的效果。

(二)药物预防

1. 药物预防的概念及意义

药物预防是为了预防某些畜禽传染病，在畜群的饲料或饮水中加入某种安全的药物进行群体的化学预防，在一定的时间内可以使受威胁的易感畜禽不受畜禽传染病的危害，这也是预防和控制畜禽传染病的有效措施之一。这种群体的利用药物预防的方法又称为化学预防。

群体防制对某些畜禽传染病在一定条件下采用，可收到良好的效果。在饲料或饮水中添加化学药物预防畜禽传染病具有重要意义：一是能够对整个养殖场的传染病进行群防群治，便于宏观调控；二是方便经济，对于细菌性感染性传染病，不需要兽医花很多时间和精力对每头(只)畜禽进行注射或内服给药；三是可以减少应激，降低应激性疾病的发生；四是通过长期连续或定期间断性混饲或混饮用药，能对在养殖场扎根的某些顽固性细菌性传染病进行根治。

2. 药物内服给药剂量与饲料或饮水中添加给药剂量的换算

内服剂量通常是以每千克体重使用药物重量来表示，饲料添加剂是以单位饲料重量中添加药物的重量来表示。畜禽一次内服剂量的多少与畜禽的体重成正比关系。而饲料添加给药剂量与畜禽每日耗饲量相关，消耗饲料多，药物在饲料中的比例(浓度)减少，如果每日消耗饲料少，则药物在饲料中的比例增大。现以猪为例作简要说明：实践中，如果已知猪口服某种药物的剂量，即可估算出药物在饲料或饮水中的添加剂量。设 D 为猪每千克体重每次内服某种化疗药物的重量(mg)，T 为每日内服药物的次数，W 为猪每日每千克体重的饲料消耗量(kg 饲料)，肥育猪每日饲料消耗量占体重的 5%，即每日平均每千克体重的饲料消耗量为 $W=1$ kg 体重×5%(kg 饲料/kg 体重)=0.05 kg 饲料，则肥育猪饲料中添加药物的比例(R)为：$R=DT/W$(mg/kg 饲料)。

仔猪与母猪饲料添加药物量可稍作调整。一般情况下，仔猪的每日饲料消耗量可以其体重的 6%～8%计算；种母猪以其体重 2%～4%计算，哺乳期以 3%～5%计算。

例 1：猪内服痢菌净的剂量为每千克体重 5～10 mg，1 日 2 次，换算成饲料添加剂为多少？

已知　$D=5\sim10$ mg，$T=2$，$W=0.05$ kg 饲料

则　猪痢菌净混饲治疗浓度为：$R=(5\sim10\ \text{mg})\times2/0.05$ kg 饲料$=200\sim400$ mg/kg 饲料，即每吨饲料中添加痢菌净 200～400 g。

例 2：猪内服诺氟沙星的剂量为每千克体重 10 mg，每日 2 次，换算成混饲给药浓度为多少？

已知　$D=10$ mg，$T=2$，$W=0.05$ kg 饲料

则　混饲浓度为 $R=10\times2/0.05=400$ mg/kg 饲料，即每吨饲料中添加诺氟沙星 400 mg（治疗剂量）。

3. 药物预防的注意事项

为了保证在饲料或饮水中添加药安全有效，必须注意以下问题：

（1）预防剂量的控制。预防剂量一般为治疗剂量的 1/4～1/2，在多数情况下，饲料添加药物是作为预防传染病使用，一般添加的时间较长，所以必须严格控制药物剂量，以免用药剂量过大造成蓄积中毒。特别值得提出的是，不要将用于治疗的口服剂量换算成饲料添加量用于长期预防。

（2）配合饲料中原本添加药物的确认。现代配合饲料生产中大多数加有一定量的化学药物。所以在向饲料厂家生产的配合饲料中添加自己拟订防制某一传染病的药物品种时，必须十分谨慎，避免同一药物重复添加造成畜禽的药物中毒。

（3）药物与饲料混合。将药物添加到饲料中预防或治疗传染病，药物的量较饲料量低得多，药物浓度通常为 1～500 mg/kg（饲料）。相对饲料来讲，药物所占的比例极小，要将这“小量”的药物均匀地混合到“大量”的饲料中去，并不是一件容易的事情。生产实践中，因药物与饲料混合不均匀造成中毒或防制无效的事故时有发生，这给养殖业造成极大的经济损失。因此，混合时必须严格依照生产工艺执行。通常采用的方法是“等量递升”法，即先取与药物等量的饲料和药物混合，再逐渐加饲料量混合，直至完全、反复混合完毕。对于某些药物原粉，应先将药物与适量的饲料混合制成预混料，然后再与全价料混合。

（4）添加方式。可以将药物添加到饲料中用药，也可以添加到饮水中用药。添加到饲料中比较适合于传染病的预防，添加到饮水中用药比较适合于传染病的治疗。畜禽在发生传染病时，由于病情原因致使食欲下降，严重时废绝，此时通过饲料给药，进入到畜禽体内的药量不足，达不到理想的治疗效果。但病畜禽的饮水有时略有增加，此时通过饮水添加用药常能达到预期效果。应该说明的是，在生理条件下，猪的饮水量约为饲料摄入量的 2 倍，依此推理，饮水中添加药物剂量（比例）应为饲料中添加剂量的 1/2。例如，治疗猪病诺氟沙星添加到每千克饲料中的剂量为 200～400 mg，则添加到饮水中的剂量应为 100～200 mg，即 1 000 L 饮水添

加诺氟沙星 100～200 g。通过饮水添加用药，其药物应是水溶性的制剂，否则，药物会在饮水中沉积下来，造成用药不均匀而引起中毒或治疗无效。

(5)掌握一次给药的化疗药物在饲料中的添加方法。某些化疗药物特别是抗寄生虫药物如左咪唑、苯丙咪唑类药物(如丙硫咪唑、甲苯咪唑)、伊维菌素类药物在防制传染病时多是内服或注射给药一次，即按规定剂量使用一次就可以达到防制传染病的效果。前面介绍的混饲给药方法是将药物按照一定的比例添加到饲料中，治疗传染病时添加用药一个疗程(3～7 d)，预防传染病时则是长时间添加或使用(几周至几个月)。这种长时间混饲添加用药方法要求药物的毒性较小，安全范围大，不易发生蓄积中毒。对于一次给药的抗寄生虫药物混饲添加方法为：首先根据体重计算畜禽所需要的药量，然后将药物(一次量)均匀地拌入畜禽日量的日粮中喂给，有时，也可将一次量的药物拌入 2～3 d 的日粮中喂给。

(6)注意防止产生耐药性。长期使用化学药物预防，容易产生耐药性菌株，而影响防制效果。因此，必须根据药物敏感试验结果，选用高度敏感的药物。另外，长期使用抗生素等药物进行畜禽传染病的预防，形成的耐药性菌株将会使治疗难度增大，某些人畜共患病病菌一旦感染人，将会对人类健康造成危害。因此，使用药物预防必须严格遵守有关法规合理使用。

4. 常用的药物种类

随着现代畜牧业向工厂化生产的发展，要求做到畜禽群无病、无虫、健康。而密集式的饲养制度，又易使畜禽群发生和流行传染病，因而保健添加剂在近 10 多年来发展很快。常用于生产的有呋喃类、氟喹诺酮类、磺胺类和抗生素等药物，可应于预防和治疗鸡和猪的沙门杆菌病、大肠杆菌病、鸡传染性鼻炎、鸡败血支原体病、猪萎缩性鼻炎以及一些寄生虫病。

利用微生态制剂进行生态预防，是药物预防的一条新途径。所谓微生态制剂，即是利用对病原菌具有生物拮抗作用的非致病性细菌，经过严格选择和鉴定后而制成的活菌制剂，如 EM(有效微生物群)、乳康生、促菌生、调痢生等均属微生态制剂范畴。畜禽内服后，可抑制病原菌或条件致病菌在肠道的增殖和生存，调整肠道内菌群的平衡，从而预防仔猪黄痢、仔猪白痢、雏猪下痢、犊牛腹泻等消化道传染病发生，以及促进畜禽生长发育的作用。应当注意，在内服微生态制剂时，禁服抗菌药物。

利用中草药饲料添加剂，由于具有低药残、少副作用和不易产生耐药性等优点，而越来越受重视。

七、动物尸体处理

患传染病死亡的畜禽尸体内含有很多病原体，应及时进行无害化处理，切不可乱扔，也不可食用，以防止病原体扩散使疫病蔓延，甚至危害人类健康。尸体处理方法较多，各有优缺点，在实际工作中可根据具体情况而定。常用的方法有：

(1)掩埋。即挖 2 m 以上的深坑，放入尸体后再加入石灰或其他消毒液，然后填土掩埋，此法简单易行，但效果较差。

(2)焚烧。效果较好，消灭病原体最为彻底。更适用于特别危险的传染病尸体的处理，如炭疽、气肿疽等。禁止在地面焚烧，应在焚尸炉内进行。

(3)化制。尸体在特设的加工厂中加工处理，既进行了消毒，又可以加工利用，如加工成工业用油脂和骨肉粉等。

复习思考题

1. 试述畜禽传染病综合防制的基本内容。
2. 说明动物检疫的类型。
3. 举例说明制定畜禽传染病防疫计划的意义、内容和范围。
4. 怎样才能搞好预防接种工作？
5. 什么叫免疫程序？如何制定一个合理的免疫程序？
6. 发生畜禽传染病时进行紧急接种有何意义？
7. 对畜禽传染病进行药物预防有什么意义？
8. 简述消毒的种类和方法及意义。
9. 简述畜、禽舍空气消毒的方法。
10. 发生畜禽传染病时及时报告和诊断有何意义？
11. 畜禽传染病的诊断方法有哪些？
12. 封锁与隔离的意义是什么？发生畜禽传染病后怎样进行封锁与隔离？

第三章　人畜共患病

本章导读

本章主要介绍了日常生产生活中常见的人畜共患传染病，从病原、流行病学、临床症状、病理变化、诊断和防制 6 方面描述疾病特征。

1. 重点掌握口蹄疫、流行性感冒、大肠杆菌病、沙门杆菌病、巴氏杆菌病、链球菌病、附红细胞体病、布鲁杆菌病、结核病的全部内容。

2. 掌握痘病、狂犬病、流行性乙型脑炎、葡萄球菌病、炭疽、衣原体病、破伤风、钩端螺旋体病、坏死杆菌病、李氏杆菌病的流行特点、诊断要点及防制措施。

3. 了解轮状病毒感染、传染性海绵体脑病、棒状杆菌病、弯曲杆菌病、肉毒梭菌毒素中毒症、土拉杆菌病、绿脓杆菌病的主要诊断要点及防制措施。

第一节　口蹄疫

口蹄疫是由口蹄疫病毒引起偶蹄兽的一种急性热性高度接触性传染病。主要以口腔黏膜、蹄部及乳房皮肤发生水疱和溃烂为特征。

一、病原

为口蹄疫病毒(Foot-and-mouth disease virus, FMDV)。属微 RNA 病毒科口蹄疫病毒属。病毒颗粒无囊膜，基因组为单股 RNA。用牛、猪、仓鼠肾原代细胞培养物，也可用仓鼠肾传代细胞(BHK21)培养本病毒，7～10 日龄以内的乳鼠对本病毒敏感，皮下接种病猪水疱液或水疱皮乳剂，经 10～14 h 因呼吸急促，四肢和全身麻痹而死。

口蹄疫病毒对外界环境的抵抗力较强，耐干燥，在自然情况下，含毒组织和污染的饲料、皮毛及土壤等可保持传染性达数天、数周，甚至数月之久。但高温和直射阳光对病毒有杀灭作用。病毒对酸、碱十分敏感，因此2%～4%氢氧化钠、3%～5%福尔马林、0.2%～0.5%过氧乙酸及二氯异氰尿酸钠、次氯酸钠和氨水等均为口蹄疫病毒良好的消毒剂。肉品在10～12℃经24 h，或在4～8℃经24～48 h，由于产生乳酸使pH下降至5.3～5.7，能使其中病毒灭活，但骨髓、淋巴结内不易产酸，病毒能存活1年以上。水疱液中的病毒在60℃经5～15 min可灭活，80～100℃很快死亡，在37℃温箱中12～24 h即死亡。鲜牛奶中的病毒在37℃可生存12 h，18℃生存6 d，酸奶中的病毒迅速死亡。

FMDV具有多型性、易变性的特点。口蹄疫病毒有7个血清型，分别命名为O、A、C、SAT1、SAT2、SAT3及亚洲Ⅰ型，每个型又可进一步分成若干亚型。由于本病毒不断发生抗原漂移，因此并不能严格区分亚型。各型之间无交叉免疫性，同型各亚型之间交叉免疫程度变化幅度较大，亚型内各毒株之间也有明显的抗原差异。病毒的这种特性，给本病的检疫、防疫带来很大困难。据最近报道，口蹄疫亚型已增加到70个以上。FMDV特别容易变异常有新的亚型出现。

口蹄疫病毒在病畜的水疱皮内及其淋巴液中含毒量最高。在水疱发展过程中，病毒进入血流，分布到全身各种组织和体液。在发热期血液内的病毒含量最高，退热后在奶、尿、口涎、泪、粪便等都含有一定量的病毒。

二、流行病学

(一)传染源

病畜和带毒动物是主要传染源。病毒随病畜排泄物和分泌物排出，其中水疱液、水疱皮、奶、尿、唾液和粪便含毒量最高，毒力最强，富于传染性。痊愈家畜的带毒期长短不一，有人报道，病牛有50%可能带毒4～6个月，甚至有将康复后一年的牛运到非疫区而引起口蹄疫流行的。

从流行病学的观点来看，绵羊是本病的“贮存器”，猪是“扩大器”，牛是“指示器”。

隐性带毒者主要为牛、羊及野生偶蹄动物，猪不能长期带毒。研究表明，FMDV在有抗体存在时，可引起病毒演化，发生病毒持续性感染。持续感染病毒在感染动物体内局部(牛食道、咽部和软腭背部上皮细胞，奶牛乳腺，羊扁桃体上皮)可长期存活。FMDV持续带毒的毒力较低，与流行期病毒的性质有所不同。持续感染带毒者在一定条件下可成为传染源，如各种应激因素使带毒者免疫力降低，或由于病毒变异增强了毒力。Beck(1987)对欧洲近年来分离的18株FMDV和9株包括疫苗毒株在内的传统FMDV毒株,通过分析编码VP1RNA的分析,发现大多数分离毒株与疫苗毒株有关,因此认为疫苗毒株的散毒和变异是引起近来欧洲口蹄疫暴发的主要根源。

(二)传播途径

当病畜与健畜同舍混群饲养时,病毒常以直接接触方式传播,消化道是最常见的感染途径,损伤的皮肤黏膜也能感染。近年来,证明呼吸道感染更易发生,并证实家畜在自然感染后不久,病毒就能随分泌物和呼出的气体排出,认为病毒不仅在消化道繁殖,更常在呼吸道黏膜繁殖。口蹄疫病毒能随风传播到10～60 km以外的地方,常发生远距离的气源性传播,呈现跳跃式的传播特点。人和非易感动物(犬、马、鸟类等)均可成为本病的传播媒介。此外,精液、乳汁亦含有大量的病毒并能传染。

(三)易感动物

口蹄疫病毒侵害多种动物,但主要感染各种偶蹄兽,其中以牛最易感,猪次之,再次为绵羊、山羊和骆驼。本病较容易从一种动物传到另一种动物。但在某些流行中强烈地感染牛,而不感染羊或很难感染猪,某些流行强烈地感染猪而不感染很难感染牛、羊。

野生动物中黄羊、鹿、麝和野猪也可感染发病;长颈鹿、扁角鹿、野牛、瘤牛等都易感。性别与易感性无影响,但幼龄动物较老龄者易感性高,仔猪、犊牛和羔羊不但易感而且死亡率也高。

(四)流行特点

一般冬、春季较易发生大流行,夏季减缓或平息。但在大群饲养的猪舍,本病并无明显的季节性。卫生条件和营养状况也能影响流行的经过,畜群的免疫状态则对流行的情况有着决定性的影响。据大量资料统计和观察,口蹄疫的暴发流行有周期性的特点,每隔二年或三五年就流行一次。

三、临床症状

由于多种动物的易感性不同,也由于病毒的数量和毒力以及感染门户不同,潜伏期的长短和病状也不完全一致。

1. 猪

潜伏期1～4 d,人工感染潜伏期为18～72 h。病猪以蹄部水疱为主要特征,病初体温升高至40～41℃,精神不振,食欲减少或废绝。口黏膜(包括舌、唇、齿龈、咽、腭)形成小水疱或糜烂。蹄冠、蹄叉、蹄踵等部出现局部发红,微热、敏感等症状,不久逐渐形成米粒大、蚕豆大的水疱,水疱破裂后表面出血,形成糜烂,如无细菌感染,1周左右痊愈。如有继发感染,严重者影响蹄叶、蹄壳脱落。患肢不能撑地,常卧地不起,病猪鼻镜、乳房也常见到烂斑,尤其是哺乳母猪,乳头上的皮肤病灶较为常见,但也发于鼻面上。其他部位皮肤如阴唇及睾丸上的病变少见,还可常见跛行,有时流产、乳房炎及慢性蹄变形。

仔猪受感染时,水泡症状不明显,通常呈急性胃肠炎和心肌炎而突然死亡。病死率可达60%～80%,病程稍长者,亦可见到口腔(齿龈、唇、舌等)及鼻面上有水疱和糜烂。

2. 牛

潜伏期平均2～4 d,最长可达1周左右。病牛体温升高达40～41℃,精神委顿,食欲减退,闭口,流涎,开口时有吸吮声,1～2 d后,在唇内面、齿龈、舌面和颊部黏膜发生蚕豆至核桃大的水疱,口温高,此时口角流涎增多,呈白色泡沫状,常常挂满嘴边,采食反刍完全停止。水疱约经一昼夜破裂形成浅表的红色糜烂,水疱破裂后,体温降至正常,糜烂逐渐愈合,全身症状逐渐好转。如有细菌感染,糜烂加深,发生溃疡,愈合后形成瘢痕。有时并发纤维蛋白性坏死性口膜炎和咽炎、胃肠炎。有时在鼻咽部形成水疱,引起呼吸障碍和咳嗽。在口腔发生水疱的同时或稍后,趾间及蹄冠的柔软皮肤上表现红肿、疼痛、迅速发生水疱,并很快破溃,出现糜烂,或干燥结成硬痂,然后逐渐愈合。若病牛衰弱,或饲养管理不当,糜烂部位可能发生继发性感染化脓、坏死,病畜站立不稳,行路跛拐,甚至蹄匣脱落。乳头皮肤有时也可出现水疱,很快破裂形成烂斑,如涉及乳腺引起乳房炎,泌乳量显著减少,有时乳量损失高达75%,甚至泌乳停止。实践证明,乳房上口蹄疫病变见于纯种牛,黄牛较少发生。

本病一般取良性经过,约经1周即可痊愈。如果蹄部出现病变时,则病期可延至2～3周或更久。病死率很低,一般不超过1%～3%,但在某些情况下,当水疱病变逐渐痊愈,病牛趋向恢复时,有时可突然恶化。病牛全身虚弱,肌肉发抖,特别是心跳加快,节律失调,反刍停止,食欲废绝,行走摇摆,站立不稳,因心脏麻痹而突然倒地死亡。这种病型称为恶性口蹄疫,病死率高达20%～50%,主要是由于病毒侵害心肌所致。

哺乳犊牛患病时,水疱症状不明显,主要表现为出血性肠炎和心肌麻痹,出现腹泻,粪便中含有血液,犊牛很快出现心肌炎症状,运动无力、继而趴卧不起,呼吸急促,心律不齐,死亡率很高。病愈牛可获得一年左右的免疫力。

3. 羊

潜伏期1周左右，病状与牛大致相同，但感染率较牛低。山羊多见于口腔，呈弥漫性口膜炎，水疱发生于硬腭和舌面，羔羊有时有出血性胃肠炎，常因心肌炎而死亡。

四、病变

发病动物除口腔和蹄部的水疱和烂斑外，在咽喉、气管、支气管和前胃黏膜有时可见到圆形烂斑和溃疡，真胃和肠黏膜可见出血性炎症。另外，具有重要诊断意义的是心脏病变，心包膜有弥散性及点状出血，心肌松软，心肌切面有灰白色或淡黄色斑点或条纹，好似老虎皮上的斑纹，故称“虎斑心”。肺脏淤血、出血。

五、诊断

(一)临诊诊断

根据病的急性经过，呈流行性传播，主要侵害偶蹄兽和一般为良性转归以及特征性的临诊症状可做出初步诊断。为了与类似疾病鉴别及毒型的鉴定，须进行实验室检查。

(二)实验室诊断

OIE规定的方法有病毒中和试验(国际贸易指定的方法)、液相阻断ELISA(国际贸易指定的方法)、病毒感染相关抗原试验(VIAA)。

1. 病毒分离鉴定

采取病畜水疱皮或水疱液进行病毒分离鉴定。取病畜水疱皮，用PBS液制备混悬浸出液，或直接取水疱液接种BHK细胞、IBR1细胞或猪甲状腺细胞进行病毒培养分离，做蚀斑试验。同时应用补体结合试验，目前多用酶联免疫吸附试验(ELISA)效果更好。

2. 血清学试验

(1)采取水疱皮制成混悬浸出液，接种乳鼠继代并用阳性血清作乳鼠保护试验或中和试验。可用于型和亚型鉴定，并用于抗体水平测定。

(2)取水疱皮混悬浸出液作抗原，用标准阳性血清作补体结合试验或微量补体结合试验，同时可以进行定型诊断或分型鉴定。

(3)用康复期的动物血清对VIA抗原作琼脂免疫扩散试验并进行定型试验。

(4)应用反向被动血凝反应试验，比补体结合试验灵敏度高。

(5)应用酶联免疫吸附试验(ELISA)、间接酶联免疫吸附试验以及免疫荧光抗体技术诊断均有很好效果。ELISA可用于代替补体结合试验和中和试验，具有敏感、特异且操作快捷等优点。

(6)单克隆抗体可用于实验室抗原分析。确定毒型的重要性在于目前使用的多系单价疫苗，如果毒型与疫苗毒型别不符，就不能收到预期的防疫效果。

六、防制

(一)治疗

按照现行的法律规定家畜发生口蹄疫之后不允许治疗，如有特殊需要可参考以下治疗方法：

1. 患部清洗涂药

口腔可用清水、食醋或0.1%高锰酸钾洗漱，糜烂面上可涂以1%～2%明矾或碘酊甘油(碘7 g、碘化钾5 g、酒精100 mL，溶解后加入甘油10 mL)，也可用冰硼散(冰片15 g、硼砂150 g、芒硝18 g，共为末)。

蹄部可用3%臭药水或来苏儿洗涤，擦干后涂松馏油或鱼石脂软膏等，再用绷带包扎。

乳房可用肥皂水或2%～3%硼酸水洗涤，然后涂以青霉素软膏或其他防腐软膏，定期将奶挤出以防发生乳房炎。

2. 特异疗法

早期可使用口蹄疫高免血清。

3. 治疗继发感染

如有继发感染可肌肉或静脉注射抗生素，如青霉素、链霉素、头孢菌素等。

4. 加强饲养管理

对病牛要精心饲养，对病状较重、几天不能吃的病牛，应喂以麸糠稀粥、米汤或其他稀糊状食物，防止因过度饥饿使病情恶化而引起死亡。畜舍应保持清洁、通风、干燥、暖和，多垫软草，多给饮水。

5. 对症疗法

恶性口蹄疫病畜除局部治疗外，可用强心剂和补剂，如安那咖、葡萄糖盐水等。用结晶樟脑口服，每天2次，每次5～8 g，可收良效。

(二)预防

应采取以免疫预防为主的综合性防疫措施。

1. 预防接种

免疫接种是预防本病的关键措施。发生口蹄疫时，需用与当地流行的相同病毒型、亚型的弱毒疫苗或灭活疫苗进行免疫预防。弱毒疫苗由于毒力与免疫力之间难以平衡，不太安全。因此目前各国主要研制和应用灭活疫苗。鉴于我国流行情况，主要选用猪口蹄疫O型灭活疫苗进行肌肉注射。根据兰州兽医研究所综合防制组的试验结果，建议使用口蹄疫O型灭活苗的用户，按照以下免疫程序接种疫苗：

种猪每隔3个月免疫一次，每次肌肉注射常规苗2 mL/头，或肌肉注射高效疫苗1～1.5 mL/头。仔猪40～45日龄首免，每次肌肉注射常规苗2 mL/头，或肌肉注射高效疫苗1～1.5 mL/头。100～105日龄加强免疫一次，每次肌肉注射常规苗2 mL/头，或肌肉注射高效疫苗1～1.5 mL/头。肉猪出栏前15～20 d进行三免，肌肉注射常规苗2 mL/头，或肌肉注射高效疫苗1～1.5 mL/头。

目前，全国没有统一的免疫程序，各饲养场可根据本场实际情况制定免疫程序。

免疫接种过程中必须注意要按照规定严把疫苗质量及储运关；注射时要选择合适的要选择合适的针头，把握适当的进针角度和深度，疫苗注射剂量要足，做到一头不漏，一畜一个针头；严格执行免疫程序，适时接种。

2.坚持“自繁自养”的饲养方针

尽量不从外界引进动物，必须引进时，需了解当地近1～3年内有无口蹄疫的发生和流行，应从非疫区、健康群中购买，并需经产地检疫合格。购回后，仍需隔离观察1个月，经临诊检查和实验室检测，确定健康无病后方可混群饲养。发生口蹄疫的饲养场，全场动物不能留作种用。

3.严防通过各种传播媒介和传播渠道传入疫情

严格隔离饲养，杜绝外来人员参观，加强对进场车辆、人员、物品的消毒，不从疫区购买饲料，严禁从疫区调运动物及其产品。

4.依法加强动物及动物产品的检疫

带毒动物及其产品的流动是口蹄疫暴发和流行的重要原因之一，因此要依法进行产地检疫和屠宰检疫，严厉打击非法经营和屠宰，依法做好流通领域运输活动物及其产品的检疫、监督和管理，防制口蹄疫传入；进入流通领域的偶蹄动物不需具备检疫合格证和疫苗免疫注射证明。

发生本病后，应及时上报疫情，尽早确诊，划定疫点、疫区和受威胁区，按“早、快、严、小”的原则及时隔离封锁，患病动物及同群动物应隔离急宰，同时被污染的畜舍、场所及用具等彻底消毒。疫点严格消毒，粪便发酵处理，畜舍和场地用2%氢氧化钠、10%石灰乳、2%福尔马林或含氯制剂消毒，毛皮用环氧乙烷或甲醛蒸气消毒，肉自然熟化产酸处理。对受威胁区的易感畜进行紧急预防接种。在最后一头病猪痊愈或屠宰后14 d内,未再出现新的病例,经终末消毒后可解除封锁。发生口蹄疫后,在严格隔离条件下,对有治疗价值的病畜及时进行治疗。

第二节 痘病

痘病是由痘病毒引起的各种家畜、家禽和人类的一种急性、热性、接触性传染病。哺乳动物痘病的特征是在皮肤上发生痘疹,禽痘则在皮肤产生增生性和肿瘤样病变。

一、禽痘

禽痘是由禽痘病毒引起的禽类的一种接触传染性疾病,通常分为皮肤型和黏膜型,前者多为皮肤(尤以头部皮肤)的痘疹,继而结痂、脱落为特征,后者可引起口腔和咽喉黏膜的纤维素性坏死性炎症,常形成假膜,故又名禽白喉,有的病禽两者可同时发生。

本病广泛分布于世界各国,特别是大型鸡场中,更易流行。可使病禽生长迟缓,减少产蛋,若并发其他传染病、寄生虫病和卫生条件、营养状况不良时,也可引起大批死亡,尤其是对雏鸡,造成更严重的损失。

(一)病原

痘病毒科(Poxvifidae)脊椎动物痘病毒亚科(Chorodopoxvirinae)中,与痘病有关的有6个属:正痘病毒属(Orthopoxivrus)、山羊痘病毒属(Capripoxvirus)、禽痘病毒属(Avipoxvirus)、兔痘病毒属(Leporipoxvirus)、猪痘病毒属(Suipoxvirus)和副痘病毒属(Parapoxvirus)。各种动物的痘病毒分属于各个属,其宿主虽不同,但形态结构、化学组成和抗原性方面均大同小异。各种禽痘病毒与哺乳动物痘病毒间不能交叉感染或交叉免疫,但各种禽痘病毒之间在抗原性上极为相似,且都具有血细胞凝集性。其他属的同属病毒各成员之间也存在着许多共同抗原和广泛的交叉中和反应。

病毒在易感细胞的细胞胞浆内复制,形成嗜酸性包涵体。多数痘病毒能在鸡胚绒毛尿膜上生长,产生痘疮病灶。各种痘病毒均可在同种动物的肾、睾丸、胚胎组织细胞上生长,并引起细胞病变或空斑;痘病毒划痕接种到本动物皮肤上,能引起与自然病例相似的痘疹。

病毒对温度有高度抵抗力,在干燥的痂块中可以存活几年,但病毒很容易被氯化剂或对 SH-基有作用的物质所破坏，有的对乙醚敏感。

(二)流行病学

1. 传染源

病禽和带毒禽是主要传染源，主要通过脱落和碎散的痘痂散播病毒。

2. 传播途径

禽痘的传染常由健禽与病禽接触引起，一般须经有损伤的皮肤和黏膜而感染。蚊子及体表寄生虫可传播本病。蚊子的带毒时间可达 10～30 d。

3. 易感动物

家禽中以鸡的易感性最高，不分年龄、性别和品种都可感染，其次是火鸡和野鸡，其他如鸭、鹅等家禽虽也能发生，但并不严重。鸡以雏鸡和中鸡最常发病，其中最易引起雏鸡大批死亡。

4. 流行特点

本病一年四季均可发生，以春秋两季和蚊子活跃的季节最易流行。拥挤、通风不良、阴暗、潮湿、体表寄生虫、维生素缺乏和饲养管理恶劣，可使病情加重。如有葡萄球菌病、传染性鼻炎、慢性呼吸道病等并发感染，可造成大批死亡。

(三)临床症状

潜伏期 4～8 d。依侵犯部位不同，分为皮肤型、黏膜型、混合型，偶有败血型。

1. 皮肤型

以头部皮肤，有时见于腿、脚、泄殖腔和翅内侧等无毛或少毛的部位形成一种特殊的痘疹为特征。常见于冠、肉髯、喙角、眼皮和耳球上，起初出现细薄的灰色麸皮状覆盖物，迅速长出结节，初呈灰色，后呈黄灰色，逐渐增大如豌豆，表面凹凸不平，呈干而硬的结节，内含有黄脂状糊块。有时结节数目很多，互相连接融合，产生大块的厚痂，以致使眼缝完全闭合。一般无明显的全身症状，但病重的小鸡则有精神委靡、食欲消失、体重减轻等。产蛋鸡产蛋减少或停止。

2. 黏膜型

多发于小鸡，病死率较高，小鸡可达 50%，病初呈鼻炎症状。病禽委顿厌食，流鼻汁，初为浆性黏液，后转为脓性。如蔓延至眶下窦和眼结膜，则眼睑肿胀，结膜充满脓性或纤维蛋白渗出物。甚至引起角膜炎而失明。鼻炎出现后 2～3 d，口腔、咽喉等处黏膜发生痘疹，初呈圆形黄色斑点，逐渐扩散为大片的沉着物(假膜)，随后变厚而成棕色痂块。凹凸不平，且有裂缝。痂块不易剥落，强行撕脱，则留下易出血的表面，上述假膜有时伸入喉部，引起呼吸和吞咽困难，甚至窒息而死。

3. 混合型

即皮肤黏膜均被侵害。

4. 败血型

少见，若发生则以严重的全身症状开始，继而发生肠炎，病禽有时迅速死亡，有时急性症状消失，转变慢性腹泻而死。

(四)病理变化

病变与临诊所见相似。口腔黏膜的病变有时可蔓延到气管、食道和肠。肠黏膜可能有小点状出血。肝、脾和肾常肿大。心肌有时呈现实质变性。组织学检查，见病变部位的上皮细胞内有胞浆内包涵体。

火鸡痘与鸡痘的症状和病变基本相似，

(五)诊断

1. 临床诊断

禽痘的临诊症状比较典型，鉴于病禽的冠部、肉髯、头部皮肤及其他无毛或毛少部分的痘痂病灶，以及口腔或咽喉部黏膜上的假膜就能做出诊断。对单纯的黏膜型易与传染性鼻炎混淆，应注意区别。

2. 实验室诊断

(1)动物接种。取病变痘痂或假膜用生理盐水制成 1∶(5～10)悬液，离心取上清液划痕接种于易感雏鸡的冠部或腿部，如有痘病毒存在，接种 5～7 d 后出现典型的皮肤型鸡痘。

(2)鸡胚接种。采取病料，接种鸡胚绒毛尿囊膜上，如见有典型的痘斑，证明病毒生长。再用已知抗血清做病毒中和试验鉴定分离病毒。

(3)血清学诊断。可采用琼脂扩散沉淀试验、血凝试验、血清中和试验等方法进行诊断。

(六)防制

1. 治疗

对病鸡皮肤上的痘疹一般不需治疗。如治疗时可先用 1%高锰酸钾液冲洗痘痂，而后用镊子小心剥离，伤口用碘酊或龙胆紫消毒。口腔病灶可先用镊子剥去假膜，用 0.1%高锰酸钾液冲洗，再涂碘甘油，或撒上冰硼散。眼部肿胀的病鸡，可先挤出干酪样物，然后用 2%硼酸液冲洗，再滴入 5%蛋白银溶液或氯霉素眼药水。

2. 预防

平时要搞好禽场及周围环境的清洁卫生，做好定期消毒，尽量减少或避免蚊虫叮咬，避免各种原因引起的啄癖或机械性外伤。有计划地进行预防接种，这是防制本病的有效方法。我国目前使用的是鸡痘鹌鹑化弱毒疫苗，一般初生 6 日龄以上雏鸡用 200 倍稀释于鸡翅内侧无血管处皮下刺种 1 针;20 日龄以上鸡用 100 倍稀释疫苗刺种 1 针;1 月龄以上鸡可用 100 倍稀释液刺针 2 针。免疫期 4 个月。

一旦发生本病,应隔离病鸡,轻者治疗,重者淘汰,死者深埋或焚烧,健鸡应进行紧急预防接种,污染场所要严格消毒。存在于皮肤病灶中的病毒对外界环境的抵抗力很强,因此隔离的病鸡应在完全康复后 2 个月方可合群。

二、猪痘

(一)病原

参照禽痘。

(二)流行病学

1. 传染源

病猪和带毒猪是主要传染源。

2. 传播途径

猪痘病毒极少发生接触感染,主要由猪血虱(*Hematopinas suis*)传播,其他昆虫如蚊、蝇等也有传播作用。

3. 易感动物

猪是猪痘病毒唯一的自然宿主,多发生于 4～6 周龄仔猪及断奶仔猪,成年猪有抵抗力。由痘苗病毒引起的猪痘,各种年龄的猪均可感染发病。

4. 流行特点

常呈地方流行性。

(三)临床症状

潜伏期平均 4～7 d,病猪体温升高,精神食欲不振,鼻、眼有分泌物。痘疹主要发生于躯干的下腹部和肢内侧以及背部或体侧部等处。痘疹开始为深红色的硬结节,突出于皮肤表面,略呈半球状,表面平整,见不到形成水疱即转为脓疱,并很快结成棕黄色痂块,脱落后遗留白色斑块而痊愈,病程 10～15 d。本病多为良性经过,病死率不高,如饲养管理不当或有继发感染,常使病死率增高,特别是幼龄仔猪。

(四)病理变化

除体表的病变以外,内脏组织器官一般无明显病变。

(五)诊断

一般根据病猪典型痘疹和流行病学材料即可作出诊断。区别猪痘是由何种病毒引起,可用家兔作接种试验,痘苗病毒可在接种部位引起痘疹;而猪痘病毒不感染家兔。必要时可进行病毒的分离与鉴定。

(六)防制

1. 治疗

(1)可试用康复血清或痊愈猪全血治疗。

(2)剥去痘痂,用0.1%的高锰酸钾溶液洗涤患部,再涂以龙胆紫或碘甘油防止继发感染。

2. 预防

本病目前尚无疫苗,但康复猪可或坚强的免疫力。

(1)新购入的生猪要隔离观察1～2周,防止带入传染源。

(2)对猪群要加强饲养管理,搞好环境卫生。

(3)消灭猪血虱和蚊、蝇等。

三、绵羊痘

由山羊痘病毒属的绵羊痘病毒引起,其特征是在无毛或少毛的皮肤和黏膜上发生特异的痘疹,可见到典型的斑疹、丘疹、水疱、脓疱和结痂等病理过程。

(一)病原

参照禽痘。

(二)流行病学

1. 传染源

病羊和带毒羊是主要传染源。

2. 传播途径

本病主要经呼吸道感染,也可通过损伤的皮肤或黏膜及消化道感染。被病羊污染的用具、饲料、垫草、病羊的粪便、分泌物、皮毛和外寄生虫都可成为传播媒介。

3. 易感动物

不同品种、性别、年龄的绵羊都有易感性,以细毛羊最为易感,羔羊比成年羊易感,病死率亦高。妊娠母羊易引起流产,因此在产羔前流行羊痘,可招致很大损失。

4. 流行特点

本病多发生于冬末春初,常呈地方流行性或广泛流行。气候严寒、饲草缺乏和饲养管理不良等因素都可促使发病和加重病情。

(三)临床症状

痘病毒对皮肤和黏膜上皮细胞具有特殊的亲和力,病毒侵入机体后,先在网状内皮系统增殖，而后进入血液（病毒血症），扩散全身，在皮肤和黏膜的上皮细胞内繁殖，引起一系列的炎症过程而发生特异性的痘疹。

潜伏期平均为6～8 d，病羊体温升高达41～42℃，食欲减少，精神不振，结膜潮红，有浆液、黏液或脓性分泌物从鼻孔流出。呼吸和脉搏增速，经1～4 d发痘。痘疹多发生于皮肤无毛或少毛部分，如眼周围、唇、鼻、乳房、外生殖器、四肢和尾内侧。开始为红斑，1～2 d后形成丘疹，突出皮肤表面，随后丘疹逐渐扩大，变成灰白色或淡红色，半球状的隆起结节。结节在几天之内变成水疱，水疱内容物起初像淋巴液，后变成脓性，如果无继发感染则在几天内干燥成棕色痂块，痂块脱落遗留一个红斑，后颜色逐渐变淡。病羊常死于继发感染。

（四）病理变化

在前胃或第四胃黏膜上，往往有大小不等的圆形或半球形坚实的结节，单个或融合存在，有的病例还形成糜烂或溃疡。咽和支气管黏膜亦常有痘疹。在肺见有干酪样结节和卡他性肺炎区。肠道黏膜少有痘疹变化。此外，常见细菌性败血症变化，如肝脂肪变性、心肌变性、淋巴结急性肿胀等。

（五）诊断

典型病例可根据临床症状、病理变化和流行情况不难诊断。对非典型病例，可结合群的不同个体发病情况做出诊断。或可采取丘疹组织涂片，按莫洛佐夫镀银染色法染色，而后镜检，如在胞浆内见有深褐色的球菌样圆形小颗粒（原生小体），即可确诊。也可用姬姆萨或苏木紫-伊红染色，镜检胞浆内的包涵体，前者包涵体呈红紫色或淡青色，后者包涵体呈紫色或深亮红色，周围绕有清晰的晕。

（六）防制

1. 治疗

（1）局部可用0.1%高锰酸钾溶液洗涤，擦干后涂抹紫药水或碘甘油等。

（2）康复血清或高免血清有一定防制作用，预防量成年羊每只5～10 mL，小羊2.5～5 mL，治疗量加倍，皮下注射。若已进入脓疱期则加大剂量。

（3）抗菌药物对痘无效，但可防止并发感染，可据实际情况合理应用。

痊愈后羊可获得终身免疫。

2. 预防

（1）平时加强饲养管理，抓好秋膘，特别是冬春季适当补饲，注意防寒过冬。

（2）在绵羊痘常发地区的羊群，每年定期预防接种，在已发病的羊群立即隔离病羊，对尚未发病的羊只或邻近已受威胁的羊群均可用羊痘鸡胚化弱毒疫苗进行紧急接种，不论羊只大小，一律在尾部或股内侧皮内注射疫苗0.5 mL，注射后4～

6 d 产生可靠的免疫力，免疫期可持续一年。

(3)对病羊隔离、封锁和消毒。病死羊的尸体应深埋，如需剥皮利用，注意消毒防疫措施，防止扩散病毒。发生痘疹后，

四、山羊痘

山羊痘是由山羊痘病毒引起的，症状和病理变化与绵羊痘相似，主要在皮肤和黏膜上形成痘疹。本病在欧洲地中海地区、非洲和亚洲的一些国家均有发生。我国 1949 年后在西北、东北和华北地区有流行，少数地区疫情较严重。目前，由于广泛应用我国研制的山羊痘细胞弱毒疫苗，结合有力的防制措施，疫情已得到控制。

病原为与绵羊痘病毒同属一属的山羊痘病毒，两者在琼脂免疫扩散试验和补体结合交叉试验时有共同抗原。山羊痘病毒能在羔羊睾丸细胞、肾细胞以及犊牛睾丸细胞上繁殖并致明显的细胞病变，可在胞浆内形成包涵体。在发育鸡胚绒毛尿囊膜上产生痘斑。病毒的原生小体能被免疫血清所凝集。山羊痘病毒能免疫预防羊传染性脓疱(口疮)，但羊传染性脓疱病毒对山羊痘却无免疫性。

山羊痘的在诊断时注意与羊的传染性脓疱鉴别，后者发生于绵羊和山羊，主要在口唇和鼻周围皮肤上形成水疱、脓疱，后结成厚而硬的痂，一般无全身反应。患过山羊痘的耐过山羊可以获得坚强免疫力。中国兽药监察所将山羊痘病毒通过组织细胞培养制成的细胞弱毒疫苗对山羊安全，免疫效果确实，以 0.5 mL 皮内或 1 mL 皮下接种效果很好。

第三节 狂犬病

狂犬病俗称疯狗病，又名恐水症(hydrophobia)，是自古以来即为欧亚人民所熟知的一种可怕的人畜共患病，本病是由狂犬病病毒(Rabies virus，RV)引起的犬、猫、人及多种动物共患的一种急性接触性传染病。临床表现为极度兴奋、狂躁、流涎和意识丧失，最终因局部或全身麻痹而死亡。典型的病理变化为非化脓性脑炎、在神经细胞胞浆内可见内基氏小体(negri bodies)。由于其症状明显而严重，病死率极高，一旦发病，几乎全部死亡。

世界大多数国家仍有本病不同程度的发生，目前，世界重点流行地区仍在亚洲，以东南亚国家为主，近年世界流行趋势还有上升，我国狂犬病的发病率逐年增高，严重地威胁人民健康和生命安全。

一、病原

狂犬病病毒(Rabiesvirus)属于弹状病毒科(Rhabdoviridae)的狂犬病病毒属(Lyssa virus)。病毒粒子长180～250 nm,宽75 nm,呈子弹状或杆状,一端圆形,一端平坦或稍凹。核酸类型为单股RNA,病毒含有一种糖蛋白(GP),一种核蛋白(NP)和两种膜蛋白(M1和M2)。GP是一种跨膜糖蛋白,构成病毒表面的纤突,是狂犬病毒与细胞受体结合的结构,在狂犬病毒致病与免疫中起着关键作用。NP是诱导狂犬病细胞免疫的主要成分,因其更为稳定且高效表达,常应用于狂犬病毒的诊断、分类和流行病学研究。

病毒可被各种理化因素灭活,不耐湿热,56℃ 15～30 min或100℃ 2 min均可使之灭活,但在冷冻或冻干状态下可长期保存病毒。在50%甘油缓冲溶液保存的感染脑组织中病毒至少存活1个月,在4℃以下低温可保存数月之久,在－70℃时则于几年之内,仍能保持其传染特。病毒能抵抗自溶及腐败,在自溶的脑组织中可保持活力达7～10 d。

在自然情况下分离的狂犬病流行毒株为“街毒”(streetvirus),街毒经过在家兔脑和脊髓内的一系列传代,其对家兔的潜伏期缩短,但对原宿主(犬)的毒力下降,这种具有固定特性的狂犬病病毒则称为“固定毒”(fixedvirus)。固定毒的弱毒特性和免疫原性已被充分肯定,通过动物试验,进而证明由街毒变异为固定毒的过程是不可逆的。

病毒表面的糖蛋白,除能诱生中和抗体外,还具有血凝特性。病毒可以凝集鹅和1日龄雏鸡的红细胞,病毒凝集鹅红细胞的能力可被特异性抗体所抑制,故可进行血凝抑制试验。

病毒可在鸡胚绒毛尿囊膜、原代鸡胚成纤维细胞以及小鼠和仓鼠肾上皮细胞培养物中增殖,并在适当条件下形成蚀斑。此外,人二倍体细胞HDCS株等也常用于狂犬病病毒的培养。适应于鸡胚成纤维细胞的毒株,如Flury毒株的LEP和HEP株,在细胞培养物中的病毒产量较高,可以用于制备疫苗。根据血清学和抗原关系可以将狂犬病毒分为4个血清型,第1型(原型株为CVS11)为最典型的狂犬病病毒;第2型(lagos蝙蝠型)是从尼日利亚以果实为生的蝙蝠的混合血中分离到的;第3型(mokota型)是从人体内分离到的;第4型(duvenhage型)是从南非人体内分离到的。

二、流行病学

(一)传染源

野生动物(狼、狐、貉、臭鼬和蝙蝠等)是狂犬病病毒主要的自然储存宿主。野生啮齿动物如野鼠、松鼠、鼬鼠等对本病易感，在一定条件下可成为本病的危险疫源而长期存在，当其被肉食兽吞食后则可能传播本病。蝙蝠是本病病毒的重要储主之一，除了拉丁美洲的吸血蝙蝠外，欧美一些国家还发现多种食虫蝙蝠、食果蝙蝠和杂食蝙蝠等体内带有狂犬病病毒。患狂犬病的犬是使人感染的主要传染源，其次是猫，也有外貌健康而携带病毒的动物可起传染源的作用。

(二)传播途径

本病主要有下列几种传染方式：

(1)被狗或其他动物咬伤或抓伤皮肤或被其舔黏膜而感染。狂犬病毒通过伤口和黏膜侵入神经而发病。或伤口被含有狂犬病毒的唾液污染而感染。这是主要的传染方式。

(2)经消化道感染。得狂犬病死的动物，被埋入地下，冬天被冻，被野狗或其他动物扒出，将肉吃掉，感染而得狂犬病。

(3)在人、犬、牛及实验动物中也有经胎盘垂直传播的报道。

(4)也可通过气溶胶经呼吸道感染。

(三)易感动物

几乎一切温血动物都可感染狂犬病，不同种间敏感性有所差异，犬、猫等动物对狂犬病病毒高度易感，年龄与性别之间无差异。在自然界中狂犬病曾见于家犬，野犬、猫，狼、狐狸、豺，獾、猪、牛、羊、马，骆驼、熊、鹿、象、野兔、松鼠、鼬鼠等动物。禽类则不敏感。鸡、鸭鹅、孔雀等也可以发生狂犬病。几乎一切冷血动物如鱼、蛙、龟等可以抵抗狂犬病毒的感染。

人被患病动物咬伤后并不全部发病，在狂犬病疫苗使用以前的年代，被狂犬咬伤后的发病率为30%～35%，而目前被狂犬咬伤后如能得到及时的疫苗接种，其发病率可降至0.2%～0.3%。

(四)流行特点

本病多为散发，无明显的季节性，一年四季均可发生，春、夏季发病率稍高，可能与犬的性活动以及温暖季节人畜移动频繁有关。本病流行的连锁性特别明显，以一个接着一个的顺序呈散发形式出现。伤口的部位越靠近头部和前肢或伤口越深，发病率越高。

发病率受被咬伤口的部位等因素的影响。一般头面部咬伤者比躯干、四肢咬伤者发病率高，因头面部的周围神经分布相对较多，使病毒较易通过神经通路进入中枢神经系统。同样理由，伤口越深，伤处越多者发病率也越高。还有，被狼咬伤者其发病率可比被犬咬伤者高1倍以上，这是因为野生动物唾液腺中含病毒量比犬高，且含毒时间更为持久。本病的发生还有明显的年龄性别特征和季节性，一般以青少年及儿童患者较多，男性较多，温暖季节发病较多。出现这种差别的主要原因是在温暖季节这些人的户外活动较多，与犬接触机会多，增加了被咬伤感染的机会。

三、临床症状

各种动物的潜伏期不同，波动最大，可从 6 d、12 d 到 1 年或 5 年以上，最短的 6 d，最长的可达 10 年，甚至还有极特殊的长达 30～40 年。犬、猫、羊、猪平均为 20～60 d，牛、马为 30～90 d。潜伏期的长短与咬伤部位及深度、病毒的数量及毒力等均有关系，咬伤头面部及伤口严重者潜伏期较短，咬伤下肢及伤口较轻者潜伏期较长。人和各种动物的主要症状分述如下。

1. 犬

潜伏期自 10 d 至 2 个月，有时更久。潜伏期自 10 d 至 2 个月，有时更久。一般可分为狂暴型和麻痹型。

(1)狂暴型。狂暴型分 3 期，即前驱期、兴奋期和麻痹期。

①前驱期：为 1～2 d。病犬精神沉郁，喜藏暗处，不愿和人接近，不听呼唤，强迫牵引则咬畜主。举动反常，瞳孔散大，反射机能亢进，轻度刺激即兴奋，有时望空扑咬。性情、食欲反常，喜吃异物，吞咽障碍。性欲亢进，唾液分泌增多，后躯软弱。

②兴奋期：为 2～4 d。病犬狂暴不安，攻击人畜，疲惫时卧地不起，兴奋与沉郁交替出现。病犬在野外游荡，多半不归，到处咬伤人畜。有时还自咬四肢、尾及阴部，咬伤处发痒，常以舌舐之。随着病程发展，出现意识障碍，反射紊乱，狂吠，吠声嘶哑，夹尾，唾液增多，斜视。眼球凹陷，散瞳或缩瞳。

③麻痹期：为 1～2 d。病犬消瘦，张口垂舌，流涎显著，不久后躯及四肢麻痹，行走摇晃，卧地不起。最终因呼吸中枢麻痹或全身衰竭而死亡。

(2)麻痹型。麻痹型病犬以麻痹症状为主，兴奋期很短或无。麻痹开始见于咬肌、咽肌，病犬表现吞咽困难，使主人疑为正在吞咽骨头，当试图加以帮助时常遭到咬伤。随后发生四肢麻痹，行走困难，进而全身麻痹而死亡，病程一般为 5～6 d。

2. 猫

一般表现为狂暴型，其症状与犬相似。前驱期通常不到 1 d，其特点是低度发热和明显的行为改变。兴奋期通常持续 1～4 d。在发作时攻击其他猫、动物和人。病猫常躲在暗处，当人接近时突然攻击，因其行动迅速，不易被人注意，又喜欢攻击头部，因此比犬的危险性更大。此时病猫表现肌颤，瞳孔散大，流涎，背弓起，爪伸出，呈攻击状。麻痹期通常持续1～4 d，表现运动失调，后肢明显。头、颈部肌肉麻痹时，叫声嘶哑。随后惊厥、昏迷而死。约25%的病猫表现为麻痹型，在发病后数小时或1～2 d内死亡。

牛羊：牛病初见精神沉郁，反刍、食欲降低，不久表现起卧不安，前肢搔地，有阵发性兴奋和冲击动作，如试图挣脱绳索，冲撞墙壁，跃踏饲槽，磨牙，性欲亢进，流涎等。一般少有攻击人畜现象。当兴奋发作后，往往有短暂停歇，以后再度发作。并逐渐出现麻痹症状，如吞咽麻痹、伸颈、流涎、臌气、里急后重等。最后倒地不起，衰竭而死。羊的狂犬病较少见，症状与牛相似，多无兴奋症状，或兴奋期较短，末期常麻痹而死。

3. 猪

病猪兴奋不安，横冲直撞，叫声嘶哑，流涎，反复用鼻掘地，攻击人畜。在发作间歇期常钻入垫草中，稍有音响立即跃起，无目的地乱跑，最后常发生麻痹症状，经2～4 d死亡。

四、病理变化

本病无特征性眼观剖检变化，只有反常的胃内容物可以视为可疑。

病理组织学检查，取唾液腺和脑组织做病理切片，在细胞浆内可见狂犬病特异的嗜酸性包涵体—内基氏小体。

五、诊断

(一)临床诊断

本病的临床诊断比较困难，有时因潜伏期特长，查不清咬伤史，症状又易与其他脑炎相混而误诊。如患病动物出现典型的病程，各个病期的临床表现十分明显，则结合病史可以做出初步诊断。但因狂犬病患犬早在出现症状前1～2周即已从唾液中排出病毒，所以当动物或人被可疑病犬咬伤后，应及早对可疑病犬做出确诊，以便对被咬伤的人畜进行必要的处理。为此，应将可疑病犬拘禁观察或扑杀，进行必要的实验室检验。

(二)实验室诊断

实验室诊断包括直接染色检查、病毒分离和血清学检验等，现分述如下：

1. 直接染色检查

剖检病犬取大小脑、延脑等，最好取海马回，各切取1 cm^2 小块，置灭菌容器，在冷藏条件下运送至实验室。为检查内基氏小体，可切取海马回，置吸水纸上，切面向上，载玻片轻压切面，制成压印标本，室温自然干燥后染色镜检，检查有无特异包涵体。染色液的配制，可于4%碱性复红饱和无水甲醇溶液3.5 mL中加入2%美蓝饱和无水甲醇35 mL即成。染色时，在已固定的标本上滴加染色液数滴，经8～10 s后，流水冲洗，待干后镜检。内基氏小体位于神经细胞胞浆内，直径3～20 μm不等，呈椭圆形，呈嗜酸性着染(鲜红色)，但在其中常可见有嗜碱性(蓝色)小颗粒。神经细胞染成蓝色，间质呈粉红色，红细胞呈橘红色。检出内基氏小体，即可诊断为狂犬病。但并非所有发病动物脑内都可找到包涵体，犬脑的阳性检出率为70%左右，在检查犬脑时还应注意与犬瘟热病毒引起的包涵体相区别。

荧光抗体法也是一种特异而快速的直接染色检查诊断法。将本病高免血清用荧光色素标记，制成荧光抗体。取可疑病例脑组织或唾液腺制成压印片或冰冻切片，用荧光抗体染色，在荧光显微镜下观察，胞浆内出现亮绿色荧光颗粒者为阳性。狂犬病动物脑组织用荧光抗体法检查，阳性检出率很高，可达95%，检出时可报告为阳性结果，但一定要有准确的对照组(包括阳性和阴性对照)。

2.病毒分离

这是最可靠的诊断方法。取脑或唾液腺等病料加缓冲盐水研磨成10%乳剂，脑内接种5～7日龄乳鼠，每只注射0.03 mL，每份标本接种4～6只乳鼠。唾液或脊髓则在离心沉淀和以抗生素处理后，直接作接种用。乳鼠在接种后继续由母鼠同窝哺养，3～4 d后如发现哺乳减退，痉挛，麻痹死亡，即可取脑检查包涵体，并制成抗原，作病毒鉴定。如经7 d仍不发病，可杀死其中2只，剖取鼠脑作成悬液，如上传代。如第二代仍不发病，可再传代。连续盲传3代总计观察4周而仍不发病者，作阴性结果报告。新分离的病毒可用电子显微镜直接检查，或者应用抗狂犬病特异免疫血清进行中和试验或血凝抑制试验加以鉴定。

3.血清学检验

一般实验室常用的血清学诊断法为中和试验。近年来，已将单克隆抗体技术用于狂犬病的诊断，特别适用于区别狂犬病病毒与该病毒属的其他相关病毒。

六、防制

(一)治疗

尚无特效治疗药物。

(二)预防

1.控制和消灭传染源

病犬和猫及吸血蝙蝠是人类和家畜狂犬病的主要传染源，因此加强犬和猫的管理，在流行区给家犬和家猫进行强制性疫苗接种并登记挂牌。同时取缔无主犬和游荡犬，是预防人和家畜狂犬病的有效措施。

2. 免疫接种

对家犬进行大规模免疫接种和消灭野犬是预防人和动物狂犬病最有效的措施。当犬的免疫覆盖率连续数年达到 75%以上时，就能有效的控制狂犬病的发生。

我国目前应用的原代仓鼠肾细胞培养人用狂犬病疫苗，近年来经改用连续 10 针法（0～9 d 各 1 针），7 针法（0、3、6、9、12、15、21 d 各 1 针）或变 5 针法（0、3、6、9、12 d 各 1 针），在免疫后血清中和抗体高峰均可提前至 30 d 时出现，而常规 5 针法要在免疫后 90 d 才出现血清中和抗体高峰。

国内常用的兽用狂犬病弱毒细胞培养疫苗，系将 Flury 毒株鸡胚低代毒(LEP)适应于 BHK-21 细胞培养后制成的活毒疫苗。对猫和牛需用毒力更低的 Flury 株鸡胚高代毒（HEP）疫苗，免疫期均在 1 年以上。近年来，从国外引进的 ERA 株狂犬病弱毒疫苗比 LEP 株毒力较弱，经肌肉注射成年牛、山羊、绵羊、犬和家兔均安全有效，可用于各种动物的免疫。

由于以注射途径对犬的免疫覆盖率达 75%存在困难，已开始对犬进行口服免疫的研究。在国外已有两种疫苗在犬作过口服试验证明安全有效，一种是广泛应用于狐口服免疫的基因重组活疫苗 V-RG（痘苗-狂犬病糖蛋白），另一种是以 SAG 弱毒株制备的减毒活疫苗。

3. 咬伤后防止发病的措施

包括及时而妥善地处理伤口、免疫接种以及对咬人动物的处理。

目前认为紧急处理伤口以清除含有狂犬病毒的唾液是关键性步骤。伤口应用大量肥皂水或 0.1%新洁尔灭和清水冲洗，再局部应用 75%酒精或 2%～3%碘酒消毒。不论使用何种溶液，充分冲洗是重要的，尤其是穿通伤口，应将导管插入伤口内接上注射器灌输液体冲洗，如引起剧痛可予局部麻醉。在局部清洗的同时，如有条件还可应用抗狂犬病免疫血清或人源抗狂犬病免疫球蛋白（RIGH）围绕伤口局部作浸润注射。局部处理在咬伤后早期（尽可能在几分钟内）进行的效果最好，但数小时或数天后处理亦不应疏忽。局部伤口不应过早缝合。凡咬伤严重、多处伤口，或头、面、颈和手指被咬伤者，在接种疫苗的同时应注射免疫血清。因免疫血清能中和游离病毒，也能减低细胞内病毒繁殖扩散的速度，可使潜伏期延长，争取自动抗体产生的时间而提高疗效。

对咬人动物的处理，凡已出现典型症状的动物，应立即捕杀，并将尸体焚化或深埋。不能肯定为狂犬病的可疑动物，在咬人后应捕获隔离观察 10 d；捕杀或在观察期间死亡的动物，脑组织应进行实验室检验。

七、公共卫生

狂犬病是一种人兽共患的烈性传染病，患狂犬病的犬是使人感染的主要传染源，其次是猫，也有外貌健康而携带病毒的动物起传染源的作用。人患狂犬病大多是狂犬病病犬或病猫咬伤所致，病人在个别情况下可以从唾液中分离到病毒，虽然由人传播到人的例子极其罕见，但护理病人的人员必须注意个人防护。

人发病开始时有焦躁不安的感觉，出现头痛、乏力、食欲不振，恶心呕吐。被咬伤部位发热、发痒、如蚁走感觉。随后出现兴奋症状，对声音、光线敏感，瞳孔散大，流涎，脉搏增数。以后发生咽肌痉挛，呼吸吞咽困难。见水表现异常恐惧，俗称恐水症，多在 3～4 d 后发生麻痹死亡。由于本病是中枢神经系统的感染，脑、脊髓受到严重损害，一旦发病，即使有最好的医护，最后还是难免死亡。

预防本病的发生，主要是消灭病犬。被咬伤时先用力挤压伤口直到有血液流出为止，然后用大量肥皂水或 0.1%新洁尔灭或清水充分冲洗，再用 75%酒精或 2%～3%碘酊消毒，并及早接种狂犬病疫苗，最好同时结合注射狂犬病免疫血清。

第四节　流行性乙型脑炎病

流行性乙型脑炎又称日本乙型脑炎（Japanese encephalitis B)，简称乙脑，是由流行性乙型脑炎病毒引起的一种人畜共患传染病。在人和马呈现脑炎症状，猪表现流产、死胎和睾丸炎，新生仔猪脑炎，其他家畜和家禽大多呈隐性感染。传播媒介为蚊虫，流行有明显的季节性。

本病最早发现于日本，1871 年对这种疾病在临床上有了初步的认识，1924 年发生大流行时方认为是一种特殊的传染病。本病主要在夏秋季流行，曾称为“夏秋脑炎”，为了区别在冬季曾发生过的昏睡脑炎（嗜眠性脑炎），日本学者（1928 年）将冬季流行的脑炎称为甲型脑炎，将夏秋季流行的脑炎称为乙型脑炎。1935 年日本学者首先从死者脑组织分离到病毒，并证明其抗原性不同于美国的圣路易斯脑炎病毒，从而首次确定了本病的病原。我国乙脑病例（人）报道是在 1921 年，有关马的乙脑病例及其发病流行情况，开始报道于 1942 年，曾分离出 3 株病毒，但未鉴定其型别，同时在疫区内亦曾发现猪的脑炎病例 3 例。

本病属于自然疫源性疾病，被世界卫生组织列为重点防控的传染病，我国将其列入二类动物传染病。

一、病原

流行性乙型脑炎病毒属于黄病毒科(Flaviviridae)年黄病毒属(Flavivirus)。病毒粒子呈球形,基因组为单股RNA,核心RNA包以脂蛋白囊膜,外层为含糖蛋白的纤突。可在许多肾细胞系如Vero、BHK21、PK15细胞及鸡胚成纤维细胞上增殖并产生明显的CPE。

外层纤突具有血凝活性,能凝集鹅、鸽、绵羊和雏鸡的红细胞,但不同毒株的血凝滴度有明显差异。

病毒对外界环境的抵抗力不强,在-20℃可保存一年,但毒价降低,-70℃和冻干后置4℃冰箱中,可保存数年。在50%甘油生理盐水中于4℃可存活6个月。病毒在pH 7以下或pH 10以上,活性迅速下降,常用消毒药都有良好的灭活作用。

病毒在感染动物血液内存留时间很短,主要存在中枢神经系统及肿胀的睾丸内。小鼠是最常用来分离和繁殖病毒的实验动物,各种年龄的小鼠都有易感性,但以1～3日龄鼠最易感。小鼠脑内接种后2～4 d发病,表现离巢,被毛无光泽,并于1～2 d内死亡。3～4周龄小鼠经脑接种病料后4～10 d亦可发病。

二、流行病学

(一)传染源

病猪和带毒猪是主要传染源,家畜多为隐性感染,其中猪虽发病率低,但感染率高,因此猪是最重要的自然宿主,也是很危险的传染源。

经检查发现,在本病流行地区,畜禽的隐性感染率均很高,国内很多地区的猪、马、牛等的血清抗体阳性率在90%以上,特别是猪的感染最为普遍。猪感染后出现病毒血症的时间较长,血中的病毒含量较高,媒介蚊又嗜其血,而且猪的饲养数量大,更新快,容易通过猪—蚊—猪等的循环,扩大病毒的传播,所以猪是本病毒的主要增殖宿主和传染源。其他温血动物虽能感染本病毒,但随着血中抗体的产生,病毒很快从血中消失,作为传染源的作用较少。

(二)传播途径

本病主要通过带病毒的蚊虫叮咬而传播。已知库蚊、伊蚊等不少蚊种以及库蠓均能传播本病,尤以三带喙库蚊为本病的重要传播媒介,病毒在其体内可迅速增至5万～10万倍。嗜吸畜(猪、牛、马)血和人血,感染阈低(小剂量即能感染),传染性强，病毒能在蚊体内繁殖和越冬，且可经卵传至后代，带毒越冬蚊能成为次年感染人畜的传染源，因此蚊不仅是传播媒介，也是病毒的贮存宿主。某些带毒的野鸟在传播本病方面的作用亦不应忽视。

（三）易感动物

家畜中马属动物、猪、牛、羊均有易感性。猪不分品种和性别均易感，发病年龄多与性成熟期相吻合。

（四）流行特点

在热带地区，本病全年均可发生。在亚热带和温带地区本病有明显的季节性，主要在夏季至初秋的7～9月份流行，这与蚊的生态学有密切关系。

本病在猪群中的流行特征是感染率高，发病率低，绝大多数在病愈后不再复发，成为带毒猪。但在新疫区常可见到猪、马集中发生和流行。人的病例多见于10岁以下的儿童，尤以3～6岁发病率最高。

三、临床症状

1.猪

人工感染潜伏期一般为3～4 d。突然增食或减食，体温升高达40～41℃，呈稽留热，精神沉郁、嗜睡。饮欲增加。粪便干燥呈球状，表面常附有灰白色黏液，尿呈深黄色。有的猪后肢轻度麻痹，步态不稳，也有后肢关节肿胀感疼而跛行。个别表现明显神经症状，视力障碍，摆头，乱冲乱撞，后肢麻痹，最后倒地不起而死亡。

妊娠母猪常突然发生流产。流产前除有轻度减食或发热外，常不被人们所注意。流产多在妊娠后期发生，流产后症状减轻，体温、食欲恢复正常。少数母猪流产后从阴道流出红褐色乃至灰褐色黏液，胎衣不下。母猪流产后对继续繁殖无影响。

流产胎儿多为死胎或木乃伊胎，或濒于死亡。部分存活仔猪虽然外表正常，但衰弱不能站立，不会吮乳；有的生后出现神经症状，全身痉挛，倒地不起，1～3 d死亡。有些仔猪哺乳期生长良莠不齐，同一窝仔猪有很大差别。

公猪除有上述一般症状外，突出表现是在发热后发生睾丸炎。一侧或两侧睾丸明显肿大，较正常睾丸大0.5～1倍，具有诊断意义，但需与布鲁菌病相区别。患睾阴囊皱褶消失，温热，有痛觉。白猪阴囊皮肤发红，两三天后肿胀消退或恢复正常，或者变小、变硬，丧失制造精子功能。如一侧萎缩，尚能有配种能力。

2.牛羊

多呈隐性感染，自然发病者极为少见。牛感染发病后主要见有发热和神经症状。发热时，食欲废绝，呻吟、磨牙、痉挛、转圈以及四肢强直和昏睡。急性者经1～2 d，慢性者 10 d 左右可能死亡。山羊病初发热，从头部、颈部、躯干和四肢渐次出现麻痹症状，视力、听力减弱或消失，唇麻痹、流涎、咬肌痉挛、牙关紧闭、角弓反张，四肢关节伸屈困难，步样蹒跚或后躯麻痹，卧地不起，约经 5 d 可能死亡。

3. 马

自然感染潜伏期为 4～15 d，其中幼驹对该病非常敏感。慢性病表现为发热，食欲缺乏，数日后可自愈；急性重症表现为精神沉郁，反应迟钝，走路不稳或后肢麻痹无法站立，也有兴奋狂暴、乱冲乱撞者。

四、病理变化

1. 猪

脑脊液增量，脑膜和脑实质充血、出血、水肿，睾丸有充血、出血和坏死。子宫内膜充血、水肿、黏膜上附有黏稠的分泌物。胎盘呈炎性浸润，流产或早产的胎儿常见脑水肿、皮下水肿，有血性浸润，胸腔积液，腹水增多。

2. 马

脑脊液增量，脑膜和脑实质充血、出血、水肿，肺水肿，肝肾浊肿，心内、外膜出血，胃肠有急性卡他性炎症。

3. 牛、羊、鹿

脑组织学检查，均有非化脓性脑炎变化。

五、诊断

(一)临床诊断

本病有严格的季节性，呈散在性发生，多发生于幼龄动物和 10 岁以下的儿童，有明显的脑炎症状，怀孕母猪发生流产，公猪发生睾丸炎。死后取大脑皮质、丘脑和海马角进行组织学检查，发现非化脓性脑炎等，可作为诊断的依据。

在人还应进行血液白细胞和脑脊液检查。早期白细胞总数增多，中性粒细胞80%以上，嗜酸性粒细胞减少。脑脊液压力升高，外观透明或微浊。

(二)实验室诊断

1. 病毒分离鉴定

在本病流行初期，采取濒死期脑组织或发热期血液，立即进行鸡胚卵黄囊接种或 1～5 日龄乳鼠脑内接种，可分离到病毒，但分离率不高。

2. 血清学诊断

在本病的血清学诊断中，血凝抑制试验、中和试验和补体结合试验是常用的实验室诊断方法。由于这些抗体在病的初期效价较低，且隐性感染或免疫接种过的人、畜血清中都可出现这些抗体，因此均以双份血清抗体效价升高4倍以上作为诊断标准。由此可见，这些血清学方法只能用于疾病回顾性诊断或流行病学调查，无早期诊断价值。

机体感染本病毒后，特异性IgM抗体于病后3～4 d即可产生，2周达高峰，因此确定单份血清中的IgM抗体，可以达到早期诊断的目的。检测血清中IgM抗体，通常采用2-巯基乙醇(2-ME)法。此法的早期诊断率可达80%以上。

六、防制

(一)治疗

本病无特效疗法，应积极采取对症疗法和支持疗法。病马在早期采取降低颅内压、调整大脑机能、解毒为主的综合性治疗措施，同时加强护理，可收到一定的疗效。

(二)预防

预防流行性乙型脑炎，应从畜群免疫接种、消灭传播媒介和宿主动物的管理三个方面采取措施。

免疫接种：患乙脑恢复后的动物可获得较长时间的免疫力。为了提高畜群的免疫力，可接种乙脑疫苗。马属动物和猪使用我国研制选育的仓鼠肾细胞培养的弱毒活疫苗，安全有效。预防注射应在当地流行开始前1个月内完成。应用乙脑疫苗，给马、猪进行预防注射，不但可预防流行，还可降低本动物的带毒率，既可控制本病的传染源，也为控制人群中乙脑的流行发挥作用。

杜绝传播媒介以灭蚊防蚊为主，尤其是三带喙库蚊。三带喙库蚊以成虫越冬，越冬后活动时间较其他蚊类晚，主要产卵和滋生地是水田或积聚浅水的地方，此时数量少，滋生范围小，较易控制和消灭。选用有效杀虫剂(如毒死蜱、双硫磷等)进行超低容量喷洒。对猪舍、羊圈等饲养家畜的地方，应定期进行喷药灭蚊。对珍贵种动物畜舍必要时应加防蚊设备。

第五节　流行性感冒

流行性感冒(简称流感)，是由流行性感冒病毒(简称流感病毒)引起的急性高度接触性人畜共患传染病。临床上以发热、咳嗽、全身衰弱无力，有不同程度的呼吸道炎症为特征。本病传播迅速，呈流行性或大流行性。

一、病原

流感病毒，分为A、B、C三型，分别属于正黏病毒科下设的A型流感病毒属(Influenza virus A)、B型流感病毒属(Influenza virus B)和C型流感病毒属(Influenza virus C)。

A型和B型流感病毒粒子呈多形性，直径20～120 nm，也有呈丝状者。含有由8个节段组成的单股RNA。核衣壳呈螺旋对称，外有囊膜，囊膜上有呈辐射状密集排列的两种穗状突起物(纤突)，一种是血凝素(HA)，可使病毒吸附于易感细胞的表面受体上，诱导病毒囊膜和细胞膜的融合；另一种是神经氨酸酶(NA)，可水解细胞表面受体特异性糖蛋白末端的N-乙酰基神经氨酸，当病毒在细胞表面成熟时，NA可以移去细胞膜出芽点上的神经氨酸。HA和NA都是糖蛋白。两型病毒均有内部抗原和表面抗原。内部抗原为核蛋白(NP)和基质蛋白(M1)，很稳定，具有种特异性，用血清学试验可将两型病毒区分开；表面抗原为HA和NA，A型流感病毒的HA和NA容易变异，已知HA有16个亚类(H1至H16)，NA有9个亚类(N1至N9)，它们之间的不同组成，使A型流感病毒有许多亚型(如H1N1、U2N2、H3N3、H7N7……)，各亚型之间无交互免疫力，而B型流感病毒的HA和NA则不易变异，无亚类之分。HA能凝集马、驴、猪、羊、牛、鸡、鸽、豚鼠和人的红细胞，不凝集兔红细胞。HA和NA都有免疫原性，血凝抑制抗体能阻止病毒的血凝作用，并中和病毒的传染性；NA抗体能干扰细胞内病毒的释放，抑制流感病毒的复制，有抗流感病毒感染的作用。

C型流感病毒的形态大小与A、B型者相似。含有由7个节段组成的单股RNA。囊膜内只含有一种糖蛋白(HEF)，具有血凝、与N-乙酰基神经氨酸结合、破坏受体以及诱导膜融合等功能。

培养病毒最好用发育鸡胚。马、猴、犊牛、雏鸡和人胚胎的肾细胞的感受性也很高，但不产生细胞病变而能形成蚀斑。

流感病毒对干燥和低温的抵抗力强，在－70℃稳定，冻干可保存数年。60℃ 20 min可使病毒灭活。一般消毒剂对病毒均有作用，对碘蒸气和碘溶液特别敏感。

二、流行病学

(一)传染源

病畜是主要的传染源，康复动物和隐性感染者，在一定时间内也可带毒排毒。

病毒存在于病猪或带毒猪的鼻液或气管、支气管渗出液以及肺和肺淋巴结内。

(二)传播途径

本病在人和动物中以空气飞沫传播为主。在禽类,病毒可从呼吸道、结膜和粪便中排出,因此,禽类的传播方式,除空气飞沫外,还可能与接触了被病毒污染的物体有关。

(三)易感动物

A 型流感病毒可自然感染猪、马、禽类和人,貂、海豹、鲸等动物也可感染。不同性别、年龄和品种的均易感。

流感病毒在某些情况下,出现抗原漂移现象,即病毒从一种动物传向另一种动物,如 A 型流感病毒的某些亚型,在无遗传重组的情况下,可从一种动物传向另一种动物,例如 H1N1 可由猪传给人或从人传给猪;H3N2 则可从人传给猪;1997 年香港鸡群中流行 H5N1 禽流感时,有 13 个人也被确诊为 H5N1 病毒感染并发病,其中 4 人死亡。在某些情况下,动物的种间传播是由于病毒发生了遗传重组(变异)所致,例如海豚的 H7N7 感染是由于两个以上禽源病毒的重组,人类 1968 年的 H3N2 可能是由于人 H2N2 和一种未知的 H3 病毒的重组。病毒的变异,常代替原有的亚型而导致新的流行,是目前本病流行病学的一个严重问题。

(四)流行特点

常突然发生,传播迅速,呈流行性或大流行性。本病多发生于天气骤变的晚秋、早春以及寒冷的冬季。外界环境的改变、营养不良和内外寄生虫侵袭可促进病的发生和流行。

三、临床症状

1. 猪

潜伏期很短,几小时到数天。自然发病平均 4 d,人工感染则为 24~48 h。突然发病,常全群几乎同时感染。病猪体温突然升高到 40.3~41.5℃,有时可高达 42℃。食欲减退,甚至废绝,精神极度委顿,肌肉和关节疼痛,常卧地不愿起立或钻卧垫草中,捕捉时则发出惨叫声。呼吸急促、腹式呼吸、夹杂阵发性痉挛性咳嗽。粪便干硬。眼和鼻流出黏性分泌物,有时鼻分泌物带有血色。病程较短,如无并发症,多数病猪可于 6~7 d 后康复。如有继发性感染,则可使病势加重,发生格鲁布性出血性肺炎或肠炎而死亡。个别病例可转为慢性,持续咳嗽、消化不良、瘦弱,长期不愈,可拖延 1 个月以上,也常引起死亡。

在非典型发病时,传播慢,病猪数量少。患猪食欲减退,持续咳嗽,消化不良,瘦弱,病程较长。

妊娠母猪感染时,可出现流产,严重者引起死亡。康复母猪往往造成木乃伊化胎儿、死仔和仔猪出生后发育不良和死亡率增高。

2. 禽

禽的流感又称鸡瘟(Fowl plague)。家禽中以鸡、火鸡最为易感,鸭、鹅和其他水禽的易感性较低,鸽的自然发病不常见。某些野禽也能感染。

潜伏期很短,通常为3～5 d。高致病性禽流感常突然暴发,流行初期的急性病例可出现无任何征兆突然死亡。病程稍长的病例体温迅速升高(达41.5℃以上),拒食,病鸡很快陷于昏睡状态。冠与肉髯常有淡色的皮肤坏死区。鼻有黏液性分泌物,病鸡常甩头企图甩出分泌物,头、颈常出现水肿。眼睑、冠髯和跗关节肿胀,腿部角质鳞片下、出血、变色。产蛋鸡产蛋量明显下降,可见软皮蛋、畸形蛋。可见软皮蛋、畸形蛋。病禽下痢,排出黄绿色稀便。有的鸡有神经症状。病死率有时接近100%。病死率有时接近100%。病程往往很短,常于症状出现后数小时内死亡。死前不久,体温常降到常温以下。

温和型禽流感的表现从无症状直至出现严重的呼吸道症状,产蛋鸡产蛋量明显下降,病死率0～15%。

四、病理变化

1. 猪

病变主要在呼吸器官。鼻、喉、气管和支气管黏膜出血,表面有大量泡沫状黏液,有时杂有血液。肺的病变部呈紫红色如鲜牛肉状。病区肺膨胀不全,塌陷,其周围肺组织则呈气肿和苍白色,界限分明,病变部通常限于尖叶、心叶和中间叶,常为两侧性呈不规则的对称,如为单侧性,则以右侧为常见。颈淋巴结和纵膈淋巴结肿大、充血、水肿,脾常轻度肿大,胃肠有卡他性炎症。

2. 禽

因感染病毒株毒力的强弱、病程长短和鸡的品种不同而变化不一。口腔、腺胃、肌胃角质层下、腺胃和肌胃交界处、十二指肠和泄殖腔黏膜、盲肠扁桃体充血、出血,腺胃黏膜有大量脓性分泌物。输卵管黏膜、卵巢充血、出血,卵泡变形,卵黄变稀且易破裂,引起卵黄性腹膜炎。肾肿大,尿酸盐沉积。头、眼睑、肉垂、颈和胸等部位肿胀呈淡黄色,气管黏膜充血、出血、水肿,并伴有浆液性到干酪样不等的渗出物,肝脏、脾脏、肾脏和肺脏常可见到坏死灶,胰腺常有淡黄色的坏死斑点和暗红色区域。气囊增厚并有纤维素性或干酪样渗出物,腹膜和输卵管表面有黄色渗出物,并常见纤维素性心包炎。

五、诊断

(一)临床诊断

根据病的流行特点、临诊表现和病理变化可做出初步诊断。确诊应进行实验室诊断。

(二)实验室诊断

1. 病毒分离和鉴定

在动物发热初期采取新鲜鼻液,或用灭菌棉棒擦拭鼻咽部分泌物,立即接种于孵化9～11 d的鸡胚尿囊腔或羊膜腔内,或接种于鸡胚细胞培养物上分离病毒。培养5 d后,取羊水或细胞培养液作血凝试验。阳性则证明有病毒繁殖,再以此材料作补体结合试验(决定型)和血凝抑制试验(决定亚型)。RT-PCR技术以成功用于禽流感及其亚型的诊断。

2. 血凝和血凝抑制试验

在证明鸡胚液有HA活性之后,首先要排除新城疫病毒,取一滴1∶10稀释的正常鸡的血清和一滴新城疫抗血清,置于一块玻璃板上,将有HA活性的鸡胚液各一滴分别与上述血清混合,再各加上一滴5%的红细胞悬液。如果这两滴血清中都出现HA活性,即证明没有新城疫病毒的存在。如果新城疫抗血清抑制了HA的活性,即证明有新城疫病毒的存在。

3. 其他

此外,琼脂凝胶免疫扩散试验、病毒的中和试验、ELISA试验均可用于禽流感的诊断。

六、防制

(一)治疗

治疗本病尚无特效药物。一般用解热镇痛等对症疗法以减轻症状和使用抗生素或磺胺类药物以控制继发感染。

(二)预防

(1)加强平时的兽医卫生管理工作,建立严格的消毒制度。

(2)引进禽类和产品时,一定要从无禽流感的养禽场引进。

(3)加强禽流感的监测,做好家禽流通领域的检疫,如集市、禽类屠宰场等。同时,对大的种禽场,定期进行血清学监测,以了解我国禽流感的流行动态,防止疫情蔓延扩大。

(4)在禽流感受威胁地区的禽场,可施用疫苗预防接种。对中低毒力的禽流感,使用禽流感油乳剂灭活疫苗,一般能收到较好的免疫效果。

我国哈尔滨兽医研究所已成功研制出禽流感(H5/H9)疫苗,有灭活苗和弱毒活苗两种。动物患流感康复后,虽可获得对同一亚型的短期免疫力,但不能抵抗其他亚型的感染,因为亚型之间无交叉免疫力。在自然界 A 型流感病毒的亚型众多,而且可能经常发生变异,对猪禽来说,依靠少数几个亚型的疫苗往往不能奏效,因此,一般性的兽医卫生措施仍是目前防制本病的主要手段,必要时可对疫区实行封锁措施。

(三)扑灭措施

一旦发现高致病性的禽流感,及早确诊,鉴定所分离病毒的血清亚型、毒力和致病性。应立即上报主管部门,并立即采取严格的防疫措施。出现禽流感的可疑疫情时,应进行流行病学调查,根据发病禽场的位置、地势,划定疫点、疫区及受威胁区。严格加以封锁,禁止禽类及禽类产品外运。扑杀所有感染高致病力禽流感的禽类,对尸体进行销毁或深埋。对禽舍、养鸡环境和用具等进行彻底消毒,常用酚类消毒药、氯制剂、苛性钠、甲醛等,采用喷洒、气雾和火焰等消毒方法。鸡场内垃圾应掩埋或焚烧,然后再喷洒消毒药。鉴于国内禽流感分离株多为中等和低毒力毒株的特点,为控制本病的发生和流行,对疫区和受威胁区内的易感群应进行高密度的紧急免疫接种。但禽流感病毒众多的血清亚型之间缺乏明显的交叉保护,给免疫预防带来很大困难。制作疫苗毒株的亚型一定要与发病地区的流感毒株亚型一致才能收到良好的预防效果。

第六节　轮状病毒感染

轮状病毒感染主要是婴幼儿和多种幼龄动物的一种急性肠道传染病,以腹泻和脱水为特征。成人和成年动物多呈隐性经过。

一、病原

轮状病毒(Rotavirus)属呼肠孤病毒科、轮状病毒属。人和各种动物的轮状病毒在形态上无法区别,由 11 个双股 RNA 片段组成,有双层衣壳,因像车轮而得名。

根据轮状病毒 RNA 的 11 个节段电泳区带的分布,将其分为 A、B、C、D、E、F

6个群，其中A群宿主为人和各种动物，A、B、C、E群宿主为猪，A、B群宿主为猪、牛、大鼠和人。C群和E群为猪，D群为鸡和火鸡，F群为禽。A群又分为两个亚群（亚群Ⅰ和亚群Ⅱ）。

轮状病毒在犊和猪的某些毒株能在一些细胞株中繁殖生长。新生犊腹泻轮状病毒可在恒河猴胎肾传代细胞株（MA-104）单层中产生明显的蚀斑。一些A群轮状病毒具有血凝活性，能凝集绵羊、豚鼠及人O型红细胞。

轮状病毒对理化因素有较强的抵抗力。在室温能保存7个月。对酸pH 3～9稳定，能耐超声震荡和脂溶剂。加热60℃，30 min存活，但63℃，30 min则被灭活。1%福尔马林对牛轮状病毒，在37℃下须经3 d始能灭活，0.01%碘、1%次氯酸钠和70%酒精可使病毒丧失感染力。

二、流行病学

（一）传染源

主要的传染源是患病的人、患病动物和带毒动物。犊牛和鹿轮状病毒能感染仔猪，人轮状病毒感染仔猪、羔羊和猴，但尚无动物轮状病毒感染人的报道。猪轮状病毒主要存在于病猪肠道内，随粪便排出体外，污染饲料、饮水、垫草和土壤。痊愈动物从粪中排毒持续期至少3周。

（二）传播途径

患病的人、病畜和隐性患畜是本病的传染源。病毒主要存在于肠道内，经消化道途径传染易感家畜。

（三）易感动物

多种幼龄动物如犊牛、仔猪、羔羊、犬、小鼠、鸡、火鸡、鸭、珍珠鸡及儿童均可自然感染而发病。其中以犊牛、仔猪及儿童最为常见。成年人及成年动物一般为阴性感染。

病畜痊愈获得免疫主要是细胞免疫。它对病毒的持续存在影响时间不长，所以痊愈动物可以再感染。成年家畜可以受到新生病畜的传染。更重要的是，各种动物的轮状病毒之间有一定的交叉感染，可以从人或一种动物传给另一种动物（如人轮状病毒能使猴、仔猪和羔羊感染发病，犊和鹿的轮状病毒均可感染仔猪等），只要病毒在人或一种动物中持续存在，就有可能造成本病在自然界中长期传播。这也许是本病普遍存在的重要因素。

（四）流行特点

本病传播迅速，多发生在晚秋、冬季和早春季节。感染率最高可达90%～

100%,发病率高,但病死率低。应激因素,特别是寒冷、潮湿、不良的卫生条件、喂不全价的饲料和其他疾病的袭击等,对疾病的严重程度和病死率均有很大影响。

三、临床症状

1. 牛

潜伏期15~96 h,多发生在3~15周龄的犊牛。病犊精神委顿,体温正常或略有升高。若体温下降到常温以下则是死亡征兆。厌食和腹泻,粪便黄白色,液状,有时带有黏液和血液,腹泻延长,则脱水明显。严重的常有死亡。病死率可达50%。病程1~8 d严重病犊在用葡萄糖盐水代替乳饮后可获痊愈,所以,病犊继续饮乳是有害的。恶劣的寒冷气候常使许多病犊在腹泻后暴发严重的肺炎而死亡。

2. 猪

潜伏期12~24 h。常呈地方流行性。在疫区由于大多数成年猪都已感染过而获得了免疫,所以得病的多是8周龄以内的仔猪。发病率一般50%~80%,症状同牛。症状轻重决定于发病日龄和环境条件,特别是环境温度下降和继发大肠杆菌病,常使症状严重和病死率增高。

3. 其他动物

如驹、羔羊和鸡等的轮状病毒感染,潜伏期短,主要症状也是腹泻、委顿、厌食、体重减轻和脱水等。一般经4~8 d痊愈。幼小动物也有死亡。根据血清学检查,血清阳性检出率高,隐性感染普遍。

四、病理变化

各种动物轮状病毒感染的病变基本相同。病变主要限于消化道。幼龄动物胃壁弛缓,内充满凝乳块和乳汁。小肠肠壁菲薄,半透明,内容物呈液状、灰黄色或灰黑色。有时小肠广泛出血,肠系膜淋巴结肿大。

病犊小肠绒毛用电镜切片观察和免疫荧光检查,可看到绒毛萎缩变短,隐窝细胞增生,圆柱状的绒毛上皮细胞被鳞状或立方形的细胞所取代,而绒毛固有层有淋巴细胞浸润。

五、诊断

(一)临诊诊断

根据病发生在寒冷季节、多侵害幼龄动物、突然发生水样腹泻、发病率高和病变集中在消化道等特点可做出初步诊断。要注意与相似的疫病(犊白痢、仔猪黄痢、白痢、猪传染性胃肠炎及流行性腹泻等)作区别诊断。确诊需做实验室诊断。

(二)实验室检查

实验室确诊首推电镜检查,其次为免疫荧光抗体技术。一般在腹泻开始 24 h 内采小肠及其内容物或粪便作检查病料。小肠做冰冻切片或涂片进行荧光抗体检查和感染细胞培养物。小肠内容物和粪便经超速离心等处理后,作电镜检查。

六、防制

(一)治疗

发现病畜后除采取一般防疫措施外应停止哺乳(在猪则通过减少母猪的饲料以减少排乳),用葡萄糖盐水给病畜自由饮用。对病畜进行对症治疗,如投用收敛止泻剂,使用抗菌药物以防止继发的细菌性感染,为防止脱水、脱盐及酸中毒,静脉注射葡萄糖盐水和碳酸氢钠溶液等,一般都可获得良好效果。

(二)预防

本病的预防主要依靠加强饲养管理,增强母畜和仔畜的抵抗力。在疫区要做到新生仔畜及早吃到初乳,接受母源抗体的保护以减少和减轻发病。据报道,一定量的母源抗体只能防止腹泻的发生,而不能消除感染及其后的排毒。

我国研制的猪轮状病毒感染疫苗有两种,一种是猪源弱毒疫苗,另一种是猪轮状病毒和猪传染性胃肠炎二联弱毒疫苗。后者给新生仔猪吃初乳前肌肉注射,30 min 后吃奶,免疫期达 1 年以上;给妊娠母猪分娩前注射,使新生仔猪获得母源抗体被动免疫。

为了预防婴儿感染轮状病毒,应做到便后饭前洗手,保持乳房奶头的清洁卫生,人工哺乳奶头应以开水冲洗。尽量用母乳喂养婴儿,提高婴幼儿的抵抗力。

第七节 传染性海绵体脑病

传染性海绵体脑病又称疯牛病,是由非常规致病因子(prion 简写 prpc 译称朊粒,亦称朊病毒)朊病毒引起成年牛的一种亚急性、渐进性、致命性中枢神经系统疾病。临诊特征是潜伏期长、精神时常、共济失调、后肢瘫痪、感觉过敏,病牛恐惧或狂暴。病理变化特点是中枢神经系统灰质部的神经元细胞出现空泡性变性以及大脑的淀粉样变性。

本病从 1986 年在英国首次确认以来，已引起国际社会的广泛关注，对许多国家的社会、政治和经济都带来了强烈的冲击。是目前严重威胁养牛业的主要传染病之一。世界动物卫生组织（OIE）将该病列为 B 类动物疾病，并分别在《国际动物卫生法典》和《诊断试验与疫苗标准手册》中规定了本病控制、监测和诊断的规范。我国目前尚未发现此病。

一、病原

本病病原为一种朊病毒，也称蛋白侵袭因子。它是一种特殊的传染因子，不同于一般的病毒，它没有核酸。机体感染后不发热，不产生炎症，无特异性免疫应答。

本病毒对各种理化因素抵抗力很强，物理灭活方法为高压灭菌 134～138℃，18 min（该温度范围不一定能使之完全失活）。可低温或冷冻保存。在较宽的 pH 范围内稳定。消毒时常用 1%～2%的火碱溶液、5%次氯酸钠溶液、90%石炭酸溶液、5%的碘酊等，对本病毒有很强的灭活作用。

二、流行病学

（一）传染源

病牛及其他感染动是主要传染源。

（二）传播途径

牛多因食入病病毒污染的动物性饲料而感染发病的。

（三）易感动物

不同品种不同性别的牛均可发病，但多发生于 3～5 岁的牛，最早可使 22 个月的牛发病。

（四）流行特点

本病无季节性，呈散发形式。

三、临床症状

1. 牛

主要的临床症状为神经性表现：不安、恐惧、异常震惊或沉郁，感觉或反应过敏。不自主运动：肌肉抽搐、震颤和痉挛，步态共济失调，包括四肢伸展过度。植物神经机能障碍：反刍减少、心动过缓、心律改变。在痒病中常见的瘙痒也会发生，但通常不是主要症状。

2. 野生牛类

与家牛类似，但某些病例发病突然且病程迅速。

3. 猫类

最初的症状常表现为行为上的改变(胆小或沉郁)，病程进一步发展表现出常见的共济失调。

四、病理变化

本病无肉眼可见病理变化，但组织学变化具有明显特征，表现为神经元的突起部和胞体中形成空泡，多见于延脑、中脑的中央灰质部分、下丘脑的室旁核等；神经胶质增生，胶质细胞肥大；神经元变性、消失；大脑淀粉样变性。

五、诊断要点

(一)临诊诊断

根据流行特点(多发于3～5岁的牛)、临床症状(精神失常、共济失调、后肢瘫痪、感觉过敏。病牛恐惧或狂暴)和病理变化等进行初步诊断，确诊需做实验室诊断。

(二)实验室检查

1. 病理组织学检查

对于初次发病或发病率低的国家最好取整个大脑以及脑干或延髓(根据国家BSE发病率)。病牛死后应尽快采样进行组织病理学检查。临床感染病牛的脑组织病理学检查，可见特征性的两侧对称的灰质海绵状变化，进一步用免疫组化方法可发现疾病特异性PrP的蓄积。

2. 生物学实验

即用感染牛或其他动物的脑组织通过非胃肠道途径接种小鼠，是目前检测感染性的唯一方法。这一方法很不实用，因为潜伏期至少有300 d。

六、防制

本病尚无有效疗法，对临诊可疑病牛必须采用注射致死法扑杀以避免脑组织诊断样本的损伤。

我国目前尚未发现本病，应加强国境检疫，禁止从有疫情的国家和地区进口易感动物和动物性饲料是防止本病引入的重要措施。

发生本病后，要严格隔离、封锁、扑杀病牛，被对病牛污染的环境、用具进行彻底的消毒，尸体进行无害化处理。

第八节　大肠杆菌病

大肠杆菌病是由大肠埃希氏菌的某些致病性菌株引起的疾病的总称，尤其对婴儿和幼畜(禽)，常引起严重腹泻和败血症。直到 20 世纪中叶，才认识到大肠杆菌病一些特殊血清型的大肠杆菌对人和动物有病原性。

一、仔猪黄痢

黄痢又称早发性大肠杆菌病，是初生仔猪的一种急性、高度致死性传染病，其特征是潜伏期短，生后 12 h 即可发病，排黄色浆状粪便。

(一)病原

大肠埃希氏菌是中等大小的杆菌，有鞭毛，有荚膜或微荚膜，无芽孢，革兰氏染色阴性。多数菌株在普通培养基生生长形成光滑、湿润、凸起的乳白色菌落。在血琼脂培养基生，某些致病性菌株形成溶血。绝大多数菌株在麦康凯培养基上形成红色菌落。对碳水化合物发酵能力强，常用的化学消毒药都可将其杀死。

已知大肠杆菌有菌体(O)抗原 171 种，表面(K)抗原 103 种，鞭毛(H)抗原 60 种，因而构成许多血清型。血清型用 O：K：H(如 O8：K25：H9)、O：K (如 O8：K88)、O：H (如 O16：H27)表示。最近，菌毛(F)抗原被用于血清学鉴定，最常见的血清型 K88 和 K99，现被分别命名为 F4 和 F5 型。在引起人畜肠道疾病的血清型中，有肠致病性大肠杆菌(简称 EPEC)、肠产毒素性大肠杆菌(简称 ETEC)、肠侵袭性大肠杆菌(简称 EIEC)、肠出血性大肠杆菌(简称 EHEC)。EHEC 是近年来新发现的一种大肠杆菌，其主型为 O157：H7。这种病原菌产生志贺氏毒素样细胞毒素，主要引起人出血性便。一般使仔猪致病的血清型往往带有 K88 抗原，而使犊牛和羔羊致病的多带有 K99 抗原。

(二)流行病学

1. 传染源

传染源主要是带菌母猪，由粪便排除大量的致病性大肠杆菌，散布于外界，污染水源、饲料、产床、用具以及母畜的乳头和皮肤。

2. 传播途径

仔猪吃奶或舔舐母猪皮肤时被感染，或接触被粪便污染的猪床、饲料、用具和饮水经消化道感染。

3. 易感动物

常发于 10～30 日龄仔猪，以 2～3 周龄者居多，1 月龄以上仔猪很少发病。

4. 流行特点

本病一年四季均可发生，发病常波及一窝仔猪的 90%以上，病死率很高，有的达 100%；因此猪群一旦发病，如不采取适当措施，将造成严重经济损失。

(三)临床症状

潜伏期短，生后 12 h 以内即可发病，长的也仅 1～3 d，较此更长者少见。突然有 1～2 头表现全身衰弱，迅速死亡，以后其他仔猪相继发病，排出黄色浆状稀粪，内含凝乳小片，味腥臭，很快消瘦、脱水、昏迷而死。

(四)病理变化

剖检尸体脱水严重，颈部、腹部皮下常有水肿，肠道膨胀，有多量黄色液状内容物和气体，肠黏膜呈急性卡他性炎症变化，以十二指肠最严重，肠系膜淋巴结有弥漫性小点出血，肝、肾有凝固性小坏死灶。

(五)诊断

1. 临诊诊断

根据流行病学、临床症状和病理变化可做出初步诊断。确诊需进行细菌学检查。

2. 实验室诊断

菌检的取材部位，败血型为血液、内脏组织，肠毒血症为小肠前部黏膜，肠型为发炎的肠黏膜。对分离出的大肠杆菌应进行生化反应和血清学鉴定，然后再根据需要，做进一步的检验。

(六)防制

1. 治疗

本病的治疗关键是通过药敏试验，选取敏感的约物，及时合理的治疗，以降低死亡率。

治疗原则是抗菌、补液、母子兼治、全窝治疗。常用的药物有磺胺间甲氧嘧啶(SMM)、磺胺脒(SG)、新霉素、卡那霉素、庆大霉素、环丙沙星、氟哌酸、恩诺沙星等。对已发病的仔猪皮下或肌肉注射常量的 2～3 倍上述药物，1 d 2 次，连续 4～5 d，如疗效不显著时，应更换其他药物。治疗的同时应给仔猪口服补液盐或腹腔内补液。还可选用微生态制剂，如促菌生、乳康生等。

2. 预防

控制本病重在预防，因此应搞好综合性防疫措施：

(1)坚持自繁自养，严格引种，严防致病性大肠杆菌传入场内。

(2)应加强怀孕母猪产前、产后的饲养管理，饲料配比适当，不能突然更换饲料，消除一切不利的影响。产前对产房进行清扫消毒，哺乳前要进行乳房清洗和消毒。

(3)加强新生仔猪的护理，要注意新生仔猪的防寒保暖，及早饲喂初乳。

(4)免疫接种。用针对本地(场)流行的大肠杆菌血清型制备的多价活苗或灭活苗接种妊娠母猪，可使仔猪获得被动免疫。

免疫接种可使用大肠杆菌基因工程疫苗，目前有 K88-K99 二价疫苗、K88-LTB 二价疫苗和 K88-K99-987P 三价疫苗。于母猪产前 40 d 和 15 d 各注一次，仔猪可被动获得免疫。有条件的猪场可使用自家苗进行免疫接种。

(5)药物预防。新生仔猪在生后 12 h 内，口服对本菌敏感的抗生素药物，常用的有氟哌酸、恩诺沙星、环丙沙星、利高霉素、痢菌净等。在吃奶前投服某些微生态制剂，可起到一定的预防作用。

发生本病时往往取急性经过来不及救治。应做好清圈和严格消毒，防止本病蔓延扩散。

二、仔猪白痢

(一)病原

参照仔猪黄痢。

(二)流行病学

1. 传染源

传染源主要是带菌母猪。

2. 传播途径

本病主要由内源性感染引起的，其诱发因素主要有猪舍卫生条件差，阴冷潮湿，气候骤变，母猪的乳汁不足或过浓等，均可促使本病发生。

3. 易感动物

常发 10～30 日龄仔猪，以 2～3 周龄者居多，30 日龄以上仔猪很少发病。

4. 流行特点

本病发生普遍，几乎所有猪场都有发生。发病率高，约 50%，病死率低。

(三)临床症状

病猪突然发生腹泻，排出乳白色或灰白色的浆状、糊状粪便，具腥臭，性黏腻。

腹泻次数不等。病程2～3 d,长的1周左右,能自行康复,死亡的很少。

(四)病理变化

剖检尸体外表苍白、消瘦、肠黏膜有卡他性炎症变化,肠系膜淋巴结轻度肿胀。

(五)诊断

1. 临诊诊断

根据流行病学、临床症状和病理变化可做出初步诊断。确诊需进行细菌学检查。

2. 实验室诊断

可参照仔猪黄痢。

(六)防制

参照仔猪黄痢。此外,应使仔猪及早开食,以促进仔猪消化机能的提高。给母猪加为抗贫血药,这不仅可防止仔猪贫血,还可显著减少本病的发生。

三、仔猪水肿病

是小猪的一种肠毒血症,其特征为胃壁和其他某些部位发生水肿。发病率虽不很高,但病死率很高,给小猪的培育造成损失。

(一)病原

参照仔猪黄痢。

(二)流行病学

1. 传染源

传染源主要是带菌母猪。病原体经粪便排出体外,污染水源、饲料、周围环境及母猪乳头和皮肤。

2. 传播途径

本病主要经消化道感染。

3. 易感动物

主要发于断乳仔猪,小至数日龄,大至4月龄也偶有发生。体况健壮、生长快的仔猪最为常见。

4. 流行特点

本病一年四季均可发生,但以3～6月份和10～11月份较多见,特别是气温易变和阴雨连绵时。一般在10%～30%,死亡率可高达90%。其发生似与饲料和饲养方法的改变、气候变化等有关。初生时发过黄痢的仔猪一般不发生本病。

(三)临床症状

病猪突然发病,精神沉郁,食欲减少或口流白沫。体温无明显变化,心跳疾速,呼吸初快而浅,后来慢而深。常便秘,但发病前一两天常有轻度腹泻。病猪静卧一隅,肌肉震颤,不时抽搐,四肢划动作游泳状,触动时表现敏感,发呻吟声或作嘶哑的叫鸣。站立时背部拱起,发抖:前肢如发生麻痹,则站立不稳;至后躯麻痹,则不能站立。行走时四肢无力,共济失调,步态摇摆不稳,盲目前进或作圆圈运动。水肿是本病的特殊症状,常见于脸部、眼睑、结膜、齿龈,有时波及颈部和腹部的皮下。有些病猪没有水肿的变化。病程短的仅数小时,一般为 1~2 d,也有长达 7 d 以上的。病死率约 90%。

(四)病理变化

剖检病变主要为水肿。胃壁水肿,常见于大弯部和贲门部,也可波及胃底部和食道部,黏膜层和肌层之间有一层胶冻样水肿,严重的厚达 2~3 cm,范围约数厘米。胃底有弥漫性出血变化。胆囊和喉头也常有水肿。大肠系膜的水肿也很常见,有些病猪直肠周围也有水肿。小肠黏膜有弥漫性出血变化。淋巴结有水肿和充血、出血的变化。心包和胸腹腔有较多积液,暴露空气则凝成胶冻状。肺水肿也不少见,大脑间有水肿变化。有些病例肾包膜增厚、水肿,积有红色液体,接触空气则凝成胶冻样,皮质纵切面贫血,髓质充血或有出血变化。膀胱黏膜也轻度出血。有的病例没有水肿变化,但有内脏出血变化,出血性肠炎尤为常见。

(五)诊断

1. 临诊诊断

根据发病日龄及特殊水肿病状及剖检水肿变化可做出诊断。必要时进行细菌学检查。

2. 实验室诊断

可参照仔猪黄痢。

(六)防制

1. 治疗

出现病状后再治疗一般难以治愈。应在发现第一个病例以后,立即对同窝仔猪进行预防性治疗。对病猪可试用以下处方:卡那霉素 50 万 IU、5%碳酸氢钠 30 mL、25%葡萄糖 40 mL,混合后一次静脉注射,每日 2 次,同时肌注维生素 C(0.1 g)2 mL,每日 2 次。

2. 预防

加强断奶仔猪的饲养管理,不突然改变饲料和饲养方法,微量逐渐增加,防止饲料单一，增加富含维生素饲料，适当调整饲料中蛋白质含量，防止仔猪便秘等。在断奶期间，适当添加一定的抗菌药物进行预防，效果较好。此外，断奶前接种仔猪水肿疫苗，有一定的预防效果。

四、犊牛大肠杆菌病

(一)病原

参照仔猪黄痢。

(二)流行病学

1. 传染源

带菌母牛是本病的主要传染源，通过粪便排出病菌，散布于外界，污染水源、饲料，以及母牛的乳头和皮肤。

2. 传播途径

主要经消化道感染，还可经胎内、脐带感染。

3. 易感动物

主要见于10日龄以内的犊牛，日龄较大者少见。凡能是犊牛抵抗力降低的因素都可促进本病的发生。如母牛体质不良，饲料中缺乏蛋白质或维生素，乳房部污秽不洁等。

4. 流行特点

多发于冬春舍饲期间，呈地方流行性。

(三)临床症状

潜伏期很短，仅几个小时。根据症状和病理发生可分为三型。

1. 败血型

病犊表现发热，精神不振，间有腹泻，常于症状出现后数小时至1 d内急性死亡。有时病犊未见腹泻即归于死亡。从血液和内脏易于分离到致病性血清型的大肠杆菌。

2. 肠毒血型

较少见，常突然死亡。如病程稍长，则可见到典型的中毒性神经症状，先是不安、兴奋，后来沉郁、昏迷，以至于死亡。死前多有腹泻症状。由于特异血清型的大肠杆菌增殖产生肠毒素吸收后引起，没有菌血症。

3. 肠炎型

病初体温升高达40℃，数小时后开始下痢，体温降至正常。粪便初如粥样、黄色，后呈水样、灰白色，混有未消化的凝乳块、凝血及泡沫，有酸败气味。病的末期，患畜肛门失禁,常有腹痛,用蹄踢腹壁。病程长的,可出现肺炎及关节炎症状。如及时治疗,一般可以治愈。不死的病犊,恢复很慢,发育迟滞,并常发生脐炎、关节炎或肺炎。

(四)病理变化

败血症或肠毒血症死亡的病犊,常无明显的病理变化。腹泻的病犊,真胃有大量的凝乳块,黏膜充血、水肿,覆有胶状黏液,皱褶部有出血。肠内容物常混有血液和气泡,恶臭。小肠黏膜充血,在皱褶基部有出血,部分黏膜上皮脱落。直肠也可见有同样变化。肠系膜淋巴结肿大。肝脏和肾脏苍白,有时有出血点,胆囊内充满黏稠暗绿色胆汁。心内膜有出血点。病程长的病例在关节和肺也有病变。

(五)诊断

1.临诊诊断

可根据临床症状、流行情况、饲养状况及剖检变化等综合分析判定。

2.实验室诊断

菌检的取材部位,败血型为血液、内脏组织,肠毒血症为小肠前部黏膜,肠型为发炎的肠黏膜。对分离出的大肠杆菌应进行生化反应和血清学鉴定,然后再根据需要,做进一步的检验。

(六)防制

1.治疗

本病的治疗原则是抗菌、补液、调节胃肠机能和调整肠道微生态平衡。

(1)抗菌。可用土霉素、链霉素或新霉素内服。

(2)补液。将补液的药液加温,使之接近体温。补液量以脱水程度而定,原则上失多少水补多少水。当有食欲或能自吮时,可用口服补液盐。口服补液盐处方:氯化钠 1.5 g,氯化钾 1.5 g,碳酸氢钠 2.5 g,葡萄糖粉 20 g,温水 1 000 mL。不能自吮时,可用 5%葡萄糖生理盐水或复方氯化钠液 1 000～1 500 mL,静脉注射。发生酸中毒时,可用 5%碳酸氢钠液 80～100 mL。注射时速度宜慢。

(3)调节胃肠机能。可用乳酸 2 g、鱼石脂 20 g、加水 90 mL 调匀,每次灌服 5 mL,每天 2～3 次。也可内服保护剂和吸附剂,如次硝酸铋 5～10 g、白陶土 50～100 g、活性炭 10～20 g 等,以保护肠黏膜,减少毒素吸收,促进早日康复。有的用复方新诺明,每千克体重 0.06 g,乳酸菌素片 5～10 片,食母生 5～10 片,混合后一次内服,每天 2 次,连用 2～3 d,疗效良好。

(4)调整肠道微生态平衡。待病情有所好转时、可停止应用抗菌药,内服调整肠道微生态平衡的生态制剂。例如,促菌生 6～12 片,配合乳酶生 5～10 片,每天

2次;或健复生1～2包,每天2次;或其他乳杆菌制剂。使肠道正常菌群早日恢复其生态平衡,有利于早日康复。

2. 预防

(1)养好妊娠母牛。改善妊娠母牛的饲养管理,保证胎儿正常发育,产后能分泌良好的乳汁,以满足新生犊牛的生理需要。

(2)及时饲喂初乳。为使犊牛尽早获得抗病的母源抗体,在产后30 min内(至少不迟于1 h)喂上初乳,第一次喂量应稍大些,在常发病的牛场,凡出生犊牛在饲喂初乳前,皮下注时母牛血液30～50 mL,并及早喂上初乳,对预防犊牛大肠杆菌是重要的一环。

(3)保持清洁卫生。产房要彻底消毒,接产时,母畜外阴部及助产人员手臂用1%～2%来苏儿液清洗消毒。严格处理脐带,应距腹壁5 cm处剪断,断端用10%碘酚浸泡1 min或灌注,防止因脐带感染而发生败血症。要经常擦洗母牛乳头。

五、羔羊大肠杆菌病

(一)病原

参照仔猪黄痢。

(二)流行病学

1. 传染源

同犊牛大肠杆菌病。

2. 传播途径

主要经消化道感染。

3. 易感动物

主要见于4日龄至6周龄的羔羊,也见于3～8月龄的羊。

4. 流行特点

多发于冬春舍饲期间,呈地方流行性或散发,放牧季节很少发生。

(三)临床症状

潜伏期数小时至1～2 d。分为败血型和肠型两型。

1. 败血型

主要发于2～6周龄的羔羊,病初体温升高达41.5～42℃。病羔精神委顿,四肢僵硬,运步失调,头常弯向一侧,视力障碍,继之卧地,磨牙,头向后仰,一肢或数肢作划水动作。病羔口吐泡沫,鼻流黏液。有些关节肿胀、疼痛。最后昏迷。由于发生肺炎而呼吸加快。很少或无腹泻。多于发病后4～12 h死亡。从内脏分离到致病性大肠杆菌。剖检病变可见胸、腹腔和心包大量积液，内有纤维素；某些关节，尤其是肘和腕关节肿大，滑液混浊，内含纤维素性脓性絮片；脑膜充血，有很多小出血点，大脑沟常含有多量脓性渗出物。

据近年报道，有些地区的 3～8 月龄的绵羊羔和山羊羔也有发生败血型大肠杆菌病的，发病急速，死亡很快。病原主要是那波里大肠杆菌。

2. 肠型

主发于 7 日龄以内的幼羔。病初体温升高到 40.1～41℃，不久即下痢，体温降至正常或略高于正常。粪便先呈半液状，由黄色变为灰色，以后粪呈液状，含气泡，有时混有血液和黏液。病羊腹痛、弓背、委顿、虚弱、卧地，如不及时救治，可经 24～36 h 死亡，病死率 15%～75%。有时可见化脓性—纤维素性关节炎。从肠道各部可分离到致病性大肠杆菌。

(四)病理变化

剖检败血型可见胸、腹腔和心包大量积液，内有纤维蛋白。某些关节，尤其是肘和腕关节肿大，滑液混浊，内含纤维素性脓性絮片。脑膜出血有小出血点，大脑沟常含有多量脓性渗出物。

肠炎型剖检可见尸体严重脱水，真胃、小肠和大肠内容物呈黄灰色半液状，黏膜充血，肠系膜淋巴结肿胀发红。有的肺呈初期炎症病变。

(五)诊断

1. 临诊诊断

可根据临床症状、流行情况、饲养状况及剖检变化等综合分析判定。

2. 实验室诊断

同犊牛大肠杆菌病。

(六)防制

可参照犊牛大肠杆菌病。

六、禽大肠杆菌病

(一)病原

禽大肠杆菌血清型多见于 O_1、O_2、O_{36}、O_{78}，其余参考仔猪黄痢。

(二)流行病学

1. 传染源

病禽和带菌禽。本菌在鸡的肠道正常寄生率达 10%～15%，当有诱因存在的情况下可以诱发本病，故病鸡作为传染源的意义有限。

2. 传播途径

可以通过5种传播途径感染。

(1)经消化道传播。外表健康鸡及病鸡的粪便污染饲料、饮水、垫草及饲养用具等通过消化道感染。

(2)经呼吸道。通过污染的尘埃感染。急性败血型多经呼吸道感染。

(3)经蛋传播。当种鸡卵巢和输卵管受到感染，或种蛋蛋壳被污染时，经种蛋垂直感染，引起胚胎死亡或雏鸡发病死亡。

(4)交配或人工授精。

(5)经蛋壳穿入传播。如出生雏鸡的感染。

由病鸡分离的大肠杆菌，只感染禽类，对家畜和人类似乎无致病性。

3. 易感动物

各种年龄均可感染，但幼禽更易感(5～8周龄)，肉鸡比其他品种更易感。在鹅群中主要侵害种鹅。

4. 流行特点

本病一年四季均可发生，当环境卫生条件差，饲养管理不良，气候变化或集群存在传染性法氏囊病、包涵体肝炎时容易引起本病的大群暴发，并常与新城疫、鸡毒支原体感染、传染性支气管炎、球虫病等混合感染。

大肠杆菌病的发病率和病死率与菌株毒力、有无并发或继发病，饲养管理条件、采取措施是否及时和有效等密切相关，雏鸡发病率可达50%左右，病死率可达100%。

(三)临床症状

潜伏期从数小时至3 d不等。

1. 脐炎

多见于蛋内或刚孵化后感染。种蛋蛋壳被大肠杆菌严重污染时，除引起孵化后期胚胎死亡和孵化率降低外，孵出的雏鸡也较弱，可在1周内因脐带炎死亡。脐孔周围红肿。破溃后腹腔增大呈红色或青紫色。

2. 急性败血型

危害最重。通常所说的大肠杆菌病即指此型。多见于幼禽，6～10周龄多发。一部分雏鸡突然死亡，另一部分则体温升高，精神沉郁；呼吸困难，停食；排黄白色稀粪，消瘦、脱水，鸡冠肉髯发紫，一般3～5 d死亡。

3. 肠炎型

病鸡，出现腹泻，糊肛，消瘦，最后衰竭而死。

4. 关节炎

关节肿大，跛行。

5. 眼炎

则见流泪，结膜潮红，角膜混浊，有脓性分泌物。

6. 腹膜炎和输卵管炎

腹膜炎和输卵管炎又称蛋子瘟，多见于产蛋中后期。病鸡的输卵管常因感染大肠杆菌而产生炎症，炎症产物使输卵管伞粘连，漏斗部的喇叭口在排卵时不能打开，卵泡因此不能进入输卵管而跌入腹腔而引发本病。病鸡外观腹部膨胀、重坠。产蛋率降低。有的病鹅还见到排出混有蛋清、凝固的蛋白和卵黄小块的排泄物。

7. 脑炎型

有的鸡群还见有大肠杆菌性脑炎，出现一些神经症状。突然倒地死亡，死鸡一肢或两肢向后挺伸，头颈后仰似角弓反张。禽大肠杆菌病常常继发鸡毒支原体感染、传染性支气管炎和新城疫等，使鸡群病情复杂。

8. 肉芽肿

此型生前无特征性症状。

(四)病理变化

1. 脐炎

有的死雏发生脐炎，脐部肿大，闭合不全，可见脓性分泌物。

2. 急性败血症

纤维素性气囊炎，是本菌感染气囊后引起的病变，气囊增厚，表面有纤维素性渗出物，呈灰白色，由此继发心包炎和肝周炎。

纤维素性心包炎，表现为心包积液，心包膜混浊、增厚、不透明，甚至内有纤维素性渗出物，与心肌粘连；纤维素性肝周炎，表现为肝脏不同程度的肿大，表面有不同程度的纤维素性渗出物，甚者整个肝脏为一层纤维素性薄膜所包裹；纤维素性腹膜炎，表现为腹腔有数量不等的腹水，混有纤维素性渗出物，或纤维素性渗出物充斥于腹腔肠道和脏器间。

肠浆膜、心外膜、心内膜有明显小出血点。肠壁黏膜有大量黏液。肝肿大，被膜增厚，被膜下散在大小不等的出血点和坏死灶。

3. 肠炎型

肠黏膜充血、出血病变。

4. 关节滑膜炎

多见于肩、膝关节。关节明显肿大，滑膜囊内有不等量的灰白色或淡红色渗出物，关节周围组织充血水肿。

5. 全眼球炎

眼结膜充血、出血,眼房液混浊,镜检前眼房液中有变性的纤维素、巨噬细胞和异嗜性白细胞浸润。

6. 输卵管炎和腹膜炎

产蛋期鸡感染时,可见输卵管增厚,有畸形卵阻滞,甚至卵破裂溢于腹腔内,有多量干酪样物,腹腔液增多、混浊,腹膜有灰白色渗出物。

7. 脑炎型

脑膜充血、出血、水肿。

8. 肉芽肿

主要以肝、十二指肠、盲肠系膜上出现典型的针头至核桃大小的肉芽肿为特征,其组织学变化与结核病的肉芽肿相似。

(五)诊断

1. 临诊诊断

症状和病理变化可做出初步鉴别诊断。5～8 日龄幼雏因急性败血症常突然死亡,其他日龄鸡常见气囊炎、心包炎、肝周炎、腹膜炎和全眼球炎等病变。

2. 实验室诊断

确诊需进行细菌学检查。菌检的取材部位,败血型为血液、内脏组织,肠毒血症为小肠前部黏膜,肠型为发炎的肠黏膜。对分离出的大肠杆菌应进行生化反应和血清学鉴定,然后再根据需要,做进一步的检验。

近年来,DNA 探针技术和聚合酶链反应(PCR)技术已被用来进行大肠杆菌的鉴定。这两种方法被认为是目前最特异、敏感和快速的检测方法。

(六)防制

1. 治疗

对患大肠杆菌病的鸡,及时使用抗生素或磺胺类药物治疗,可以收到一定的治疗效果。早期投药可控制病鸡的早期感染,促使痊愈,同时可防止新发病例的出现。

但病后期,出现气囊炎、肝周炎、腹膜炎时,再行治疗往往疗效不佳,甚至无效。治疗时可选用庆大霉素、卡那霉素、氯霉素、土霉素、氨苄青霉素等,饮水或拌料给药,最好是在药敏试验的基础上选择最敏感的药物。

2. 预防

种鸡场应及时收捡和消毒种蛋,避免种蛋被粪便污染。已被粪便污染的种蛋,不宜作种蛋孵化。搞好种蛋孵化器及孵化全过程的清洁卫生和消毒工作。

避免鸡群感染鸡毒支原体、新城疫、传染性支气管炎病毒，以减少呼吸道感染的机会。

加强通风，避免饮食被本菌污染饲料和饮水。

做好育雏期的饲养管理，控制鸡群的饲养密度，防止过分拥挤，保持空气流通，防止有害气体污染。

啮齿类动物的粪中含有致病性大肠杆菌，因此应经常清洗水槽，必要时可在饮水中加入适当浓度的消毒药。

定期消毒鸡舍、用具及周围环境。

应用鸡大肠杆菌多价氢氧化铝苗和多价油佐剂苗，均有一定的预防效果。

第九节　沙门杆菌病

沙门杆菌病，又名副伤寒(paratyphoid)，是各种动物由沙门杆菌属细菌引起的疾病总称。临诊上多表现为败血症、肠炎和其他组织的局部炎症，主要侵害幼年动物和青年动物，也可使怀孕母畜发生流产。

一、仔猪副伤寒

(一)病原

沙门杆菌属(*Salmonella*)是一大属血清学相关的革兰氏阴性杆菌。据新近的分类研究，本属细菌包括肠道沙门杆菌(*Salmonella enterica*)(又称猪霍乱沙门杆菌，*Salmonella choleraesuis*)和邦戈尔沙门杆菌(*Salmonella bongori*)两种，前者又分为6个亚种，即肠道沙门杆菌肠道亚种(*S. enterica* subsp. *enterica*)(又称猪霍乱沙门杆菌猪霍乱亚种，subsp. *choleraesuis*)，肠道沙门杆菌萨拉姆亚种(*S. enterica* subsp. *salamae*)，肠道沙门杆菌亚利桑那亚种(*S. enterica* subsp. *arizonae*)，肠道沙门杆菌双相亚利桑那亚种(*S. enterica* subsp. *diarizonae*)，肠道沙门杆菌浩敦亚种(*S. enterica* subsp. *houtenae*)，肠道沙门杆菌因迪卡亚种(*S. enterica* subsp. *indica*)。

沙门杆菌属依据不同的O(菌体)抗原、Vi(荚膜)抗原和H(鞭毛)抗原分为许多血清型。迄今，沙门杆菌有A～Z和O51～O67共42个O群，58种O抗原，63种H抗原，已有2 500种以上的血清型，除了不到10个罕见的血清型属于邦戈尔沙门杆菌外，其余血清型都属于肠道沙门杆菌。

沙门杆菌属的细菌依据其对宿主的感染范围,可分为宿主适应血清型和非宿主适应血清型两大类。前者只对其适应的宿主有致病性,包括:马流产沙门杆菌、羊流产沙门杆菌、鸡沙门杆菌、副伤寒沙门杆菌(A.C)、鸡白痢沙门杆菌、伤寒沙门杆菌;后者则对多种宿主有致病性,包括:鼠伤寒沙门杆菌、鸭沙门杆菌、德尔俾沙门杆菌、肠炎沙门杆菌、纽波特沙门杆菌、田纳西沙门杆菌等。至于猪霍乱沙门杆菌和都柏林沙门杆菌,原来认为分别对猪和牛有宿主适应性,近来发现它对其他宿主也能致病。沙门杆菌的血清型虽然很多,但常见的危害人畜的非宿主适应血清型只有20多种,加上宿主适应血清型,也不过仅30余种。

本属细菌对干燥、腐败、日光等因素具有一定的抵抗力,在外界条件下可以生存数周或数月。对于化学消毒剂的抵抗力不强,一般常用消毒剂和消毒方法均能达到消毒目的。

(二)流行病学

1.传染源

病猪和带菌猪是本病的主要传染源。它们可由粪便、尿、乳汁以及流产的胎儿、胎衣和羊水排出病菌,污染水源和饲料等。猪霍乱沙门杆菌感染康复猪,一部分能持续排菌,鼠伤寒沙门杆菌等由于污染环境而促使持续发病。肠淋巴结带菌的健康猪,由于运输等应激因素而排菌。

2.传播途径

经消化道感染健畜。病畜与健畜交配或用病公畜的精液人工授精可发生感染。此外,子宫内感染也有可能。据观察,健康的畜禽的带菌现象(特别是鼠伤寒沙门杆菌)相当普遍。病菌可潜藏于消化道、淋巴组织和胆囊内。当外界不良因素使动物抵抗力降低时,病菌可变为活动化而发生内源感染,病菌连续通过若干易感家畜,毒力增强而扩大传染。

3.易感动物

本病常发生于6月龄以下的仔猪,以1～4月龄者发生较多。20日龄以内及6月龄以上的猪极少发病。

4.流行特点

本病一年四季均可发生。但在多雨潮湿季节发病较多,一般呈散发性或地方流行性。有些动物还可表现为流行性。饲养管理较好而又无不良因素刺激的猪群,甚少发病,即使发病,亦多呈散发性;反之,则疾病常成为地方流行性。一般呈散发性或地方流行性。有些动物还可表现为流行性。饲养管理较好而又无不良因素刺激的猪群,甚少发病,即使发病,亦多呈散发性;反之,则疾病常成为地方流行性。

(三)临床症状

临诊上分为急性、亚急性和慢性。

1. 急性(败血型)

体温突然升高(41～42℃),精神不振,不食。后期间有下痢,呼吸困难,耳根、胸前和腹下皮肤有紫红色斑点。有时出现症状后 24 h 内死亡,但多数病程为 2～4 d,病死率很高。

2. 亚急性和慢性

是本病临诊上多见的类型,与肠型猪瘟的临诊表现很相似。病猪体温升高(40.5～41.5℃),精神不振,寒战,喜钻垫草,堆叠一起,眼有黏性或脓性分泌物,上下眼睑常被黏着。少数发生角膜混浊,严重者发展为溃疡,甚至眼球被腐蚀。病猪食欲不振,初便秘后下痢,粪便淡黄色或灰绿色,恶臭,很快消瘦。部分病猪,在病的中、后期皮肤出现弥漫性湿疹,特别在腹部皮肤,有时可见绿豆大、干涸的浆性覆盖物,揭开见浅表溃疡。病情往往拖延 2～3 周或更长,最后极度消瘦,衰竭而死。有时病猪症状逐渐减轻,状似恢复,但以后生长发育不良或经短期又行复发。

有的猪群发生所谓潜伏性“副伤寒”,小猪生长发育不良,被毛粗乱,污秽,体质较弱,偶尔下痢。体温和食欲变化不大,一部分患猪发展到一定时期突然症状恶化而引起死亡。

(四)病理变化

1. 急性(败血型)

主要为败血症的病理变化。脾常肿大,色暗带蓝,坚度似橡皮,切面蓝红色,脾髓质不软化。肠系膜淋巴结索状肿大。其他淋巴结也有不同程度的增大,软而红,类似大理石状。肝、肾也有不同程度的肿大,充血和出血。有时肝实质可见糠麸状、极为细小的黄灰色坏死小点。全身各黏膜、浆膜均有不同程度的出血斑点,肠胃黏膜可见急性卡他性炎症。

2. 亚急性和慢性

特征性病变为坏死性肠炎。盲肠、结肠肠壁增厚,黏膜上覆盖着一层弥漫性坏死性和腐乳状物质,剥开见底部红色,边缘不规则的溃疡面,此种病变有时波及至回肠后段。少数病例滤泡周围黏膜坏死,稍突出于表面,有纤维蛋白渗出物积聚,形成隐约可见的轮环状。肠系膜淋巴结索状肿胀,部分成干酪样变。脾稍肿大,呈网状组织增殖。肝有时可见黄灰色坏死小点。

(五)诊断

1. 临诊诊断

根据流行病学、临诊症状和病理变化，只能做出初步诊断。

2. 实验室诊断

需从病猪的血液、内脏器官、粪便，或流产胎儿胃内容物、肝、脾取材，做沙门杆菌的分离和鉴定。近年来，单克隆抗体技术和酶联免疫吸附试验(ELISA)已用来进行本病的快速诊断。

(六)防制

1. 治疗

可选用经药敏试验有效的抗生素，如土霉素、卡那霉素、恩诺沙星、氟哌酸等，并辅以对症治疗。呋喃类(如呋喃唑酮)和磺胺类(磺胺嘧啶和磺胺二甲基嘧啶)药物也有疗效，可根据具体情况选择使用。

2. 预防

预防本病应从加强饲养管理，消除发病诱因，保持饲养和饮水的清洁卫生等方面入手。

在本病常发地区和猪场，对仔猪应坚持免疫接种，目前普遍使用的是仔猪副伤寒冻干苗，断奶后仔猪空腹口服免疫。如断奶前免疫，断奶后需再免疫一次，能有效地预防本病的发生和流行。

二、禽沙门杆菌病

禽沙门杆菌病依据病原体的抗原结构的不同可分为三种。由鸡白痢沙门杆菌所引起的称为鸡白痢，由鸡伤寒沙门杆菌引起的称为禽伤寒，由其他有鞭毛能运动的沙门杆菌所引起的禽类疾病，则统称为禽副伤寒。禽副伤寒的病原体包括很多血清型的沙门杆菌，其中以鼠伤寒沙门杆菌最为常见，次为德尔俾沙门杆菌、海德堡沙门杆菌、纽波特沙门杆菌、鸭沙门杆菌等。诱发禽副伤寒的沙门杆菌能广泛地感染各种动物和人类，因此在公共卫生上具有重要性。人类的沙门杆菌感染和食物中毒也常常来源于副伤寒的禽类、蛋品或其他产品。

(一)病原

参照猪沙门杆菌病。

(二)流行病学

1. 传染源

病鸡和带菌鸡是主要传染源，病菌通过粪尿等排出，污染饲料、饮水和用具等。

2. 传播途径

禽沙门杆菌有多种传播途径，最常见的是通过带菌卵而传播。带菌卵来自康复鸡或带菌母鸡，或健康卵壳污染病菌后成为感染卵。已染菌的卵孵化时，形成死胚及病雏，病雏通过其分泌物、排泄物等污染饲料、饮水、孵化器、育雏器等，又使与病雏共同饲养的健康雏鸡经消化道、呼吸道或眼结膜而感染，耐过鸡可长期带菌，成年后产带菌卵，带菌卵再进行孵化，如此周而复始，使本病代代相传。

3. 易感动物

各种年龄的鸡均易感，但鸡白痢和禽副伤寒 2 周龄以内的雏鸡最易感，禽伤寒主要发生于育成鸡和成年鸡。

4. 流行特点

本病一年四季均可发病。一般呈散发或地方流行性。一向存在本病的鸡场，雏鸡的发病率在 20%～40%，但新传入发病的鸡场，其发病率显著增高，有时可高达 100%，病死率也比老疫场高。凡能使家禽抵抗力降低的因素如饲养管理不良、气候恶劣、长途运输、寄生虫等均可促进本病的发生。

(三)临床症状

1. 鸡白痢

(1)雏鸡。雏鸡和雏火鸡两者的症状相似。潜伏期 4～5 d，出壳后感染的雏鸡，多在孵出后几天才出现明显症状。7～10 d 后雏鸡群内病雏逐渐增多，在第二三周达高峰。发病雏鸡呈最急性者，无症状迅速死亡。稍缓者表现精神委顿，绒毛松乱，两翼下垂，缩颈闭眼昏睡，不愿走动，拥挤在一起。病初食欲减少，而后停食，多数出现软嗉症状。同时腹泻，排稀薄白色糨糊状粪便，肛门周围绒毛被粪便污染，有的因粪便干结封住肛门周围，影响排粪。由于肛门周围炎症引起疼痛，故常发生尖锐的叫声，最后因呼吸困难及心力衰竭而死。有的病雏出现眼盲，或肢关节肿胀，呈跛行症状。也可发生肺炎，出现呼吸困难。病程短的 1 d，一般为 4～7 d，20 d 以上的雏鸡病程较长，且极少死亡。耐过鸡生长发育不良，成为慢性患者或带菌者。

(2)育成鸡。多发生于 40～80 日龄的鸡，本病常突然发生，全群鸡食欲、精神无明显变化，但鸡群不断出现精神、食欲差和下痢者，常突然死亡，每天都有鸡死亡，数量不一。病程较长，可达 20～30 d，死亡率可达 10%～20%。

(3)成年鸡。感染常无临诊症状。母鸡产卵量与受精率降低，这种鸡只能用血清学试验才能查出。极少数病鸡腹泻，产卵停止。有的因卵黄囊炎引起腹膜炎，腹膜增生而呈“垂腹”现象，有时成年鸡可呈急性发病。

各种品种的鸡对本病均有易感性，以 2～3 周龄以内雏鸡的发病率与病死率为最高，呈流行性。成年鸡感染呈慢性或隐性经过。近年来，育成阶段的鸡发病也日趋普遍。

2. 禽伤寒(typhusavium)

潜伏期一般为4～5 d。在年龄较大的鸡和成年鸡，急性经过者突然停食，排黄绿色稀粪，体温上升 1～3℃。病鸡可迅速死亡，通常经 5～10 d 死亡。病死率10%～50%或更高些。

雏鸡和雏鸭发病时，其症状与鸡白痢相似。

3. 禽副伤寒(paratyphusavium)

经带菌卵感染或出壳雏禽在孵化器感染病菌，常呈败血症经过，往往不显任何症状迅速死亡。年龄较大的幼禽则常取亚急性经过，主要表现水泄样下痢。病程1～4 d。1 月龄以上幼禽一般很少死亡。

雏鸭感染本病常见颤抖、喘息及眼睑浮肿等症状，常猝然倒地而死，故有“猝倒病”之称。成年禽一般为慢性带菌者，常不出现症状。有时出现水泄样下痢。

(四)病理变化

1. 鸡白痢

(1)因鸡白痢而死亡的雏鸡，如日龄短，发病后很快死亡，则病变不明显。病期延长者，在心肌、肺、肝、盲肠、大肠及肌胃肌肉中有坏死灶或结节，胆囊肿大。输尿管充满尿酸盐而扩张。盲肠中有干酪样物堵塞肠腔，有时还混有血液，常有腹膜炎。死于几日龄的病雏，有出血性肺炎，稍大的病雏，肺有灰黄色结节和灰色肝变。

(2)育成阶段的鸡，突出的变化是肝肿大，可达正常的 2～3 倍，暗红色至深紫色，有的略带土黄色，表面可见散在或弥漫性的小红点或黄白色的粟粒大小或大小不一的坏死灶，质地极脆，易破裂，因此常见有内出血变化，腹腔内积有大量血水，肝表面有较大的凝血块。

(3)成年母鸡，最常见的病变为卵子变形、变色，呈囊状，有腹膜炎。有些卵自输卵管逆行而坠入腹腔，引起广泛的腹膜炎及腹腔脏器粘连。常有心包炎。成年公鸡的病变，常局限于睾丸及输精管，睾丸极度萎缩，有小脓肿，输精管管腔增大，充满稠密的均质渗出物。

2. 禽伤寒

死于禽伤寒的雏鸡(鸭)病变与鸡白痢时所见相似。成年鸡，最急性者眼观病变轻微或不明显，急性者常见肝、脾、肾充血肿大，亚急性和慢性病例，特征病变是肝肿大呈青铜色，肝和心肌有灰白色粟粒大坏死灶，卵子及腹腔病变与鸡白痢相同。

3. 禽副伤寒

死于鸡副伤寒的雏鸡，最急性者无可见病变。病期稍长的，肝、脾充血，有条纹状或针尖状出血和坏死灶，肺及肾出血，心包炎，常有出血性肠炎。成年鸡，肝、脾、肾充血肿胀，有出血性或坏死性肠炎、心包炎及腹膜炎，产卵鸡的输卵管坏死、增生，卵巢坏死、化脓。

雏鸭感染莫斯科沙门杆菌(*S. moscow*)时，肝脏呈青铜色，并有灰色坏死灶。北京鸭感染鼠伤寒沙门杆菌和肠炎沙门杆菌时，肝脏显著肿大，有时有坏死灶，盲肠内形成干酪样物。

(五)诊断

1. 临诊诊断

根据流行病学、临诊症状和病理变化，可做出初步诊断。

2. 实验室诊断

需从病禽的血液、内脏器官、粪便、肝、脾取材，做沙门杆菌的分离和鉴定。近年来，单克隆抗体技术和酶联免疫吸附试验(ELISA)已用来进行本病的快速诊断。

对鸡白痢，可采取鸡的血液或血清做平板凝集试验。鸡白痢沙门杆菌和鸡伤寒沙门杆菌具有相同的 O 抗原，因此鸡白痢标准抗原也可用来对禽伤寒进行凝集试验。

(六)防制

1. 治疗

参照猪沙门杆菌病。

2. 预防

对禽沙门杆菌病，目前尚无有效菌苗可资利用，因此，在禽类，防制本病必须严格贯彻消毒、隔离、检疫、药物预防等一系列综合性防制措施；在有病鸡群，应定期反复用凝集试验进行检疫，将阳性鸡及可疑鸡全部剔出淘汰，使鸡群净化。

近年来，根据竞争排斥(competitive exclusion，简称 CE)原理研制的活菌制剂——CE 培养物，在鸡沙门杆菌病的防制上取得了进展。国外许多研究已证实，给新孵出的雏鸡提供从成龄鸡盲肠或粪排泄物所获细菌构成的 CE 培养物，可使沙门杆菌在盲肠定植的发生率降低，国内自 1986 年以来，一些研究者在不同地区使用“促菌生”或其他活菌剂来预防雏鸡白痢，也获得了较好的效果。应注意的是，由于促菌生制剂是活菌制剂，因此应避免与抗微生物制剂同时应用。

三、牛沙门杆菌病

(一)病原

参照猪沙门杆菌病。

(二)流行病学

1. 传染源

病畜和带菌者是本病的主要传染源。它们可由粪便、尿、乳汁以及流产的胎儿、胎衣和羊水排出病菌,污染水源和饲料等,有人认为鼠类可传播本病。

2. 传播途径

主要是通过污染的饲料和水源经消化道感染健康动物。患病动物和健康动物交配或用患病动物的精液人工授精也可发生感染。此外,子宫内也可感染。

3. 易感动物

各种年龄的牛均易感,但生后 1 个月前后的犊牛最易感。

4. 流行特点

本病一年四季均可发生,成年牛多发于夏季放牧时。一般呈散发或地方流行性。

(三)临床症状

主要由鼠伤寒沙门杆菌、都柏林沙门杆菌或纽波特沙门杆菌所致。

1. 成年牛

此病常以高热(40～41℃)、昏迷、食欲废绝、脉搏频数、呼吸困难开始,体力迅速衰竭。大多数病牛于发病后 12～24 h,粪便中带有血块,不久即变为下痢。粪便恶臭,含有纤维素絮片,间杂有黏膜。下痢开始后体温降至正常或较正常略高。病牛可于发病 24 h 内死亡,多数则于 1～5 d 内死亡。病期延长者可见迅速脱水和消瘦,眼窝下陷,黏膜(尤其是眼结膜)充血和发黄。病牛腹痛剧烈,常用后肢蹬踢腹部。怀孕母牛多数发生流产,从流产胎儿中可发现病原菌。某些病例可能恢复。成年牛有时可取顿挫型经过,病牛发热、食欲消失、精神委顿,产奶量下降,但经过 24 h 后,这些症状即可减退。还有些牛感染后取隐性经过,仅从粪中排菌,但数天后即停止排菌。

2. 犊牛

如牛群内存在带菌母牛,则可于生后,48 h 内即表现拒食、卧地、迅速衰竭等症状,常于 3～5 d 内死亡。尸体剖检无特殊变化,但从血液和内脏器官中可分出沙门杆菌。多数犊牛常于 10～14 日龄以后发病,病初体温升高(40～41℃),24 h 后排出灰黄色液状粪便,混有黏液和血丝,一般于病状出现后 5～7 d 内死亡,病死率有时可达50%，有时多数病犊可以恢复，恢复后体内一般很少带菌。病期延长时，腕和跗关节可能肿大，有的还有支气管炎和肺炎症状。

（四）病理变化

1.成年牛

病变主要呈急性出血性肠炎。剖检时，肠黏膜潮红，常杂有出血，大肠黏膜脱落，有局限性坏死区。腺胃黏膜也可能炎性潮红。肠系膜淋巴结呈不同程度的水肿、出血。肝脂肪性变或灶性坏死。胆囊壁有时增厚，胆汁混浊，黄褐色。肺可有肺炎区，特别是在病程延长的病例。脾常充血、肿大。

2.犊牛

急性病例在心壁、腹膜以及腺胃、小肠和膀胱黏膜有小点出血。脾充血肿胀。肠系膜淋巴结水肿，有时出血。在病程较长的病例，肝脏色泽变淡，胆汁常变稠而混浊。

（五）诊断

1.临诊诊断

根据流行病学、临诊症状和病理变化，可做出初步诊断。

2.实验室诊断

需从病牛的血液、内脏器官、粪便、肝、脾取材，做沙门杆菌的分离和鉴定。近年来，单克隆抗体技术和酶联免疫吸附试验（ELISA）已用来进行本病的快速诊断。

（六）防制

1.治疗

参照猪沙门杆菌病。

2.预防

关于菌苗免疫，目前国内已研制出牛的副伤寒菌苗，必要时可选择使用。根据不少地方的经验，应用自本场（群）或当地分离的菌株，制成单价灭活苗，常能收到良好的预防效果。

四、羊沙门杆菌

（一）病原

参照猪沙门杆菌病。

（二）流行病学

1.传染源

同牛沙门杆菌。

2. 传播途径

同牛沙门杆菌。

3. 易感动物

各种年龄羊均以感,但以断奶时的羔羊最易感。

4. 流行特点

育成期羔羊常于夏季和早秋发病,妊娠羊则主要在晚冬、早春季节发生流产。

(三)临床症状

主要由鼠伤寒沙门杆菌、羊流产沙门杆菌、都柏林沙门杆菌引起。本病据临诊表现可分为下列二型。

1. 下痢型

病羊体温升高达 40～41℃,食欲减退,腹泻,排黏性带血稀粪,有恶臭。精神委顿、虚弱、憔悴、低头、弓背、继而卧地,经 1～5 d 死亡。有的经两周后可康复。发病率 30%,病死率 25%。

2. 流产型

沙门杆菌自肠道黏膜进入血流,被带至全身各个脏器,包括胎盘。细菌在脐带区离开母血经绒毛上皮细胞而进入胎儿血液循环中。怀孕绵羊于怀孕的最后 1/3 期间发生流产或死产。在此之前,病羊体温上升至 40～41℃,部分羊有腹泻症状。流产前和流产后数天,阴道有分泌物流出。病羊产下的活羔,表现衰弱,委顿,卧地,并可有腹泻;不吮乳,往往于 1～7 d 内死亡。病母羊也可在流产后或无流产的情况下死亡。羊群暴发一次,一般持续 10～15 d,流产率和病死率可达 60%。其他羔羊的病死率达 10%,流产母羊一般有 5%～7%死亡。

(四)病理变化

1. 下痢型

病羊真胃和肠道空虚,黏膜充血,有半液状内容物。肠道黏膜上有黏液,并含有小的血块,肠道和胆囊黏膜水肿。肠系膜淋巴结一般增大充血。心内外膜下有小出血点。

2. 流产型

流产的、死产的胎儿或生后 1 周内死亡的羔羊,表现败血症病变。死亡母羊有急性子宫炎。流产或死产者其子宫肿胀,常含有坏死组织、浆液性渗出物和滞留的胎盘。

(五)诊断

根据流行病学、临诊症状和病理变化,只能做出初步诊断,确诊需从病畜(禽)

的血液、内脏器官、粪便，或流产胎儿胃内容物、肝、脾取材，做沙门杆菌的分离和鉴定。近年来，单克隆抗体技术和酶联免疫吸附试验（ELISA）已用来进行本病的快速诊断。

畜禽感染沙门杆菌后的隐性带菌和慢性无症状经过较为多见，检出这部分患畜（禽），是防制本病的重要一环。目前实践中常用血清学方法对马副伤寒、鸡白痢进行血清学诊断。对马副伤寒，可采取马血清做试管凝集试验；对鸡白痢，可采取鸡的血液或血清做平板凝集试验。鸡白痢沙门杆菌和鸡伤寒沙门杆菌具有相同的O抗原，因此鸡白痢标准抗原也可用来对禽伤寒进行凝集试验。

（六）防制

参照猪沙门杆菌病。

第十节　巴氏杆菌病

巴氏杆菌病是主要由多杀性巴氏杆菌所引起的，发生于各种家畜、家禽、野生动物和人类的一种传染病的总称。特征是急性型呈败血症变化，故又称出血性败血症。慢性型表现为皮下组织、关节、各器官的局灶性化脓性炎症，多与其他传染病混合感染或继发感染。

本病的发生一般无明显的季节性，但以冷热交替、气候剧变、闷热、潮湿、多雨较多。本病一般为散发性，家禽，特别是鸭群发病时，多呈流行性。

一、猪巴氏杆菌病

（一）病原

多杀性巴氏杆菌（*Pasteurella multocida*）是两端钝圆，中央微凸的短杆菌，无芽孢、无鞭毛，新分离的菌株有荚膜，革兰氏染色阴性，病料组织或体液涂片用瑞氏、姬姆萨氏法或美蓝染色镜检，见菌体多呈卵圆形，两端着色深，中央部分着色较浅，很像并列的两个球菌，所以又叫两极杆菌。用培养物所作的涂片，两极着色则不那么明显。用印度墨汁等染料染色时，可看到清晰的荚膜。在加有血液、血清的培养基上生长良好，血琼脂上培养 24 h，形成灰白色露滴昂小菌落，不溶血。

本菌根据菌落表面有无荧光及荧光的色彩，可分为三型，即蓝色荧光型(Fg)、橘红色荧光型(Fo)和无荧光型(Nf)。Fg 型菌对猪等畜类有强大毒力，对禽类的毒力较弱;Fo 型菌对禽类有强大毒力,对畜类毒力较弱;Nf 型菌对畜禽的毒力都很弱。在一定条件下,Fg 和 Fo 可以发生相互转变。

本菌按菌株间抗原成分的差异,可分为若干血清型。有人用本菌的特异性荚膜(K)抗原吸附于红细胞上做被动血凝试验,将本菌分为 A,B,D,E 和 F 5 个血清群。利用菌体(O)抗原作凝集反应,将本菌分为 12 个血清型。利用耐热抗原作琼脂扩散试验,将本菌分为 16 个菌体型。一般将 K 抗原用英文大写字母表示,将 O 抗原和耐热抗原用阿拉伯数字表示。因此,菌株的血清型可列式表示,如 5:A,6:B,2:D,……(即 O 抗原:K 抗原),或 A:1,B:2,D:2……(即 K 抗原:耐热抗原)。

本菌根据菌落形态可分为黏液型(M)、平滑型(S)和粗糙型(R),M 型和 S 型含有荚膜物质。

本菌存在于病畜全身各组织、体液、分泌物及排泄物里,只有少数慢性病例仅存在于肺脏的小病灶里。健康家畜的上呼吸道也可能带菌。

本菌对物理和化学因素的抵抗力比较低。普通消毒药常用浓度对本菌都有良好的消毒力。冬季,排泄到外界的细菌可存活 2~3 周以上。60℃,30 min,或直射阳光 10 min 可杀死。

多杀性巴氏杆菌对多种动物(家畜、野兽、禽类)和人均有致病性。家畜中以牛(黄牛、牦牛、水牛)、猪发病较多;绵羊也易感,鹿、骆驼和马亦可发病,但较少见;家禽和兔也易感染。溶血性巴氏杆菌多引起牛和绵羊肺炎、绵羊羔败血症,对禽类也有致病性。鸡巴氏杆菌可参与禽的慢性呼吸道感染。

畜群中发生巴氏杆菌病时,往往查不出传染源。一般认为家畜在发病前已经带菌。当家畜饲养在不卫生的环境中,由于一些外因的诱导,而使其抵抗力降低时,病菌即可乘机侵入体内,经淋巴液而入血流,发生内源性传染。病畜由其排泄物、分泌物不断排出有毒力的病菌,污染饲料、饮水、用具和外界环境,经消化道而传染给健康家畜,或由咳嗽、喷嚏排出病菌,通过飞沫经呼吸道而传染。

(二)流行病学

1. 传染源

多杀性巴氏杆菌虽对多种畜禽具有致病性,但一般情况下在不同畜禽间不易互相传染。一般认为巴氏杆菌存在于健康家畜和发病家畜的呼吸道,因此,畜群中发生巴氏杆菌病时,往往查不出传染源。当猪群在饲养管理不当的情况下,由于寒冷、闷热、气候剧变、冷热交替、潮湿、拥挤、通风不良、营养缺乏、更换饲料、运输、寄生虫及其他疾病等诱因的作用,使猪机体抵抗力下降,此时,病菌即可乘机侵入体内,经淋巴液而入血流,发生内源性传染。病畜由其排泄物、分泌物不断排出有毒力的病菌,污染饲料、饮水、用具和外界环境。

2. 传播途径

经消化道而传染给健康家畜，或由咳嗽、喷嚏排出病菌，通过飞沫经呼吸道而传染。

3. 易感动物

本病多发于 3～10 周龄的仔猪。

4. 流行特点

本病的发生一般无明显的季节性，但以冷热交替、气候剧变、多雨、潮湿、闷热的时期多发。多呈散发性，有时可呈地方流行性。发病率为 40％以上，死亡率为 5％左右。

（三）临床症状

又称猪肺疫，潜伏期 1～14 d，临诊上一般分为最急性型、急性型和慢性型三种。

1. 最急性型

俗称“锁喉风”，突然发病，无明显症状，迅速死亡。病程稍长、病状明显的可表现体温升高（41～42℃），食欲废绝，全身衰弱，横卧或犬坐式，或伸颈呼吸，有时发出喘鸣声，病猪呼吸极度困难，口鼻流出泡沫，可视黏膜发绀，心跳加快。颈下咽喉部发热、红肿、坚硬，严重者向上延及耳根，向后可达胸前。腹侧、耳根和四肢内侧皮肤出现红斑，一经出现呼吸症状，即迅速恶化，很快死亡。病程 1～2 d。病死率 100％，未见自然康复的。

2. 急性型

急性型是主要和常见的病型。除具有败血症的一般症状外，还表现急性胸膜肺炎。体温升高（40～41℃），初发生痉挛性干咳，呼吸困难，鼻流黏稠液。后变为湿咳，咳时感痛，触诊胸部有剧烈的疼痛。病势发展后，呼吸更感困难，张口吐舌，作犬坐姿势，可视黏膜蓝紫，常有黏脓性结膜炎。初便秘，后腹泻。末期心脏衰弱，心跳加快，皮肤淤血和小出血点。病猪消瘦无力，卧地不起，多因窒息而死。病程 5～8 d，不死的转为慢性型。

3. 慢性型

主要表现为慢性肺炎和慢性胃炎症状。持续性咳嗽与呼吸困难，流少量黏性、脓性分泌物。有时出现痂样湿疹，关节肿胀，食欲不振，常有泻痢现象。进行性营养不良，极度消瘦，如不及时治疗，多经过 2 周以上衰竭而死，病死率60％～70％。

(四)病理变化

1.最急性型

主要为全身黏膜、浆膜和皮下组织大量出血点,尤以咽喉部及其周围结缔组织的出血性浆液浸润最为特征。切开颈部皮肤时,可见大量胶冻样淡黄或灰青色纤维素性浆液。水肿可自颈部蔓延至前肢。全身淋巴结出血,切面红色。心外膜和心包膜有小出血点。肺急性水肿。脾有出血,但不肿大。胃肠黏膜有出血性炎症变化。皮肤有红斑。

2.急性型

除了全身黏膜、浆膜、实质器官和淋巴结出血性病变外,特征性的病变是纤维素性肺炎。肺有不同程度的肝变区,周围常伴有水肿和气肿,病程长的肝变区内还有坏死灶,肺小叶间浆液浸润,切面呈大理石纹理。胸膜常有纤维素性附着物,严重的胸膜与病肺粘连。胸腔及心包积液。胸腔淋巴结肿胀,切面发红、多汁。支气管、气管内含有多量泡沫状黏液,黏膜发炎。

3.慢性型

尸体极度消瘦、贫血。肺肝变区广大,并有黄色或灰色坏死灶,外面有结缔组织包囊,内含干酪样物质,有的形成空洞,与支气管相通。心包与胸腔积液,胸腔有纤维素性沉着,肋膜肥厚,常与病肺粘连。有时在肋间肌、支气管周围淋巴结、纵隔淋巴结以及扁桃体、关节和皮下组织见有坏死灶。

(五)诊断

1.临诊诊断

根据流行病学材料、临诊症状(尤其是最急性病例中的锁喉风)和剖检变化,结合对病畜(禽)的治疗效果,可对本病做出诊断,确诊有赖于细菌学检查。

2.实验室诊断

败血症病例可从心、肝、脾或体腔渗出物等取材,其他病型主要从病变部位、渗出物、脓汁等取材,如涂片镜检见到两极染色的卵圆形杆菌,接种培养基分离到该菌。在5%的牛血琼脂或左旋糖淀粉琼脂培养基上能产生Fg型菌落。必要时可用小鼠进行实验感染。

(六)防制

1.治疗

病初可用高免血清治疗,效果良好。青霉素、链霉素、四环素族抗生素或磺胺类药物也有一定疗效。如将抗生素和高免血清联用,则疗效更佳。

2.预防

根据本病传播的特点,防制方针首先应增强机体的抗病力。平时应注意饲养管理,消除可能降低机体抗病力的因素,定期消毒。

每年定期进行预防接种。

定期采用药物拌料或饮水的群体投药与个别猪治疗措施,在控制疾病方面是很重要的。

二、牛巴氏杆菌病

(一)病原

可参照猪巴氏杆菌病。

(二)流行病学

1.传染源

同猪肺疫。

2.传播途径

经消化道而传染给健康家畜,或由咳嗽、喷嚏排出病菌,通过飞沫经呼吸道而传染。

3.易感动物

各种年龄的牛均可感染,但以幼龄牛较为多见。

4.流行特点

本病的发生一般无明显的季节性,但以冷热交替、气候剧变、多雨、潮湿、闷热的时期多发。多呈散发性,有时可呈地方流行性。

(三)临床症状

牛巴氏杆菌病又名牛出血性败血病。潜伏期 2～5 d。病状可分为败血型、浮肿型和肺炎型。

1.败血型

病初发高烧,可达 41～42℃,随之出现全身症状。稍经时日,患牛表现腹痛,开始下痢,粪便初为粥状,后呈液状,其中混有黏液、黏膜片及血液,有恶臭,有时鼻孔内和尿中有血。拉稀开始后,体温随之下降,迅速死亡。病期多为 12～24 h。多见于犊牛。

2.浮肿型

除呈现全身症状外,在颈部、咽喉部及胸前的皮下结缔组织,出现迅速扩展的炎性水肿,同时伴发舌及周围组织的高度肿胀,舌伸出齿外,呈暗红色,患畜呼吸高度困难，皮肤和黏膜普遍发绀，大量流涎，故俗称清水症。也有下痢或某一肢体发生肿胀者。往往因窒息而死，病期多为 12～36 h。

3. 肺炎型

主要呈纤维素性胸膜肺炎症状。病初出现痛性干咳，继而呼吸困难。在痛咳的同时，排出浆液后为脓性的鼻汁，胸部听诊有啰音或胸壁摩擦音，叩诊有浊音区，后期呼吸极度困难，有血性下痢，终因衰竭而死亡。病期较长的一般可到 3 d 或 1 周左右。

浮肿型及肺炎型是在败血型的基础上发展起来的。本病的病死率可达 80%以上。痊愈牛可产生坚强免疫力。

(四)病理变化

1. 败血型

呈一般败血症变化。内脏器官出血，在黏膜、浆膜以及肺、舌、皮下组织和肌肉，都有出血点。脾脏无变化，或有小出血点。肝脏和肾脏实质变性。淋巴结显著水肿。胸腹腔内有大量渗出液。

2. 浮肿型

浮肿型的症状和猪的类似。

3. 肺炎型者

主要表现为胸膜炎和纤维素性肺炎。胸腔内有大量浆液性纤维素性渗出液。整个肺有不同肝变区的变化，小叶间淋巴管增大变宽，肺切面呈大理石状。有些病例由于病程发展迅速，在较多的小叶里能同时发生相同阶段的变化；肺泡里有大量红细胞，使肺病变呈弥漫性出血现象。病程进一步发展，可出现坏死灶，呈污灰色或暗褐色，通常无光泽。有时有纤维素性心包炎和腹膜炎，心包与胸膜粘连，内含有干酪样坏死物。

(五)诊断

参考猪肺疫。

(六)防制

参考猪肺疫。

三、羊巴氏杆菌病

(一)病原

参照猪巴氏杆菌病。

(二)流行病学

1. 传染源

同猪肺疫。

2. 传播途径

经消化道而传染给健康家畜,或由咳嗽、喷嚏排出病菌,通过飞沫经呼吸道而传染。

3. 易感动物

主要发生于幼龄绵羊和羔羊,山羊不易感染。

4. 流行特点

同牛巴氏杆菌病。

(三)临床症状

根据病程可分为最急性、急性和慢性三种。

1. 最急性

多见于哺乳羔羊。羔羊往往突然发病,呈现寒战、虚弱、呼吸困难等症状,可于数分钟至数小时内死亡。

2. 急性

精神沉郁,食欲废绝,体温升高至 41～42℃。呼吸急促,咳嗽,鼻孔常有出血,有时血液混杂于黏性分泌物中。眼结膜潮红,有黏性分泌物。初期便秘,后期腹泻,有时粪便全部变为血水。颈部、胸下部发生水肿。病羊常在严重腹泻后虚脱而死,病期 2～5 d。

3. 慢性

病程可达 3 周。病羊消瘦、不思饮食。流黏液脓性鼻液、咳嗽、呼吸困难。有时颈部和胸下部发生水肿。有角膜炎。病羊腹泻,粪便恶臭,临死前极度衰弱,四肢厥冷,体温下降。山羊感染本病时,主要呈格鲁布性肺炎症状,病程急促,病程平均 10 d,存活者仍有长期咳嗽表现。与绵羊相比,山羊发病者少见。

(四)病理变化

一般在皮下有液体浸润和小点出血。胸腔内有黄色渗出物。肺淤血,小点出血和肝变,偶见有黄豆至胡桃大的化脓灶。胃肠道出血性炎。其他脏器呈水肿和淤血,间有小点出血,但脾脏不肿大。病期较长者尸体消瘦,皮下胶样浸润,常有纤维素性胸膜肺炎和心包炎,肝有坏死灶。

(五)诊断

参考猪肺疫。

(六)防制

参考猪肺疫。

四、兔巴氏杆菌病

(一)病原

参照猪巴氏杆菌病。

(二)流行病学

1. 传染源

同猪肺疫。

2. 传播途径

同猪肺疫。

3. 易感动物

各种年龄的家兔均可感染,但以 9 周龄至 6 月龄最为易感。

4. 流行特点

同猪肺疫。

(三)临床症状

潜伏期长短不一,一般自几小时至 5 d 或更长。

1. 鼻炎型

是常见的一种病型,其临诊特征是有浆液性、黏液性或黏液脓性鼻漏。鼻部的刺激常使兔用前爪擦揉外鼻孔,使该处被毛潮湿并缠结。此外还有打喷嚏、咳嗽和鼻塞音等异常呼吸音存在。

2. 地方流行性肺炎型

最初的症状通常是食欲不振和精神沉郁,常因败血病而迅速死亡。

3. 败血型

死亡迅速,通常不见临诊症状。如与其他病型(常见的为鼻炎和肺炎)联合发生,则可看到相应的临诊症状。

4. 中耳炎型

又称斜颈病,单纯的中耳炎可以不出现临诊症状,在诊出的病例中,斜颈是主要的临诊表现。斜颈是感染扩散到内耳或脑部的结果,而不是单纯中耳炎的症状。严重的病例吃食、饮水困难,体重减轻,可能出现脱水现象。如感染扩散到脑膜和脑则可能出现运动失调和其他神经症状。

(四)病理变化

各个病型的变化不一致,但往往有两种或两种以上联合发生。

1.鼻炎型

视病程长短而定。当疾病从急性向慢性转化时,鼻漏从浆液性向黏液性、黏液脓性转化。鼻孔周围皮肤发炎。鼻窦和副鼻窦内有分泌物,窦腔内层黏膜红肿。在较为慢性的阶段,仅见黏膜呈轻度到中度的水肿增厚。

2.地方流行性肺炎型

通常呈急性纤维素性肺炎变化,以肺的前下方最为常见。开始时呈急性炎症反应,表现为实变,肺实质内可能有出血,胸膜面可能有纤维素覆盖。消散时肺膨胀不全变得明显起来。如果肺炎严重,则可能有脓肿存在,脓肿为纤维组织所包围,形成脓腔或整个肺炎叶发生空洞,是慢性病程最后阶段常发生的现象。

3.败血型

因死亡十分迅速,大体或显微变化很少见到。胸腔和腹腔器官可能有充血,浆膜下和皮下可能出血。如与其他病型相伴,可出现其他病型的病变。

4.中耳炎型

主要是一侧或两侧鼓室有奶油状的白色渗出物。病的早期鼓膜和鼓室内壁变红。鼓室内壁上皮可能含有很多杯细胞,黏膜下层有淋巴细胞和浆细胞浸润。有时鼓膜破裂,脓性渗出物流入外耳道。中耳或内耳感染如扩散到脑,可出现化脓性脑膜炎的病变。各个病型的变化不一致,但往往有两种或两种以上联合发生。

(五)诊断

参考猪肺疫。

(六)防制

参考猪肺疫。

五、禽巴氏杆菌病

(一)病原

参照猪巴氏杆菌病。

(二)流行病学

1.传染源

病禽和带菌禽类。

2.传播途径

主要是呼吸道、消化道、黏膜或皮肤外伤。病鸡的尸体、粪便、分泌物和被污染的用具、土壤、饲料、饮水等是主要的传播媒介。

3. 易感动物

各种家禽均易感，3～4 月龄的鸡和成年鸡较为易感。

4. 流行特点

本病一年四季均可发生和流行，但多发于高温、潮湿、多雨的夏、秋两季，以及气候多变的春季。一些诱因如饲养管理不当、鸡舍阴暗潮湿拥挤、天气突然变化、营养不良以及长途运输等都可引起或促进本病的发生。

(三)临床症状

又名禽霍乱(fowlcholera)。自然感染的潜伏期一般 2～9 d，人工感染通常在 24～48 h 发病。临床上分为最急性、急性和慢性三型。

1. 最急性型

常见于流行初期，以产蛋高的鸡最常见。病鸡常无前驱症状，有时见病鸡精神沉郁，倒地挣扎，拍翅抽搐，病程短者数分钟，长者也不过数小时，即归于死亡。

2. 急性型

最为常见。病鸡体温升高到 43～44℃，全身症状明显。常表现剧烈腹泻，排出黄色稀粪。减食或不食，渴欲增加。呼吸困难，口、鼻分泌物增加。鸡冠和肉髯变青紫色，有的病鸡肉髯肿胀，有热痛感。产蛋鸡停止产蛋。最后衰竭、昏迷而死亡，病程短的约半天，长的 1～3 d，病死率很高。

3. 慢性型

是由急性者不死转变而来，多见于流行后期。以慢性肺炎、慢性呼吸道炎和慢性胃肠炎较多见。

鸭、鹅的表现与鸡相似。

(四)病理变化

1. 最急性型

死亡的病鸡无特殊病变，有时只能看见心外膜有少许出血点。

2. 急性型

病变较为特征。病鸡的腹膜、皮下组织及腹部脂肪常见小点出血。心包变厚，心包内积有多量不透明淡黄色液体，有的含纤维素性絮状液体，心外膜、心冠脂肪出血尤为明显。胸腔、腹腔、气囊和肠浆膜上常见有纤维素性或干酪样纤维素性渗出物。肺有充血和出血点。肝脏的病变具有特征性，肝稍肿，质变脆，呈棕色或黄棕色，肝表面散布有许多灰白色、针头大的坏死点。脾脏一般不见明显变化，或稍微肿大，质地较柔软。肌胃出血显著，肠道尤其是十二指肠呈卡他性和出血性肠炎，肠内容物含有血液。

3. 慢性型

因侵害的器官不同而有差异。当呼吸道症状为主时，见到鼻腔和鼻窦内有多量黏性分泌物，某些病例见肺硬变。局限于关节炎和腱鞘炎的病例，主要见关节肿大变形，有炎性渗出物和干酪样坏死。公鸡的肉髯肿大，内有干酪样的渗出物，母鸡的卵巢明显出血，有时在卵巢周围有一种坚实、黄色的干酪样物质，附着在内脏器官的表面。

鸭、鹅的病变与鸡基本相似。

(五)诊断

参考猪肺疫。

(六)防制

参考猪肺疫。

第十一节　链球菌病

链球菌病是主要由 β 溶血性链球菌引起的多种人畜共患病的总称。动物链球菌病中以猪、牛、羊、马、鸡较常见。人链球菌病以猩红热较多见。链球菌病的临床表现多种多样，可以引起种种化脓创、败血症、心内膜炎、脑膜炎、关节炎等，也可表现为各种局限性感染。

链球菌病分布很广，链球菌是世界各国常见的传染病，危害严重，近年来在我国各地均有发生，并且出现了人感染猪链球菌的病例，因此，日益引起人们的关注和重视。

一、猪链球菌病

(一)病原

链球菌(*Streptococcus*)的种类繁多，在自然界分布很广。一部分对人畜有致病性，一部分无致病性。本菌呈圆形或卵圆形，常排列成链，链的长短不一，短者成对，或由 4～8 个菌组成，长者数十个甚至上百个。在固体培养基上常呈短链，在液体培养基中易呈长链。大多数链球菌在幼龄培养物中可见到荚膜，不形成芽孢，多数无鞭毛，革兰氏染色阳性。

本菌为需氧或兼性厌氧菌。多数致病菌的生长要求较高，在普通琼脂上生长不良，在加有血液、血清的培养基中生长良好。在菌落周围形成 α 型（草绿色溶血）或 β 型（完全溶血）溶血环，前者称草绿色链球菌，致病力较低，后者称溶血性链球菌，致病力强，常引起人和动物的多种疾病。本菌的致病因子主要有溶血毒素、红斑毒素、肽聚糖多糖复合物内毒素、透明质酸酶、DNA 酶（有扩散感染作用）和 NAD 酶（有白细胞毒性）等。

根据兰氏（Lancefield）血清学分类法，将链球菌分为 20 个血清群（A、B、C…、V，I、J 除外）。引起猪链球菌的主要是 C 群、D 群、E 群及 L 群。

依据细菌荚膜多糖不同将链球菌分为 35 个血清型，分别为 1/2 型和 1～34 型，其中 2 型链球菌致病性最强，也是临床分离率最高的血清型。其次为 1 型、7 型和 9 型。

链球菌对热和普通消毒药抵抗力不强，多数链球菌经 60℃ 加热 30 min，均可杀死，煮沸可立即死亡。常用的消毒药如 2% 石炭酸、0.1% 新洁尔灭、1% 煤酚皂液，均可在 3～5 min 内杀死。日光直射 2 h 死亡。0～4℃ 可存活 150 d，冷冻 6 个月特性不变。

（二）流行病学

1. 传染源

病猪、临床康复猪和健康猪均可带菌成为传染源。仔猪感染本病，多是由母猪作为传染源而引起的。

2. 传播途径

可经呼吸道和消化道感染，病猪与健康注接触，或由病猪排泄物（粪尿等）污染饲料饮水、用具等引起猪只大批发病而流行。伤口是重要的传播途径，新生仔猪可通过脐带感染，阉割时消毒不严格，常造成本病的发生。

3. 易感动物

猪的易感性较高，不分年龄、品种和性别均易感。但以新生仔猪、哺乳仔猪的发病率和病死率高，多为败血症型和脑膜炎型，其次为保育猪和怀孕母猪，以化脓性淋巴结炎型多见。

4. 流行特点

猪链球菌病的流行虽无明显的季节性，一年四季均可发生，但以 7～10 月份易出现大面积流行。一般呈地方流行性，本病传入后，往往在猪群中陆续出现。

(三)临床症状

本病在临床上分为急性败血型、脑膜炎、关节炎型和猪淋巴结脓肿四个类型。

1.败血型

病原为C群马链球菌兽疫亚种及类马链球菌，D群(即R、S群)及I群链球菌也能引发本病。潜伏期一般为1～3 d，长的可在6 d以上。根据病程的长短和临床表现，分为最急性和急性。

(1)最急性。发病急、病程短，多在不见任何异常表现的情况下突然死亡。或突然减食或停食，精神委顿，体温升高达41～42℃，卧地不起，呼吸促迫，腹下有紫红斑，多在6.5～24 h内迅速死于败血症。

(2)急性。常突然发病，病初体温升高达40～41.5℃，继而升高到42～43℃，呈稽留热，精神沉郁、呆立、嗜卧，食欲减少或废绝，喜饮水。眼结膜潮红，有出血斑，流泪。呼吸促迫，间有咳嗽。鼻镜干燥，流出浆液性、脓性鼻汁。颈部、耳廓、腹下及四肢下端皮肤呈紫红色，并有出血点。个别病例出现血尿、便秘或腹泻。病程稍长，多在3～5 d内，因心力衰竭死亡。死前天然孔流出暗红色血液，病死率达80%～90%。

2.脑膜炎

主要由C群链球菌所引起，多见于哺乳仔猪和断奶仔猪。哺乳仔猪的发病常与母猪带菌有关。较大的猪也可能发生。

病初体温升高，停食，便秘，流浆液性或黏液性鼻汁。迅速表现出神经症状。盲目走动，步态不稳，或作转圈运动。磨牙、空嚼。当有人接近时或触及躯体时，发出尖叫或抽搐，或突然倒地，口吐白沫，四肢划动，状似游泳，继而衰竭或麻痹，急性型多在30～36 h死亡；亚急性或慢性型病程稍长，主要表现为多发性关节炎，逐渐消瘦衰竭死亡或康复。

3.关节炎型

多由前两型转化而来。主要表现为多发性关节炎。一肢或多肢关节发炎。关节周围肌肉肿胀，高度跛行，有痛感，站立困难。严重病例后肢瘫痪。最后因体质衰竭、麻痹死亡。病程2～3周。

4.化脓性淋巴结炎型

多由E群链球菌引起，以颌下、咽部、颈部等处淋巴结化脓和形成脓肿为特征。

猪扁桃体是β型溶血性链球菌常在部位，特别是康复猪，其扁桃体带菌可达6个月以上，在传播本病上起着重要作用。此型以刚断奶猪至出栏育肥猪多见。传播缓慢,发病率低。因而,一旦猪群中发生本病,往往持续不断,很难清除。

猪淋巴结脓肿以颌下淋巴结发生化脓性炎症为最常见,其次在耳下部和颈部等处淋巴结也常见到。受害淋巴结首先出现小脓肿,逐渐增大,感染后 3 周达5 cm 以上,局部显著隆起,触之坚硬,有热痛。病猪体温升高、食欲减退,嗜中性白细胞增多。由于局部受害淋巴结疼痛和压迫周围组织,可影响采食、咀嚼、吞咽,甚至引起呼吸障碍。脓肿成熟后自行破溃,流出带绿色、稠厚、无臭味的脓汁。此时全身症状显著减轻。脓汁排净后,肉芽组织新生,逐渐康复。病程 2～3 周,一般不引起死亡。

此外,C、D、E、L 群 β 型溶血性链球菌也可经呼吸道感染,引起肺炎或胸膜肺炎,经生殖道感染引起不育和流产。

(四)病理变化

1. 败血型

可见颈下、腹下及四肢末端等处皮肤有紫红色出血斑点。急性死亡猪可从天然孔流出暗红色血液,凝固不良。剖检以出血性败血症变化和浆膜炎为主。全身淋巴结水肿、出血。胸腔有大量黄色或混浊液体,含微黄色纤维素絮片样物质。心包液增量,心肌柔软,色淡呈煮肉样。右心室扩张,心耳、心冠沟和右心室内膜有出血斑点。心肌外膜与心包膜常粘连。脾脏明显肿大,有的可大到 1～3 倍,呈灰红或暗红色,质脆而软,包膜下有小点出血,边缘有出血梗死区,切面隆起,结构模糊。肝脏边缘钝厚,质硬,切面结构模糊。胆囊水肿,胆囊壁增厚。肾脏稍肿大,皮质髓质界限不清,有出血斑点。胃肠黏膜、浆膜散在点状出血。肺脏充血肿胀,喉头气管充血,内含大量泡沫。

2. 脑膜炎型

脑脊髓可见脑脊液增加、混浊,脑膜和脊髓软膜充血、出血。个别病例脑膜下水肿,脑切面可见白质与灰质有小点状出血。

3. 关节炎型

患病关节多有浆液纤维素性炎症。关节囊膜面充血、粗糙、滑液混浊,并含有黄白色奶酪样块状物。有时关节周围皮下有胶样水肿,严重病例周围肌肉组织化脓、坏死。

(五)诊断

1. 临床诊断

主要根据流行特点、典型症状、结合死后血液暗红色凝固不良、心内外膜出血、脾肿大有黑色梗死灶等剖检变化，做出初步诊断。如需确诊必须采集病料作微生物学检查。

2. 实验室诊断

根据不同病型采取不同病料，如脓肿、化脓灶，肝，脾脏、肾脏、血液、关节液，脑脊液及脑组织等，制成涂片，用美蓝染色或革兰氏染色，显微镜检查，见到呈革兰氏阳性的单个、成对、短链或长链的球菌即可确诊。也可进行细菌的分离培养鉴定。

（六）防制

1. 治疗

对于败血型的可早期大剂量的使用抗菌药物，如林可霉素、庆大霉素、先锋霉素、喹诺酮类药物等，可取得一定的疗效。

对于脑炎型病例应首选磺胺嘧啶钠静脉或肌肉注射，因为此药可透过血脑屏障，很快地控制病情。

对于淋巴结炎型病例，待脓肿成熟变软后，及时切开，排出浓汁，用3%的双氧水或0.1%的高锰酸钾冲洗后，涂以碘酊。

2. 预防

（1）加强饲养管理，链球菌是条件性致病菌，因此改善饲养环境，加强通风，减少应激，合理搭配饲料，提高机体的抗病能力，建立规范的消毒制度是预防本病的重要措施。

（2）隔离病猪，清除传染源。带菌母猪尽可能淘汰，污染的用具和环境彻底消毒。

（3）防止创伤的发生和创口的感染。清除猪舍中的尖锐物，新生仔猪应无菌结扎脐带，并用碘酒消毒。

（4）定期免疫接种。根据当地发病情况定期进行猪链球菌疫苗的免疫接种。由于链球菌血清型和血清群较多，交叉免疫保护程度低，因此应用多价苗才有可能获得较好的免疫效果。使用本场分离株制备的自家苗，免疫效果可能会更好。

（5）药物预防。可于饲料中添加抗菌药物进行预防，以控制本病的发生。如可在饲料中添加阿莫西林等药物，连喂两周，可有效预防本病的发生。

二、牛链球菌病

（一）病原

参照猪链球菌病。

(二)流行病学

1.传染源

患病和病死动物是主要传染源,无症状和病愈后的带菌动物也可排出病菌成为传染源。

2.传播途径

主要经呼吸道和受损的皮肤及黏膜感染。犊牛可因断脐时处理不当引起脐感染。

3.易感动物

猪的易感性较高,不分年龄、品种和性别均易感。但以新生仔猪、哺乳仔猪的发病率和病死率高,多为败血症型和脑膜炎型,其次为保育猪和怀孕母猪,以化脓性淋巴结炎型多见。

4.流行特点

猪链球菌病的流行虽无明显的季节性,一年四季均可发生,但以7～10月份易出现大面积流行。一般呈地方流行性,本病传入后,往往在猪群中陆续出现。

(三)临床症状

1.牛(或牦牛)链球菌乳房炎

主要是由B群无乳链球菌引起,也可由乳房链球菌、停乳链球菌以及C、I、N、O、P等群链球菌引起。本病分布广泛,一般认为乳牛的感染率为10%～20%。

病初常不被人们注意,只有当奶牛拒绝挤奶时才被发现。呈急性和慢性经过。主要表现为浆液性乳管炎和乳腺炎。

(1)急性型。乳房明显肿胀、变硬、发热、有痛感。此时伴有全身不适,体温稍增高,烦躁不安,食欲减退,产奶量减少或停止。乳房肿胀加剧时则行走困难。常侧卧,呻吟,后肢伸直。病初乳汁或保持原样,或只呈现微蓝色至黄色,或微红色,或出现微细的凝块至絮片。病情加剧时从乳房挤出的分泌液类似血清,呈浆液出血性,含有纤维蛋白絮片和脓块,呈黄色、红黄色或微棕色。

(2)慢性型。多数病例为原发,也有不少病例是从急性转变而来。临床上无可见的明显症状。产奶量逐渐下降,特别是在整个牛群中广泛流行时尤为明显。乳汁可能带有咸味,有时呈蓝白色水样,细胞含量可能增多,间断地排出凝块和絮片。用手触之可摸到乳腺组织中程度不同的灶性或弥漫性硬肿。乳池黏膜变硬。出现增生性炎症时,则可表现为细颗粒状至结节状突起。

2.牛肺炎链球菌病

牛肺炎链球菌病是由肺炎链球菌引起的一种急性败血性传染病。主要发生于犊牛，曾被称为肺炎双球菌感染。患畜为传染源，3 周龄以内的犊牛最易感。主要经呼吸道感染，呈散发或地方流行性。

最急性病例病程短，仅持续几小时。病初全身虚弱，不愿吮乳，发热、呼吸极困难，眼结膜发绀、心脏衰弱、出现神经紊乱，四肢抽搐、痉挛。常取急性败血性经过，于几小时内死亡。如病程延长 1～2 d，鼻镜潮红，流脓液性鼻汁。结膜发炎，消化不良并伴有腹泻。有的发生支气管炎、肺炎伴有咳嗽，呼吸困难，共济失调，肺部听诊有啰音。

(四)病理变化

1. 牛(或牦牛)链球菌乳房炎

急性型者患病乳房组织浆液浸润，组织松弛。切面发炎部分明显膨起，小叶间呈黄白色，柔软有弹性。乳房淋巴结髓样肿胀，切面显著多汁，小点出血。乳池、乳管黏膜脱落、增厚，管腔为脓块和脓栓阻塞。乳管壁为淋巴细胞、白细胞和组织细胞浸润。腺泡间组织水肿、变宽。

慢性型则以增生性发炎和结缔组织硬化，部分肥大，部分萎缩为特征。乳房淋巴结肿大。乳池黏膜可见细颗粒性突起。上皮细胞单层变成多层，可能角化。乳管壁增厚，管腔变窄，腺泡变成不能分泌的组织，小叶萎缩，呈浅灰色。切面膨隆，韧度坚实、有弹性、多细孔，部分浆液性浸润。还可见到胡椒粒大至榛实大囊肿。

2. 牛肺炎链球菌病

剖检可见浆膜、黏膜、心包出血。胸腔渗出液明显增量并积有血液。脾脏呈充血性增生性肿大，脾髓呈黑红色，质韧如硬橡皮，即所谓"橡皮脾"，是本病证病特征。肝脏和肾脏充血、出血，有脓肿。成年牛感染则表现为子宫内膜炎和乳房炎。

(五)诊断

参照猪链球菌。

(六)防制

参照猪链球菌。

第十二节 葡萄球菌病

葡萄球菌病通常称为葡萄球菌感染，是由葡萄球菌引起的人和动物多种疾病的总称。葡萄球菌常引起皮肤的化脓性炎症，也可引起菌血症、败血症和各内脏器官的严重感染。除鸡、兔等可呈流行性发生外，其他动物多为个体的局部感染。

一、病原

葡萄球菌(*Staphylococcus*)为革兰氏阳性球菌，无鞭毛，不形成芽孢和荚膜，常呈葡萄串状排列，在脓汁或液体培养基中常呈双球或短链状排列。为需氧或兼性厌氧菌，在普通培养基上生长良好。根据细菌壁的组成、血浆凝固酶、毒素产生和生化反应的不同，可将葡萄球菌属分为金黄色葡萄球菌(*Staphylococcus aureus*)、表皮葡萄球菌(*Staph. epidermidis*)和腐生性葡萄球菌(*Staph. saprophyticus*)3种，其中主要的致病菌为金黄色葡萄球菌。

葡萄球菌的致病力取决于其产生毒素和酶的能力，已知致病性菌株能产生血浆凝固酶、肠毒素、皮肤坏死毒素、透明质酸酶、溶血素、杀白细胞素等多种毒素和酶。大多数金黄色葡萄球菌能产生血浆凝固酶，还能产生数种能引起急性胃肠炎的蛋白质性的肠毒素。

葡萄球菌对外界环境的抵抗力较强。在尘埃、干燥的脓血中能存活几个月，加热80℃，30 min才能杀死。对龙胆紫、青霉素、红霉素、庆大霉素敏感，但易产生耐药菌株。

二、流行病学

葡萄球菌在自然环境中分布极为广泛。

通过各种途径均可感染，破裂和损伤的皮肤黏膜是主要的入侵门户，引起毛囊炎、疖、痈、蜂窝织炎、脓肿以及坏死性皮炎等。经消化道感染可引起食物中毒和胃肠炎；经呼吸道感染可引起气管炎、肺炎。也常成为其他传染病的混合感染或继发感染的病原。

葡萄球菌病的发生和流行，与各种诱发因素有密切关系，如饲养管理条件、恶劣环境、污染程度严重、有并发病存在使机体抵抗力减弱等。

三、症状和病变

1. 牛葡萄球菌乳房炎

主要由金黄色葡萄球菌引起，呈急性、亚急性和慢性经过。

(1)急性乳房炎。患区呈现炎症反应，含有大量脓性絮片的微黄色至微红色浆液性分泌液及白细胞渗入到间质组织中。受害叶水肿、增大、有轻微疼痛。重症患区红肿，迅速增大、变硬、发热、疼痛。乳房皮肤绷紧，呈蓝红色，仅能挤出少量微红色至红棕色含絮片分泌液，带有恶臭味，并伴有全身症状，有时表现为化脓性炎症。

(2)慢性乳房炎。约占60%，病初常被忽视，多不表现症状，但产奶量下降。直至在乳中出现絮片才被发现。后期可见到因结缔组织增生而硬化、缩小，乳池黏膜出现息肉并增厚。

2. 绵羊传染性乳房炎

是由金黄色葡萄球菌引起的一种病程极为短促的急性坏疽性乳房炎；感染后24 h发病，常于2～3 d死亡。乳房发热、疼痛、高度肿胀。乳房皮肤绷紧呈蓝红色，从脐到耻骨皮下组织水肿。乳房分泌物呈红色至黑红色，带恶臭味。继发巴氏杆菌感染时，乳房分泌液呈水样，含有黄白色絮片。可摸到乳房中有豌豆大至鸡蛋大坚硬结节。继之，触摸有波动感。从乳房中排出一种带有臭味的棕色分泌液。接着患侧乳房硬化。病羊食欲不振和虚弱。因乳房疼痛，放牧时后腿拖地前进，并抵制羔羊吮乳。羔羊表现为皮炎或脓毒血症。

3. 猪渗出性皮炎

是由表皮(白色)葡萄球菌(*S. epidermidis*)所致的一种仔猪高度接触性皮肤疾病，多见于5～6日龄仔猪。病初首先在肛门和眼睛周围、耳廓和腹部等无被毛处皮肤上出现红斑，发生3～4 mm大小的微黄色水疱。迅速破裂，渗出清亮的浆液或黏液，与皮屑、皮脂和污垢混合、干燥后形成微棕色鳞片状结痂，发痒。痂皮脱落，露出鲜红色创面。通常于24～48 h蔓延至全身表皮。患病仔猪食欲减退，饮欲增加，并迅速消瘦。一般经30～40 d可康复，但影响发育。严重病例于发病后4～6 d死亡。本病也可发生在较大仔猪、育成猪或者是母猪乳房上，但病变轻微，无全身症状。

4. 禽葡萄球菌病

由金黄色葡萄球菌所致，常见于鸡和火鸡，鸭和鹅也可感染发病。主要表现为急性败血症、关节炎和脐炎三大类型。各种年龄的鸡、火鸡、鸭和鹅均可感染发病。40～60日龄的雏禽多呈败血症型，中雏发生皮肤病，成鸡发生关节炎和关节滑膜炎。脐炎多发生在刚孵出不久的幼雏。败血症型和脐炎型起病急，病程短。关节炎型多呈慢性经过。不论哪种病型发病率均高。败血症型特征性症状是在翼下皮下组织出现浮肿，进而扩展到胸、腹及股内，呈泛发性浮肿。外观呈紫黑色，内含血样渗出液、皮肤脱毛坏死，有时出现破溃，流出污秽血水，并带有恶臭味。有的病禽在体表发生大小不一的出血灶和炎性坏死，形成黑紫色结痂。关节炎型则表现受害关节肿大，呈黑紫色，内含血样浆液或干酪样物，以趾和跖关节常见。脐炎型为雏禽脐孔发炎肿大，有时跻部有暗红色或黄色液体。病程稍长则变成干固的坏死物。

5.兔葡萄球菌病

兔对金黄色葡萄球菌极易感染发病。通过皮肤损伤或经毛囊、汗腺感染时，可引起转移性脓毒血症。初生仔兔经脐带感染时，也可发生脓毒血症。经呼吸道感染时，可引起上呼吸道炎症。哺乳母兔感染可引起乳房炎，仔兔可因吸吮含有金黄葡萄球菌的乳汁而引起仔兔肠炎。

根据感染途径和部位的不同，以及细菌在体内扩散情况，所表现的症状可归纳为如下几种。

(1)仔兔脓毒血症。出生后 2～5 d 的仔兔易发，在胸腺下部、颈部、颌下以及股内侧娇嫩的皮肤上，多处发生粟粒大、白色的小脓疱。多数仔兔在病后 1 周内死于急性败血症。10～21 日龄较大的乳兔，可在上述部位发生黄豆大至蚕豆大并隆出皮肤表面的脓疱。病程稍长，食欲紊乱，最后消瘦衰竭死亡。耐过兔则于 2 周后脓疱吸收，康复。

(2)转移性脓毒血症。脓肿可发生在体表和体内各个脏器和组织，如病兔的头、颈、背及四肢等部位的皮肤均可有化脓灶。心、肺、肝、肾等器官以及睾丸、附睾、子宫和关节等处组织可见有大小不一的脓肿。脓肿被一层结缔组织包被，内含脂样或干酪样脓汁，可自行破溃。破溃后脓汁中的葡萄球菌可再感染其他部位。体腔脓肿破溃后，可引起胸、腹腔积脓。细菌进入血流后，可转移到其他部位或器官，形成新的脓肿，引起全身感染并发生脓毒血症，导致死亡。

(3)足跖面皮炎。多发生在跖趾区跖侧面皮肤上。病初感染局部发红肿胀，继之出现一个乃至多个脓肿。病程稍长，则脓肿连接在一起，形成溃疡面，经常出血，不易愈合。病兔不愿走动，食欲减退，逐渐消瘦。有的病兔发生全身感染，呈现败血症症状而死亡。

(4)鼻炎。病兔打喷嚏，用爪抓挠鼻部。鼻孔周围被流出的浆液—脓性分泌物污染。有的形成干痂，被毛脱落。后期易发生肺炎、肺脓肿和胸膜炎。

(5)乳房炎。病兔体温升高，患病乳房局部红肿，有热痛。脓肿表面呈紫红色或蓝红色，乳汁带脓血。慢性病兔乳房局部发硬，逐步增大，于深层形成脓肿，脓汁呈乳白色或淡黄色脂状。治疗不及时，常导致新旧脓肿反复发生。

(6)仔兔肠炎。多由吸吮患乳房炎母兔的乳汁引起。发病急，病死率高，多波及全窝。病兔肛门松弛，排黄色水样便。有仔兔“黄尿病”之称，肛门周围和两后肢外侧被毛被稀便污染，有腥臭味。全身乏力、嗜睡。病后 2～3 d，因脱水或心力衰竭死亡。剖检可见肠黏膜充血、出血或肠管充满黏液，膀胱极度扩张，内含大量黄色尿液。

四、诊断

1. 临诊诊断

根据临床症状和流行病学资料可做出本病的初步诊断。但最后确诊或为了选择最敏感的药物，还需进行实验室检查。

2. 实验室诊断

采取化脓灶的脓汁或败血症病例的血液、肝、脾等涂片，革兰氏染色后镜检，依据细菌的形态、排列和染色特性可作出诊断，必要时进行细菌分离培养。对无污染的病料（如血液等）可接种于血琼脂平板，对已污染的病料应同时接种于7.5% 氯化钠甘露醇琼脂平板，置 37℃，48 h后，在室温下 48 h，挑取金黄色、溶血或甘露醇阳性菌落，革兰氏染色，镜检。致病性金黄色葡萄球菌的主要特点是产生金黄色素，有溶血性，发酵甘露醇，产生血浆凝固酶，皮肤坏死和动物致死试验阳性等。

动物接种试验可用分离的葡萄球菌培养物经肌肉（胸肌）接种于 40～50 日龄健康鸡，经 20 h 可见注射部位出现炎性肿胀，破溃后流出大量渗出液。24 h 后开始死亡。症状和病变与自然病例相似。

五、防制

1. 治疗

首先应对从患者或病畜分离的菌株进行药敏试验，找出敏感药物进行治疗。据报道，金黄色葡萄球菌对新型青霉素耐药性低，特别是异噁唑类青霉素，应列为首选治疗药物。对皮肤或皮下组织的脓创、脓肿、皮肤坏死等可进行外科治疗。对食物中毒的患者，早期可用高锰酸钾液洗胃，严重病例可用抗生素治疗，并进行补液和防休克疗法。

2. 预防

为控制本病的发生首先要减少敏感宿主对具有毒力和耐抗生素菌株的接触；还要严格控制有传播病菌危险的病人和病畜。其次，要注意消毒，对手术伤、外伤、脐带、擦伤等按常规操作，被葡萄球菌污染的手和物品要彻底消毒，呈流行性发生时，对周围环境也应采取消毒措施。对动物，主要应加强饲养管理，防止因环境因素的影响而使抗病力降低；防止皮肤外伤，圈舍、笼具和运动场地应经常打扫，注意清除带有锋利尖锐的物品，防止划破皮肤。如发现皮肤有损伤，应及时给予处置，防止感染。

第十三节 附红细胞体病

附红细胞体病(Epervthrozoonosis)是由附红细胞体引起猪、牛、羊、犬等多种动物感染的一种人畜共患传染病，简称附红体病，主要以贫血、黄疸和高热为特征。

一、病原

附红细胞体(*Eperythrozoon*，简称附红体)有人认为是单细胞原虫的一种，属寄生虫，也有人认为是立克次氏体目，乏浆体科，属附红细胞体属，真菌类，目前尚未达成共识。一般以寄生宿主命名，其宿主范围较广，包括猪、牛、羊、犬、猫、鼠、兔等，有牛的温氏附红细胞体(*E. wenjini*)、绵羊的附红细胞体(*E. ovis*)、猪的附红细胞体(*E. swis*)和小附红细胞体(*E. parvum*)、鼠的球状附红细胞体(*E. coccoides*)、猫的附红细胞体(*E. felis*)、兔的附红细胞体(*E. lepus*)和山羊的附红细胞体(*E. herci*)等，但病原的种类与宿主之间的关系不甚清楚。其中，猪附红体和绵羊附红体致病力较强，温氏附红体致病力较弱，小附红体基本上无致病性。

附红细胞体多在红细胞表面单个或成簇存在，呈链状或鳞片状，也有在血浆中游离存在。是一种多形态微生物，多数为环形、球形和卵圆形，少数呈顿号形和杆状形等。无细胞壁，无明显的细胞核、细胞器，无鞭毛，属原核生物。附红细胞体对苯胺色素易于着染，革兰氏染色阴性，姬姆萨染色呈紫红色，瑞特氏染色为淡蓝色。

附红体对干燥和化学药物敏感，耐低温，在5℃时可保存15 d，在冰冻凝固的血液中可存活31 d，冻干保存可活数年之久。一般常用浓度的消毒药在几分钟内即可使其死亡，0.5%石炭酸于37℃经3 h可将其杀死。

二、流行病学

附红细胞体寄生的宿主较广，而且具有相对宿主特异性。如感染牛的附红体不能感染山羊、鹿和绵羊等；绵羊附红体只要感染绵羊，山羊却很不敏感。猪、牛、山羊、绵羊、犬、猫、家兔等对附红细胞体均易感，人也可感染，主要以幼畜发病率较高。附红细胞体在鼠类体内也可寄生。

附红细胞体病的传播途径尚不完全清楚。报道较多的有接触性传播、血源性传播、垂直传播及媒介昆虫传播等。如动物舔食断尾的伤口、互相斗殴等可以直接传播，可通过活的媒介如疥螨、虱子、吸血昆虫等间接传播，附红细胞体也可经交配传播，还可经胎盘垂直传播。在所有的感染途径中，吸血昆虫的传播是最重要的。

该病无明显季节性，多发于高热、多雨且吸血昆虫繁殖滋生的季节，冬季相对较少，主要集中在6～9月份，在北方7月中旬至9月中旬为发病最高峰。常呈地方性流行。当饲料营养不全面、卫生环境差、饲养管理不合理、长途运输、突然改变环境条件及其他疾病发生等应激因素而引起机体抵抗力下降时，可大面积暴发本病且死亡率明显上升。

三、临床症状

动物的种类不同，潜伏期也不同，一般介于2～45 d之间。动物感染后，多数呈隐性经过，在少数情况下受应激因素刺激可出现临诊症状。

1.猪

猪附红细胞体病因畜种和个体体况的不同，临床症状差别较大。隐性感染率在85%以上，在应激因素的刺激下即可发病，发病率为20%～50%。

(1)哺乳仔猪。一般7～10日龄多发。5日龄内发病症状明显。病猪出现全身皮肤潮红，精神沉郁，哺乳减少或废绝，急性死亡，体温升高，眼结膜苍白或黄染，贫血，全身发抖，腹泻，粪便深黄色或黄色黏稠，有腥臭味，死亡率在20%～90%，部分很快死亡。大部仔猪临死前四肢抽搐或划地，有的角弓反张。部分治愈的仔猪会变成“僵猪”。

(2)断奶仔猪。常发生于阉割后几周。急性感染后，病猪体表苍白，高热，有时黄疸，有时有大量的淤斑，四肢、尾端特别是耳廓边缘发紫，有的耳廓边缘甚至大部分耳廓发生坏死。急性感染后存活猪生长缓慢。慢性感染时，病猪消瘦、苍白，皮肤上有淤斑。

(3)育肥猪。根据病程长短可分为急性、亚急性和慢性型三种类型。急性型病例较少见，病程1～3 d。亚急性型病猪体温升高，达39.5～42℃。病初精神委顿，食欲减退，颤抖转圈或不愿站立，离群卧地，有时便秘和拉稀交替出现。病猪耳、颈下、胸前、腹下、四肢内侧等部位皮肤红紫，指压不褪色，成为“红皮猪”。有的病猪两后肢发生麻痹，卧地不起。部分病猪可见耳廓、尾、四肢末端坏死。有的病猪流涎，心悸，呼吸加快，咳嗽，眼结膜发炎，病程3～7 d，或死亡，或转为慢性经过。慢性型患猪体温在39.5℃左右，主要表现贫血和黄疸。患猪尿呈黄色，大便干如栗状，表面带有黑褐色或鲜红色的血液。生长缓慢。

(4)母猪。可分为急性和慢性两种。急性感染时，持续高热（体温高达42℃），精神沉郁，厌食，喜卧。大部分发病猪全身皮肤发红，个别猪中、后期皮肤黄染或苍白，偶有乳房和阴唇水肿。受胎率低，产仔后奶量少。怀孕母猪出现流产、早产，尤其是临产母猪的流产率、早产率高，不流产的产出死胎，有的产活仔，仔猪弱小，发病死亡率高。慢性感染猪呈现衰弱，黏膜苍白及黄疸，不发情或屡配不孕，如有其他疾病或营养不良，可使症状加重，甚至死亡。

2.牛

牛感染后，初期无明显症状，产奶量突然下降，有少量浆液性鼻液。随着病情发展，主要表现精神沉郁，食欲减退，反刍次数减少，咀嚼无力，排水样稀粪。四肢无力，走路摇摆。体温升高，达40℃以上，心跳加快。发病晚期，病牛症状加重，此时体温一般正常，食欲废绝，瘤胃蠕动音微弱，排少量软粪，并杂有黏液和黏膜组织。可视黏膜苍白或黄染，常卧地不起，头弯向腹侧，并不断发出呻吟声。乳房表皮及外生殖器皮肤黄疸。慢性感染时，病牛消瘦，有时出现荨麻疹型或病斑型皮肤变态反应。

母牛感染附红细胞体出现繁殖障碍。主要表现受胎率低、不发情或发情不规则、流产或早产、产弱仔、断奶至发情的时间间隔延长。

3.羊

羔羊发病突然，死亡时口、鼻和肛门等处出血，全身皮肤紫红色，指压褪色。有的突然瘫痪，食欲减少或废绝，呻吟，肌肉颤抖，四肢抽搐。成年羊感染时，最初表现食欲减退，常呆立或静卧。精神不振，贫血消瘦，眼结膜初潮红，后苍白贫血，流泪，体温升至41～42℃。心率加快，呼吸急促、喘气，多数羊咳嗽严重，流浆液性鼻涕。部分腹泻、便秘交替，粪球干小，尿液深红色或酱油色。有些病羊皮肤发红，指压褪色，严重时全身紫斑，毛囊周围有铁锈色斑点。有些羊后肢不能站立，卧地不起，极度衰弱。病羊早期血液颜色红亮，病程长者血色深红，凝血不良。临死前头颈僵直。病程短的2～3 d，长的15～20 d死亡。

母羊发生流产、死胎、弱胎、产仔数减少、不发情等繁殖障碍。公羊性欲减退，精液稀薄，精子变形，受胎率低。

四、病理变化

主要病理变化为贫血、黄疸。皮肤和黏膜苍白黄染，部分猪全身皮肤发红，以耳、鼻、腹部严重。血液稀薄，色淡，血凝不良。皮下组织及肌间水肿、黄染，全身肌肉颜色苍白。多数胸腔、腹腔积液，呈淡黄色。胸膜脂肪、心冠脂肪轻度黄染。部分病猪心包积水，心外膜有出血，心肌松弛呈熟肉样，质地脆弱。肺脏水肿或萎缩。肝脏不同程度肿大、出血、黄染，表面有轻微黄色条纹或灰白色病灶。胆囊膨胀，胆汁浓稠。脾脏肿大，呈暗黑色，质地柔软，切面结构模糊，边缘增厚，有的脾脏有针头大至米粒大灰白（黄）色坏死结节。肾轻微肿大，有的肾脏有一半或部分血色素沉浊，呈暗黑色，如鹅眉豆状，个别有微细出血或黄色斑。全身淋巴结肿大，切面外翻，有浆液渗出，切面有灰白色坏死灶或出血点。十二指肠黏膜充血、出血或脱落。膀胱积尿，颜色较深，黏膜有散在的出血点。

五、诊断

根据临床症状、病理变化，结合流行情况可做出初步诊断，确诊需依靠实验室检查。

1. 新鲜血液检查

从动物静脉采取血液少许，加等量生理盐水（或 0.003% 枸橼酸钠液），稀释后混匀滴于凹玻片上，加盖玻片，在高倍镜暗视野下观察，可见球形、杆状等各种形态的附红细胞体。红细胞在视野内上下颤动或左右运动，如摆动的齿轮或一个周围嵌满了发光的蓝色珍珠的球体，游离在血浆中的附红体能前后、左右、上下伸展、旋转、翻转变形多方向运动。红细胞表面附红细胞体附着率很高，一个红细胞可附着 2～17 个附红细胞体，一般为 6～9 个。

2. 血涂片染色镜检

从动物静脉采取血液少许，将血样在水浴锅内加热至 38℃，制成血涂片，经姬姆萨染色，于油镜下观察。可见红细胞表面有许多圆形、椭圆形、杆状等各种形态的紫红色附红细胞体。当调动微螺旋时，附红细胞体折光性较强，中央发亮，形似气泡。红细胞边缘不光滑，凹凸不平。瑞特氏染色镜检，附红细胞体呈紫蓝色。如不能现场检查，则采取抗凝血 1 mL（加肝素或柠檬酸钠），加 10% 福尔马林液 1 mL 混匀，送实验室用吖啶橙染色检查，可见附红细胞体呈浅至深橘黄色。

3. 血清学检查

用血清学方法不仅可诊断本病，还可进行流行病学调查和疫病监测。

补体结合试验：本法首先被用于诊断猪的附红体病。病猪于出现症状后 1～7 d 呈阳性反应，于 2～3 周后即行阴转。本试验诊断急性病猪效果好，但不能检出耐过猪。

间接血凝试验：用此法诊断猪的附红体病的报道较多，滴度大于 1∶40 为阳性。此法灵敏性较高，能检出补反阴转后的耐过猪。

荧光抗体试验：本法被最早用于诊断牛的附红体病，抗体于接种后第 4 天出现，在第 28 天达到高峰。也曾被用于诊断猪、羊的附红体病，取得较好的效果。

酶联免疫吸附试验：1986 年 Lang 等用去掉红细胞的绵羊附红体抗原对羊进行酶联免疫吸附试验，认为此法比间接血凝试验的敏感性高 8 倍。有人用此法检查猪，认为比补体结合试验敏感，而且猪附红体抗原与猪因其他疾病感染的血清无交叉反应，但不适用于小猪和公猪的诊断，也不适用于急性期诊断。

六、防制

目前本病尚无有效的疫苗接种，因此预防本病主要采取综合性措施。加强饲养管理，保持栏舍、饲养用具清洁卫生，驱除媒介昆虫，减少不良应激等是防止本病发生的关键。在引进种畜时应严格检疫，并隔离观察至少 1 个月，在此期间分别在第 1、5、10、20、30 天采血镜检，若完全为阴性，则可以与其他种畜合群。夏秋季必须搞好消灭蚊蝇工作，定期驱除动物体内外的寄生虫，做好灭鼠工作。在本病流行季节给予预防用药，如在饲料中添加土霉素或金霉素等，可有效地预防本病的发生。平时确保全价营养、增强动物机体抵抗力、减少不良应激等可减少本病发生。

发生本病时，要准确诊断，及时治疗。该病在不同地区治疗效果不一，应根据实际病情，选择用药，防制继发感染或混合感染。应选择峰值高、半衰期长的药物，保证药量充足，或可用两种以上药物配合使用，效果较好。在症状消失后，要在饲料中添加土霉素或四环素等，防止复发。

治疗本病，可用四环素、卡那霉素、强力霉素、土霉素、黄色素、血虫净（贝尼尔）、氯苯胍、914 等，一般认为四环素、914 是首选药物。如血虫净（贝尼尔）按每千克体重 5～10 mg，用生理盐水稀释成 5% 溶液，肌肉注射，每天 1 次，连用 3 d。土霉素、四环素、强力霉素等，可按每千克体重 0.1 g 口服，有一定治疗作用。对病情严重的，要进行对症治疗，强心补液，退热等。在治疗过程中或隐性感染和慢性病例要特别注意补铁，如使用 200 mg 右旋糖酐铁。饲料中适当补充复合维生素和硫酸亚铁，饮水中稍加些盐，可促进机体组织的修复，增强动物机体的抵抗力及解毒能力。

第十四节　布鲁菌病

布鲁菌病(Brucellosis)是由布鲁菌引起多种动物感染的急性或慢性的人畜共患传染病，简称布病。主要侵害动物的生殖系统，以生殖器官和胎膜发炎，引起流产、不孕、关节炎、睾丸炎及各种组织的局部病灶和患病动物长期带菌等为特征。本病广泛分布在世界各地，给畜牧业生产和人类健康带来严重危害。

一、病原

布鲁菌(Brucella)属于布鲁菌属，为革兰氏阴性的细小球杆菌，无芽孢和鞭毛，一般不形成荚膜，刚分离毒力强的细菌有荚膜。呈圆形或卵圆形，多单个存在。

布鲁菌属有 6 个种，即马耳他布鲁菌(*Brucella melitensis*)、流产布鲁菌(*Br. abortus*)、猪布鲁菌(*Br. suis*)、沙林鼠布鲁菌(*Br. neotomae*)、绵羊布鲁菌(*Br. ovis*)和犬布鲁菌(*Br. canis*)。习惯上称马耳他布鲁菌为羊布鲁菌，流产布鲁菌为牛布鲁菌。羊型主要感染绵羊、山羊，也能感染牛、猪、鹿、骆驼等。猪型主要感染猪，也可感染鹿、牛和羊。牛型主要感染牛、马、犬，也能感染水牛、羊和鹿。其他三种一般只感染本属动物，对其他动物的致病力很弱或无致病力。本菌常用柯兹洛夫斯基氏法染色，布鲁菌染成红色，其他杂菌染成蓝色。

本菌为需氧或兼性厌氧菌，培养比一般细菌要求苛刻，在普通培养基上可以生长，但以在肝汤、马铃薯培养基上生长最好，羊、牛布鲁菌初次培养，需要在 5%～10% CO_2 环境中培养。在血清肝汤琼脂培养基上形成湿润、闪亮、无色、圆形、隆起、边缘整齐的小菌落。

布鲁菌在自然环境中抵抗力较强，在干燥土壤中可存活 37 d，粪水中可存活 45 d，在冷暗处的胎儿体内可存活 6 个月左右。对热敏感，60℃，30 min、65℃，10～15 min 可灭活，直射的日光 0.5～4 h 可杀死病菌，煮沸立即死亡。巴氏灭菌法 10～15 min 可杀死。常用的消毒药物 1%来苏儿、2%福尔马林、5%生石灰乳等 15 min 可杀死。

二、流行病学

本病的易感动物范围很广，羊、牛、猪最易感，其次是水牛、野牛、牦牛、羚羊、鹿、骆驼、野猪、马、犬、猫、狐、狼、野兔、猴等，鸡、鸭以及一些啮齿动物等也有感染的报道。成年动物易感性比幼年动物高，母畜比公畜易感。人可感染牛、猪、羊、犬四型布鲁菌，其中以羊型菌对人的毒力最强。

病畜及带菌动物是本病的主要传染源，最危险的传染源是受感染的妊娠母畜。母畜在流产或分娩时，将大量的布鲁菌通过胎儿、胎水和胎衣排出，流产后的阴道分泌物及乳汁中均含有布鲁菌。被感染的睾丸炎精囊中也有布鲁菌存在，这种情况对于种公畜显得更为重要。此外，布鲁杆菌还可随粪尿排出。传播途径主要是消化道，也可经交配、损伤的皮肤、黏膜及呼吸道传播，还可通过吸血昆虫叮咬而感染。本病无明显的季节性，在产羔、产犊等产仔高峰季节多发。通常为地方流行性，多见于牧区。

三、临床症状

潜伏期 2 周至 6 个月。各种家畜的症状大致相似，主要症状为孕畜流产。流产可发生于任何时期，但多见于怀孕后期。牛常发生于妊娠后 6～8 个月；羊在妊娠后 3～4 个月；猪在妊娠后 4～12 周；犬在妊娠后 40～50 d。本病常表现隐性经过，不表现明显的临床症状。

1. 牛

母牛最显著的症状是流产。流产前数日往往表现分娩预兆象征，如阴唇乳房肿大，荐部与胁部下陷，以及乳汁呈初乳性质等。并表现生殖道炎症，阴道黏膜发生粟粒大红色结节，由阴道流出灰白色或灰色黏性分泌液。流产时，胎水多清朗，但有时混浊含有脓样絮片。常见胎衣滞留，特别是妊娠晚期流产者。流产后常继续排出污灰色或棕红色分泌液，有时恶臭。早期流产的胎儿，通常在产前已经死亡。发育比较完全的胎儿，产出时可能存活但衰弱，不久死亡。对于流产母牛会迅速康复，能受孕，但以后可再度流产。公牛有时可见阴茎潮红肿胀，更常见的是睾丸炎及附睾炎。急性病例睾丸肿胀疼痛，有的表现中度发热与食欲不振，以后疼痛逐渐减退，约 3 周后，通常只见睾丸和附睾肿大，触之坚硬。临诊上常见的症状还有关节炎，甚至可以见于未曾流产的牛只，关节肿胀疼痛，有时持续躺卧。通常是个别关节患病，最常见于膝关节和腕关节。有的伴有乳房炎的轻微症状。

2. 绵羊及山羊

发病症状与牛相似但不如牛明显。常首先被注意到的症状也是流产。流产前，食欲减退，精神委顿，阴道流出黄色黏液等。其他症状主要表现乳房炎、支气管炎及关节炎和滑液囊炎而引起跛行。公羊睾丸炎、乳山羊的乳房炎常较早出现，乳汁有结块，乳量减少，乳腺组织有结节性变硬。

3. 猪

最明显的症状是流产，多发生于妊娠期满，即早产。早期流产常不易发现，因母猪常将胎儿连同胎衣吃掉。流产前兆症状常见沉郁，阴唇和乳房肿胀，阴道流出黏性或黏脓性分泌液。流产后胎衣滞留情况少见，子宫分泌液一般在 8 d 内消失。少数情况因胎衣滞留，引起子宫炎和不育。公猪常见睾丸炎和附睾炎。有的在期即表现全身发热，局部疼痛不愿配种，但通常则是逐渐发生。较少见的症状还有皮下脓肿、关节炎、腱鞘炎等。

4. 犬

由犬布鲁菌引起的主要病状是流产，而由牛型、羊型和猪型引起的感染，多为隐性感染。病犬流产后阴道长期排出分泌物。公犬一般无病状或发生附睾炎、前列腺炎、睾丸萎缩等。

四、病理变化

牛、羊病变基本相似，可见胎衣呈黄色胶胨样浸润，覆有纤维蛋白絮片和脓液，有的增厚而有出血点。绒毛叶部分或全部贫血呈苍黄色，覆盖灰色或黄绿色纤维蛋白和脓液絮片或覆有脂肪状渗出物。胎儿胃特别是第四胃中有淡黄色或白色黏液絮状物，肠胃和膀胱的浆膜下有时可见点状或线状出血。浆膜腔有微红色液体，腔壁上覆有纤维蛋白凝块。皮下呈出血性浆液性浸润。淋巴结、脾脏和肝脏有程度不等的肿胀，有的散有炎性坏死灶。脐带常呈浆液性浸润、肥厚。胎儿和新生犊、羔有时可见肺炎病灶。公畜生殖器官精囊内有出血点和坏死灶，睾丸和附睾有炎性坏死灶和化脓灶。

猪的病变与牛、羊大体相似，但流产猪的子宫可见多发性黄白色高粱米大小的结节病变，结节位于黏膜深层，并向黏膜面凸起，称为子宫粟粒性布病病变。公猪睾丸和附睾在实质中有豌豆大或更大的坏死或化脓灶，其中可能已有钙酸盐沉积。有时精囊发炎、化脓性腱鞘炎和骨液囊炎。

犬的病变主要在胎盘和胎儿，流产排出的胎衣呈炎性水肿与出血，有的胎膜增厚；流产胎儿常皮下出血，剖检可见肺炎、心内膜炎和肝炎表现。解剖病犬可见全身淋巴结与脾脏肿大，生殖器官表现不同程度的炎症病变等。

五、诊 断

根据流行病学资料，第一次妊娠母畜大批流产，胎儿胎衣的病理坍害，胎衣滞留以及不育等都有助于本病的诊断，确诊需经实验室诊断才能得出结果。

1. 细菌学检查

取母畜胎衣、阴道分泌物、乳汁、绒毛叶水肿液，流产胎儿的胃内容物及有病变的肝、脾、淋巴结等涂片、染色、镜检或进行细菌培养，发现本菌即可确诊。

2. 动物试验

最易感动物为豚鼠，取病料腹腔或皮下接种豚鼠，10～20 d 后，心脏采血，分离出血清，做血清凝集试验，如滴度在 1∶5 以上，可判阳性。

3. 免疫学诊断

牛主要是血清凝集试验及补体结合试验。对无病乳牛群可用乳环状试验作为一种监视性试验。山羊、绵羊群检疫用变态反应方法比较合适。少量的羊只常用凝集试验与补体结合试验。猪常用血清凝集试验，也有的用补体结合试验和变态反应。怀疑马群中感染了布鲁菌病时应做凝集试验或同时做补体结合试验，并取未破溃或将破溃的脓肿中脓汁及流产材料进行细菌学检查。

除以上所述方法外，近年来，不少新的方法被用来检验本病，如间接血凝试验、抗球蛋白(Coombs)试验、酶联免疫吸附试验(ELISA)、荧光抗体法、DNA 探针以及聚合酶链反应(PCR)等。

布鲁菌病的明显的症状是流产，须与发生相同症状的疾病鉴别，如弯曲杆菌病、钩端螺旋体病、乙型脑炎、衣原体病、沙门杆菌病以及弓形体病等。

六、防制

本病治疗效果不佳，应当着重体现“预防为主”的原则。加强饲养管理，坚持自繁自养，严格检疫，培育健康畜群，定期免疫接种，加强消毒等为主导环节的综合性措施，最终达到控制和消灭布鲁菌病的目的。

1. 坚持自繁自养，严格检疫，培育健康畜群

未感染本病的畜群应坚持自繁自养的原则。在引进种畜或补充畜群时，要严格执行检疫。即将畜群隔离饲养 2 个月，同时进行布鲁菌病的检查，全群 2 次检查阴性者，方可混群。清净的畜群，还应定期检疫(至少 1 年 1 次)，检出的病畜，应严格隔离饲养，固定放牧地点及饮水场，或立即淘汰。每年配种前，种公畜也必须进行检疫，确认健康后方能配种。疫区内要做好定期检疫，1 年 2 次，阳性动物隔离、治疗或淘汰，如无阳性和可疑病例，则为健康群。

培养健康畜群由幼畜着手，由犊牛培育健康牛群，已有很多成功经验。这种工作还可以与培养无结核病牛群结合进行。即病牛所产犊牛立刻隔离，用母牛初乳人工饲喂 5～10 d，以后喂以健康牛乳或巴氏灭菌乳。在第 5 个月及第 9 个月各进

行1次检查,全部阴性时即可认为健康犊牛。培养健康羔羊群则在羔羊断乳后隔离饲养,1个月内做两次免疫生物学试验,如有阳性除淘汰外再继续检疫一个月,至全群阴性,则可认为健康羔群。仔猪在断乳后即隔离饲养,2月龄及4月龄各检验一次,如全为阴性即可视为健康仔猪。

2.定期做好免疫接种

疫苗接种是控制本病的有效措施。目前国际上多采用活疫苗,如牛流产布鲁菌19号苗、马耳他布鲁菌Rev Ⅰ苗,也有使用灭活苗的,如牛流产布鲁菌45/20苗和马耳他布鲁菌53H38苗等。在我国,主要使用猪布鲁菌2号弱毒活苗和马耳他布鲁菌5号弱毒活苗。

猪2号苗(S2)对山羊、绵羊、猪和牛都有较好的免疫效力,可供预防羊、猪、牛布鲁菌病之用。该苗的毒力稳定,使用安全,免疫力好,有良好的效果。可用饮水、喂服、肌肉注射和气雾免疫等方法接种,最适怀孕家畜口服。牛免疫期1年、绵羊1.5年、山羊、猪1年。

马耳他布鲁菌5号弱毒活苗(M5)是我国选育的一种布鲁菌苗,可用于绵羊、山羊、牛和鹿的免疫,对猪无效。常用肌肉注射和气雾免疫等方法接种,免疫期2～3年。最适用于羊群气雾免疫,但不能用于怀孕家畜。

应当指出的是,上述弱毒活苗,仍有一定的剩余毒力,因此,在使用中应做好工作人员的自身保护。

3.加强生物安全控制,做好卫生消毒

发生疫情时,凡确诊有本病或检出阳性的家畜,应淘汰或隔离饲养。流产胎儿、胎衣、羊水应深埋或焚烧。对污染的场地、圈舍、用具等要严格消毒。可用5%克辽林或来苏儿溶液、10%～20%石灰乳、2%氢氧化钠溶液等进行消毒。病畜的皮,可用3%～5%来苏儿浸泡24 h后方可利用。乳汁煮沸消毒,粪便发酵处理。

布鲁菌是兼性细胞内寄生菌,致使化疗药剂不易生效。因此,对病畜一般不做治疗,应淘汰屠宰病畜来防止本病的流行和散播。

人类布鲁菌病的预防,首先要注意职业性感染,凡在动物养殖场、屠宰场、畜产品加工厂的工作者以及兽医、实验室工作人员等,必须严守防护制度(即穿着防护服装,做好消毒工作),尤其在仔畜大批生产季节,更要特别注意。病畜乳肉食品必须灭菌后食用。必要时可用疫苗(如Ba-19苗)皮上划痕接种,接种前应行变态反应试验,阴性反应者才能接种。

第十五节　结核病

结核病(Tuberculosis)是由分枝杆菌引起人畜共患的一种慢性传染病，其病理特征是在多种组织器官形成结核性肉芽肿(结核结节)，继而结节出现干酪样坏死或钙化病变。本病分布世界各地，我国奶牛中感染率较高，在屠宰猪、鸡时也经常发现结核病变。

一、病原

结核分枝杆菌(*Mycobacterium tuberculosis*)，属分枝杆菌属的一群细菌，主要分为三种，即结核分枝杆菌(*M. tuberculosis*)、牛分枝杆菌(*M. bovis*)和禽分枝杆菌(*M. avium*)。结核分枝杆菌是直或微弯的细长杆菌，呈单独或平行相聚排列，多为棍棒状，间有分枝状。牛分枝杆菌稍短粗，且着色不均匀。禽分枝杆菌短而小，为多形性。本菌无芽孢、无鞭毛、无荚膜，革兰氏染色阳性。常用萋-尼二氏(Niehl-Neelsen 氏)抗酸染色法，结核菌被染成红色，而其他细菌多染成蓝色或绿色。

该菌为专性需氧菌，对营养物质要求严格，在培养基上生长缓慢。初次分离培养时需用牛血清或鸡蛋培养基。在固体培养基上接种，3 周左右开始生长，出现粟粒大圆形菌落。

本菌对外界抵抗力较强，耐干燥和湿冷，但不耐热。在干燥痰内可生存 10 个月，禽型菌可在外界生存多年。在 60℃，30 min 即可杀灭，100℃沸水中立即杀灭。在直射阳光下经数小时可杀灭。常用消毒药 5%来苏儿、3%～5%甲醛液、70%酒精、10%漂白粉溶液等均可杀灭本菌。对链霉素、异烟肼、氨基水杨酸和环丝氨酸等敏感。

二、流行病学

本病可侵害人和多种动物。家畜中牛最易感，特别是奶牛，其次为黄牛、牦牛、水牛，猪和家禽易感性也较强。牛分枝杆菌主要侵害牛，其次是猪、鹿和人，再次是马、犬、猫；结核分枝杆菌主要侵害人，其次是牛、猪和犬；禽分枝杆菌主要侵害家禽和鸟类，其次是猪，人和牛极少见。

传染源主要是患病动物和人，尤其是开放性患病动物和人，其痰液、粪尿、乳汁和生殖道分泌物中都可带菌，污染饲料、食物、饮水、空气和环境而散播。主要经呼吸道、消化道感染，其他可通过生殖道、胎盘、交配、损伤的皮肤或黏膜等传播。本病一年四季均可发生，饲养管理不当与本病的传播有密切关系，畜舍通风不良、拥挤、潮湿、阳光不足、缺乏运动等，均可促进本病的发生。

三、临床症状

本病潜伏期长短不一，一般为10～45 d，长者数月甚至数年。通常呈慢性经过，病初症状不明显，患病较久，症状渐显露，患病器官不同，症状不一。

1. 牛

主要由牛分枝杆菌引起。结核分枝杆菌和禽分枝杆菌对牛毒力较弱，多引起局限性病灶且缺乏肉眼变化。

牛常发生肺结核，病初食欲、反刍无变化，但易疲劳，常发短而干的咳嗽，尤其当起立运动，吸入冷空气或尘埃的空气时易发咳嗽。随后咳嗽加重，频繁且表现痛咳。呼吸次数增多或气喘，病畜日渐消瘦、贫血。有的牛体表淋巴结肿大，常见于肩前、股前、腹股沟、颌下、咽及颈淋巴结等。当纵隔淋巴结受侵害肿大压迫食道，则有慢性臌气症状。病势恶化可发生全身性结核，即粟粒性结核。胸膜腹膜发生结核病灶即所谓的"珍珠病"，胸部听诊可听到摩擦音。多数病牛乳房常被感染侵害，见乳房上淋巴结肿大、无热、无痛，泌乳量减少，乳汁初无明显变化，严重时呈水样稀薄。肠道结核多见于犊牛，表现消化不良，食欲不振，顽固性下痢，迅速消瘦。生殖器官结核，可见性机能紊乱；发情频繁，性欲亢进，慕雄狂与不孕。孕畜流产，公畜副睾丸肿大，阴茎前部可发生结节、糜烂等。中枢神经系统主要是脑与脑膜发生结核病变，常引起神经症状，如癫痫样发作、运动障碍等。

2. 猪

猪对禽分枝杆菌、牛分枝杆菌、结核分枝杆菌都有感受性，对禽分枝杆菌的易感性比其他哺乳动物为高。养猪场里养鸡或养鸡场里养猪，都可能增加猪感染禽结核的机会。猪感染结核主要经消化道感染，多表现淋巴结结核，尤其在扁桃体和颌下淋巴结发生病灶，淋巴结肿大、硬固，表面凸凹不平，以后化脓破溃，不易愈合。当肠道有病灶则发生下痢。猪感染牛分枝杆菌则呈进行性病程，常导致死亡。

3. 禽

主要危害鸡和火鸡，成年鸡多发。临诊表现贫血、消瘦、鸡冠萎缩、跛行、产蛋减少或停止、腹泻等。病程持续2～3个月，有的可达一年。有的病禽因衰竭或因肝变性破裂而突然死亡。

四、病理变化

特征性病变主要是在患病组织器官发生增生性结核结节，继而出现干酪样坏死或钙化。

1. 牛

肉眼所见病灶，在肺脏或其他器官常见有很多突起的白色结节，小的针尖大，大的鸡蛋甚至人头大。切面为干酪样坏死，有的见有钙化，切开时有沙砾感。有的坏死组织溶解和软化，排出后形成空洞。胸膜和腹膜发生密集结核结节，呈粟粒大至豌豆大的半透明灰白色坚硬的结节，形似珍珠状，称所谓的"珍珠病"。胃肠黏膜可能有大小不等的结核结节或溃疡。乳房结核多发生于进行性病例，剖开可见有大小不等的病灶，内含有干酪样物质，还可见到急性渗出性乳房炎的病变。子宫病变多为弥漫干酪化，多出现在黏膜上，黏膜下组织或肌层组织内也有的发生结节、溃疡或瘢痕化。子宫腔含有油样脓液，卵巢肿大，输卵管变硬。

2. 猪

全身性结核不常见，多见于头颈部和肠系膜淋巴结。在某些器官如肝、肺、肾等出现一些小的病灶，或有的病例发生广泛的结节性过程。有的干酪样变化，但钙化不明显。在颌下、咽、肠系膜淋巴结及扁桃体等发生结核病灶。

3. 禽

结核多见于肠道、肝、脾、骨和关节。

五、诊断

根据动物群中有发生进行性消瘦、咳嗽、慢性乳房炎、顽固性下痢、体表淋巴结慢性肿胀等，结合流行病学、病理剖检有特异性结核结节可作为初步诊断。确诊需进一步进行实验室检查。

1. 细菌学检查

本法对开放性结核病的诊断具有实际意义。采集病畜的淋巴结、脓肿内容物、渗出液、粪便、子宫或阴道分泌物或奶汁等病料，作抹片检查（直接涂片镜检或集菌处理后涂片镜检，可用抗酸性染色法），分离培养和动物接种试验，最好相互结合使用。

2. 血清学检查

采用免疫荧光抗体技术和酶联免疫吸附试验检查病原或检测抗体，具有快速、准确，检出率高等优点。

3. 变态反应

是利用结核菌素对动物结核病进行检疫的主要方法。结核菌素试验主要包括提纯结核菌素(PPD)和老结核菌素(OT)诊断方法。PPD比OT特异性高,检出率高。

六、防制

本病主要采取加强饲养管理,严格检疫,防止疾病传入,净化污染群,培育健康群及做好消毒工作为主要的综合性防疫措施。

1. 加强饲养管理,严格检疫,培育健康畜群

健康牛群,每年春秋两季定期进行结核病检疫,检疫阳性、可疑病畜要隔离,外地引入牛也要隔离确诊无病后方可混群。

结核菌素反应阳性牛群,应经常定期进行临诊检查,必要时进行细菌学检查,发现开放性病牛立即淘汰。病牛所产犊牛出生后只吃3~5 d初乳,以后则由检疫无病的母牛供养或喂消毒乳。犊牛应在出生后1月龄、3~4月龄、6月龄进行3次检疫,凡呈阳性者必须淘汰处理。如果3次检疫都呈阴性反应,且无任何可疑临诊症状,可放入假定健康牛群中培育。

假定健康牛群为向健康牛群过渡的畜群,应在第一年每隔3个月进行一次检疫,直到没有一头阳性牛出现为止。然后再在1~1.5年的时间内连续进行3次检疫。如果3次均为阴性反应即可称为健康牛群。

2. 做好消毒工作

每年进行2~4次预防性消毒,每当畜群出现阳性病牛后,要进行一次大消毒。常用消毒药为5%来苏儿或克辽林,10%漂白粉,3%福尔马林或3%苛性钠溶液。

3. 加强工作人员的管理及检疫工作

凡结核病患者,不能担任此项工作,以免感染动物。

4. 公共卫生

牛禽结核分枝杆菌能感染人,牛也可以感染人结核分枝杆菌。防制人结核病的主要措施是早期发现,严格隔离,彻底治疗。牛乳应煮沸后饮用,婴儿普遍注射卡介苗,与病人、病畜禽接触时应注意个人防护。治疗人结核病有多种有效药物,以异烟肼、链霉素和对氨基水杨酸钠等最为常用。在一般情况下,联合用药可延缓产生耐药性,增强疗效。

本病缺乏良好的疫苗,曾用卡介苗和鼠型结核菌种预防本病,虽都能产生一定的免疫力,但都欠理想。

第十六节 炭疽

炭疽(Anthrax)是由炭疽杆菌引起的各种家畜、野生动物和人共患的一种急性、热性、败血性传染病。临床主要以突然发病,高热,症状急剧,迅速死亡,可视黏膜发绀和天然孔出血为特征。其病变的特点是败血症变化,尸僵不全,臌气,迅速腐败,脾脏显著肿大,皮下及浆膜下结缔组织出血性浸润,血液凝固不良,呈煤焦油样。本病分布世界各地,主要以印度、巴基斯坦、非洲、南美洲等热带、亚热带地区多发。

一、病原

炭疽杆菌(*Bacillus anthracis*),革兰氏染色阳性,菌体两端平直,呈竹节状的粗大杆菌,无鞭毛。在病料中多散在或呈 2～3 个短链排列,有荚膜,在培养基中则形成较长的链条状,一般不形成荚膜。本菌在病畜体内和尸体中不形成芽孢,但暴露于充足氧气和适当温度下能在菌体中央处形成芽孢。

炭疽杆菌为兼性需氧菌,对培养基要求不严,在普通琼脂平板上生长成灰白色、表面粗糙的菌落,放大观察菌落有花纹,呈卷发状,中央暗褐色,边缘有菌丝射出。在普通肉汤培养基中培养 24 h,管底形成白色絮状沉淀,下层液体澄清。明胶穿刺,沿穿刺线生长,呈倒立的松树状。

炭疽杆菌菌体对外界理化因素的抵抗力不强,夏季未经解剖的尸体,菌体经 24～96 h因腐败可完全死亡。但其芽孢则有坚强的抵抗力,在干燥的状态下可存活 32～50 年,150℃干热 60 min 方可杀死,鬃毛上芽孢 120℃需 15 min。现场消毒常用 20%的漂白粉,2%～4%甲醛,0.1%升汞,0.5%过氧乙酸,0.1%碘溶液。来苏儿、石炭酸和酒精的杀灭作用较差。本菌对青霉素、四环素及磺胺类药物等敏感。

二、流行病学

各种家畜,野生动物都有不同程度的易感性。在自然情况下,草食兽最易感,以绵羊、山羊、马、牛易感性最强,骆驼和水牛及野生草食兽次之。猪的抵抗力较强,犬、猫、狐狸等肉食动物很少见,家禽几乎不感染。实验动物中以豚鼠、小鼠、家兔较敏感。人对炭疽普遍易感,但主要发生于那些与动物及畜产品接触机会较多的人员。

本病的主要传染源是患畜，当患畜处于菌血症时，可通过粪、尿、唾液及天然孔出血等方式排菌，如尸体处理不当，更加使大量病菌散播于周围环境，若不及时处理，则污染土壤、水源或牧场，尤其是形成芽孢，可成为长久疫源地。本病传播途径较多，主要是经消化道感染，常因采食污染食料、饮水而感染，或在污染的牧地放牧时感染。此外也可经呼吸道或由吸血昆虫的叮咬经皮肤感染。

本病常呈地方性流行，有时也散发性发生。多发于夏秋季节，干旱或多雨、洪水涝积、吸血昆虫多都是促进炭疽暴发的因素，例如干旱季节，地面草短，放牧时牲畜易于接近受污染的土壤；河水干枯，牲畜饮用污染的河底浊水或大雨后洪水泛滥，易使沉积在土壤中的炭疽芽孢泛起，并随水流扩大污染范围。此外，从疫区输入病畜产品，如骨粉、皮革、羊毛等也可引起本病暴发。

三、临床症状

本病的潜伏期一般为 1～5 d，最长可达 14 d。

1. 牛

最急性型发病急剧，突然昏迷、倒地，呼吸高度困难，可视黏膜发绀，全身战栗，心悸，濒死期天然孔出血。病程数分钟至数小时。

急性型最常见，病牛精神沉郁，体温高达 42℃，食欲及反刍减弱或停止，呼吸困难，可视黏膜发绀并有出血斑点。初便秘，后腹泻带血，尿暗红。有的病牛表现兴奋不安，顶撞人畜或物体，吼叫。孕畜可发生流产。濒死期体温下降，气喘，天然孔流血，痉挛，一般 1～2 d 死亡。

亚急性型与急性型相似，病情较缓和。并在体表各部如颈、胸前、腹下、乳房及外阴部等处，可发生坏死，有时可形成溃疡，有的舌肿大，呈暗红色，有时继以严重咽炎并伴发喉头水肿。肠道发生炭疽时，病畜下痢且带煤焦油样的血液，肛门浮肿，病程 2～7 d。

2. 绵羊和山羊

多为最急性型。病羊突然倒地、昏迷，全身战栗，磨牙，从天然孔流出带有气泡的黑红色血液，于数分钟内死亡。急性病例，兴奋不安，行走摇摆，呼吸急迫，可视黏膜发绀，随后倒地痉挛，天然孔出血，于数小时死亡。

3. 马

多为急性或亚急性经过。与牛症状相似，急性者有腹痛，体温达 40℃以上。

4. 猪

对炭疽抵抗力较强，多为慢性型，亚急性型少见，急性型罕见。慢性型症状不明显，宰后可见下颌及肠系膜淋巴结及肺等有病变。亚急性型多呈现咽炎症状，体温升高，精神和食欲不振。咽喉部、耳下腺部及其附近淋巴结明显肿胀，甚至蔓延至颈部、胸部，头颈不能活动，吞咽、呼吸困难，常因窒息死亡。有的发生肠炭疽，常伴有消化机能紊乱，便秘或腹泻。败血型极少。

5. 犬及其他食肉兽

一般呈严重的胃肠炎及咽炎的症状。也有在唇、舌及硬腭等黏膜发生痘性肿胀。

6. 人

潜伏期 12 h 至 12 d，一般为 2～3 d。临床上常可分为三种病型：

(1)皮肤炭疽。较多见，约占人炭疽的 98%，主要在面颊、颈肩、手、足等裸露部位出现小斑丘疹，以后出现痒性水泡或出血性水泡。

(2)肺炭疽。患者表现高热、恶寒、咳嗽、咯血、呼吸困难、可视黏膜发绀等急剧症状，常伴有胸膜炎、胸腔积液，经 2～3 d 死亡。

(3)肠炭疽。发病急，有高热、持续性呕吐、腹痛、腹泻、血尿、腹胀等症状，全身症状明显。

四、病理变化

急性炭疽为败血症病变。炭疽尸体腐败迅速，腹胀明显，尸僵不全，臌气，天然孔流血，黏膜发绀。血液凝固不全，呈黑红色煤焦油样。皮下、肌间及浆膜下有出血性胶样浸润。脾肿大 2～5 倍，脾髓呈暗红色，软化如糊状。肝、肾充血肿胀。肺及呼吸道黏膜充血水肿，肠道出血性坏死性炎症变化，有的在局部形成痈。

咽炭疽多见于猪，多局限于咽及喉部，常于咽、喉部周围的结缔组织呈现出血性胶样浸润，咽、喉及前颈部淋巴结肿胀出血，扁桃体出血坏死，其上覆有一层淡黄色痂块。

肺炭疽局部呈出血性肺变，周围有水肿。

五、诊断

随动物种类不同，本病的经过和表现多样，最急性病例往往缺乏临床症状，对疑似病死畜又禁止解剖，因此最后确诊一般要依靠微生物学及血清学方法。

1. 病料采集

可采取病畜的末梢静脉血或切下一块耳朵，必要时切下一小块脾脏，病料须放入密封的容器中。

2. 镜检

取末梢血液或其他材料制成涂片后，用瑞氏或姬姆萨染色，发现有多量单在、成对或 2～4 个菌体相连的短链排列、竹节状有荚膜的粗大杆菌，即可确诊。值得注意的是，从猪局部淋巴结检出的细菌粗细不一，菌链扭转状，且常只见荚膜阴影，而菌体消失。

3. 培养

新鲜病料可直接于普通琼脂或肉汤中培养，污染或陈旧的病料应先制成悬液，70℃加热 30 min，杀死非芽孢菌后再接种培养，对分离的可疑菌株可作噬菌体裂解试验、荚膜形成试验及串珠试验。这几种方法中以串珠试验简易快速且敏感特异性较高。

4. 动物接种

用培养物或病料悬液注射 0.5 mL 于小鼠腹腔，经 1～3 d 后接种小鼠因败血症死亡，其血液或脾脏中可检出有荚膜的炭疽菌。

5. 环状沉淀反应(Ascoli 反应)

是诊断炭疽简便而快速的方法，其优点是培养失效时，仍可用于诊断，因而适宜于腐败病料及动物皮张、风干、腌浸过肉品的检验，但先决条件是被检材料中必须含有足够检出的抗原量。

此外，还可用琼脂扩散试验和荧光抗体染色试验。

六、防制

1. 预防措施

在疫区或常发地区，每年对易感动物进行预防注射，常用的疫苗是无毒炭疽芽孢苗，接种 14 d 后产生免疫力，免疫期为 1 年。另外，要加强检疫和大力宣传有关本病的危害性及防制办法。

2. 扑灭措施

发生本病时，应尽快上报疫情，划定疫点、疫区，采取隔离封锁等措施，对病畜要隔离治疗，禁止病畜的流动，对发病畜群要逐一测温，凡体温升高的可疑患畜可用青霉素等抗生素或抗炭疽血清注射，或两者同时注射效果更佳，对发病畜群可全群预防性给药，受威胁区及假定健康动物作紧急预防接种，逐日观察至 2 周。

3. 消毒

天然孔及切开处，用浸泡过消毒液的棉花或纱布堵塞，连同粪便、垫草一起焚烧，尸体可就地深埋，病死畜躺过的地面应除去表土 15～20 cm 并与 20%漂白粉混合后深埋。畜舍及用具场地均应彻底消毒。

4.封锁

禁止疫区内牲畜交易和输出畜产品及草料。禁止食用病畜乳、肉。在最后一头病畜死亡或痊愈后15 d后,再进行一次终末大消毒,解除封锁。

5.治疗

抗炭疽血清是治疗炭疽的特效制剂。早期治疗,常在6 h后发热下降,12 h后完全康复。如6 h后体温还不下降,应重复应用1次。治疗剂量:马、牛为100~250 mL,猪、羊为50~120 mL,作皮下或静脉注射。青霉素、链霉素、土霉素、磺胺类药物等对炭疽都有很好的疗效,如几种抗菌药物合用或与抗炭疽血清结合起来应用,效果更好。

人炭疽的预防应着重于与家畜及其畜产品频繁接触的人员,凡在近2~3年内有炭疽发生的疫区人群、畜牧兽医人员,应在每年的4~5月前接种"人用皮上划痕炭疽减毒活菌苗",连续3年。发生疫情时,病人应住院隔离治疗,其分泌物、排泄物及污染的用具、物品及被子衣服均要严格消毒,与病人或病死畜接触者要进行医学观察,皮肤有损伤者同时用青霉素预防,局部用2%碘酊消毒。

第十七节　衣原体病

衣原体病(Chlamydiosis)是由衣原体引起多种畜禽和人类共患的传染病,又称鹦鹉热或鸟疫。以流产、肺炎、肠炎、结膜炎、多发性关节炎、脑炎等多种临床症状为特征。本病分布于世界各地,成为兽医和公共卫生的一重要问题。

一、病原

衣原体(Chlamydia)是衣原体科衣原体属的微生物。衣原体属目前认为有四个种,即沙眼衣原体(*C. trachomatis*)、鹦鹉热衣原体(*C. psittaci*)、肺炎衣原体(*C. pneumoniae*)和反刍动物衣原体(*C. pecorm*)。肺炎衣原体迄今仅从人类分离到,未见有动物发病的报道。沙眼衣原体以前一直认为除鼠外人是其主要宿主,但近年来发现它还引起猪的疾病。鹦鹉热衣原体和反刍动物衣原体是动物衣原体病的主要致病菌,人也有易感性。

衣原体属的微生物细小,呈球状,有细胞壁,含有DNA和RNA。在脊椎动物细胞的胞质内可簇集成包涵体,革兰氏染色阴性,用姬姆萨等法染色,着色良好。衣原体系专性细胞内寄生的微生物,能在鸡胚和易感的脊椎动物细胞内生长繁殖。

衣原体对高温的抵抗力不强，而在低温下则可存活较长时间，如4℃可存活5 d，0℃可存活数周。受感染的鸡胚卵黄囊在－20℃可保存若干年。0.1%福尔马林、0.5%石炭酸在24 h内，70%酒精数分钟、3%过氧化氢片刻，均能将其灭活。衣原体对青霉素、四环素族、红霉素等抗生素敏感，对链霉素、杆菌肽等有抵抗力。对磺胺类药物，沙眼衣原体敏感，而鹦鹉热衣原体和反刍动物衣原体则有抵抗力。

二、流行病学

衣原体具有广泛的宿主，家畜中以羊、牛、猪较为易感，禽类中以鹦鹉、鸽子较为易感。畜禽不分年龄均可感染，但不同年龄的畜禽其症状表现不一。病畜（禽）和带菌者是本病的主要传染源。可由粪便、尿、乳汁以及流产的胎儿、胎衣和羊水排出病原菌，污染水源和饲料等，经消化道感染，亦可由污染的尘埃和散布于空气中的液滴，经呼吸道或眼结膜感染。病畜与健康家畜交配或用病公畜的精液人工授精可发生感染，子宫内也可感染。有时厩蝇、蜱可传播本病。

本病的季节性不明显，但犊牛肺肠炎病例冬季多于夏季，羔羊关节炎和结膜炎常见于夏秋。其流行形式多种多样，怀孕牛、羊、猪流产常呈地方流行性，羔羊、仔猪发生结膜炎或关节炎时多呈流行性，而牛发生脑脊髓炎时则为散发性。过分密集的饲养、运输途中拥挤、营养扰乱等应激因素可促进本病的发生和发展。

三、临床症状

本病的潜伏期因动物种类和临诊表现而异，短则几天，长则可达数周，甚至数月。畜禽感染后，表现的临床症状因动物种类不同而不同。

1. 羊

在临床上主要表现以下几种类型：

(1)流产型。潜伏期50～90 d。流产多发生于孕期最后1个月，主要表现为流产、死产或产出弱羔羊。病羊表现体温升高，可持续1周，产后多见胎衣滞留，排流产分泌物可达数日之久。羊群第一次暴发本病时，流产率可达20%～30%，以后则每年为5%左右。流产过的母羊以后不再流产。

(2)关节炎型。主要发生于羔羊。病羔体温升至41～42℃，食欲减退，掉群，肌肉僵硬，四肢关节肿胀、疼痛，跛行，有的则长期侧卧，体重减轻，并伴有滤泡性结膜炎，病程2～4周。羔羊痊愈后对再感染有免疫力。

(3)结膜炎型。结膜炎主要发生于绵羊，特别是绵羔羊。病羊单眼或双眼均可发生，大量流泪，结膜充血、水肿，随后角膜发生不同程度的混浊，有的出现血管翳，甚至糜烂、溃疡或穿孔，一般经2～4 d开始愈合。部分病羔发生关节炎、跛行。病程一般 6～10 d。

2. 牛

在临床上主要表现以下几种类型：

(1)流产型。病初往往有一短暂的发热阶段，主要症状为流产，尤其见于初次怀孕的青年牛。流产常发生于怀孕后期，一般不发生胎衣滞留。流产率高达60%。青年公牛常发生精囊炎，其特征是精囊、附性腺、附睾和睾丸呈慢性发炎。发病率可达 10%。

(2)肺肠炎型。主要见于 6 月龄以内的犊牛。表现抑郁、腹泻，体温升高达40℃以上，鼻流浆黏性分泌物，流泪，随后出现咳嗽和支气管肺炎。犊牛表现的症状轻重不一，有急性、亚急性和慢性之分，有的犊牛可呈隐性经过。

(3)关节炎型。常发生于初生犊牛，病初持续发热到 40℃以上，厌食，不愿站立和运动，关节肿大，疼痛，后肢关节最严重，跛行，病状出现后多见于 2～12 d 死亡。恢复的犊牛可能对再感染有免疫力。

(4)脑脊髓炎型。又名伯斯病(Buss disease)。主发于 2 岁以下的牛。病初体温突然升高，达 40～41℃，持续 7～10 d。病初仍有食欲，但随后不食，消瘦、衰竭。流涎和咳嗽明显。行走摇摆，常呈高跷样步伐，有的有转圈运动或以头抵硬物。四肢主要关节肿胀、疼痛，有的有鼻漏或腹泻。末期，病牛呈角弓反张和痉挛。有临诊症状的病牛死亡率可达 30%，耐过牛有持久免疫力。

3. 猪

潜伏期一般为 3～11 d。

断奶仔猪体温升高，精神不振、颤抖、干咳、呼吸迫促，并从鼻孔中流出浆液性分泌物。结膜炎、充血、流泪，角膜混浊，眼角有分泌物。厌食，发育不良。腹泻、脱水，吮乳无力，死亡率高。

2～4 月龄的猪感染本病后，临床上常出现一种或几种类型。

(1)肺炎型。患猪常呈慢性肺炎经过，体温升高，精神不振，呼吸困难，干咳，鼻流清涕，之后出现神经症状，如兴奋、尖叫、忽然倒地，四肢呈游泳状划动。

(2)肠炎型。患猪腹泻，脱水，全身出现中毒症状，如出现混合感染，则患猪死亡率高。

(3)角膜结膜炎型。患猪结膜潮红，角膜混浊，羞明，流泪，精神委靡，厌食。

(4)多关节炎和多浆膜炎型。多关节炎型患猪则表现关节肿胀，疼痛，跛行。多浆膜炎型患猪则胸膜、腹膜、心包发炎，精神沉郁，不食，喜卧，发烧，体腔内有渗出性炎症，患猪病死率高。

母猪发病主要表现为流产，且初产母猪多发。猪多无流产先兆，体温升高者亦少见。若为正产，则有部分或全部仔猪死亡。活存者体质弱，体重轻，吮乳无力。有的病群产活仔多，但因仔猪胎内感染迅速出现抑郁，体温升高 1～2℃，寒战、发绀，有的发生恶性腹泻，多在 3～5 d 死亡。

公猪发病主要表现为尿道炎、睾丸炎、附睾炎、精液品质下降，受配母猪受胎率下降。

4.禽

禽类感染后称为鹦鹉热(Psittacosis)，多呈隐性，尤其是鸡、鹅、野鸡等，仅发现有抗体存在。鹦鹉、鸽、鸭、火鸡等可呈显性感染。

患病鹦鹉精神委顿，不食，眼和鼻有黏性脓性分泌物，拉稀，后期脱水，消瘦。幼龄鹦鹉常常死亡，成年者则症状轻微，康复后长期带菌。病鸽精神沉郁，厌食，拉稀，结膜炎，眼睑肿胀和鼻炎。呼吸困难，发出咯咯声。成鸽多数可康复成为带菌者，雏鸽大多死亡。雏鸭眼和鼻流出浆液性或脓性分泌物，不食，拉稀，排淡绿色水样稀粪。病初震颤，步态不稳，后期明显消瘦，常发生惊厥而死亡，雏鸭病死率一般较高，以 5～7 周龄鸭最为严重，成年鸭多为隐性经过。火鸡患病后，精神委顿，厌食，拉稀，排出黄绿色胶冻状粪便，消瘦，病死率可达 30%，严重感染的母火鸡产蛋率迅速下降。感染弱毒株的火鸡群症状表现为厌食，绿色稀粪，对产蛋量影响不大。病雏鸡主要症状为白痢样腹泻，厌食。

四、病理变化

根据动物表现的不同症状，主要病变有以下几种类型。

(1)流产型。流产母畜胎膜水肿，常血染，胎膜周围的渗出物呈棕色。流产胎儿苍白，贫血，水肿，皮肤和黏膜有小点出血，胸腔和腹腔内积有多量淡红色渗出液，气管有淤血点，肝有时肿胀呈红黄色，心内膜有出血点，脾肿大。

(2)肺肠炎型。病死动物，常有结膜炎和浆液卡他性鼻炎，急性和亚急性卡他性胃肠炎。肠系膜和纵隔淋巴结肿胀充血。肺有灰红病灶，膨胀不全，有时可见胸膜炎。心内外膜下出血，肾包膜下常出血，大脑血管充血。有时可见纤维素性腹膜炎，肝与横膈膜、大肠、小肠与腹膜发生纤维素粘连。

(3)关节炎型。眼观变化见于关节内及其周围、腱鞘、眼和肺部。大的肢关节和寰枕关节囊扩张，内有大量琥珀色液体，滑膜附有疏松的纤维素性絮片，从纤维层一直到邻近的肌肉水肿，充血和小点出血。关节软骨一般正常。患病数周的关节滑膜层由于绒毛样增生而变粗糙。腱鞘的变化与关节炎相同，但纤维素量较少。两眼呈滤泡性结膜炎，滤泡的高度和直径可达 10 mm。肺有粉红色萎陷区和轻度的实变区。

(4)结膜炎型。组织学变化限于结膜囊和角膜。在病的早期,结膜的一些上皮细胞的胞浆里先出现初体,然后见到原生小体;充血和水肿明显。滤泡内见淋巴细胞增生。角膜水肿、糜烂和溃疡。

(5)脑脊髓炎型。尸体常消瘦,脱水。腹腔、胸腔和心包初有浆液渗出,以后浆膜面被纤维素性薄膜覆盖,并与附近脏器粘连。脾和淋巴结一般增大。脑膜和中央神经系统血管充血,组织学检查见脑和脊髓的神经元变性,神经胶质细胞坏死,神经纤维轻度液化,并有淋巴细胞、单核巨噬细胞和中性白细胞等,许多血管有由淋巴细胞和单核巨噬细胞组成的血管套,脑膜被淋巴细胞和单核巨噬细胞浸润。

禽类的病理变化,除鹦鹉常见脾肿大外,各种禽类均可见肝肿大,有坏死灶。气囊发炎,呈现云雾样混浊或有干酪样渗出物。常有纤维素性心包炎和严重肠炎病变。

五、诊断

根据流行特点、临诊症状和病理变化仅能怀疑为本病,确诊需进行病原体的分离培养、血清学试验等实验室检查。

1. 微生物学检查

可采取病料,如流产胎儿的器官、胎盘和子宫分泌物,关节滑液,大脑与脊髓,肺、支气管淋巴结,肠道黏膜、粪便等。对严重感染病例,如绵羊地方性流产的子叶,其涂片用马夏维洛氏法、卡斯坦萘达氏法或姬姆萨氏法染色镜检,即可确诊。对于大多数可疑病例,可采取分离技术。最常用的方法是将病料接种于孵化5~7 d的鸡胚卵黄囊内,有些菌株能很快适应于鸡胚传代。但是另一些菌株,虽然盲目传继5代以上,还看不到原生小体。在初次分离时,也可将病料接种于无特定病原的小鼠或豚鼠,或进行细胞培养。由于反刍动物衣原体的许多生物学特性与鹦鹉热衣原体相类似,一般的方法难以将它们区分开来,所以如欲进行种的鉴定,对分离到的衣原体必须进行DNA分析。

2. 血清学试验

最常用的血清学方法是补体结合反应。一般用加热处理过的衣原体悬液作为抗原(属特异抗原)来测定被检血清(属特异血清)。哺乳动物和禽类一般于感染后7~10 d出现补体结合抗体。通常采取急性和恢复期双份血清,如抗体滴度增高4倍以上,认为阳性。除补体结合反应外,也可进行血清中和试验、毒素中和试验和空斑减数试验。另外间接血凝试验、免疫荧光试验、酶联免疫吸附试验近年来已用于本病的诊断。但这些方法都不能将鹦鹉热衣原体和反刍动物衣原体区别开来,要想明确是哪种衣原体引起的感染,还是要进行DNA分析。

六、防制

防制本病必须采取综合性的措施，确实建立密闭的饲养系统；建立疫情监测制度；在本病流行区，应制订疫苗免疫计划，定期进行预防接种。

在动物疫苗方面，以羊流产疫苗研究得较为成功。羊流产苗早期的研究系用卵黄囊、胎膜制成福尔马林水悬液苗，在配种前进行接种，证明有良好的保护作用，但由于需要大量制苗材料，因而大批使用受到了限制。后来，开展了用佐剂来提高疫苗抗原性的研究，证明易感母羊在配种前接种佐剂苗一次，可使绵羊获得保护力至少达三个怀孕期。最近，许多研究者用通过卵黄囊致弱的方法研制了活的弱毒苗，证明其中某些致弱菌株能产生保护性抗体，但不产生补体结合抗体。

发生本病时，对发病动物应严格隔离或淘汰，对其污染的环境及用具进行严格消毒流产胎儿、胎衣及死亡畜禽尸体深埋或化制，粪便要无害化处理。治疗可用四环素进行，也可将四环素族抗生素混于饲料中，连用 1～2 周。结膜炎患羊可用土霉素软膏点眼。

第十八节　钩端螺旋体病

钩端螺旋体病（Leptospirosis）简称钩体病，是由致病性钩端螺旋体引起多种动物感染的一种自然疫源性、人畜共患传染病。本病易感动物广，临诊表现多样，主要有发热、黄疸、血红蛋白尿、出血性素质、流产、皮肤及黏膜坏死、水肿等。但大多数病畜都呈隐性感染，缺乏明显临床症状。本病分布于世界各地，以热带和亚热带地区为多见，我国以南方和西南各省流行较为严重。

一、病原

钩端螺旋体（Leptospira）属钩端螺旋体科，钩端螺旋体属，目前公认的只有一个种。根据生物学特点不同，可分为两大群：①双曲钩端螺旋体（*Leptospira biflexa*），为非致病性或腐生性钩体。②问号状钩端螺旋体（*L. interrogans*），为致病性钩体。近年来，国内外还不断从动物和人分离到一种“中间类型钩体”，它具有腐生性，在一定条件下有致病性。

钩端螺旋体形态纤细，呈螺旋形，螺旋整齐而致密，一端或两端弯曲如钩，能活泼扭转运动，革兰氏染色阴性。普通细菌染色剂不易着色，常用镀银染色和姬姆萨染色法。较易观察的方法是将活菌置暗视野显微镜下观察，可见钩体像一串发亮的微细珠粒，运动活泼而特殊，沿长轴方向旋转，旋转时两端柔软，中段僵硬。钩端螺旋体为需氧菌，对营养要求不严格，但初次分离的菌株需要用含兔血清的培养基，最常用的为柯索夫氏和希夫纳氏培养基。在人工培养基上生长较一般细菌为慢，如在上述培养基上，置28～30℃需5～7 d，最长在1个月以上才能生长良好，此时液体呈半透明、云雾状混浊。亦能在8～14 d鸡胚绒毛尿囊膜上生长，4～7 d内使鸡胚死亡。

钩端螺旋体属有多种血清型，抗原构造复杂。一般认为有两种抗原，即存在菌体表面的P抗原和存在菌体内部的S抗原，前者有菌型的特异性，后者有属的特异性。致病性钩端螺旋体分为20个血清群和167个血清型。在我国已经分离出18个血清群，包括70个血清型。主要流行的菌以波摩那群最广泛，此外，黄疸出血群、爪哇群、犬热群、秋季热群、澳洲群、七日热群、家群和流感伤寒群等为多见的致病性钩端螺旋体。

钩端螺旋体对自然环境抵抗力较强，在水田、池塘、沼泽及淤泥中可以生存数月或更长。对热敏感，加热50℃经10 min或60℃经10 s即可灭活。但对低温抵抗力较强，如可在－20℃可存活100 d，－70℃可存活数年。对酸碱均敏感，适宜的酸碱度为pH 7.0～7.6。一般常用浓度的消毒剂苯酚、煤酚、乙醇、高锰酸钾等均可灭活。对链霉素、土霉素、金霉素敏感。

二、流行病学

钩端螺旋体病属自然疫源性疾病，几乎所有温血动物都可感染，其中鼠类是重要的贮存宿主和传染源，大多呈健康带菌者。猪、水牛、牛、鸭感染率也较高，其他如蛙类、蠕虫亦可感染带菌。易感动物顺序为狐狸、牛、绵羊、山羊、马、猪、犬、水牛、猫、鸟禽。实验动物以鼠类为主。带菌和发病动物为主要传染源，一般通过尿液中排出病原，污染环境。主要通过消化道，皮肤和黏膜损伤传染。在皮肤传染，吸血昆虫(蚊子等)起重要作用。此外，可以通过胚胎而垂直传染。

本病一年四季均可发生，7～10月份为流行的高峰期。感染率高，发病率低。以气候温暖、雨量较多的热带和亚热带地区的江河两岸、湖泊、沼泽、池塘和水田地带多发，常表现为散发或地方流行性。

三、临床症状

不同血清型的钩端螺旋体对各种动物的致病性有差异，血清型不同的钩端螺旋体间又存在不同程度的交叉免疫现象，因此，动物感染本病后临诊表现多种多样。

1. 猪

主要由波摩那群引起，其次是由犬群和出血性黄疸群。急性型多发生于大猪和中猪，呈散发性，偶尔也见到暴发。病猪体温升高、厌食、皮肤干燥，有时见病猪用力在栏栅或墙壁上摩擦至出血，1～2 d内全身皮肤和黏膜泛黄，尿浓茶样或血尿。几天内，有的数小时内突然惊厥而死，病死率很高。亚急性和慢性型多发生于断奶前后的小猪，呈地方流行性或暴发。病初有不同程度的体温升高，眼结膜潮红，食欲减退，精神不振。几天后，眼结膜有的潮红浮肿、有的泛黄，有的病猪上下颌、头部、颈部甚至全身水肿，指压凹陷。尿液变黄、茶尿、血红蛋白尿甚至血尿，一进猪栏就闻到腥味。病猪有时腹泻，逐渐消瘦，无力。病程由十几天至一个多月，病死率50%～90%。恢复的猪往往生长迟缓，有的成为"僵猪"。

怀孕母猪感染钩端螺旋体后可能发生流产，流产率20%～70%。母猪在流产前后有时兼有其他症状，甚至流产后发生急性死亡，但多数除了流产以外见不到其他症状。流产的胎儿有死胎、木乃伊胎，胎儿木乃伊化较多见，也有衰弱的胎儿，常于产后不久死亡。

2. 牛、羊

最初发热、鼻镜干燥、龟裂，皮肤黏膜黄染、贫血，随之出现血红蛋白尿，产乳量下降，乳色变黄，浓如初乳并含有血凝块。还可见脑炎型，出现兴奋不安，冲向障碍物，自行撞伤，有的运动失常、转圈运动。孕牛流产、死产或产弱胎，常胎衣滞留及不育。羊与牛的症状基本相似，发病率低。

3. 其他动物

马主要表现体温升高，出血，黄疸。皮肤干裂、坏死，血红蛋白尿，妊娠马流产。也有报道脑膜脑炎型。有的发生周期性眼炎，多两眼同时损害，常导致失明。犬以犬型最多见，发热、黄疸，厌食，呕吐，腹泻，齿龈和口黏膜常见到小溃疡，扁桃体炎，呼出恶臭气体，许多犬表现腹壁紧张，同时肾区有压痛。

四、病理变化

钩端螺旋体在家畜所引起的病变基本是一致的。机体外表消瘦，贫血，可视黏膜(包括生殖道黏膜)呈黄色及皮肤坏死。所有的全身组织黄疸，脂肪黄色，皮下组织黄绿色胶样浸润，肌肉水肿而呈松软多汁，心脏肥大，肝脏肿大、质软，胆囊肿大、含有浓缩胆汁，肾脏和膀胱充血出血，有时脑膜亦有充血、出血。

急性病例，眼观病变主要是黄疸、出血、血红蛋白尿以及肝和肾不同程度的损害。慢性或轻型病例，则以肾的变化为主。皮肤、皮下组织、黏膜、浆膜，脏器表面有程度不同的出血、黄疸，胸腔有黄色积液，胸腔膀胱积有血红蛋白尿或浓茶样尿，肝肿大，棕黄色，胆囊肿大、淤血，肾肿大淤血，慢性者有散在的灰白色病灶（间质性肾炎）。水肿型病例则在上下颌、头、颈、背、胃壁等部位出现水肿。

五、诊断

根据流行病学、临床症状和病理变化，可作出初步诊断。确诊则需进行微生物学检查和血清学检查。

1. 微生物学检查

发热期、未出现黄疸前，采取血液，发病中后期用尿液，要求在发病后 6～10 d，死后立即采取肝、肾、脾、脑等组织，进行处理后，作暗视野检查或荧光抗体染色镜检，病理组织可用姬姆萨染色或镀银染色后检查钩端螺旋体。

2. 分离培养

上述材料接种柯索夫氏培养基（需灭活的兔血清），28～30℃培养，每隔 5～7 d，需作一次检查，一般 7～20 d 内开始生长，有时在 1～3 月才出现，镜检阳性者要及时传代，适应后可 2 个月传代一次，若需保存毒力，需用动物和培养基交替传代，个别钩端螺旋体体在常用培养基不生长，兼用动物接种分离更好。

3. 动物接种

采用幼龄豚鼠或地鼠，腹腔接种被检材料 2～3 mL，隔离饲养观察。动物感染后 3～14 日发病，应于发热时采取心血检查，或濒死前剖检，观察病变并取肾、肝组织盲传三代。

4. 血清学检查

目前炭凝集试验常用于本病的检疫，间接血凝试验常用于本病的早期诊断。其他的方法还有补体结合试验、酶联免疫吸附（ELISA）试验等。DNA 探针技术和聚合酶链反应（PCR）也逐渐用于本病的临诊诊断，其敏感性和特异性更高。

5. 多价苗紧急接种诊断

诊断有困难的地方，应用人的钩端螺旋体 5 价苗进行紧急接种，若为本病，接种后 14 d 内新病例不再出现，疫情不再发展。

六、防制

预防本病应采取综合性措施，即做好防鼠、灭鼠和家畜管理工作，消除带菌、排菌的各种动物；清理污染的水源，污水、淤泥、牧地，饲养场、舍，用具，以防扩散传染；定期免疫接种，提高动物的免疫力，及时用钩端螺旋体病多价苗进行紧急预防接种。

对带菌动物或慢性型可用土霉素、四环素、链霉素等药物进行治疗。急、亚急性抗菌素疗效不佳，可结合保肝、强心、利尿，高免血清或多价苗进行综合性治疗，中草药：穿心莲、板蓝根、金银花、土茯苓，千里光，大青叶有一定预防效果。

第十九节　弯曲杆菌病

弯曲杆菌病（Campylobacteriosis）过去称弧菌病（Vibriosis），是各种动物，特别是牛、羊、鸡等均能感染的传染病，病原为弯曲杆菌属中的有关致病菌，依致病菌在分类上的种或亚种不同，而表现为不同的临诊症状，如不育、流产或腹泻等。

一、病原

在弯曲杆菌属（*Camlobacter*）细菌中，引起动物和人类疾病的主要是胎儿弯曲杆菌（*C. fetus*）和空肠弯曲杆菌（*C. jejuni*）两个种，前者又分为两个亚种：即胎儿弯曲杆菌胎儿亚种（*C. fetus* subsp. *fetus*）和胎儿弯曲杆菌性病亚种（*C. fetus* subsp. *venerealis*）。

本菌为革兰氏阴性的细长弯曲的杆菌，呈撇形或S形。在老龄培养物中呈螺旋状长丝或圆球形，运动力活泼。该菌为微需氧菌，在培养基内添加血液、血清，有利于初代培养。在含血清的肉汤培养中生长良好，也可在10% CO_2 环境中的牛肉浸膏琼脂培养基上生长，形成细小、圆形、湿润、边缘整齐、无色透明的菌落。在血液培养基上不溶血。能产生硫化氢，不发酵甘露醇和木胶糖，不产生靛基质。对1%牛胆汁有耐受性，这一特性可利用于纯菌分离。

本菌对干燥、阳光和一般消毒药敏感。干燥、日光可迅速将其杀灭。在20℃存活不超过2 h；58℃加热5 min即死亡。在干草、厩肥和土壤中，于20～27℃可存活10 d，于6℃可存活20 d。0.25%福尔马林溶液可在15 min内杀灭本菌；0.15%有机酚及0.125%戊二醛均可在1 min内杀死本菌。

二、流行病学

胎儿弯曲杆菌胎儿亚种对人和动物均有感染性，可引起绵羊地方流行性流产、牛散发性流产和人的发热，存在于流产胎盘及胎儿胃内容物，感染的人、畜血液，肠内容物及胆汁之中，并能在人、畜肠道和胆囊里生长繁殖，其感染途径是消化道。胎儿弯曲杆菌性病亚种引起牛的不育和流产，存在于生殖道、流产胎盘及胎儿组织中，不能在肠道内繁殖，其感染途径是交配或人工授精，迄今未见有人感染的报道。

空肠弯曲杆菌致绵羊流产、牛“冬痢”、人发热和肠炎，以及其他动物和禽类腹泻，存在于流产绵羊的胎盘、胎儿胃内容物、患肠炎的人畜血液和粪便。

患病动物和带菌者是主要传染源。动物感染空肠弯曲杆菌后，可随粪便排菌，也可通过牛乳和其他分泌物排出，污染饮水、食物或饲料。母牛通过交配感染胎儿弯曲杆菌后1周，即可从子宫颈至阴道黏液中分离到病菌，感染后3～4周，菌数最多。多数感染牛群经过3～6个月后，母牛有自愈趋势，细菌阳性培养数减少，公牛与有病母牛交配后，可将病菌传给其他母牛达数月之久。母羊感染胎儿弯曲杆菌发生流产后，可迅速康复而不成为带菌者，但也有人指出，病母羊在流产时或流产后，病菌可局限于胆囊而成为带菌者，这种带菌羊可成为健康羊群的传染源。猪、禽在宰杀和加工过程中肉被污染，如未充分煮熟即供食用，常易引起病的暴发。本菌在鸡和猪肠道中的无症状带菌率相当高，特别是鸡，可达50%～90%，对人和其他动物构成威胁，已成为本病流行病学的一个重要问题。

三、弯曲杆菌性流产

1. 症状和病变

母牛感染后，病初阴道呈卡他性炎，黏膜发红，特别是子宫颈部分，黏液分泌增加，有时可持续3～4个月。黏液常清澈，偶尔稍混浊。同时，还常伴有子宫内膜炎，但临诊上不易确诊。母牛不断发情，有的发情周期不规则或延长(30～63 d)。有些怀孕母牛的胎儿死亡较迟，则发生流产。流产多发生于怀孕的第5～6个月。流产率5%～20%。早期流产，胎膜常随之排出，如发生于怀孕的第五个月以后，往往有胎衣滞留现象。胎盘的病理变化最常为水肿，胎儿的病变与布鲁菌病所见者相似。公牛一般没有明显的临诊症状，精液也正常，至多在包皮黏膜上发生暂时性潮红，但精液和包皮可带菌。牛经第一次感染获得痊愈后，对再感染一般具有抵抗力，即使与带菌公牛交配，仍能受孕。

在绵羊，本病通常在怀孕的后3个月发生流产。开始时，羊群中流产数不多，1周后迅速增加。流产率平均20%～25%，有的群可高达70%。多数流产母羊无先兆症状。大多数流产母牛迅速复愈，但有的羊因死亡胎儿在子宫内滞留，发生子宫炎和腹膜炎而死亡，病死率约5%。

2. 诊断

暂时性不育、发情期延长以及流产，是本病的主要临诊症状，但其他生殖道疾病也有类似的情况，因此，确诊有赖于实验室检查。

母牛流产后，以流产胎膜制成绒毛叶涂片染色镜检，若见有形态像胎儿弯曲杆菌的细菌，可作为初步诊断的依据。确诊需进一步分离鉴定。取流产胎儿的新鲜材料，特别是真胃内容物，接种于鲜血琼脂上，在微需氧环境中于 37℃ 培养 2～10 d，如有疑似细菌生长，即可作进一步的分离鉴定。也可采取公牛的精液、包皮材料，或母牛子宫颈阴道黏膜作如上培养。

采取流产牛血清或子宫颈阴道黏液，以试管凝集反应检查其中抗体，有助于本病诊断。据报道荧光抗体技术已用于本病的诊断，特别是用它来筛选公牛的包皮材料最有价值。近年来，国内研究用聚合酶链反应(PCR)检测牛胎儿弯曲杆菌，证明此法特异性强，敏感性好。

3. 防制

由于牛弯曲杆菌性流产主要是交配传染，因此，淘汰有病种公牛，选用健康种公牛进行配种或人工授精，是控制本病的重要措施。

牛群暴发本病时，应暂停配种三个月，同时用抗生素治疗病牛，一般认为局部治疗较全身治疗有效。流产母牛，特别是胎膜滞留的病例，可按子宫炎常规进行处理，向子宫内投入链霉素和四环素族抗生素，连续用 5 d。对病公牛，首先施行硬脊膜轻度麻醉，将阴茎拉出，用含多种抗生素的软膏或锥黄素软膏涂擦于阴茎上和包皮的黏膜上，也可以用链霉素溶于水中冲洗包皮。

在绵羊方面，由于本病主要在分娩时传播，因此产羔季节要实行卫生防疫措施。流产母羊严格隔离，用呋喃唑酮等进行治疗。母羊流产一次后就产生免疫，第二次怀孕就可以正常产羔，因此没有必要淘汰流产母羊。但感染羊群不能作种畜出售，因为其中有些羊是带菌者。使用多价苗免疫绵羊，可有效地预防流产。

四、弯曲杆菌性腹泻

空肠弯曲杆菌除引起绵羊流产外，还可致多种动物(如牛、羊、猪、犬、猫、猴、幼驹、雏鸡)的腹泻。

1. 症状和病变

牛感染后，常发生腹泻，多发于秋冬季节的舍饲牛，因此常称“冬痢”。大小牛均可发病，呈地方流行性，潜伏期 3 d。本病常突然而来，一夜之间可使牛群中 20%的牛只发生腹泻。病牛排出恶臭水样棕色稀粪，其中常带有血液。体温、脉搏、呼吸正常。食欲一般正常，小肠蠕动亢进，乳产量下降 50%～95%。发病后约有 5%～10%的牛病情严重，表现精神委顿，食欲不振，弓背、毛逆立，寒战，虚弱，不能站立。病程 2～3 d。如治疗及时，很少发生死亡。患牛还可出现乳房炎，并从乳中排出病菌。

在鸡，雏鸡感染空肠弯曲杆菌后，常表现精神沉郁和腹泻。病的严重程度取决于鸡的日龄和菌株的毒力，环境应激因素可加重病情。死后病变主要是十二指肠远端袢至盲肠分叉之间的肠管扩张，积有黏液和水样液体，如病菌毒力强，可能见到出血变化。开产期前的小母鸡或正在产蛋的新母鸡感染后，表现精神沉郁，体重减轻，鸡冠发白、干燥、萎缩，常有腹泻。产蛋率下降 25%～35%。病死率一般为 2%～15%。

2. 诊断

根据流行病史和临诊表现仅可怀疑为本病，确诊需进行空肠弯曲杆菌的分离鉴定。近年来，通过在血琼脂中添加能限制其他细菌生长的多种抗生素，研制出具有高度选择性的培养基如 Campy-BAP 血琼脂、Butzler 血琼脂、Skirrow 血琼脂等，使本菌的检出率大大提高。分离时，将粪样接种于上述培养基上置 42～43℃和微需氧环境中培养 48 h，如有疑似菌落生长，即可进一步的分离鉴定。

血清学试验方法有试管凝集试验、间接血凝试验、补体结合试验、免疫荧光抗体技术、酶联免疫吸附试验等。据报道，基因探针技术已用于本菌的检测，其灵敏度可检出 4～8 ng 样品 DNA。

3. 防制

本病的传播途径是经消化道感染，因此防制本病应避免畜禽摄食被病菌污染的草料和饮水。病畜(禽)要隔离治疗，其粪便和垫草、垫料要及时清除，圈舍、禽笼和用具要彻底消毒，并空置 1 周以上。

治疗可选用四环素族抗生素、链霉素等。呋喃唑酮也有疗效。病牛应同时进行对症治疗，口服肠道防腐、收敛药物。

五、禽弯曲杆菌肝炎

禽弯曲杆菌性肝炎又称禽弧菌性肝炎，是由弯杆菌属的嗜热弯曲杆菌，主要是空肠弯曲杆菌引起的幼鸡或成年鸡的一种传染病。本病以肝出血、坏死性肝炎伴发脂肪浸润，发病率高，死亡率低及慢性经过为特征。自然条件下，可发生于各年龄的鸡，而以产蛋鸡群和后备鸡群较多发，因腹腔内常积聚大量血水，故又称"出血病"。

1. 症状和病变

潜伏期约为 2 d，以缓慢发作和持续期长为特征。主要病变见于肝脏，肝脏开头不规则，肿大、土黄、质脆、有大小不等的出血点和出血斑，且表现散布星状坏死灶及菜花样黄白色坏死区，有的肝被膜下有出血囊肿，或肝破裂而大出血。

(1)急性型。雏鸡精神倦怠、沉郁，严重者呆立缩颈、闭眼，对周围环境敏感性降低；羽毛杂乱无光，肛门周围污染粪便；多数鸡先呈黄褐色腹泻，然后呈浆糊性，继而呈水样，部分鸡急性死亡。剖检肝脏稍肿大，边缘钝圆，淤血，呈淡红褐色，肝被膜常见较多的针尖样出血点，偶见血肿，甚至肝破裂，致使肝表现附有大的血凝块或腹腔积聚大量血水和血凝块。肝表面常见少量针尖黄白色星状坏死灶，无光泽，与周围正常肝组织界限明显。

(2)亚急性型。呈现脱水，消瘦，最后心力衰竭而死亡。肝脏呈不同程度的肿大，病变重者肿大1～2倍，呈红黄色或黄褐色，质地脆弱。在肝脏表现和切面散在或密布针尖大、小米粒大乃至黄豆粒大灰黄色或灰白色边缘不整的病灶。部分鸡病灶互相融合形成菜花样病灶。

(3)慢性型。精神委顿、鸡冠发白、干燥、萎缩，可见鳞片状皮屑，逐渐消瘦，饲料消耗减低。肝体积稍小，边缘较锐利，肝实质脆弱或硬化，星状坏死灶相互连接，呈网络状，切面发现坏死灶布满整个肝实质内，也呈网格状坏死，坏死灶黄白色至灰黄色。

2. 诊断

根据流行特点、临床症状和病理变化可以作出初步诊断，确诊须进行实验室检查。可直接进行细菌分离鉴定，借助相差显微镜检查未染色的胆汁涂片或胆汁悬液，可发现波浪形、S形或逗点状具有运动性的弧菌，或将胆汁涂片或肝触片进行革兰氏染色，发现革兰氏阴性的弧菌，即可作出诊断。

由于鸡白痢、鸡伤寒及鸡白血病都可引起肝肿大，并出现类似病灶，易与本病相混淆。鸡白痢、鸡伤寒病原为革兰氏阴性短杆菌，可用相应的阳性抗原与患鸡血清做平板凝集实验而区别。鸡白血病为病毒病，其显著特征是除肝脏外，脾和法氏囊也有肿瘤结节增生。

3. 防制

本病目前尚无有效的免疫制剂。加强平时的饲养管理和贯彻综合卫生措施，如定期对鸡舍、器具消毒等，是十分重要的。采用多层网面饲养可减少或阻断本病的传播。清除垫料，彻底消毒用具和房舍，房舍消毒后空置7 d，可有效清除禽舍内残余的弯杆菌。

治疗本病可选用金霉素，以每吨100～500 g，磺胺二甲基嘧啶以0.1%～0.2%饮水，连用3 d。2～15日龄雏鸡用土霉素较适宜。此外，卡那霉素、喹乙醇、氟哌酸结合庆大霉素等亦有较好疗效。首先药物最好根据本场分离菌的药敏试验确定。

第二十节 坏死杆菌病

坏死杆菌病(Necrobacillosis)是由坏死梭杆菌引起各种哺乳动物和禽类的一种慢性传染病。病的主要特征是在受损伤的皮肤和皮下组织、消化道黏膜发生组织坏死,有的在内脏形成转移性坏死灶。本病发生于世界各地,我国以猪、马、牛、绵羊和鹿多发,在南方耕牛、奶牛较为严重。

一、病原

坏死梭杆菌(*Fusobacterium necrophorum*)为多形性的革兰氏阴性菌,小的呈球杆状或短杆状,大的呈长丝状(长达 100 μm)。无荚膜、鞭毛和芽孢。幼龄培养菌着色均匀,老龄培养物中,则着色不匀,似串珠状。

本菌为专性厌氧菌,常从病畜的肝、脾等内脏的病变部分采取病料分离,若需从体表坏死处分离,则应从病、健组织交界处采取,将其接种于兔或小鼠的皮下,从死后的脏器采料分离。在培养基中加入血液、血清、葡萄糖、肝块等可助其生长,加入亮绿或结晶紫可抑制杂菌生长,获得本菌的纯培养。在血液琼脂平板上,呈 β 溶血。在血清琼脂或葡萄糖血液琼脂上经 48~72 h 培养,形成圆形或椭圆形菌落。根据本菌能产生靛基质,发酵乳糖、产生丙酸的生化特性,可以区分于同属中其他细菌。本菌能产生多种毒素,如杀白细胞素、溶血素,能致组织水肿,内毒素能引起组织坏死。

本菌对理化因素抵抗力不强,但在污染的土壤中和有机质中能存活较长时间。在污染的土壤中能存活 10~30 d,在粪便中能存活 50 d。60℃经 15 min、煮沸 1 min 可将其杀灭。直射日光 8~10 h 可将其灭活。常用消毒药均有效,如 2%氢氧化钠、1%福尔马林、4%醋酸等 15 min 内可将其杀灭。对四环素和磺胺类等药物敏感。

二、流行病学

本病易感动物较广,多种畜禽和野生动物均有易感性,其中以猪、绵羊、山羊、牛、鹿、马最易感,禽易感性较小。实验动物中兔和小鼠易感,豚鼠次之。也见于观赏动物,如袋鼠、猴、羚羊、蛇及龟类等,人也可感染。

本病传染源主要为患病和带菌动物,患病动物的肢、蹄、皮肤、黏膜出现坏死性病变，病菌随渗出分泌物或坏死组织污染周围环境。健康动物（草食兽）胃肠道常见有本菌，病畜粪便中约有半数以上能分离出本菌，沼泽、水塘、污泥、低洼地更适宜于坏死杆菌的生存。本病主要经损伤的皮肤和黏膜（口腔）而感染，新生畜有时经脐带感染。人多经外伤感染。

本病多发生于低洼潮湿地区，常发于炎热、多雨季节，一般散发或呈地方流行性。其他致病的诱因，如生齿、圈舍吸血昆虫较多、饲喂硬锐草料、矿物质特别是钙磷缺乏、维生素不足、营养不良、长途运输等，均可促进本病的发生与发展。

三、临床症状和病理变化

潜伏期数小时至1～2周，一般1～3 d，病型因受害部位不同而有所不同。

1. 腐蹄病

多见于成年牛羊，有时也见于鹿，病初跛行，蹄部肿胀或溃疡，流出恶臭的脓汁。病变如向深部扩展，则可波及腱、韧带和关节、滑液囊，严重者可出现蹄壳脱落，重症者有全身症状，如发热、厌食，进而发生脓毒败血症死亡。

2. 坏死性皮炎

多见于仔猪和架子猪，其他家畜也有发生。其特征为体表皮肤及皮下发生坏死和溃烂，多发生于体侧、头和四肢，初为突起的小丘疹，局部发痒，覆盖有干痂的结节，触之硬固、肿胀，进而痂下组织迅速坏死，形成很大的囊状坏死灶，灶内组织腐烂，积有大量灰黄色或灰棕色恶臭液体，最后皮肤也发生溃烂，多则可达10多处。少数病例，其病变深达肌肉乃至骨骼，也有病猪发生耳及尾的干性坏死，最后脱落。个别病猪全身或大块皮肤干性坏死，如盔甲般覆盖体表，最后从其边缘逐渐剥脱落。病猪经适当治疗，多能治愈，但当内脏出现转移性坏死灶或继发感染时，病猪全身症状明显，发热、少食或停食，常由于高度衰竭而死。母畜还可发生乳头和乳房皮肤坏死，甚至乳腺坏死。

3. 坏死性口炎

又称“白喉”，多见于犊牛、羔羊或仔猪。有时亦见于仔兔或雏鸡。病初厌食、发热、流涎、有鼻汁，气喘。在舌、齿龈、上颚、颊、喉头等处黏膜上附有假膜，粗糙、污秽的灰褐色或灰白色，剥脱假膜，可见其下露出不规则的溃疡面，易出血。发生在咽喉者，有颌下水肿，呼吸困难，不能吞咽，病变蔓延至肺部或转移他处或坏死物被吸入肺内，常导致病畜死亡。病程4～5 d，也有延至2～3周。

4. 坏死性肠炎

多见于猪，常与猪瘟、副伤寒等病并发或继发，临床表现严重腹泻，迅速消瘦等全身症状，排便带血脓样或有坏死黏膜，剖检可见大小肠黏膜坏死和溃疡，形成白色假膜，膜下为不规则的溃疡。病变严重者可致肠壁穿孔或胃粘连。

5. 其他

如仔猪或育肥猪有时发生坏死性鼻炎，病猪表现咳嗽、流脓性鼻汁，减食、咀嚼障碍、喘鸣和腹泻，导致消瘦甚至死亡。羊有时发生坏死性肝炎。人感染时主要表现为手部皮肤、口腔、肺形成脓肿。与口腔感染、牙周炎、妇女生殖道感染及肠穿孔、创伤性感染有关。

四、诊断

结合流行病学资料，根据本病的发生部位是以肢蹄部和畜禽口腔黏膜坏死性炎症为主，以及坏死组织有特殊的臭味和变化及相应机能障碍可以作出初步诊断。确诊需进行实验室诊断。

1. 微生物学诊断

可在病变组织交界处取材，涂片，以石炭酸复红或碱性美兰染色，镜检，能发现该菌。细菌分离时，最好用含 0.02%结晶紫，0.01%孔雀绿和苯乙基乙醇的卵黄培养基，接种后再在罐内抽真空，再充入 80% N_2，10% CO_2，10% H_2，以钯为催化剂，用厌氧培养法进行培养经 48～72 h 后，长出一种带蓝色的菌落，中央不透明，边缘有一光带，从中选出可疑菌落，获得纯培养后再作生化鉴定。

2. 动物试验

可用生理盐水或肉汤制取病料的悬液，接种兔耳外侧（0.5～1.0 mL）或小鼠尾根皮下，2～3 d 后，接种动物逐渐消瘦，局部坏死，8～12 d 死亡，从死亡动物实质器官易于获得分离物，进一步鉴定。

另外，免疫荧光抗体可用于检查病料中的病原菌。

五、防制

本病无特异性菌苗预防方法，常采取综合性防制措施，加强饲养管理，搞好环境卫生和消除发病诱因，避免皮肤和黏膜损伤。平时要保持圈舍环境及用具的清洁与干燥，使地床平整，粪尿污水常清，防止动物互相啃咬，不到低洼潮湿不平的泥泞地放牧，牛、羊、马要正确护蹄。在多发季节，可在饲料中加抗生素类药物进行预防。

畜群中一旦发生本病，应及时隔离治疗，清除发病畜舍的粪便和坏死组织后，要严格消毒和销毁。在采用局部治疗的同时，要根据病型不同配合全身治疗，如肌肉或静脉注射磺胺类药物、四环素、土霉素、金霉素等。此外还应配合强心、解毒、补液等对症疗法，以提高治愈率。

对腐蹄病的治疗，应用清水洗净患部并清创。再用0.1%高锰酸钾或5%福尔马林或用10%的硫酸铜冲洗消毒。然后在蹄底的孔内或洞内填塞硫酸铜、水杨酸粉或高锰酸钾、磺胺粉等，创面可涂敷木焦油福尔马林合剂或5%高锰酸钾或10%甲醛酒精液或龙胆紫，牛、羊可通过5%福尔马林或10%硫酸铜进行蹄浴。对软组织可用磺胺软膏、碘仿鱼石脂软膏等药物。对“白喉”病畜，应先除去伪膜，再用0.1%高锰酸钾冲洗，然后用碘甘油或10%氯霉素酒精溶液，每天2次至痊愈，或用硫酸钾轻擦患处至出血为止，隔日1次，连用3次。对坏死性皮炎，彻底清除坏死组织，至露出红色创面为止。然后用0.1%高锰酸钾清洗干净，涂擦5%龙胆紫。肌肉注射硫酸庆大霉素、维生素C、维生素 B_1 或喂服磺胺嘧啶钠。

本章小结

本章介绍了人畜共患的主要传染病，是本门课程的重点学习内容之一。在学习过程中应结合同一病原体多种动物感染的特点，要注意进行比较和总结性地学习，也就是说同一病原体能感染多种动物，要重点掌握同一病原体在不同动物中表现的不同特点，进行比较。同时要善于归纳总结，如可以从病毒性传染病和细菌性传染病及其他等方面来进行总结。在学习过程中，要对人畜共患传染病的发生及流行形成初步认识，重点掌握常见的人畜共患传染病及危害较大的多种动物感染的传染病的流行特点、诊断方法及防制处理措施，同时还应该注意部分传染病对人类的危害，尤其是对我们这些一线工作人员，更应该掌握，并学会紧急处理的措施。

专项训练

1. 阐述猪附红细胞体病的诊断方法与防制措施。
2. 阐述布鲁菌病的主要诊断方法。如何进行综合防制？
3. 牛结核病主要有哪些特点？如何培育结核病阴性的健康畜群？
4. 如何诊断炭疽？发生炭疽时如何进行处理？
5. 发生衣原体病时，在牛羊猪禽上有何不同特点？
6. 简述钩端螺旋体病的主要诊断方法。如何进行综合防制？
7. 阐述弯曲杆菌病在临床上的种类及特点。
8. 阐述坏死杆菌病的临床症状与病理变化。
9. 简述流行性乙型脑炎的流行病学特点有哪些特征。
10. 简述禽大肠杆菌病的诊断要点，并给出综合防制措施。
11. 简述猪链球菌病的临床发病类型及其特点。

12. 当牛场发生口蹄疫之后,作为该场的防疫人员应该如何做?

13. 简述禽痘的主要类型及防制措施。

14. 如何对感染鸡白痢的种鸡群进行净化?

15. 阐述被疯狗咬伤后应如何进行处置。

16. 简述流行性感冒的病因,提出防制措施。

17. 简述仔猪黄痢的诊断要点,并写出平时的预防措施。

18. 简述疯牛病的感染途径及预防措施。

第四章　猪的传染病

本章导读

本章主要介绍了日常生产中猪常见易感传染病，从病原、流行病学、临床症状、病理变化、诊断和防制6方面描述疾病特征。

1. 重点掌握猪瘟、猪伪狂犬病、猪繁殖与呼吸综合征、猪气喘病、猪传染性胸膜肺炎的全部内容。

2. 掌握猪丹毒、猪传染性萎缩性鼻炎、副猪嗜血杆菌病、猪痢疾、猪细小病毒病、猪传染性胃肠炎、猪流行性腹泻、猪圆环病毒病的流行特点、诊断要点及防制措施。

3. 了解猪梭菌性肠炎、猪增生性肠炎疾病的主要诊断要点及防制措施。

第一节　猪细小病毒病

猪细小病毒病(porcine parvovirus infection，PPI)初是由猪细小病毒引起的一种繁殖障碍性传染病，临床特征为受感染母猪，特别是初产母猪生产出木乃伊胎儿、死胎、畸形胎儿、弱仔猪，而母猪本身无明显临床症状。

本病自从1967年在英国被发现后，几乎世界各国均流行和报道。我国自20世纪80年代发现该病后，在全国各地相继分离到猪细小病毒，给各地养猪业造成相当大的损失，是当前引起猪繁殖障碍的一种主要病毒性传染病。

一、病原

猪细小病毒(Porcine parvovirus,PPV)属于细小病毒科(Parvoviridae)、细小病毒属(Parvovirus)成员。病毒粒子呈圆形或六角形,无囊膜,直径为20 nm,基因组为单股DNA。PPV只有一个血清型,但毒力不同。能够凝集鼠、大鼠、小白鼠、人O型、猴和猫的红细胞。

本病毒对外界环境抵抗力极强,56℃,48 h,毒力未发生改变。80℃,5 min才失去感染力和血凝活性。对乙醚、氯仿不敏感。2%氢氧化钠溶液5 min可杀死该病毒。

二、流行病学

1. 易感动物

猪是本病的唯一易感动物,不同年龄、性别的猪均可感染,但只有怀孕母猪,特别初产母猪表现繁殖障碍最常见。

2. 传染源

病猪、带毒猪和母猪所产死胎、弱胎是主要传染源。

3. 传播途径

本病可水平传播和垂直传播。病毒可通过胎盘传播给胎儿引起母猪繁殖障碍。本病毒可在公猪的精细胞、精索、附睾等组织中繁殖,通过交配感染母猪。此外,通过呼吸道和消化道感染也是本病传播的重要途径。

本病流行常发生于春秋季节。常见于初产母猪,一般呈散发性或地方流行性。本病具有很高的感染性,易感的健康猪群一旦病毒传入,可导致猪群80%～100%感染;猪场连续几年不断出现母猪繁殖障碍。

三、临床症状

仔猪和后备母猪的急性感染通常表现为亚临床病例,但在体内许多组织器官有病毒存在,尤以淋巴组织最明显。仅母猪主要表现繁殖障碍,发情不正常,久配不孕,感染的母猪可能重新发情而不分娩。不同孕期感染表现不同症状,在怀孕30～50 d之间感染时,主要是产木乃伊胎儿,怀孕50～60 d感染多出现死胎,怀孕70 d以上则多能正常产仔,无其他明显症状。本病还可引起产仔瘦小、弱胎。弱仔生后半小时在耳尖、颈胸、腹下、四肢内侧出现淤血、出血斑,短时间内皮肤全部变为紫色而死亡。

四、病理变化

本病缺少特异性眼观病变，常见母猪子宫内膜有轻微炎症，胎盘有部分钙化，胎儿在子宫有被溶解、吸收的现象。感染胎儿还可见充血、水肿、出血、体腔积液、脱水（木乃伊化）及坏死等病变。

五、诊 断

猪场如见到流产、死胎、胎儿发育异常等情况而母猪没有明显的临床症状，母猪发情不正常、久配不孕，应考虑本病的可能性。确诊必须依靠实验室检验。

可将木乃伊化胎儿、胎儿肺送试验室进行诊断。检查方法可进行病毒的细胞培养和鉴定，也可血凝试验、荧光抗体染色试验。

本病诊断时应与猪伪狂犬病、猪繁殖与呼吸综合征、流行性乙型脑炎等繁殖障碍疾病相区别。

六、防制

本病尚无特效的治疗方法。应在疫苗免疫基础上，采取综合性预防措施。

（1）防止带毒猪传入猪场。在引进猪时应加强检疫，合格后方可准许引进。引进猪应隔离饲养 4 周后，再进行检疫，证实是阴性者，方可与本场猪混饲。

（2）对于发病猪场，应将发病母猪、仔猪隔离或淘汰。所有猪场环境、用具应严密消毒，并用血清学方法对全群猪进行检查，对阳性猪应采取隔离或淘汰，以防疫情进一步发展。

（3）对猪进行免疫接种，有良好的预防效果。目前有猪细小病毒弱毒疫苗和灭活苗，其中灭活苗较多用，包括氢氧化铝灭活苗和油乳剂灭活苗两种。对初产母猪进行免疫接种，能有效预防母猪感染细小病毒。在母猪配种前 2 个月左右免疫，2 周后二免。可预防本病发生。仔猪的母源抗体可持续 14～24 周，在 HI 抗体效价≥1∶80 时可抵抗猪细小病毒感染，因此，在断奶时将仔猪从污染猪群移到没有本病污染的地区饲养，可以培育出血清阴性猪群。

第二节 猪繁殖与呼吸综合征

猪繁殖与呼吸综合征（Porcine reproductive and respiratory syndrome，PRRS）

本病是由猪繁殖与呼吸综合征病毒引起猪的一种接触性传染病。其特征为发病母猪表现发热、怀孕后期发生流产、死胎和木乃伊胎等繁殖障碍;幼龄仔猪发生高热、呼吸困难等肺炎症状。因为部分病猪表现耳朵发蓝,又称“蓝耳病”。

本病于1987年在美国被首次发现,目前全世界主要生猪生产国均发现了猪繁殖与呼吸综合征。我国于1996年首次在暴发流产的胎儿中分离到了猪繁殖与呼吸综合征病毒,目前已成为我国流行的重要传染病之一。

一、病原

猪繁殖与呼吸综合征病毒(Porcine reproductive and respiratory syndrome virus,PRRSV)属于动脉炎病毒科(Arteriviridae)、动脉炎病毒属(Arterivirus)。病毒粒子呈卵圆形、有囊膜、20面体对称,为单股RNA病毒。PRRSV可分为两种血清型,即欧洲型和美洲型,其中欧洲型主要流行于欧洲,美洲型主要流行于美洲和亚太地区。我国流行毒株主要为美洲型。

病毒对低温具有较强抵抗力,在-70℃可保存18个月,4℃保存1个月。对热敏感,37℃、48 h,56℃、45 min完全失去感染力。对乙醚和氯仿敏感。在pH为6.5~7.5之间较稳定。

二、流行病学

1. 易感动物

猪是唯一可被感染自然宿主。各种年龄、性别、品种的猪均具有易感性,但以怀孕母猪(怀孕90 d以后)和初生仔猪(1月龄以内)症状最为明显。

2. 传染源

病猪和带毒猪是主要传染源。感染猪可以通过粪、尿、鼻汁、眼分泌物、胎儿、公猪精液等途径排出体内病毒。耐过猪可长期带毒和向体外排毒。

3. 传播途径

本病传播途径主要包括水平传播和垂直传播。水平传播主要通过呼吸道和通过公猪精液经生殖道在同猪群间进行传播。怀孕母猪体内病毒可通过胎盘进行母子间的垂直传播。另外,风媒介传播在本病的流行过程中具有重要的意义。

本病在新疫区常呈地方流行性,老疫区多呈散发性。该病在猪群中传播速度极快,2~3个月即可使繁殖母猪血清抗体阳性率达95%以上,并能够保持16个月以上。近些年来,本病有一些新的流行特点,由于经常与其他细菌性、病毒性、寄生虫性疾病混合感染,再由于不同毒株毒力和致病力不同,猪抵抗力不同,从而表现出临床症状多样化。并且毒力有增强趋势,特别在2006年南方的高热病疫情中,从病猪体内分离到了新变异的 PRRSV,并定名为高致病性蓝耳病病毒。

三、临床症状

本病的潜伏期 3～28 d,一般为 14 d。由于感染 PRRSV 毒株、免疫状态及饲养管理水平等影响,该病的临床表现差异较大。

1. 妊娠母猪

发病猪主要表现为精神沉郁、厌食、发热,出现不同程度的呼吸困难。少数母猪出现耳朵、腹部、外阴、尾部和四肢末端发绀。妊娠后期发生流产、早产、产死胎、木乃伊胎儿及弱胎。有的母猪出现肢体麻痹性神经症状。母猪流产率可达 50%～70%,死胎率 35%以上,产木乃伊胎儿达 25%。部分新生仔猪出现呼吸困难、运动失调及瘫痪等症状。产后 1 周内死亡率明显增加(40%～80%)。

2. 仔猪

新生仔猪和哺乳仔猪呼吸症状较为严重,表现为张口呼吸、喷嚏、流涕等。体温升高达 40.5～42℃,肌肉震颤,共济失调,渐进消瘦,眼睑水肿。少数仔猪可见耳朵、体表皮肤发紫。断奶前仔猪死亡率可达 80%～100%,断奶后仔猪增重减低,死亡率升高,达 10%～25%。耐过猪生长缓慢,容易继发其他疾病。

3. 公猪

公猪感染后食欲缺乏、高热,其精液数量和质量下降,可以在精液中检查到 PRRSV。并可通过精液传播病毒而成为重要传染源。

4. 育肥猪

老龄猪和育肥猪受 PRRSV 感染影响较小,仅出现短时间的食欲缺乏、轻度呼吸系统症状及耳朵皮肤发绀现象,但可因继发感染而加重病情,导致病猪发育迟滞或死亡。

四、病理变化

发病母猪肉眼变化不明显。剖检仔猪仅见头部水肿、胸前和腹腔积液,个别仔猪可见化脓性脑炎和心肌炎。患病哺乳仔猪肺部出现重度多灶性乃至弥漫性黄褐色或褐色的肝变,对本病的诊断有一定意义。此外,尚可见到脾肿大,淋巴结肿胀,心脏肿大并变圆,心包和腹腔积液,眼睑水肿。

2006 年,我国发现由猪繁殖与呼吸综合征变异株引起的高致病性蓝耳病,病猪体温升高为 41℃以上;眼结膜炎、眼睑水肿;咳嗽、气喘等呼吸道症状;部分猪表现后躯无力、不能站立等神经症状;仔猪发病率可达 100%,死亡率 50%以上,母猪流产率 30%以上,成年猪也可发病死亡。病猪病理变化是可见脾脏边缘或表现有梗死灶，肾脏呈土黄色，表面可见针尖至小米粒大小出血斑，皮下、扁桃体、心脏、膀胱和肝脏和肠道均可见出血的和出血斑。部分病例可见胃肠道出血、溃疡、坏死。

五、诊断

根据流行特点，各年龄猪均可出现不同程度不同临床表现，但以怀孕中后期母猪和哺乳仔最多发等现象，及相应的病理变化，可作出初步诊断。确诊必须依靠实验室诊断。

1. 病原分离与鉴定

分离病毒最常用猪肺泡巨噬细胞，常取急性期病猪的血清、腹水、胸水或病死猪的肺脏、扁桃体、脾脏和淋巴结等病料分离病毒。病料接种后可通过标记抗体染色的方法检测。

2. 血清学诊断

取猪血清进行间接免疫荧光抗体试验或 ELISA，灵敏度高，特异性好，目前有标准试剂盒使用。此外，还有中和试验等传统血清学方法。

3. 分子生物学诊断

主要用核酸探针和 RT-PCR 方法对本病病原体进行检测。

六、防制

本病目前尚未特效治疗药物。由于该病传染性强、传播速度快、发病后可在猪群中扩散和蔓延，给养猪业造成损失较大，因此应严格执行综合性防疫措施。

(1)加强检疫措施，防制养殖场内引入阳性带毒猪。在向阴性猪群中引入更新种猪时，应至少隔离 3 周，并经 PRRSV 抗体检测阴性后才可混群。

(2)加强饲养管理和环境卫生消毒，降低饲养密度，保持猪舍通风干燥，创造适宜的养殖环境以减少各种应激因素，并坚持“全进全出”制度。

(3)疫苗免疫是控制本病的有效方法，对于正在流行或流行过本病的猪场可用弱毒疫苗紧急接种或免疫预防。后备母猪在配种前免疫 2 次，首免在配种前 2 个月，间隔 1 个月进行二免，小猪在母源抗体消失前进行首免，母源抗体消失后进行二免。公猪和妊娠母猪不能接种弱毒疫苗。我国研制出了高致病性蓝耳病灭活疫苗，并已投入使用。

(4)平时的猪群检疫，发现阳性猪群应做好隔离和消毒工作，污染群中的猪不得留作种用，应全部育肥。有条件的种猪场可通过清群及重新建群净化该病。

第三节 猪瘟

猪瘟(Swine fever,Hog cholera)又称“烂肠瘟”,是由猪瘟病毒引起的猪的一种急性、高度传染性和致死性疾病,其特征为高热稽留和小血管壁变性引起广泛出血、梗塞和坏死。

猪瘟目前在世界范围广泛流行,发病率和死亡率高,欧美一些国家已能较好的控制猪瘟的流行。20 世纪 50 年代前,我国猪瘟流行极为普遍,由于广泛应用了猪瘟兔化弱毒疫苗,采取了有效措施基本控制本病的流行,但 20 世纪 80 年代以来又有抬头趋势。在当前,猪瘟发病情况具有一定的多样性,流行呈现典型猪瘟和非典型猪瘟共存、持续感染和隐性感染共存、免疫耐受与带毒综合征共存等特点。

一、病原

猪瘟病毒(Hog cholera virus,HCV)是黄病毒科(Flaviviridae)瘟病毒属(Pestivirus)的一个成员。病毒粒子直径 40～50 nm,基因组为单股 RNA,约 12 kb 长,有囊膜。目前认为猪瘟病毒只有一个血清型,但不同毒株毒力有强、中、弱之分。HCV 与同属的牛病毒性腹泻病毒(BVDV)之间,基因组序列有高度同源性,抗原关系密切,既有血清学交叉反应,又有交叉保护作用。猪瘟病毒存在于病猪全身和各个组织内,其中淋巴结、脾和血液病毒含量最高。

HCV 对环境的抵抗力较强,在尿、血液和腐败尸体中能存活 2～3 d,骨髓中可存活 15 d,70℃经 1 h 才能致死,日光直射 9 h 不能杀死病毒,在腌制猪肉中能活 80 d。石炭酸效果较差,乙醚、氯仿和去氧胆酸盐等脂溶剂可很快使病毒失活。2%氢氧化钠仍是最合适的消毒药。

二、流行病学

1. 易感动物

猪是本病唯一的自然宿主,不同品种、年龄和性别的猪和野猪都可被感染。

2. 传染源

病猪和带毒猪是最主要的传染源。感染猪在发病前即可通过口、鼻及眼分泌物、尿和粪等途径排毒,并延续整个病程。康复猪在出现特异抗体后停止排毒。因此,强毒株感染在 10～20 d 内大量排出病毒,而低毒株感染后排毒期短。强毒在猪群中传播快，造成的发病率高。慢性的感染猪不断排毒或间歇排毒。

3. 传播途径

本病可通过易感猪与病猪的直接接触和间接接触方式进行传播。一般经消化道感染，也可经过呼吸道、眼结膜或通过损伤皮肤、阉割时刀口感染。此外，病猪和弱毒株感染母猪可通过垂直传播感染体内胎儿。

本病一年四季均可发生，一般以春、秋较为严重。急性暴发时，先是几头猪发病，往往突然死亡。继而病猪数量不断增多，多数猪呈急性经过和死亡，3 周后逐渐趋向低潮，病猪多呈亚急性或慢性，如无继发感染，少数慢性病猪在 1 个月左右恢复或死亡，流行终止。

近年来猪瘟流行发生了变化，出现非典型猪瘟、温和型猪瘟，以散发性流行。同时，由于免疫不当引起免疫失败，及一些管理方面因素，也可引起典型猪瘟发生，造成较大经济损失。近年来，猪瘟的流行特点发生了新的变化。从频发的大流行转为周期性、波浪式的地区散发性流行，流行速度缓慢，发病率和死亡率低，潜伏期长；临床症状和病理变化有典型转为非典型，并出现了亚临床感染、母猪繁殖障碍、妊娠母猪带毒综合征、胎盘感染、初生仔猪先天性震颤及先天性免疫耐受等。

三、临床症状

潜伏期一般 5～7 d，短的 2 d，长的可达 21 d。据临床症状和特征，猪瘟可分为最急性、急性、慢性和非典型猪瘟。

1. 最急性型

常见于流行的初期，主要表现为突然发病，体温升高至 41℃以上，皮肤和结膜发绀、出血，出现精神沉郁，厌食，全身痉挛、四肢抽搐，经 1 d 至数天发生死亡。死亡率可达 90%～100%。

2. 急性型

最为常见。病猪表现精神沉郁、弓背、怕冷，食欲废绝或减退，体温高达 41～42℃，持续不退，眼睛周围见黏性或脓性分泌物，先便秘、后腹泻，粪便灰黄色，偶带有血带脓；全身皮肤出现、发绀非常明显。母猪流产，公猪包皮内积尿液。哺乳仔猪发生急性猪瘟时，主要表现神经症状，如磨牙、痉挛、角弓反张或倒地抽搐，最终死亡。病程 14～20 d。死亡率 50%～60%。

3. 慢性型

常见于猪瘟常发生地区或卫生防疫条件较差的猪场。主要表现为消瘦、贫血、全身衰弱、常伏卧，行走时缓慢无力，食欲不振，体温升高，一般在 40～41℃，便秘和腹泻交替。有的皮肤可见紫斑和坏死痂。妊娠母猪一般不表现症状，但可出现死胎、早产等。病猪日渐消瘦，最终衰竭死亡。病程可达 1 个月以上。死亡率为 10%～30%。

4. 非典型猪瘟

非典型猪瘟多发生在 11 周龄以下，多呈散发或局部地区少数猪场发生，流行速度慢，症状不典型。病猪体温 41℃左右，多数腹下部发绀，有的四肢末端坏死，俗称“紫蹄病”；有的耳尖呈黑紫色，出现干耳、干尾现象，甚至耳壳脱落；有的病猪皮肤有出血点。患猪采食量下降看，精神沉郁，发育缓慢，后期四肢瘫痪，部分病猪关节肿大。病程 2 周以上，有的可经 3 个月才能逐渐康复。

5. 迟发型猪瘟

迟发型猪瘟又称繁殖障碍型猪瘟，母猪感染低毒力猪瘟病毒，在妊娠后期可出现流产、死胎、木乃伊胎和畸形胎，弱仔可存活半年。先天感染的正常仔猪，可终生带毒、排毒。

四、病理变化

1. 最急性型

多无特征性变化，仅见浆膜、黏膜和肾脏等处有少量点状出血，淋巴结肿胀、潮红或有出血病变。

2. 急性型

在皮肤、黏膜、浆膜和内脏器官有不同程度出血。全身淋巴结肿胀、水肿和出血，呈现红白或红黑相间的大理石样变化；肾组织被膜下（皮质表面）呈点状出血；膀胱黏膜、喉、会厌软骨、肠系膜、肠浆膜和皮肤呈点或斑状出血；脾脏的梗死是猪瘟最有诊断意义的病变，它由毛细血管栓塞所致，稍高于周围的表面，以边缘多见，呈紫黑色。胆囊、扁桃体发生梗死；回盲瓣处淋巴组织扣状肿，若有继发感染，可见扣状溃疡；死胎仔猪出现明显的皮下水肿、腹水和胸腔积液。

3. 慢性型

出血和梗死变化不明显，但回肠末端、盲肠和结肠常有特征性的坏死和溃疡变化，呈纽扣状，褐色或黑色。

4. 非典型猪瘟

多数病猪尸体解剖无典型肾、膀胱出血及脾脏出血性梗死。有时可见的淋巴结水肿和边缘充血、出血。有的仅见肾色泽变浅及少量针尖大小出血点或肾发育不良。

5. 迟发型猪瘟

经先天感染，产死胎儿全身水肿，头、肩、前肢如水牛，胸、腹水增多，头、四肢畸形。小脑、脑发育不全，表皮出血。弱仔死亡后可见内脏器官和皮肤出血。淋巴结肿大。

五、诊断

典型急性猪瘟暴发，根据流行病学、临床症状和病理变化可作出相当准确的诊断。在开始出现临床病猪1～2周后，疾病迅速传播到群内各种年龄的未免疫猪，死亡率很高，病猪常有白细胞减少，剖检时可见淋巴结、肾脏和其他器官出血，脾脏梗死。这些都是猪瘟的特征。与急性猪瘟不同，慢性、非典型猪瘟和迟发性猪瘟，临床症状通常温和，呈间歇性，或感染数月而不被觉察。必须采用实验室诊断。

1. 病毒分离与鉴定

取猪扁桃体、淋巴结、脾或肾组织加入双抗磨成乳剂，过滤、离心后接种PK-15细胞等，接种48～72 h后取出接种病毒的细胞片，用猪瘟病毒免疫荧光抗体法或免疫酶染色法检查。

2. 免疫荧光抗体试验

对冰冻切片作直接荧光抗体(FA)试验是最常用的检查HCV抗原的方法。扁桃体是首选病料，此外猪淋巴结或晚期病猪脾和肾也可作为病料来源。

3. 正向间接血凝试验

本法操作简单，要求条件不高，便于在基层使用。主要用于监测猪瘟免疫抗体水平，一般认为，间接血凝抗体水平在1∶16以上者能抵抗强毒感染。

此外，病毒中和试验、ELISA、PCR、动物接种试验(如兔体交互免疫试验)等方法，也是目前实验室较常用的方法，都可对猪瘟进行确诊。

六、防制

1. 管理

把好引种关，防止带毒猪进入猪场；通过严格检疫和淘汰带毒猪，建立健康繁殖母猪群；制订科学和确实有效的免疫计划，认真执行免疫程序，定期监测免疫效果；实行科学的管理条件，建立良好的生态环境，切断疾病传播途径等综合性措施是控制或消灭猪瘟的前提条件。

2. 免疫预防

免疫接种时防制猪瘟的主要手段。目前预防猪瘟常用疫苗有以下三种：猪瘟兔化弱毒疫苗、猪瘟细胞苗、猪瘟脾淋组织苗。仔猪一般在20日龄和60日龄各接种次，猪瘟流行严重猪场可采取超前免疫，即在仔猪出生后未吃乳前，接种1～2头份猪瘟疫苗，之后1.5 h后再自由哺乳，于70日龄进行第二次免疫。超前免疫可以避免母源抗体干扰，具有较好效果，但本方法在实际应用中有一定难度，在生产管理中严格控制吃初乳时间，否则难以达到理想效果。种猪每半年加强免疫1次，种母猪在每次配种前25 d免疫1次。为了确保免疫效果，可适当加大免疫剂量，以下剂量仅供参考：种猪4～5头份，仔猪2～3头份，断奶前仔猪可接种4头份，以防止母源抗体干扰。

曾经出现免疫失败的猪场，尤其有迟发型猪瘟或温和型猪瘟存在的情况下，可选用猪瘟脾淋苗进行免疫，免疫效果较好。

3. 疫情控制方法

在已发生猪瘟的猪群或地区，应迅速对猪群进行检查，隔离和扑杀病猪，尸体严格销毁，严禁随处乱扔；对假定未感染猪群用猪瘟弱毒疫苗（如猪瘟脾淋组织苗）进行紧急接种，可使大部分猪获得保护，控制疫情，对疫区周围的猪群进行逐头免疫，形成安全带防止疫情蔓延，还应注意针头消毒，以防止人为传播。以后可根据需要执行定期检疫淘汰带毒猪的净化措施。

第四节　猪伪狂犬病

猪伪狂犬病（Porcine pseudorabies）是由伪狂犬病病毒引起的一种急性传染病。感染猪的临床特征为：体温升高，新生仔猪表现神经症状，还可侵害消化系统。成年猪常为隐性感染，妊娠母猪感染后可引起流产、死胎及呼吸系症状，无奇痒。本病也可以发生于其他家畜和野生动物。

本病于1902年被首次报道，呈世界范围分布（除澳大利亚等极少数国家外，均有发生）。该病对养猪业影响很大，在许多国家的地位仅次于猪瘟。

一、病原

伪狂犬病病毒（Pseudorabies virus，PRV）属于疱疹病毒科（Herpesviridae），疱疹病毒亚科成员。病毒粒子呈圆形，直径为150～180 nm，核衣壳直径为105～110 nm，有囊膜和纤突。基因组为线状双股DNA。病毒能在鸡胚及多种动物细胞培养上生长繁殖，产生核内包涵体。

PRV只有一个血清型，但毒株间存在差异。病毒对外界抵抗力较强，在污染的猪舍能存活1个多月，在肉中可存活5周以上。在低温潮湿环境下，pH为6～8时病毒能稳定存活。在干燥条件下，特别阳光直射时，病毒很快失活。一般常用的消毒药都有效。

二、流行病学

1. 易感动物

伪狂犬病毒感染动物种类很多，各种年龄猪、牛均易感染，在自然条件下，PRV 还能使羊、犬、猫、兔、鼠、水貂、狐狸等动物感染发病。

2. 传染源

病猪、带毒猪及带毒鼠类是本病的主要传染源。而猪是伪狂犬病毒的贮存宿主和传染源，尤其耐过的呈隐性感染的成年猪是该病主要传染源。病毒主要从病猪的鼻分泌物、唾液、乳汁和尿中排出，有的带毒猪可持续排毒一年，成为本病流行、很难根除的重要原因。

3. 传播途径

传播途径主要是直接接触传播和间接接触传播，还可经呼吸道黏膜、破损的皮肤和饲料等发生感染。妊娠母猪感染本病可经胎盘侵害胎儿，泌乳母猪感染本病的 1 周左右乳中有病毒出现，可持续 3～5 d，此时仔猪可因哺乳而感染。

本病一年四季均可发生，但以冬春寒冷季节和产仔旺季多发。

三、临床症状

临床症状随年龄增长有差异。新生仔猪表现高热、神经症状，还可侵害消化系统。成年猪常为隐性感染，妊娠母猪常表现流产、产死胎和木乃伊化胎儿。

2 周龄以内哺乳仔猪，病初发热，体温升高到 41～41.5℃，呕吐、下痢、厌食、精神不振，呼吸困难，呈腹式呼吸，继而出现神经症状，共济失调，最后衰竭而死亡。有神经症状的猪一般在 24～36 h 死亡。哺乳仔猪的死亡率可达 100%。

3～9 周龄猪主要症状同上，但表现轻微，病程略长，多便秘，有少数猪出现神经症状，导致休克和死亡。病死率可达 40%～60%。部分耐过猪常有后遗症，如偏瘫和发育受阻等。

2 月龄以上猪以呼吸道症状为主要特征。症状轻微或隐性感染，表现一过性发热、咳嗽、便秘，有的病猪呕吐，发病率很高，可达 100%，但无继发感染，病死率很低，为 1%～2%。多在 3～4 d 恢复。如出现体温继续升高，病猪又出现神经症状，震颤、共济失调，头向上抬，背拱起，倒地后四肢痉挛，间歇性发作。呼吸道症状严重时，可发展为肺炎。

妊娠母猪表现为咳嗽、发热、精神不振，流产、产死胎和木乃伊化胎儿。流产常发生于感染 10 d 左右了，新疫区可造成 60%～90%母猪发生繁殖障碍；母猪临近分娩期是感染，则易生产弱胎，多在 1～2 d 死亡。弱仔猪出现呕吐和腹泻，运动失调，痉挛，角弓反张，通常在 24～36 h 内死亡。感染的后备母猪、空怀母猪和公猪病死率很低，不超过 2%。

四、病理变化

一般无特征性病理变化。如有神经症状，脑膜明显充血，出血和水肿，脑脊髓液增多。扁桃体和脾均有散在白色坏死点。肺水肿、有小叶性间质性肺炎、胃黏膜有卡他性炎症、胃底黏膜出血。流产胎儿的脑和臀部皮肤出血点，肾和心肌出血，肝和脾有灰白色坏死灶。组织变化见中枢神经系统呈弥漫性非化脓性脑膜炎，有明显血管套和胶质细胞坏死。在鼻咽黏膜，脾和淋巴结的淋巴细胞内有核包涵体。

五、诊断

根据病畜临床症状，以及流行病学资料分析，可初步诊断为本病。确诊本病必须进行实验室检查。兔对本病敏感，可用兔做动物接种实验。猪感染本病常呈隐性经过，因此诊断要依靠血清学方法，包括血清中和试验、琼脂扩散试验、补体结合试验、荧光抗体试验及酶联免疫测定等。其中血清中和试验最灵敏，假阳性少。聚合酶链式反应（PCR）技术可从患病动物分泌物、组织器官等病料中扩增出 PRV 基因，从而对患病动物进行确诊。与传统的病毒分离相比较，PCR 优点是能够进行快速诊断，而且敏感性高。

六、防制

1. 预防

（1）本病主要应以预防为主，对新引进的猪要进行严格的检疫，引进后要隔离观察、抽血检验，对检出阳性猪要注射疫苗，不可做种用。

（2）猪伪狂犬病疫苗包括灭活疫苗、弱毒疫苗和基因缺失活疫苗。我国在猪伪狂犬病的控制过程中没有规定疫苗使用的种类，但最好只使用灭活疫苗。在已发病猪场或猪伪狂犬病阳性猪场，建议所有猪群进行免疫。灭活苗免疫时，种猪初次免疫后间隔 4～6 周加强免疫 1 次，以后每胎配种前免疫 1 次，产前 1 个月左右加强免疫 1 次，即可获得较好免疫效果，并可使对仔猪的保护力维持到断奶。留作种用的断奶仔猪在断奶时免疫 1 次，间隔 4～6 周加强免疫 1 次，以后即可按照种猪免疫程序进行。育肥仔猪在断奶时接种 1 次可维持到出栏。应用弱毒疫苗免疫时，种猪第一次接种后间隔 4～6 周加强免疫 1 次，以后每 6 个月进行一次免疫。

（3）猪场要进行定期严格的消毒措施，最好使用 2% 的氢氧化钠（烧碱）溶液或酚类消毒剂。

(4)加强检疫和管理,引进动物时进行严格检疫,防止将野毒引入健康动物群是控制猪伪狂犬病的一个非常重要和必要的措施。严格灭鼠,控制犬、猫、鸟类和其他禽类进入猪场,禁止牛、羊和猪混养,控制人员来往,搞好消毒及血清学监测对该病的防控都有积极作用。

2. 治疗

本病目前无特效治疗药物,对感染发病猪可注射猪伪狂犬病高免血清,它对断奶仔猪有明显效果,但对发病晚期病猪效果差。猪干扰素用于同窝仔猪紧急预防和治疗,有较好效果。利用白介素和猪伪狂犬基因缺失苗配合进行紧急免疫接种,可较短时间内控制病情发展。

第五节 猪圆环病毒病

猪圆环病毒病(Porcine circovirus infection)是由猪圆环病毒引起的猪的一种新的传染病。其特征为猪体质下降、消瘦、呼吸困难、咳喘、腹泻、贫血和黄疸等。目前已证实,猪圆环病毒与仔猪断奶多系统衰竭综合征(PMWS)、猪皮炎与肾病综合征(PDNS)、猪间质性肺炎(IP)、母猪繁殖障碍和传染性先天性震颤(CT)有关。其中 PMWS 和 CT 是本病的主要表现形式,其他三种是与其他病原混合感染引起的。本病可对机体产生严重的免疫抑制,被世界各国的兽医公认为最重要的传染病之一。

1991 年,本病在加拿大首次被发现,我国首次报道本病在 2000 年,并在 2001—2002 年间,我国大部分地区出现大范围流行,给养猪业造成了严重经济损失。

一、病原

猪圆环病毒(Porcine circovirus,PCV)属于圆环病毒科、圆环病毒属成员。它是动物病毒中最小的之一。病毒粒子直径为 14~25 nm,二十面体对称,无囊膜,基因组为单股 DNA。PCV 存在 2 种血清型,即 PCVⅠ型和 PCVⅡ型。PCVⅠ型无致病性,广泛存在于健康猪体内各个组织、器官及猪源细胞系中。PCVⅡ型对猪有致病性,是引 PMWS 的主要病原。两血清型间血清学交叉反应较弱。

PCV 能在 pk15 和 ST 细胞增殖。该病毒可长期持续污染 pk15,细胞不出现 CPE。PCV 对外界环境抵抗力较强,对氯仿不敏感,在 pH 为 3 的环境内很长时间不被灭活，70℃可存活 15 min。应用 0.3%过氧乙酸、3%火碱、0.5%强力消毒灵等消毒效果较好。

二、流行病学

1. 易感动物

猪是 PCV 主要宿主。各种年龄、品种、性别的猪均可被感染，但仔猪感染后发病严重。胚胎期和出生后的早期感染，往往在断奶后才发病，主要在 5～18 周龄。

2. 传染源

病猪和带毒猪为本病主要传染源。病毒主要存在病猪的呼吸道、肺脏、脾和淋巴结中，从鼻液和粪便中排出。

3. 传播途径

主要经过呼吸道、消化道和精液及胎盘传播，也可通过管理人员、饲养人员、工作服、工具等传播。

本病的发生无季节性。常与猪繁殖与呼吸综合征病毒、猪细小病毒、猪伪狂犬病毒、及副猪嗜血杆菌、猪肺炎支原体、多杀性巴氏杆菌和链球菌等混合或继发感染。饲养管理不良、饲养条件差、通风不良、饲养密度过大等因素存在可以诱发本病，从而造成病情加重，发病率和死亡率增加。

三、临床症状

临床上与 PCVⅡ型感染有关的疾病主要有以下 5 种，其症状如下：

1. 仔猪断奶后多系统衰竭综合征

主要发生于 2～3 周龄断奶后的仔猪，一般在断奶后 2～3 d 至 1 周发病。病猪精神沉郁，食欲不振，发热、被毛粗乱、渐进性消瘦，生长迟缓、呼吸困难、咳嗽、气喘、贫血、体表淋巴结肿大。有的皮肤与可视黏膜发黄、腹泻、胃溃疡。临床上有 20%病猪呈现贫血与黄疸症状。发病率为 20%～60%，病死率为 5%～35%。

2. 猪皮炎与肾病综合征

通常发生于 12～14 周龄猪。病猪发热、厌食、消瘦皮下水肿、跛行、结膜炎、腹泻。特征性症状为在会阴部、四肢、胸腹部及耳朵等处皮肤上出现圆形或不规则的红紫色病变斑点或斑块，有的斑块相互融合呈条带状，不易消失。主要发生在保育猪和生长育肥猪。发病率 12%～14%，病死率 5%～14%。

3. 母猪繁殖障碍

主要发生于初产母猪，产木乃伊胎儿占产仔总数 15%，产死胎占 8%。发病母猪主要表现体温升高 41～42℃，食欲减退、流产、产死胎、弱胎、弱仔及木乃伊胎儿。病后母猪受胎率低或不孕，断奶前仔猪死亡率可达 11%。

4. 猪间质性肺炎

临床表现主要为猪呼吸疾病综合征，多见于保育期和育肥期。病猪喘气、咳嗽、流鼻液、呼吸加快、精神沉郁、食欲不振、生长缓慢。

5. 传染性先天性震颤

多见于初产母猪所产仔猪，常于出生后 1 周内发病。我国猪群多为 6～8 周龄发病，发病仔猪站立时震颤，由轻变重，卧下时震颤消失。受外界刺激时可引发或加重震颤，严重时影响吃奶以致死亡。发病率 20%～60%，病死率 5%～35%。

四、病理变化

1. 仔猪断奶后多系统衰竭综合征

典型病例死亡的猪尸体消瘦，有不同程度贫血和黄疸。淋巴结肿大 4～5 倍，在胃、肠系膜、气管等淋巴结尤为突出，切面呈均质苍白色。肺部有散在隆起的橡皮状硬块。严重病例肺泡出血，在心叶和尖叶有暗红色或棕色斑块。脾肿大，肾苍白有散在白色病灶，被膜易于剥落，肾盂周围组织水肿。胃在靠近食管区常有大片溃疡形成。盲肠和结肠黏膜充血和出血点，少数病例见盲肠壁水肿而明显增厚。如有继发感染则可见胸膜炎，腹膜炎，心包积液、心肌出血、心脏变形、质地变软等。

2. 猪皮炎与肾病综合征

主要表现为出血性坏死性皮炎和动脉炎，以及渗出性肾小球肾炎和间质性肾炎。剖检可见肾肿大、苍白，表面有出血点；脾脏轻度肿大，有出血点；肝脏呈橘黄色；心脏肥大，心包积液；胸腔、腹腔积液；淋巴结肿大，切面苍白；胃有溃疡。

3. 母猪繁殖障碍

剖检可见死胎和木乃伊胎儿，新生仔猪胸腹部积水。心脏扩大、松弛、苍白、充血性心力衰竭。

4. 猪间质性肺炎

剖检可见弥漫性间质性肺炎，成灰红色，肺细胞增生，肺泡强内有透明蛋白，细支气管上皮坏死。

五、诊断

根据流行特点，结合发病的临床症状、病理变化等特点可以作出初步诊断，确诊需要进行实验室诊断。目前，可用的病原学检查方法包括间接免疫荧光法、免疫组化法、PCR 等。检测抗体的方法主要是 ELISA。

六、防制

目前,国内外尚无有特效的治疗方法,虽然已经有预防的猪圆环病毒疫苗,但还没有得到大范围使用。所以,一般性建议包括实行全进全出的饲养管理制度,保持良好的卫生与通风状况,确保饲料品质和使用抗生素控制继发感染,以及对发病猪进行及时淘汰、扑杀处理。

1. 实行全进全出的制定,落实生物安全措施

猪舍要清洁卫生,保温,通风良好,饲养密度要适当,不同日龄猪分开饲养,不得混养;减少各种应激,创造良好的饲养环境。

2. 定期消毒,杀死病原体,切断传播途径

生产中应用3%氢氧化钠溶液、0.3%过氧乙酸及0.5%强力消毒灵和康杜威消毒液效果良好。

3. 药物预防继发感染

应用支原净、丁胺卡那霉素、强力霉素、庆大霉素、磺胺嘧啶钠、抗病毒药物等治疗,同时肌内注射维生素 B_{12}、维生素C及肌苷和静脉注射葡萄糖注射液等有一定的治疗效果。

第六节 猪传染性胃肠炎

猪传染性胃肠炎(Transmissible gastroenteritis of pigs,TGE)是由传染性胃肠炎病毒引起猪的一种急性、高度接触性肠道性疾病。以呕吐,严重腹泻和失水为特征。各种年龄都可发病,10日龄以内仔猪病死率很高,可达100%,5周龄以上猪的死亡率很低,成年猪几乎没有死亡。

1945年,本病在美国首次被发现,目前已经在许多养猪国家和地区。我国的四川、湖北、吉林、陕西、北京、广东等地也有发生。

一、病原

猪传染性胃肠炎病毒(Transmissible gastroenteritis of pigs,TGEV)属于冠状病毒科(Coronaviridae)、冠状病毒属(Coronavirus)成员,有囊膜,形态多样,呈圆形、椭圆形和多边形,表面有一层棒状纤突。TGEV基因组为单股RNA。

主要存在于空肠、十二指肠及回肠的黏膜。只有一个血清型,但近年来许多国

家都发现了变异株，即猪呼吸道冠状病毒。本病毒对牛、猪、豚鼠及人的红细胞没有凝集或吸附作用。

对乙醚、氯仿及去氧胆酸钠敏感，对 0.5%胰酶能抵抗 7 h。病毒不耐热，56℃，45 min 或 65℃，10 min 即可死亡。在阳光下曝晒 6 h 即被灭活，紫外线能使病毒迅速失活。病毒在 pH 为 4～8 稳定，pH 为 2.5 则被灭活。

二、流行病学

1. 易感动物

本病主要发生于猪。各种年龄的猪均可感染发，以 10 日龄以下的哺乳仔猪发病率和死亡率最高，随年龄的增大死亡率逐步下降，断奶猪、育肥猪和成年猪的症状较轻。

2. 传染源

病猪和带毒猪是本病的主要传染来源。可通过呕吐物、粪便、鼻液和呼吸的气体排出体内的病原体。

3. 传播途径

病猪和带毒猪排出的病原体污染饲料、饮水、空气及用具等通过消化道和呼吸道传染给易感猪群。

本病的发生有季节性，我国多流行于冬春寒冷季节，夏季发病少，在产仔旺季发生较多。本病在新疫区主要呈流行性发生，几乎所有的猪都发病，10 日龄以内猪死亡率很高，几乎达 100%，但断奶仔猪、育肥猪和成年猪发病后可于几周后产生主动免疫，50%康复猪都可继续排毒 2～8 周。老疫区则呈地方流行性发生，母猪大都自身产生抗体，所以哺乳仔猪 10 龄以内发病率和死亡率很低，但仔猪断奶后切断母源抗体，重新成为易感个体，把本病传播下去。

三、临床症状

本病潜伏期较短，一般为 15～18 h，长的可达 2～3 d。

仔猪的典型临床表现是突然的呕吐，接着出现急剧的水样腹泻，粪水呈黄色、淡绿或发白色。病猪迅速的脱水，体重下降，精神委靡，被毛粗乱无光。吃奶减少或停止吃奶、战栗、口渴、消瘦，于 2～5 d 内死亡，一周龄以下的哺乳仔猪死亡率 50%～100%，随着日龄的增加，死亡率降低；病愈仔猪增重缓慢，生长发育受阻，甚至成为僵猪。

架子猪、肥猪及成年母猪主要是食欲减退或消失，水样腹泻，粪水呈黄绿、蛋灰或褐色，混有气泡；哺乳母猪泌乳减少或停止，3～7 d 病情好转随即恢复，极少发生死亡。

四、病理变化

尸体脱水明显。主要病变在胃和小肠。胃内充满凝乳块，胃底黏膜充血，有时有出血点。小肠肠壁变薄，肠内充满黄绿色或白色液体，含有气泡和凝乳块；小肠肠系膜淋巴管内缺乏乳糜。将空肠剪开，用生理盐水将内容物冲掉，在玻璃平皿内铺平，加入少量的生理盐水，在低倍显微镜下观察，可见到空肠绒毛变短，萎缩及上皮细胞变性、坏死和脱落等。

五、诊断

根据流行病学、症状和病变进行综合判定可以作出诊断。寒冷季节发生，10 日龄以内病死率高，临床出现腹泻、呕吐和脱水，解剖后出现小肠壁变薄，半透明，肠管扩大，充满半液状或液状内容物。小肠黏膜绒毛萎缩，可作出初步诊断。如进一步确诊，必须进行实验室诊断。

取病猪的病料接种猪肾细胞进行病毒的分离鉴定实验，还可用荧光抗体法检查病毒抗原，血清学诊断（包括血清中和试验、ELISA、间接免疫荧光等方法）、RT-PCR 技术用于 TGEV 的诊断。

本病诊断时应与症状相似的仔猪黄痢、仔猪白痢、猪流行性腹泻和轮状病毒感染等相区别。

六、防制

对于本病尚无特效药物，发病后一般采取对症治疗措施。及时进行疫苗的免疫接种是控制该病的有效方法之一。

1. 药物治疗

用抗生素和磺胺类药物等尽可起到防止猪继发细菌感染和缩短病程作用。

（1）补充体液，防止脱水和酸中毒。让仔猪自由饮服下列配方溶液：氯化钠 3.5 g，氯化钾 1.5 g，碳酸氢钠 2.5 g，葡萄糖 20 g，水 1 000 mL。另外，还可以腹腔注射一定量 5% 葡萄糖盐水加灭菌碳酸氢钠。

（2）使用抗病毒药物。可肌肉注射病毒灵、病毒唑、双黄连等。对重症病猪可用硫酸阿托品注射控制腹泻，对失水过多的重症猪可静脉注射葡萄糖、生理盐水等。

2. 免疫接种

用传染性胃肠炎的弱毒疫苗对母猪进行免疫接种。母猪分娩前 5 周经过口服 1 头份,分娩前 2 周口服 1 头份和注射 1 头份。两种接种方式结合可产生局部体液免疫和全身性细胞免疫,效果好,新生仔猪出生后通过初乳获得被动免疫,保护率可达 95%以上;对于未接种传染性胃肠炎弱毒疫苗受到本病威胁的仔猪,在出生后 1～2 d 进行口服接种,4～5 d 产生免疫力。

第七节 猪流行性腹泻

猪流行性腹泻(Porcine epidemic diarrhea,PED)是由猪流行性腹泻病毒引起猪的一种急性接触性肠道传染病,其特征为呕吐、腹泻和脱水。本病的流行特点、临床症状和病理变化与猪传染性胃肠炎极为相似。

1971 年,本病在英国被首次报道,随后在荷兰、英国、德国等欧洲国家和中国台湾有本病报道。20 世纪 80 年代初我国陆续发生本病。

一、病原

猪流行性腹泻病毒(Porcine epidemic diarrheavirus,PEDV)属于冠状病毒科(Coronaviridae)、冠状病毒属(Coronavirus)成员。病毒粒子呈多形性,倾向于圆形。大多数病毒粒子有一个电子不透明的中央区,顶端为膨大的纤突,从核衣壳向外呈放射状排列。本病毒与猪传染性胃肠炎病毒、新生犊牛腹泻病毒、犬肠道冠状病毒、猫传染性腹膜炎病毒无抗原关系。

本病毒对外界环境和消毒药抵抗力不强,对乙醚、氯仿敏感,一般消毒药都可将它杀死。

二、流行病学

1. 易感动物

本病仅发生于猪,各种年龄的猪都能感染发病。哺乳仔猪、架子猪或育肥猪的发病率很高,尤以哺乳仔猪受害最为严重,母猪发病率变动很大,为 15%～90%。

2. 传染源

病猪是主要传染源。病毒随粪便排出后,污染环境、饲料、饮水、交通工具及用具等而传染。

3.传播途径

主要传播途径是通过消化道传播。

如果一个猪场陆续有不少窝仔猪出生或断奶，病毒会不断感染失去母源抗体的断奶仔猪，使本病呈地方流行性，在这种繁殖场，猪流行性腹泻可造成5～8周龄仔猪的断奶期顽固性腹泻。本病多发生于寒冷季节，据我国调查，本病以12月和翌年1月发生最多。

三、临床症状

潜伏期一般为5～8 d，人工感染潜伏期为8～24 h。

主要的临床症状为水样腹泻，或者在腹泻之间有呕吐。呕吐多发生于吃食和吃奶后。症状的轻重随年龄的大小而有差异，年龄越小，症状越重。

1周龄内新生仔猪发生腹泻后3～4 d，呈现严重脱水而死亡，死亡率可达50%，最高的死亡率达100%。病猪体温正常或稍高，精神沉郁，食欲减退或废绝。

断奶猪、母猪常呈现精神委顿、厌食和持续腹泻（约1周），并逐渐恢复正常。少数猪恢复后生长发育不良。

肥育猪在同圈饲养感染后都发生腹泻，1周后康复，死亡率1%～3%。

成年猪症状较轻，有的仅表现呕吐，重者水样腹泻3～4 d可自愈。

四、病理变化

病死猪尸体消瘦、脱水，胃内有黄白色凝乳块。小肠病变具有特征性，小肠扩张，内充满黄色液体，肠系膜充血，肠系膜淋巴结水肿，小肠绒毛缩短。组织学变化，见空肠段上皮细胞的空泡形成和表皮脱落，肠绒毛显著萎缩。

五、诊断

本病在流行病学和临床症状方面与猪传染性胃肠炎无显著差别，只是病死率比猪传染性胃肠炎稍低，在猪群中传播的速度也较缓慢些。猪流行性腹泻发生于寒冷季节，各种年龄都可感染，年龄越小，发病率和病死率越高，病猪呕吐，水样腹泻和严重脱水，进一步确诊须依靠实验室诊断。

1.免疫荧光检查

取病猪小肠作冰冻切片或小肠黏膜抹片，风干后丙酮固定，加荧光抗体染色，水洗后盖片、镜检。腹泻后6 h空肠和回肠的荧光细胞检出率达90%～100%。

2. 酶联免疫试验(ELISA)

应用双抗体夹心法 ELISA，检测病猪粪便中病毒抗原，病猪一出现腹泻时，即可采粪便检查。病猪痊愈 2 周以上的，可用间接 ELISA 方法检查血清中的抗体。猪感染后 1～2 周，即可测出抗体，3～5 周抗体滴度达到高峰，抗体持续时间最短为 18 周，最长可达 22 周。

六、防制

1. 免疫预防

我国已研制出 PEDV 甲醛氢氧化铝灭活疫苗，保护率达 85%，对妊娠母猪产前 30 d 接种 3 mL，仔猪 10～25 kg 接种 1 mL，25～50 kg 接种 3 mL，接种后 15 d 产生免疫力，免疫期母猪为 1 年，其他猪 6 个月，可用于预防本病。还研制出 PEDV 和 TGEV 二联灭活苗，这两种疫苗免疫妊娠母猪，乳猪通过初乳获得保护。在发病猪场断奶时免疫接种仔猪可降低这两种病的发生。此外，常用的疫苗还有有轮状病毒、流行性腹泻二联苗，流行性腹泻、传染性胃肠炎、轮状病毒三联苗。每年 10 月中旬，仔猪、架子猪和育肥猪每头注射 1 头份，生产母猪注射 2 头份。对于正在发病的猪群于母猪产前 20～30 d 注射 3 头份。

2. 加强管理和消毒工作

加强饲养管理，饲喂营养丰富的饲料，做好仔猪、哺乳猪的保温和保健工作。做好场内的卫生消毒工作，用百毒杀等消毒剂对猪舍进行消毒，用干石灰铺设走道。

3. 对症治疗

本病无特效的治疗方法，通常应用对症疗法，可减少仔猪死亡率，促进康复。病猪每日补口服盐溶液。猪舍保持清洁、干燥。对 2～5 周龄病猪可用抗生素治疗，防止继发感染。可试用康复母猪抗凝血或高免血清每日口服 10 mL，连用 3 日，对新生仔猪有一定治疗和预防作用。

第八节　猪痢疾

猪痢疾(Swine dysentery)是由致病性猪痢疾蛇形螺旋体引起猪的一种肠道传染病。其特征为临床表现消瘦、腹泻，为黏液性或黏液出血性下痢，大肠黏膜发生卡他性出血性、出血性、纤维素性坏死性肠炎。

该病已经发生于50多个国家和地区，我国的许多省、市都有该病的存在，一旦该病传入猪群，若不采取严格处理措施，很难根除。并且该病在猪群中发病率和死亡率相当高，病猪生长发育受阻，耗料增加，给各地养猪业造成了很大的经济损失。

一、病原

猪痢疾蛇形螺旋体（*Brachyspira hyodysenteriae*），又称为猪痢疾短螺旋体，属于蛇形螺旋体属成员。有4～6个弯曲，两端尖锐，呈缓慢旋转的螺丝线状，革兰氏染色阴性。新鲜病料在暗视野下可见常以长轴为中心旋转活动的蛇形螺旋体。苯胺染料或姬姆萨染液着色效果好，而组织切片以镀银染色更好。本菌为严格厌氧菌，常用的培养基是胰酶大豆鲜血琼脂或胰酶大豆汤培养基，厌氧培养6 d，培养基可见β型溶血。猪痢疾蛇形螺旋体含有两种抗原成分，一种为蛋白质抗原，为猪痢疾蛇形螺旋体特异性抗原，另一种为型特异性脂多糖抗原（LPS），根据其可分为9个血清群（A～I），每群含有几个不同血清型。

该病原对外界环境抵抗力较强，在粪便中5℃存活61 d，25℃存活7 d，在土壤中4℃能存活102 d，－80℃存活10年以上。对消毒药抵抗力不强，普通浓度的过氧乙酸、来苏儿和氢氧化钠均能迅速将其杀死。

二、流行病学

1. 易感动物

只有猪在自然条件下可被感染，各年龄段猪均可被感染，一般以2～3月龄猪较多发病，哺乳仔猪发病较少，断奶仔猪常会导致死亡，大猪带菌，不死亡。

2. 传染源

病猪和带菌猪是主要传染源，康复猪带菌可长达数月，经常从粪便中排出大量菌体，污染周围环境、饲料、饮水或经饲养员、用具、运输工具的携带而传播。

3. 传播途径

本病的传染途径是经消化道，健康猪吃下污染的饲料、饮水而感染。运输、拥挤、寒冷、过热，或环境卫生不良等诱因都是本病发生的应激因素。

本病流行经过比较缓慢，持续时间较长，且可反复发病。各种应激因素如饲养管理不当、饲料不足、阴雨潮湿、气候多变、拥挤等可促进本病的发生和流行。本病往往先在一个猪舍开始发生几头，以后逐渐蔓延开来。在较大的猪群流行时，常常拖延达几个月，直到出售时仍有猪只发病。

三、临床症状

潜伏期 3 d 至 2 个月以上。自然感染多为 1～2 周。一般可分为最急性、急性和慢性三个类型。

1. 最急性

常见于流行初期，病猪往往突然死亡。病初精神稍差，食欲减少，甚至废绝。剧烈下痢，开始时粪便变软，表面附有条状黏液。以后粪便黄色柔软或水样。重病例在 1～2 d 间粪便充满血液和黏液。随着病程的发展，病猪精神沉郁，体重减轻，迅速消瘦，弓腰缩腹，起立无力，极度衰弱，最后死亡。病程约 1 周。

2. 急性型

多见于流行初、中期。病初排软便或稀便，以后粪便中含有大量半透明的黏液而粪便呈胶冻状，多数粪便中含有血液和血凝块、咖啡色或黑红色的脱离的黏膜组织碎片。同时表现食欲减退，口渴增加，腹痛并迅速消瘦。有的死亡，有的转为慢性病例。

3. 亚急性和慢性

多见于流行的中、后期。病情较轻，下痢，黏液及坏死组织碎片较多，血液较少，病期较长。进行性消瘦，生长迟滞。不少病例能自然康复，但在一定的间隔时间内，部分病例可能复发甚至死亡。病程为 1 个月以上。

四、病理变化

病变局限于大肠、回盲结合处。大肠壁和肠系膜充血水肿，肠系膜淋巴结肿大，腹腔内有少量积液。大肠黏膜肿胀，并覆盖着黏液和带血块的纤维素。大肠内容物软至稀薄，并混有黏液、血液和组织碎片。当病情进一步发展时，黏膜表面坏死，形成假膜；有时黏膜上只有散在成片的薄而密集的纤维素。剥去假膜露出浅表糜烂面。其他脏器无明显病变。

五、诊断

根据本病具有特征性流行规律、临床症状及病理变化的特点可以作出初步诊断，确诊需进行实验室诊断。

1. 微生物诊断

一般取急性病例的猪粪便和肠黏膜制成涂片染色，在暗视野显微镜检查，见有 3～5 条/视野猪痢疾蛇形螺旋体，可以作为定性诊断依据。但确诊还需从结肠黏膜和粪便中分离和鉴定致病性猪痢疾蛇形螺旋体。进一步鉴定，做肠致病性试验

（口服感染试验猪和结肠结扎试验），若有 50％的感染猪发病，即表示该菌株有致病性。

2. 血清学诊断方法

本病血清学诊断方法有凝集试验、间接荧光抗体、被动溶血试验、琼扩试验和 ELISA 等，比较实用的 ELISA 和凝集试验，主要用于猪群检疫和综合诊断。

六、防制

至今尚无有效菌苗用于预防，因此只有采取综合防制措施和药物防制方法来控制本病。

1. 预防

坚持自繁自养，尽量少引进种猪或严禁从疫区引进生猪，必须引进时，应隔离检疫 2 个月以上方可混群。猪场实行全进全出饲养制，进猪前应按消毒程序与要求对猪舍进行消毒，加强饲养管理，保持舍内外干燥，防鼠灭鼠措施严格，粪便及时无害处理，饮水应加含氯消毒剂处理。发病猪场最好全群淘汰，彻底清理和消毒，空舍 2～3 个月，再引进健康猪。

2. 治疗

病猪及时隔离治疗，痢菌净、磺胺类药物、庆大霉素、金霉素、二硝基咪唑、林可霉素等对本病均有效。本病容易复发，必须坚持治疗，并改善管理条件，才能减少本病的发生。发病猪群应全群淘汰，彻底清扫和消毒，并空圈 2 个月以上。

第九节 仔猪梭菌性肠炎

猪梭菌性肠炎（Clostridial enteritis of pigs），俗称仔猪红痢、猪传染性坏死性肠炎，是由产 C 型气荚膜梭菌引起新生仔猪（1 周龄以内）高度致死性的肠毒血症。其特征是以血性下痢，病程短，病死率高，小肠后段的弥漫性出血或坏死性变化。

1955 年，英国首次报道本病的发生。近 20 多年来在欧美许多国家广泛流行，我国也有本病的发生，给养猪业生产造成了严重影响。

一、病原

病原体为 C 型产气荚膜梭菌（*Clostridium pefringens*），亦称魏氏梭菌（*Cl. Welchii*）。革兰氏阳性，有荚膜，不运动的厌氧大杆菌，可形成芽孢。C 型菌株主要是α、β毒素，特别是β毒素，它可引起仔猪肠毒血症、坏死性肠炎。

形成芽孢后，对外界抵抗力强，80℃、15～30 min，100℃则几分钟才能杀死。冻干保存至少10年，其毒力和抗原性不发生变化。25%的氢氧化钠溶液14 min才可杀死芽孢。

二、流行病学

1. 易感动物

本病主要侵害1～3日龄仔猪，1周龄以上仔猪很少发病。也有报道2～4周龄及断奶猪中发生本病。A型产气荚膜梭菌性肠炎可发生于新生仔猪和断奶仔猪。

2. 传染源

本菌常存在于母猪肠道中，随粪便排出，污染哺乳母猪的奶头及垫料，当初生仔猪很短时间内吮吸母猪的奶或吞入污染物，细菌进入空肠繁殖，引起仔猪感染。

3. 传播途径

本病可以通过消化道感染，从环境中吞进细菌芽孢而感染发病。

本病发病快，病程短，死亡率一般为20%～70%，有时可达100%。本病流行没有明显的季节性，一年四季都可发生。产气荚膜梭菌在自然界分布很广，存在于人畜肠道、土壤、下水道和尘埃中，猪场一旦发生本病，不易清除，这给根除本病带来一定困难。

三、临床症状

本病在临床上的表现随着免疫状况和仔猪的感染程度的不同而有所差异，经常在不同窝仔猪间或同窝仔猪间发病均有所差异，可分为最急性型、急性型、亚急性型和慢性型。

1. 最急性型

仔猪出生12～36 h内发病，临诊症状不明显或突然排出血便，病猪衰弱无力，很快变为濒死状态，多数在出生当天或次日死亡。

2. 急性型

此病型较为常见。病猪不断排出含有灰色组织碎片的红褐色液状稀粪，且日渐消瘦和虚弱，病程常维持2 d，一般在第3天死亡。

3. 亚急性型

病猪呈持续性腹泻，病初排出黄色软粪，以后变成液状，内含坏死组织碎片。病猪极度消瘦和脱水，一般5～7 d死亡。

4. 慢性型

病猪在 1 周以上时间呈现间歇性或持续性腹泻，粪便呈黄灰色糊状，带黏液，会阴部和尾部附有粪痂，病猪逐渐消瘦，生长停滞，几周后死亡。

四、病理变化

被毛干燥无光泽，皮下胶冻样浸润，胸腔、心包和腹腔内有许多樱桃红色积液。病变主要在空肠，严重者可扩散到回肠前部，病变肠断壁深红色，与正常肠断界限分明。肠黏膜及黏膜下层具有广泛性出血，肠内容物暗红色液体状，肠系膜淋巴结深红色。稍长病例，以坏死性肠炎变化为主要特征，肠管的出血性病变不严重。肠管弹性消失，僵硬，从浆膜面可见肠壁呈浅黄色或土黄色。剖开肠断可见黏膜表面附着着灰黄色坏死性假膜，容易脱离，肠黏膜灰黄色坏死，肠内容物暗红色，坏死肠断浆膜下可见高粱米粒大或小米粒大数量不等的小气泡，肠壁淋巴结充血，其中也有数量不等的小气泡形成。心肌苍白、心外膜点状出血。肾灰白色，皮质部有小点状出血，膀胱黏膜也有小点状出血。

五、诊断

根据本病主要发生在 3 日龄以内仔猪，下痢为红色液体。病程短、死亡率高，病变肠断为深红色或土黄色，界限分明，肠黏膜坏死，肠黏膜下、肠系膜和肠系膜淋巴结有小气泡等特点，一般可作出初步诊断。如有必要可做细菌学检查和毒素试验进一步确诊。

1. 细菌学诊断

无菌采取肝脏、脾脏、肾、心血、胸水、腹水、十二指肠和空肠内容物等脏器抹片，革兰氏染色，镜检发现病原，同时可分离培养。

2. 毒力试验诊断

可用家兔进行泡沫肝试验和小白鼠进行肠毒素试验。

六、防制

本病发病急、病程短，往往治疗效果不佳，因此重在预防。搞好猪舍和周围环境的卫生和消毒工作，特别是产房更为重要。接生前母猪的奶头要进行清洗和消毒，可以减少本病的发生和传播。

目前多采用给怀孕母猪注射 C 型魏氏梭菌氢氧化铝菌苗和仔猪红痢干粉菌苗，在临产前 1 个月肌肉注射 5 mL，2 周后再注射 10 mL，使母猪免疫，仔猪出生后吸吮母猪初乳可获得被动免疫，这是预防本病最有效的办法。仔猪出生后注射抗猪红痢血清，每千克体重肌肉注射 3 mL，可获得充分保护，但注射要早，否则效果不佳。将发病仔猪及时隔离，病情严重者予以淘汰。

第十节 猪增生性肠炎

猪增生性肠炎（Porcine proliferative enteritis/ enteropathy，PPE），又称猪增生性肠病，是由专性胞内劳森菌引起的猪的以小肠和结肠黏膜出现肿瘤样增生性炎症为主要特征的一种接触性肠道综合征。

本病 1971 年首次在英国发生，目前已呈全球性流行。我国许多地区也有该病的发生。虽然本病死亡率不高，但严重影响猪的生长，延长上市时间，大大降低了猪的生产效益，因而是一种具有重要经济意义的疾病。

一、病原

胞内劳森菌（*Lawsonia intracellularis*，LI）是一种专性细胞内寄生菌，其分类地位尚未确定。主要寄生在病猪肠黏膜细胞中，在常规的培养基或鸡胚中不能生长，但能在 Campy-BAP 血琼脂、鼠、猪和人的肠细胞系上生长。细菌在生长过程中对宿主细胞具有依赖性。细菌多呈小弯曲形、逗点形、S 形或直杆状，无鞭毛，革兰氏染色阴性，抗酸性染色阳性。

该菌嗜氧，在 5～15℃环境中至少能存活 1～2 周。细菌培养物对季铵盐消毒剂和含碘消毒剂敏感。

二、流行病学

1. 易感动物

本病主要感染猪，此外雪貂、仓鼠、大鼠、马、兔等多种动物也可被感染。以 6～16 周龄猪最易感染，但断奶仔猪和成年猪也有发病报道。发病率 5%～25%，死亡率 5%～30%，严重者可达到 40%～50%。

2. 传染源

病猪和带菌猪是本病的主要传染源，尤其是无症状的成年带菌猪更是仔猪感染的危险的传染源。病猪主要通过粪便排菌，也能通过其他分泌物排菌，经污染的饲料、饮水和饲养用具等方式传播。

3. 传播途径

主要的传播方式为经消化道传播。

本病的发生与多种因素作用有关，如猪并群、饲养拥挤、气温骤变、长途运输、环境条件恶化、饲料中抗生素添加不当等均可促进本病的发生。

三、临床症状

猪增生性肠炎多为慢性，病程长的可持续1年。根据病程的长短，可分为急性型、慢性型和亚临床型。

1. 急性型

少见，可发生于2.5～5月龄育肥猪。表现为血色水样腹泻，病程稍长时，排沥青样黑色稀粪，后期转为黄色稀粪，皮肤苍白，精神沉郁，不久虚脱死亡。有些突然死亡的猪仅见皮肤苍白而粪便正常。

2. 慢性型

最常见，多发生于1.5～3月龄的生长猪。通常只有10%～15%的猪出现临床症状。主要表现食欲减退或废绝，病猪消瘦、贫血、精神沉郁，生长发育不良。出现间歇性下痢，粪便变软，变稀，呈糊状或水样，颜色较深，有时混有血液或坏死组织碎片。有的轻微下痢。如无继发感染，死亡率不超过5%，但有些猪成为僵猪而被淘汰。

3. 亚临床型

猪虽然有病原体存在，却无明显临床症状，也可能发生轻微下痢，并未引起人们的注意，生长速度和饲料利用率明显下降。

四、病理变化

肠壁增厚，肠管外径变粗，黏膜面形成脑沟回样皱褶。这种特征病理变化以回肠段最典型，在空肠后段、盲肠和结肠袢的前端也可见到。常见肠系膜和浆膜下水中，黏膜表面湿润，并呈现颗粒状外观，有时黏附有纤维素性坏死碎片，增生性出血性肠炎的不同点在于肠腔内混有大量血液和渗出物，结肠中可见到黑色的煤焦油状粪便。

五、诊断

本病的临床症状不典型，因此直接诊断有困难，容易误诊，所以主要依靠病理解剖和实验室检查来确诊。

本病的诊断方法有免疫荧光实验、ELISA、PCR，后者可用于活猪直肠拭子的粪便检查，根据人工感染资料，发现病状后 10 周内可直接采样检查，有诊断意义。死后可对病理变化肠段做组织学检查，或用免疫荧光抗体技术正是组织中的病原菌。

六、防制

1. 预防

目前尚无理想的商品疫苗来预防猪增生性肠炎。加强管理，减少外界环境不良因素的应激，提高猪体的抵抗力。实行全进全出的饲养制度，猪出栏后，圈舍彻底冲洗、消毒，空栏 2 周后，再引进下一批猪。做好圈舍环境卫生，保持圈舍清洁，及时处理粪便以消灭传染源是有效控制本病的方法。

2. 治疗

发现病猪后先隔离，同时以用药物治疗。泰乐菌素、恩诺沙星、林可霉素、金霉素、硫酸黏菌素等都是有效的药物，同时静脉滴注或口服补液盐防止脱水，以利增加机体的电解质，保持酸碱平衡，增加抗病能力。

第十一节 猪接触传染性胸膜肺炎

猪接触传染性胸膜肺炎(Porcine contagious pleuropeumonia)是有胸膜肺炎放线杆菌引起猪的一种高度接触性传染性呼吸系统疾病。本病主要引起猪的一种伴有胸膜炎的出血性坏死性肺炎，多呈最急性或急性病程而迅速致死，可发生任何年龄的猪只，但以 3 月龄仔猪最易感。

自 1957 年发现以来，本病以广泛存在于世界所有养猪国家，特别是对现代集约化养猪场危害更大，是当代国际公认危害现代养猪业重要传染病之一。

一、病原

胸膜肺炎放线杆菌(*Actinobacillus pleuropneumonia*，APP)，为巴氏杆菌科(Pasteurellaceae)、放线杆菌属(*Actinobacillus*)成员，是革兰氏染色阴性、具有荚膜的球杆菌。人工培养具有多形性。本菌兼性厌氧。本菌包括两个生物型。生物Ⅰ型 APP 菌生长依赖 v 因子，生物Ⅱ型 APP 菌生长不依赖 v 因子。

迄今为止根据可溶性荚膜多糖(CP)和脂多糖(LPS)，可将生物Ⅰ型分为 12 个血清型、生物Ⅱ型有 2 个血清型。各型的毒力主要是荚膜的高度毒型和毒素作用所引起的。各型对猪有高度致病性，生物Ⅰ型的毒力比生物Ⅱ型强，在生物Ⅰ型中血清型1型毒力最强，我国流行的猪传染性胸膜肺炎为多血清型感染，其中以生物Ⅰ型中的血清7型为主。各血清型间缺乏交叉免疫性，给本病的防制带来了很大困难。已明确的型交叉反应存在于3-6-8，1-9，4-7型间。

胸膜肺炎放线杆菌对外界环境抵抗力不强，易被常用消毒剂和热杀灭，一般60℃、20 min即可灭活。

二、流行病学

1. 易感动物

猪是其高度专一宿主，各种年龄猪均易感，6～8周龄猪最为易感。

2. 传染源

病猪和带菌猪是本病的主要传染源。胸膜肺炎放线杆菌为呼吸道寄生菌，主要寄生在病猪和带毒猪肺部和扁桃体，最急性和急性期还在血液和鼻液中大量存在。

3. 传播途径

主要传播途径是气源感染，通过猪与猪的直接接触或通过短距离的飞沫使疾病传递。

本病在猪群之间的传播主要由引进带菌猪引起。拥挤、气温急剧改变、相对湿度高和通风不良等应激因素可促进本病的发生和传播，使发病率和死亡率升高。一般说大群比小群更易发生本病。老疫区的猪群发病率和病死率趋于稳定，如又突然暴发是由于饲养管理突变或新的血清型入侵所致。我国北方地区分离的胸膜肺炎放线杆菌，以血清5和7型居多。

三、临床症状

根据免疫状态、环境条件、感染程度不同，猪的临床表现可分为最急性、急性、亚急性和慢性三个类型。

1. 最急性型

有一只或几只猪突然病得很重，体温升高至41.5℃，精神沉郁，食欲废绝，有短期的下痢和呕吐。后期出现严重的呼吸困难，张口呼吸，呈犬坐姿势。临死前从口、鼻中流出大量带血色的泡沫液体。死亡发生在24～36 h内。偶尔有的猪突然死亡而无先兆症状。初生猪则为败血症致死。

2. 急性型

往往同一猪舍或不同猪舍许多猪开始发病，表现体温升高，可达40.5～41℃，精神沉郁，拒绝采食。有呼吸困难、咳嗽、张口呼吸等严重呼吸症状，心血管系统衰竭。鼻端、耳及四肢末端皮肤发绀。

3. 亚急性和慢性型

常发生在急性症状消失之后。不发热，有程度不等的间歇性咳嗽，食欲不振，增重减少。临床表现不明显，但可能被支原体、细菌性病原体、病毒感染而导致病情恶化。个别猪可发生关节炎、心内膜炎及不同部位的脓肿。首次暴发本病时，孕猪可能发生流产。

四、病理变化

眼观变化主要见于呼吸系统。肺炎大多两侧性，累及心叶和尖叶以及膈叶的一部分。肺炎区色深而质地坚实，切面易碎。纤维素性胸膜炎明显，胸腔含有带血色的液体。在迅速致死的病例，气管和支气管充满带血色的黏液性泡沫性渗出物。在较慢性的病例，肺膈叶上有大小不一的脓肿样结节。胸膜有粘连区（与胸壁、心包及肺叶间粘连）。

早期的组织学变化以肺组织坏死、出血、嗜中性细胞浸润、巨噬细胞和血小板激活、血管栓塞、广泛水肿和纤维素性渗出为特征。急性应答之后，在坏死区周围发生巨噬细胞浸润和显著纤维化，纤维素性胸膜炎是其特征。

五、诊断

根据特征的临床症状和剖检变化可以作出初步诊断，临床上急性暴发期易于诊断，剖检时可发现明显的带有胸膜炎的肺部病变特征。慢性感染病例可见肺脏有硬的、界限分明的囊肿，同时伴有纤维素性胸膜肺炎。

确诊需作细菌学检查。从支气管或鼻腔分泌物和肺部病变很容易查到和分离到病原体。最急性病例也可从其他器官分离病原体。用荧光抗体或用协同凝集试验检测肺抽提物中的血清型特异抗原，可作出快速特异诊断。改良补体结合试验测本病抗体，检出率很高，一般感染后 2 周就可检出抗体，持续 3 个月以上，与其他呼吸道传染病无交叉反应，这样能有效查出慢性感染猪群和感染猪群，对本病的防制有重要意义。血清型分型则需用琼扩或间接血凝试验。

六、防制

1. 预防

(1)实行全进全出，提早断奶，隔离饲养。进猪必须来自无本病病原猪场。有慢性感染的猪场，对新购进的血清学阴性的猪进行基础免疫，2 周后再转入猪场。

(2)认真做好综合防制，搞好猪场环境和舍内卫生。加强消毒，消除发病诱因和应激因素。搞好防寒保暖。

(3)认真观察猪群。定期进行血清学检查，及时淘汰阳性猪和本病病猪；阴性健康猪进行药物预防。

(4)对母猪和仔猪特殊预防。母猪产前 2 月及 1 月分别接种猪传染性胸膜肺炎灭活疫苗以提高母源抗体水平；仔猪在 6～8 周龄和 8～10 周龄两次注射猪传染性胸膜肺炎多价油乳苗和灭活苗.

2.治疗

疾病早期抗生素治疗能有效减少死亡率。由于胸膜肺炎放线杆菌容易产生耐药性，因此药物治疗时间不宜过长，并要随时检查细菌的药敏性，以便有计划的定期轮换使用。青霉素、头孢菌素、氨苄青霉素为首选药物，磺胺、庆大霉素、四环素、泰妙菌素、金霉素及阿莫西林对本病防制也有良好效果。

药物治疗在临床上有一定效果，但并不能再猪群中消灭感染。慢性感染或隐性感染猪都是潜在的传染源，所以，对预后不良的猪进行宰杀。通过免疫接种、药物治疗、淘汰及血清学监测等净化措施可建立无传染性胸膜肺炎猪群。

第十二节　副猪嗜血杆菌病

副猪嗜血杆菌病是由副猪嗜血杆菌引起猪的一种多发性浆膜炎和关节炎的疾病。主要特征为发热、咳嗽、呼吸困难、消瘦、跛行、共济失调等。特征病理变化为胸膜炎、肺炎、心包炎、关节炎和脑膜炎。此外还可引起败血症。

本病于 1910 年被首次报道，称为革拉斯病(Glasser's Disease)，随着养猪规模越来越大，高度密集，以及突发新的呼吸道综合征等因素存在，该病流行日趋严重。近年来，我国副猪嗜血杆菌病报道屡见不鲜，特别是规模猪场在受到繁殖与呼吸综合征、圆环病毒病、猪伪狂犬等感染后免疫功能下降，本病与其混合感染，导致较严重的经济损失。

一、病原

副猪嗜血杆菌(*Haemophilus parasuis*)具有多种不同形态，单个球杆菌、细长的或丝状菌体，革兰氏染色阴性，有荚膜，但体外培养时易受影响。该菌生长时严格需要 NAD 或Ⅴ因子(烟酰胺腺嘌呤二核苷酸)，不需要Ⅹ因子(血红素和其他卟啉类物质)，在鲜血琼脂培养基上不出现溶血现象，培养 24～48 h 之后再血液琼脂培养基上长出小而透明的菌落。一般条件下难以分离和培养，尤其是应用抗生素治疗过病猪的病料，因而给本病的诊断带来困难。

按照 KRG 血清型分类方法，至少可将副猪嗜血杆菌分为 15 个血清型。各血清型间致病力存在极大的差异，其中血清型 1、5、10、12、13、14 毒力最强，病猪常为死亡或濒死状态；血清型 2、4、8、15 为中等毒力，病猪死亡率低，但出现败血症症状，生长缓慢或停止；血清型 3、6、7、9、11 感染猪没有明显症状。

二、流行病学

1. *易感动物*

猪是唯一宿主，主要发生在断奶后和保育阶段的仔猪。发病率一般在 10%～15%，严重时死亡率可达 50%。

2. *传染源*

病猪和带毒猪是主要传染源。该菌寄生在鼻腔等上呼吸道内，属于条件致病菌。主要随着呼吸系统分泌物排出体外。

3. *传播途径*

本病主要通过空气、直接接触感染其他健康猪，其他传播途径如消化道也可传播。

本病的发生流行程度与猪场的猪体抵抗力、环境卫生、饲养密度有非常大关系，如猪群密度过大，舍内空气混浊，氨气味浓，转群或运输等条件下多发；猪的呼吸道疾病(如猪繁殖与呼吸综合征、猪流感、猪气喘病、猪伪狂犬病等)发生后，副猪嗜血杆菌病多发生，可加剧病情，是疫情复杂化。

三、临床症状

有时会有突发性死亡病例，往往没有明显临床表现。急性病例，病猪首先出现精神沉郁，食欲减退，体温升高值 40.5～42℃，呼吸困难，呈腹式呼吸，皮肤发红或苍白，耳朵边缘发绀，眼睑皮下水肿。行动缓慢或不愿走动，腕关节或附关节肿大，临死前共济失调，四肢呈划水状。慢性病例多见于保育猪，主要表现为食欲减退，咳嗽，呼吸困难，四肢无力或跛行，生长不良，直至衰竭死亡。母猪发病可流产，公猪有跛行。

四、病理变化

死亡猪，体表发绀，常见于四肢末端、耳朵、胸腹部及臀部皮肤。剖检后，常见胸膜炎、腹膜炎、关节炎和脑膜炎。以浆液性、纤维素性渗出性炎症为主要特征。肺部有间质性水肿、粘连,心包积液、粗糙、增厚,心肌表面有大量纤维素渗出物,俗称"绒毛心"。腹腔积液,肝脾肿大,与腹腔粘连。关节肿大者,里面积液增多,后肢关节内常有胶东样渗出物。

五、诊断

根据疫病的流行特点、临床表现及病理变化,可以作出本病的初步诊断,确诊需依靠实验室诊断。

通过对细菌的分离培养与鉴定是必要的,但对于副猪嗜血杆菌来说往往不能成功,由于该菌十分娇嫩,相对于其他种类细菌,很难分离培养。据报道,采用回归分析法分析结果显示,副猪嗜血杆菌病真实发病率可能为实际确诊的10倍之多。尽管常规分离有些困难,但在加有抗生素的选择培养基上接种后,用特殊的稀释技术可成功从呼吸道采集来的标本中分离出大量细菌。目前还建立了副猪嗜血杆菌的PCR检测技术,可对本病作出迅速的诊断。

目前在一个猪群中出现几个血清型的副猪嗜血杆菌或几个菌株的情况也很常见,甚至于在同一头猪体内分离出不同血清型或菌株。因此,全身各处或大损伤点分离式唯一保证分离结果准确的前提。在血清学诊断方面主要包括琼脂扩散试验、补体结合试验和间接血凝试验等。

六、防制

1. 疫苗免疫

用自家苗(最好是能分离到该菌,增殖、灭活后加入该苗中)、猪副嗜血杆菌多价灭活苗能取得较好效果。种猪用猪副嗜血杆菌多价灭活苗免疫能有效保护小猪早期发病,降低复发的可能性。免疫的同时最好结合科学的药物治疗,能达到标本兼治的功效。猪副嗜血杆菌病是以多发性浆膜炎、关节炎和高死亡率为特征的传染病,严重危害仔猪和青年猪的健康,给养猪业带来巨大的经济损失。

母猪:初免猪产前40 d一免,产前20 d二免。经免猪产前30 d免疫一次即可。受本病严重威胁的猪场,小猪也要进行免疫,根据猪场发病日龄推断免疫时间,仔猪免疫一般安排在7日龄到30日龄内进行,每次1 mL,最好一免后过15 d再重复免疫一次,二免距发病时间要有10 d以上的间隔。

消除诱因,加强饲养管理与环境消毒,减少各种应激,在疾病流行期间有条件的猪场仔猪断奶时可暂不混群,对混群的一定要严格把关,把病猪集中隔离在同一猪舍,对断奶后保育猪"分级饲养",这样也可减少PRRSV、PCV-Ⅱ在猪群中的传播。注意保温和温差的变化;在猪群断奶、转群、混群或运输前后可在饮水中加一些抗应激的药物如维生素 C 等,同时在料中添加抗菌药物可有效防止本病的发生。

2. 治疗

隔离病猪,用大剂量的抗菌素进行治疗,口服抗菌素进行全群性药物预防。为控制本病的发生发展和耐药菌株出现,应进行药敏试验,科学使用抗菌素。抗生素饮水对严重的该病暴发可能无效。一旦出现临床症状,应立即采取抗生素拌料的方式对整个猪群治疗,发病猪大剂量肌注抗生素。大多数血清型的猪副嗜血杆菌对头孢菌素、氟甲砜霉素、庆大霉素、壮观霉素、磺胺类及喹诺酮类等药物敏感,对四环素、氨基苷类和林可霉素有一定抵抗力。

第十三节 猪支原体肺炎

猪支原体肺炎(Mycoplasmal pneumonia of swine,MPS)又称猪地方流行性肺炎(Swine enzootic pneumonia),俗称猪气喘病,是由猪肺炎支原体引起猪的一种慢性呼吸道传染病。主要症状为咳嗽和气喘,病变的特征是肺的尖叶、心叶、中间叶和膈叶前缘呈肉样或虾肉样实变。

该病的病原于 1965 年被确定为猪肺炎支原体,在世界各地及我国广发分布,特别是现代集约化养殖场,发病率高,并且病猪生长缓慢或停止,饲料转化率低,育肥时间延长,是造成养猪业经济损失的最重要疾病之一。

一、病原

猪肺炎支原体(*Mycoplasmal hyopneumonia*)属支原体科(Mycoplasmataceae)、支原体属(*Mycoplasma*)成员。因无细胞壁,故是多形态微生物,有环状、球状、点状、杆状和两极状等。本菌革兰氏染色不易着色,可用姬姆萨或瑞特氏染色良好。兼性厌氧,能在无细胞的人工培养基上生长,但对生长条件要求极为苛刻。可用含水解乳蛋白、酵母浸出物和猪血清的液体培养基奋力培养。在固体培养基上生长较慢,在含有 5%～10%的湿润条件下培养 10 d 左右,可见到圆形、边缘整齐的针尖或露珠样菌落。

猪肺炎支原体对自然环境抵抗力不强,圈舍、用具上的支原体,一般在 2～3 d 失活,病料悬液中支原体在 15～20℃放置 36 h,即丧失致病力。常用的化学消毒剂均能达到消毒目的。有些抗生素对猪肺炎支原体几乎没影响，但泰妙菌素、泰乐菌素、林可霉素、壮观霉素和土霉素等对其则有不同程度的抑制或杀灭作用。

二、流行病学

1. 易感动物

猪是本病的自然宿主，各种品种、年龄、性别的猪均可感染。其中哺乳猪和断奶仔猪最易感，其次为怀孕后期和哺乳期母猪。

2. 传染源

病猪和带菌猪是本病的传染源。病原体主要存在于病猪和带毒猪的呼吸道及其分泌物中，并且病猪症状消失后可带毒半年到1.5年的时间。

3. 传播途径

病猪与健康猪直接接触，通过病猪咳嗽、气喘和喷嚏将含病原体的分泌物排出体外，形成飞沫，经呼吸道而感染。如给健康猪皮下、静脉、肌肉注射或胃管投入病原体都不能发病。

本病一年四季均可发生，但在寒冷、多雨、潮湿或气候骤变时较为多见。饲养管理和卫生条件是影响本病发病率和死亡率的重要因素，尤以饲料的质量，猪舍潮湿和拥挤、通风不良等影响较大。很多地区和猪场由于从外地引进猪只时，未经严格检疫购入带菌猪，引起本病的发生。哺乳仔猪从患病的母猪受到感染。有的猪场连续不断发病是由于病猪在临床症状消失后，在相当长时间内不断排菌感染于健康猪。本病一旦传入后，如不采取严密措施，很难彻底扑灭。

三、临床症状

潜伏期一般为11～16 d，最长可达1个月以上。根据病的经过，大致可分为急性、慢性和隐性三个类型。

1. 急性型

主要见于新疫区和新感染的猪群，病初精神不振，头下垂，病猪呼吸困难，严重者张口喘气，发出哮鸣声，有明显腹式呼吸。体温一般正常，如有继发感染则可升到40℃以上。病程一般为1～2周，病死率也较高。耐过猪通常可转为慢性。

2. 慢性型

有部分病例由急性转为慢性，也有部分病猪开始时就取慢性经过，常见于老疫区的架子猪、育肥猪和后备母猪。主要症状为咳嗽，站立不动，弓背，颈伸直，头下垂，用力咳嗽多次，严重时呈连续的痉挛性咳嗽。食欲变化不大，病势严重时减少或完全不食。病期较长的小猪，身体消瘦而衰弱，生长发育停滞。病程长，可拖延

2～3 个月，甚至长达半年以上。

3. 隐性型

可由急性或慢性转变而成。有的猪只在较好的饲养管理条件下，感染后不表现症状，但用 X 线检查或剖解时发现肺炎病变，在老疫区的猪只中本型占相当大比例，经常容易被忽视，而成为猪群中潜在的危险的传染源。

四、病理变化

主要病变只见于肺、肺门淋巴结和纵隔淋巴结。急性死亡见肺有不同程度的水肿和气肿。在心叶、尖叶、中间叶及部分病例的膈叶出现融合性支气管肺炎，以心叶最为显著，尖叶和中间叶次之，然后波及膈叶。病变部的颜色多为淡红色或灰红色，半透明状，病变部界限明显，像鲜嫩的肌肉样，俗称“肉变”。随着病程延长或病情加重，病变部颜色转为浅红色、灰白色或灰红色，半透明状态的程度减轻，俗称“胰变”或“虾肉”样变。肺门和膈淋巴结显著肿大，有时边缘轻度充血。继发感染细菌时，引起肺和胸膜的纤维素性、化脓性和坏死性病变，还可见其他脏器的病变。

五、诊断

根据流行病学、临床症状和病变的特征可作出诊断，本病仅发生于猪，以怀孕母猪和哺乳猪症状最为严重，病死率较高，在老疫区多为慢性干咳、生长受阻、反复发生等症状，以及肺脏的病变区和正常区界限明显等特征性病理变化可作初步诊断。

诊断本病时应以一个猪场整个猪群为单位，当猪群中发现一头病猪，就可以认为是病猪群。X 射线检查对本病的诊断有重要价值，对隐性或可疑患猪通过 X 线透视阳性可作出诊断。

微量补体结合试验、免疫荧光、微量间接血凝试验、微粒凝集试验、ELISA、核酸探针、PCR 等这些诊断方法也有助于本病的快速诊断。

六、防制

1. 平时饲养管理

坚持自繁自养的原则，防止购入隐性感染猪。确实需引进种猪时，应远离生产区隔离饲养三个月，经检疫证明无疫病，方可混群饲养。尽量减少仔猪寄养，避免不同来源的猪只混群。从分娩、保育、到生长育成均严格采用“全进全出”的饲养方式，做到同一栋猪舍的猪群同时全部转出，缩小断奶日龄差异，避免把日龄相差太大的猪只混群饲养，在每批猪出栏后猪舍须经严格冲洗消毒，空置几天后再转入新的猪群,能对控制本病起到重要的作用,这是简单而又最重要的控制呼吸道病的措施之一。饲养密度合理,保持栏舍的清洁、干燥及保证舍内合适温度,加强通风,减少各种应激。

2. 免疫接种

免疫接种能有效预防和控制猪气喘病,因此对猪群要定期进行免疫接种。目前世界上多采用疫苗以灭活苗为主,我国已研制出弱毒苗。采用胸腔注射,据报道,"苏气"穴肺内注射,效果良好。

3. 药物防制

猪肺炎支原体对土霉素、泰乐菌素、泰妙菌素、利高霉素等均有较好敏感性,对青霉素和磺胺类药物不敏感。定期在饲料中添加药物能有效预防该病。药物预防时可采用脉冲式给药方法,保育期给药 2～3 d,停药 5～10 d,再重复进行,育肥初期给药 5 d,育肥后期和妊娠母猪给药 5～7 d,其他时间停药。通过分时间段给药,提高猪群健康水平,改善饲料转化率,提高日增重。

第十四节　猪传染性萎缩性鼻炎

猪传染性萎缩性鼻炎(Swine infectious atrophic rhinitis,AR)是由支气管败血波氏杆菌和产毒素多杀性巴氏杆菌引起的猪的一种慢性呼吸道传染病,临床上以鼻甲骨(尤其是下卷曲部分)萎缩、颜面部变形、慢性鼻炎、生长迟缓等为特征。

本病于 1980 年在德国首次被发现,目前在世界各地均有发生,严重危害养猪业,是集约化养殖场的一个重要呼吸系统传染病。我国由于进口检疫不严,导致本病在我国出现并迅速传播。

一、病原

Ⅰ相支气管败血波氏杆菌(*Bordetella bronchiseptica*,Bb)和多杀性巴氏杆菌毒素源性菌株(*Toxigenic Pasteurella multocida*,T+Pm)是原发性感染因子。Bb 为球杆菌,呈两极染色,革兰氏染色阴性,不产生芽孢,有的有荚膜,有周鞭毛,能运动;需氧菌,培养基中加入血液或血清可生长良好。鲜血琼脂培养基上可产生 β 溶血,可使马铃薯培养基变黑而菌落呈黄棕色或微带绿色。本菌有 3 个菌相,Ⅰ相菌毒力较强,Ⅱ、Ⅲ相菌毒力较弱。本菌抵抗力不强,常用消毒剂对其都可致死。

Pm毒素源性菌株是荚膜血清A、D型株（Pm-A、D株），所产生的耐热毒素，能使皮肤坏死，并能致死小鼠（腹腔注射）。单独感染Bb可引起较温和的非进行性鼻甲骨萎缩，一般无明显鼻甲骨病理变化；在健康猪中，几乎所有的猪都感染Bb和Pm，并伴有不同程度的鼻甲骨萎缩；感染Bb后激发Pm时，则常引发严重的萎缩性鼻炎。

二、流行病学

1. 易感动物

任何年龄猪都可发生本病，但以仔猪易感性最大，发病率一般随年龄增长而下降。1月龄内感染常在数周后发生鼻炎并引起鼻甲骨萎缩。断奶后感染，一般只产生轻微病变，鼻炎消失后，可称为带菌猪。3月龄以上猪感染后一般不发病。

2. 传染源

病猪和带菌猪是主要传染源。其他动物及人均可带菌，引起猪场发生该病。

3. 传播途径

主要方式是飞沫传播，经呼吸道感染仔猪。多数都是由于母猪传染给仔猪。污染的环境、器具、人员及饲料等可以促进本病传播。

该病传播缓慢，多为散发或地方流行性。主要发生春秋两季，如果母猪环境潮湿、拥挤，蛋白质、赖氨酸、钙、磷等矿物质和维生素缺乏时，可促进本病的发生。此外，有的病猪可能有其他微生物参与产生致病作用，使其病情加重。

三、临床症状

多见6～8周龄仔猪，1周龄少见。病初表现鼻炎症状，出现喷嚏、流涕和吸气困难，有浆液性鼻液、黏液性分泌物。表现摇头不安，鼻痒拱地，前肢抓鼻、奔跑。继而症状加重，持续3周以上，鼻甲骨开始萎缩，仍打喷嚏，流浆液性、脓性鼻液，气喘，吸气时鼻孔开张，发出鼾声。严重开口呼吸，因用力喷嚏致鼻黏膜破坏而流鼻血，喷在墙上等处。由于鼻泪管阻塞而由眼泪和灰尘在内眦部形成半月状条纹的泪斑。

鼻甲骨发病后3～4周开始萎缩，致使鼻腔和面部变形，是该病特征性症状。两侧鼻甲骨病损相同时，外观鼻短缩，若一侧鼻甲骨萎缩严重，则使鼻弯向另一侧。体温一般正常，病猪生长停滞，难以育肥，有的成为僵猪。

四、病理变化

病变一般局限于鼻腔和邻近组织，最特征的病变是鼻腔的软骨和鼻甲骨的软化和萎缩，特别是下鼻甲骨的下卷曲最为常见。间有萎缩限于筛骨和上鼻甲骨的。有的萎缩严重，甚至鼻甲骨消失，而只留下小块黏膜皱褶附在鼻腔的外侧壁上。

鼻腔常有大量的黏脓性甚至干酪性渗出物，随病程长短和继发性感染的性质而异。急性时(早期)渗出物含有脱落的上皮碎屑。慢性时(后期)，鼻黏膜一般苍白，轻度水肿。窦黏膜中度充血，有时窦内充满黏液性分泌物。

五、诊断

依据频繁喷嚏、吸气困难，鼻黏膜发炎、生长停滞和鼻面部变形易作出现场诊断。有条件者，还可做 X 射线进行检查。

1. 病理解剖学诊断

在两侧第一、二对臼齿间或第一臼齿与犬齿间连线锯成横断面，可观察鼻甲骨的形态和变化。发生萎缩时，卷曲变小而钝直，甚至消失。

2. 微生物学诊断

急性症状的患病猪有较高的检出率，但确诊需作细菌分离鉴定。将从病猪鼻腔 1/2 深处蘸取的分泌物接种在含有 1% 葡萄糖的血清麦康凯琼脂，37℃，48 h 观察，有无菌落，并进一步的生化鉴定。最后用抗 O、抗 K 血清作凝集反应来确认 I 相菌。

3. 血清学诊断

目前本病的血清学诊断方法主要是针对支气管败血波氏杆菌，有试管凝集试验、平板凝集试验和荧光抗体检测技术等方法。

六、防制

及时淘汰发病猪，根除传染源；全进全出制，将患病猪群肥育后集中屠宰，猪舍彻底消毒，重新引进种猪。

严格检疫引进猪，改善环境卫生，消除应激因素，饲喂含有药物的饲料。

母猪和仔猪可免疫接种。目前国内有支气管败血波氏杆菌 I 相菌油佐剂灭活菌苗、支气管败血波氏杆菌 I 相菌和产毒素 D 型多杀性巴氏杆菌二联油佐剂灭活菌苗，二联苗效果最佳。治疗可选用卡那霉素、新霉素、庆大霉素等药物，通过药敏试验，选择敏感药物治疗效果更佳，用大剂量磺胺类药物拌料，连用 30～45 d，有利于减少猪群发病。

第十五节　猪丹毒

猪丹毒(Swine erysipelas)是由猪丹毒杆菌引起的一种急性、热性传染病。急性型呈败血症经过;亚急性型在皮肤上出现特异性紫红色疹块,故俗称“打火印”;慢性型常发生心内膜炎和关节炎。

本病于1882年就有报道,自今流行已经有100多年,呈世界性分布,我国许多地区也存在该病,对养猪业造成的危害很大。同时,猪丹毒杆菌也可引起绵羊和羔羊多发性关节炎及火鸡的大批死亡。

一、病原

红斑丹毒丝菌(*Erysipelothrix rhusiopathiae*),俗称丹毒杆菌,属于丹毒杆菌属(*Erysipelothri*)成员。该菌是一种纤细的小杆菌,不运动,不产生芽孢,无荚膜,革兰氏染色阳性。本菌为微需氧菌,在血琼脂或血清琼脂上生长更佳,显微镜观察细菌培养基上菌落,可分为光滑型(S型)、粗糙型(R型)和中间型(I型),光滑型菌落表面光滑细致,菌落较小,边缘整齐,有较强的蓝绿色荧光毒力极强;粗糙型菌落较大,表面粗糙,边缘不整齐,呈无荧光的土黄色,毒力很低,来自于慢性病猪或带毒猪的分离物;中间型呈金黄色,弱荧光,毒力介于光滑型和粗糙型之间。现已确认有25个型(即1a、1b、2～22、及N型),我国流行的猪丹毒杆菌主要为1a和2型。

本菌对盐腌、烟熏、干燥、腐败和日光等自然因素的抵抗力较强。消毒药如2%福尔马林,1%漂白粉,1%氢氧化钠或5%石灰乳中很快死亡。但对0.5%石炭酸的抵抗力较强,故可用0.5%的石炭酸生理盐水从污染病料中分离病原。对热的抵抗力较弱。

二、流行病学

1. 易感动物

本病主要发生于猪,3～12月龄猪最为敏感。此外,牛、羊、犬、马和鸡、鸭、鹅、火鸡、鸽子、麻雀、孔雀等也有病例报道,人也可被感染,称为“类丹毒”。

2. 传染源

病猪和带毒猪是主要的传染源。其中最重要的带菌者是猪,有35%～50%健康猪扁桃体和淋巴结中存在猪丹毒杆菌，此外，从 50 多种野生哺乳动物、几乎 50％啮齿类动物和 30 多种鸟体内分离出猪丹毒杆菌，因此这些动物尤其是养殖场中常见的啮齿类动物是该病的间接传染源。

3. 传播途径

主要经消化道、损伤皮肤、吸血昆虫传播。病猪和带毒猪及其他带毒动物通过其排泄物和分泌物等污染环境、用具、饮水、饲料等，经消化道传播；也可经损伤的皮肤以及蚊、蝇、虱等吸血昆虫传播。用屠宰场、肉食品加工厂的废料、废水、食堂泔水、动物性蛋白饲料等喂猪常是引起发病的主要原因。

本病一年四季均可发生，以夏季炎热、多雨季节流行最盛，5～9 月份是流行高峰，多呈地方流行性和散发发生。营养不良、寒冷、酷热、多雨、疲劳等环境和应激因素也影响猪的易感性。

三、临床症状

潜伏期人工感染为 3～5 d，个别短的为 1 d，长的可延至 7 d。根据临床表现可分为 3 种类型。

1. 急性败血型

以突然暴发为主，死亡率高。常见精神不振、体温达 42～43℃，高烧不退、虚弱、卧地、不食、有时呕吐、结膜充血。后期出现下痢、耳、颈、背皮肤潮红、发紫。病程 3～4 d，病死率 80％左右，不死者转为疹块型或慢性型。

2. 亚急性疹块型

病较轻，1～2 d 在身体不同部位，尤其胸侧、背部、颈部至全身出现界限明显，圆形、四边形，有热感的疹块，俗称“打火印”，指压退色。疹块突出皮肤 2～3 mm，大小约 1 cm 至数厘米，从几个到几十个不等，干枯后形成棕色痂皮。口渴、便秘、呕吐、体温高，也有不少病猪在发病过程中，症状恶化而转变为败血型而死。病程 1～2 周。

3. 慢性型

由急性型或亚急性型转变而来，也有原发性，常见关节炎，关节肿大、变形、疼痛、跛行、僵直。溃疡性或菜花样疣状赘生性心内膜炎。心律不齐、呼吸困难、贫血。病程数周至数月。

四、病理变化

1. 急性败血型

急性型猪丹毒主要呈全身性败血症变化。各个组织器官都可见到弥漫性的出血。肠黏膜发生炎性水肿,胃底、幽门部严重,小肠、十二指肠、回肠黏膜上有小出血点,体表皮肤出现红斑,淋巴结肿大、充血,脾肿大呈樱桃红色或紫红色,质松软,边缘纯圆,切面外翻,脾小梁和滤胞的结构模糊。肾脏表面、切面可见针尖状出血点,肿大,心包积水,心肌炎症变化,肝充血,红棕色。肺充血肿大。

2. 亚急性疹块型

以皮肤疹块为特征性病理变化。

3. 慢性型

心内膜炎常为溃疡性心内膜炎,增生,二尖瓣上有灰白色菜花赘生物,瓣膜变厚,肺充血。关节炎主要病变时增生性、非化脓性关节炎,关节肿大,变形。

五、诊断

本病可根据流行病学、临床症状及尸体剖检等资料进行综合分析作出诊断,必要时进病原学检查确诊。

1. 病原学诊断

可采集血液、脏器或疹块皮肤制成抹片,染色镜检,如发现革兰氏阳性纤细杆菌,可作初步诊断。确诊将新鲜病料接种血琼脂,培养 48 h 后,长出小菌落,表面光滑,边缘整齐,有蓝绿色荧光。明胶穿刺呈试管刷状生长,不液化。还可将病料制成乳剂,分别接种小鼠、鸽和豚鼠,如小鼠和鸽死亡,尸体内可检出本菌,而豚鼠无反应,可确诊为该病。

2. 血清学诊断

目前常用的方法有血清培养凝集试验,可用于血清抗体检测和免疫水平评价;SPA 协同凝集试验,可用于该菌的鉴别和菌株分型;琼扩试验也用于菌株血清型鉴定;荧光抗体可用做快速诊断,直接检查病料中的本菌,并可与李氏杆菌鉴别。

六、防制

1. 预防

加强管理,定期消毒、保持猪舍的干燥、清洁,提高机体免疫力。购进新猪至少隔离 30 d。定期免疫猪丹毒疫苗,目前主要有猪丹毒弱毒菌苗、猪丹毒氢氧化铝甲醛苗和猪瘟、猪丹毒、猪肺疫三联苗。加强农贸市场、屠宰场和交通运输环节的检疫。

2. 治疗

青霉素是治疗该病的特效药,其次土霉素、金霉素、四环素类等均可用于治疗。不能停药过早,否则容易复发或转为慢性病程。

3. 妥善处理畜禽尸体，全场彻底消毒

发现疫情立即封锁疫点，及时隔离治疗，对污染的环境及用具彻底消毒。尸体和内脏有显著猪丹毒病变者作工业用；轻微病变者，肉尸、内脏高温处理后出场，脂肪用于炼制，猪皮消毒后出场，血液工业用。死亡猪要化制，彻底消毒，防制病原菌扩散。

本章小结

本章介绍了猪的主要传染病，是本门课程的重点学习内容之一。在学习过程中应在学习了人畜共患病中主的传染病基础上，结合本章内容将猪群常见传染病进行总结（如按照临床症状进行划分为呼吸道病、消化道病、繁殖障碍病及其他等），并对猪群传染病的发生及流行形成初步认识，重点掌握常见猪传染病及危害性较大的猪传染病的流行特点、具体诊断方法和防制措施。

专项训练

1. 阐述猪细小病毒病的临床特征与防制措施。

2. 阐述近些年猪繁殖与呼吸综合征的特征性流行特点、症状和病理变化。如何进行综合防制？

3. 温和型猪瘟有哪些特点。

4. 试述典型猪瘟的主要诊断要点。如何进行综合防制？

5. 叙述猪圆环病毒病的主要临床特征。

6. 叙述猪伪狂犬病的主要流行特点及诊断要点。如何进行综合防控？

7. 猪传染性胃肠炎和流行性腹泻有哪些异同？

8. 简述猪传染性萎缩性鼻炎的主要发病特点。如何进行综合防制？

9. 猪传染性接触性胸膜肺炎和副猪嗜血杆菌病有哪些异同？

10. 如何对急性猪瘟、急性猪肺疫、急性仔猪副伤寒和急性猪丹毒进行鉴别诊断？

11. 列举以繁殖障碍为主要特征的猪传染病，并说明各自特点。

12. 列举临床以腹泻为主要特征的猪传染病，并说明各自特点。

13. 列举以呼吸障碍为主要特征的猪传染病，并说明各自特点。

第五章　家禽的传染病

本章导读

本章主要介绍了日常生产中家禽常见易感传染病，从病原、流行病学、临床症状、病理变化、诊断和防制6方面描述疾病特征。

1. 重点掌握新城疫、传染性支气管炎、传染性喉气管炎、传染性法氏囊、鸡马立克病、禽腺病毒感染、鸡多病因呼吸道病、鸭瘟、鸭病毒性肝炎、鸭传染性浆膜炎、小鹅瘟的全部内容。

2. 掌握禽白血病、禽呼肠孤病毒感染、鸡传染性贫血、鸡毒支原体感染、传染性鼻炎的流行特点、诊断要点及防制措施。

3. 了解禽脑脊髓炎、番鸭细小病毒感染、禽曲霉菌病、家禽念珠球菌病的主要诊断要点及防制措施。

第一节　新城疫

新城疫(ND)也称亚洲鸡瘟或伪鸡瘟，我国一般俗称为“鸡瘟”，是由新城疫病毒(NDV)引起鸡和火鸡的一种急性、高度接触性传染病，强毒感染常呈败血症经过。主要特征是呼吸困难、下痢、神经紊乱、黏膜和浆膜出血。

本病1927年首次发现于印尼，同年发现于英国新城，根据发现地名而命名为新城疫。本病分布于世界各地，是严重危害养鸡业的重要疾病之一。

1948年证实了我国已有本病的存在，近年来，国内以高发病率、高死亡率、暴发性为特征的典型新城疫较为少见，但是，低发病率、低死亡率、高淘汰率、散发的非典型新城疫却呈上升趋势。

本病被国际兽疫局定为A类传染病，我国也将其列入一类动物疫病。

一、病原

新城疫病毒(NDV)属于副黏病毒科腮腺炎病毒属，完整病毒粒子近圆形，直径100～250 nm，有囊膜，在囊膜的外层呈放射状排列的突起物或称纤突，具有能刺激宿主产生抑制红细胞凝集素和病毒中和抗体的抗原成分。病毒核酸类型为单股、负链、不分节段的RNA。在NDV基因组上依次排列着*NP*、*P*、*M*、*F*、*HN*和*L*基因，分别编码核衣壳蛋白(NP)、磷蛋白(P)、基质蛋白(M)、融合蛋白(F)、血凝素-神经氨酸酶(HN)和大分子蛋白(L)。

本病毒存在于病鸡所有器官、体液、分泌物和排泄物，以脑、脾和肺含毒量最高，骨髓含毒时间最长。

至今认为该病毒只有1个血清型，从不同地区和鸡群分离到的NDV，对鸡的致病性有明显差异。根据致病性试验将NDV分为嗜内脏速发型、嗜神经速发型、中发型、缓发型和无症状型。嗜内脏速发型引起各种年龄的鸡急性致死性感染，消化道出血明显；嗜神经速发型可感染各种年龄鸡，以神经症状为特征；中发型感染后仅引起幼禽死亡；缓发型表现轻微或不明显的呼吸道感染，可作弱毒苗；无症状型主要为肠道感染。

NDV的毒株间差异的区别标准是依据鸡胚平均死亡时间(MDT)，1日龄雏鸡脑内接种致病指数(ICPI)和6周龄鸡静脉注射致病指数(IVPI)来区别的(表5-1)。

表5-1　NDV分型标准

	MDT(min)	ICPI	IVPI
速发型	40～60	>1.6	1.45～2.8
中发型	48～90	0.8～1.6	0.0
缓发型	90～150	0.0～0.25	0.0

鸡胚平均死亡时间(MDT)是指一个最小致死量接种鸡胚使之死亡的平均时间，MDT＝(第1个鸡胚死亡时间＋第2个＋第3个＋…)/总死亡鸡胚数。

1日龄雏鸡脑内接种致病指数(ICPI)是指含毒尿囊液1∶10稀释，0.05 mL脑内接种1日龄雏鸡的致死指数。ICPI＝(累计死亡雏鸡数X_2＋累计发病雏鸡X_1＋健康雏鸡X_0)/8天中观察的总数。

6周龄鸡静脉注射致病指数(IVPI)是指含毒尿囊液1∶10稀释，静脉注射

0.1 mL 接种 42 日龄雏鸡的致死指数。IVPI＝(发病鸡数 X_1＋麻痹鸡数 X_2＋死亡鸡数 X_3＋健康鸡数 X_0)/10 天中观察鸡群总数。

NDV 能在鸡胚中生长繁殖，以尿囊腔接种于 9～10 日龄鸡胚，强毒株在 30～60 h 内引起鸡胚死亡，弱毒株 3～6 d 内引起鸡胚死亡。死亡的鸡胚，以尿囊液含毒量最高，胚胎全身出血，以头部、足趾、翅膀出血最为明显。当鸡胚含有母源抗体时，弱毒株不能全部致死鸡胚，胚液的血凝滴度低，所以分离 NDV 的鸡胚，应来自 SPF 鸡群或未接种 ND 疫苗的鸡群。

NDV 能在多种细胞培养上生长，可引起细胞病变。在单层细胞培养上能形成蚀斑，毒力越强蚀斑越大。弱毒株必须在培养液加镁离子和乙二胺四乙酸二钠(DEAE)或胰酶，才能显示出蚀斑。NDV 在细胞培养中，可通过中和试验、蚀斑减数，血吸附抑制试验来鉴定病毒。

NDV 一个很重要的生物学特性就是能吸附于鸡、火鸡、鸭、鹅及某些哺乳动物(人、豚鼠)的红细胞表面，并引起红细胞凝集(HA)，这种特性与病毒囊膜上纤突所含血凝素和神经氨酸酶有关。这种血凝现象能被抗 NDV 的抗体所抑制(HI)，因此可用 HA 和 HI 来鉴定病毒和进行流行病学调查。

NDV 对乙醚、氯仿敏感。病毒在 60℃，30 min 失去活力，真空冻干病毒在 30℃，可保存 30 d，在直射阳光下，病毒经 30 min 死亡。病毒在冷冻的尸体可存活 6 个月以上。常用的消毒药如 2%氢氧化钠、5%漂白粉、70%酒精，20 min 即可将 NDV 杀死。它对 pH 稳定，pH3～10 不被破坏。

二、流行病学

1. 易感动物

鸡、火鸡、珠鸡及野鸭对本病都有易感性，鸡最易感。各种年龄的鸡，易感性也有差异，幼雏和中雏易感性最高，两年以上鸡较低。水禽(鸭、鹅)对本病有抵抗力，但可从鸭、鹅中分离 NDV。近年来在我国一些地区出现对鹅也有致病力的 NDV，值得注意。哺乳动物对本病有很强的抵抗力，但人可感染，表现为结膜炎或类似流感症状。

2. 传染源

本病的主要传染源是病鸡以及在流行间歇期的带毒鸡，但鸟类的作用也不可忽视。受感染的鸡在出现症状前 24 h 就能通过口鼻分泌物、粪便、蛋等排出病毒，而痊愈鸡带毒排毒的情况则不一致，多数在症状消失后 5～7 d 就停止排毒。

3. 传播途径

本病的传播途径主要是呼吸道和消化道，鸡蛋也可带毒而传播本病。创伤及交配也可引起传染，非易感的野禽、外寄生虫、人畜均可机械地传播病原。

4. 流行特点

本病一年四季均可发生，但以春秋两季较多。近年来，由于免疫程序不当，或有其他疾病存在抑制 ND 抗体的产生，常引起免疫鸡群发生新城疫而呈现非典型的症状和病变，从而给防制新城疫带来较多的困难。流行病学调查表明，NDV 一旦在鸡群建立感染，通过疫苗免疫的方法无法将其从群中清除，而在群内长期维持，当鸡群的免疫力下降时，就可能表现出症状。

三、发病机理

本病的发生一般认为是病毒从呼吸道或消化道侵入后，先在呼吸道和肠道内繁殖，然后迅速侵入血流扩散到全身，引起败血症。病毒在血液中损伤血管壁，引起出血、浆液渗出和坏死变化，严重的消化紊乱即由此所致。同时由于循环障碍引起肺充血和呼吸中枢紊乱，结果导致常见的呼吸困难。强毒感染还可以造成严重的免疫抑制。

病毒在血液中维持最高浓度约 4 d，若不死亡，则血中病毒显著减少，并有可能从内脏中消失。在慢性病例后期，病毒主要存在于中枢神经系统和骨髓中，引起脑脊髓炎变化。本病对感受性低的禽类也主要侵害神经系统而引起特征性的神经症状。

四、临床症状

自然感染的潜伏期一般为 3～5 d，根据临诊表现和病程的长短，可分为最急性、急性、亚急性或慢性三型。

1. 最急性型

突然发病，常无特征症状而迅速死亡。多见于流行初期和雏鸡。

2. 急性型

病初体温升高达 43～44℃，食欲减退或废绝，有渴感，精神委靡，不愿走动，垂头缩颈或翅膀下垂，眼半开或全闭，状似昏睡，鸡冠及髯渐变暗红色或暗紫色。母鸡产蛋停止或产软壳蛋。随着病程的发展，出现比较典型的症状，病鸡咳嗽，呼吸困难，张口呼吸。嗉囊内充满液体内容物，倒提时常有大量酸臭液体从口内流出。粪便稀薄，呈黄绿色或黄白色，有时混有少量血液，后期排出蛋清样的排泄物。有的病鸡还出现神经症状，如翅、腿麻痹等，最后体温下降，不久在昏迷中死亡。病程 2～5 d。1 月龄内的小鸡病程较短，症状不明显，病死率高。

3.亚急性或慢性

初期症状与急性相似,不久后渐见减轻,但同时出现神经症状,患鸡翅腿麻痹,跛行或站立不稳,头颈向后或向一侧扭转,常伏地旋转,动作失调,反复发作,最终瘫痪或半瘫痪,一般经10～20 d死亡。此型多发生于流行后期的成年鸡,病死率较低。

免疫鸡群中发生新城疫,是由于雏鸡的母源抗体高,接种新城疫疫苗后,不能获得坚强免疫力或因免疫后时间较长,保护力下降到临界水平,当鸡群内本身存在NDV强毒循环传播,或有强毒侵入时,仍可发生新城疫,症状不很典型,仅表现呼吸道和神经症状,其发病率和病死率较低,有时在产蛋鸡群仅表现产蛋下降。

五、病理变化

本病的主要病变是全身黏膜和浆膜出血,淋巴系统肿胀、出血和坏死,尤其以消化道和呼吸道为明显。嗉囊充满酸臭味的稀薄液体和气体。腺胃黏膜水肿,其乳头或乳头间有鲜明的出血点,或有溃疡和坏死,这是比较特征的病变。肌胃角质层下也常见有出血点。

由小肠到盲肠和直肠黏膜有大小不等的出血点,肠黏膜上有纤维素性坏死性病变,有的形成假膜,假膜脱落后即成溃疡。盲肠扁桃体常见肿大、出血和坏死。

气管出血或坏死,周围组织水肿。肺有时可见淤血或水肿。心冠脂肪有细小如针尖大的出血点。产蛋母鸡的卵泡和输卵管显著充血,卵泡膜极易破裂以致卵黄流入腹腔引起卵黄性腹膜炎。脾、肝、肾无特殊病变;脑膜充血或出血。

非典型新城疫病变不甚明显,多数可见黏膜有卡他性炎症,喉头充血,有多量黏液,气管内亦有多量黏液,黏膜充血。一般不出现腺胃乳头出血,但可见腺胃胃壁水肿,挤压时,从乳头孔流出多量乳糜样胃液。另外在回肠壁可见黏膜面有枣核样突起,直肠和泄殖腔黏膜水肿和出血。

六、诊断

1.临诊诊断

根据本病的流行病学、症状和病变进行综合分析,可作出初步诊断。

2.病原分离与鉴定

取病死鸡的脾、脑、肺等病料混合磨碎,加生理盐水制成5～10倍组织乳剂,每毫升加入青霉素、链霉素或庆大霉素各1 000 IU,作用于2～4 h,经离心沉淀,取上清液作接种材料。取0.1 mL接种于发育8～10日龄鸡胚的尿囊腔内。接种后5 d以内鸡胚死亡。取尿囊液,用配制好的0.5%～1%红细胞液与之进行红细胞凝集试验(HA)红细胞凝集试验为阳性者，再用已知的新城疫阳性血清进行红细胞凝集抑制试验(HI)。

3. 血清学诊断

常用的是HA和HI试验、中和试验及荧光抗体。已免疫鸡群，血清HI滴度$1:2^{11}$以上，表明鸡群已有强毒感染。

4. 鉴别诊断

本病应注意与禽霍乱、传染性支气管炎和禽流感相区别。

七、防制

1. 预防措施

目前对于本病尚无有效的方法治疗，预防本病乃是禽病防疫工作的重点。

(1)高度警惕病原侵入鸡群，防止一切带毒动物(特别是鸟类)和污染物品进入鸡群，进出鸡场的人员和车辆应该消毒；饲料来源要安全；不从疫区引进种蛋和苗鸡；新购进的鸡须接种鸡新城疫疫苗，并隔离饲养两周以上，证明健康者方可合群。

(2)合理做好预防接种工作，增强鸡群的特异免疫力。

(3)鸡新城疫的免疫反应受着多种因素的影响，包括鸡的免疫状况、疫苗类型、接种时的年龄和接种途径及方法等。在有条件的鸡场，最好能建立免疫监测手段，定期对鸡群抽样采取血清 ，测定抗体水平，从而确定接种疫苗的时机。

(4)加强市场和屠宰场的检疫，严格禁止带毒鸡和污染肉品的转运和买卖。

2. 扑灭措施

一旦发生本病，应封锁鸡场、紧急消毒、分群隔离。通常分为2～3群，即发病鸡群、可疑群、假定健康群。立即用疫苗进行紧急接种，接种顺序是假定健康群、可疑群、发病鸡群。应做好对病鸡和死鸡的无害处理，最好就地化制或高温处理。被污染的羽毛、垫草、粪便应深埋或烧毁 ，最后一个病例处理后两周，并通过严格的终末消毒后，方可解除封锁。

第二节　传染性支气管炎

鸡传染性支气管炎(IB)是由鸡传染性支气管炎病毒(IBV)引起的鸡的一种急性、高度接触传染性的呼吸道疾病。病鸡以咳嗽、打喷嚏、气管发生啰音为特征。

另外，该病对雏鸡能引起肾病变型，致肾肿大，有尿酸盐沉积；在产蛋鸡群中则经常导致产蛋下降及蛋品质下降。呼吸系统和肾脏损伤是感染鸡死亡的主要原因。该病具有高度传染性，感染鸡生长受阻，耗料增加、产蛋和蛋质下降、死淘率增加，给养鸡业造成巨大经济损失。

本病 1930 年首先在美国发现，目前呈世界性分布。我国大部分地区有本病蔓延。该病被国际兽疫局定为 B 类传染病，我国也将其列入二类动物疫病。

一、病原

鸡传染性支气管炎病毒（IBV）属于冠状病毒科冠状病毒属中的代表种，多数呈圆形，直径 80～120 nm，有囊膜，其上有花瓣状纤突。基因组为单股正链 RNA。病毒主要存在于病鸡呼吸道渗出物中，肝、脾、肾和法氏囊中也有病毒存在。病毒在肾和法氏囊内停留的时间可能比在肺和气管中还要长。

病毒能在 10～11 日龄鸡胚中生长。自然毒初次接种鸡胚，多数鸡胚能存活，少数生长迟缓。到第十代时，可在接种后的第九天引起 80%的鸡胚死亡。感染鸡胚特征性变化是：发育受阻，胚体缩成小丸形，羊膜增厚，紧贴胚体，卵黄囊缩小，尿囊液增多等。感染鸡胚尿囊液无自然凝血活性，不能凝集鸡红细胞，但经 1%的胰酶处理或磷酸酯酶 C 在 37℃处理 3 h 后，具有血凝性。

病毒还能在 15～18 日龄的鸡胚肾、肺、肝细胞培养上生长，也能在非洲绿猴细胞株中连续传代。但最常用的是鸡胚肾细胞，多次继代后可产生细胞病变作用，使细胞出现蚀斑，表现为胞浆融合，形成合胞体，继而细胞坏死。相应的抗血清能抑制病毒致细胞病变作用。

病毒对一般消毒剂敏感，在 0.01%高锰酸钾 3 min 内死亡。多数病毒株在 56℃，15 min 灭活，－20℃能保存 7 年之久。病毒在室温中能抵抗 1% HCl（pH 2）、1%石炭酸、1% NaOH（pH 12）1 h，鸡新城疫、传染性喉气管炎和鸡痘病毒在室温中不能耐受 pH 2。

二、流行病学

1. 易感动物

本病仅发生于鸡，各种年龄的鸡都可发病，但雏鸡最为严重，其他家禽均不感染。有母源抗体的雏鸡有一定抵抗力。适应于鸡胚的毒株，脑内接种乳鼠，可引起乳鼠死亡。

2. 传染源

患病鸡和康复带毒鸡，病鸡康复后可带毒 49 d，在 35 d 内具有传染性。

3. 传播途径

本病的主要传播方式是病鸡从呼吸道排出病毒，经空气飞沫传染给易感鸡。此外，通过饲料、饮水等，也可经消化道传染。

4. 流行特点

本病无季节性，传播迅速，几乎在同一时间内有接触史的易感鸡都发病。过热、严寒、拥挤、通风不良以及维生素、矿物质和其他营养缺乏以及疫苗接种等均可促进本病的发生。

三、临床症状

潜伏期一般为 36 h 或更长一些，病鸡看不到前驱症状，突然出现呼吸症状，并迅速波及全群。

1. 雏鸡

4 周龄以下鸡常表现伸颈、张口呼吸、喷嚏、咳嗽、啰音、病鸡全身衰弱，精神不振，食欲减少，羽毛松乱，昏睡、翅下垂，常挤在一起，借以保暖。个别鸡鼻窦肿胀，流黏性鼻汁，眼泪多，甚至单侧眼失明，逐渐消瘦。康复鸡发育不良。雏鸡死亡率为 25%，康复鸡发育不良。5～6 周龄以上鸡，症状基本一样，但没有 4 周龄以下鸡严重。

2. 成年鸡

成年鸡除表现轻微的呼吸道症状外，则主要表现为产蛋量下降，软壳蛋、粗壳蛋或畸形蛋增多，蛋品质下降，蛋白稀薄呈水样，蛋黄和蛋白分离以及蛋白黏着于壳膜表面等。

3. 肾型毒株感染鸡

除可能出现呼吸道症状外，还表现持续白色水样下痢，迅速消瘦，饮水量增加。雏鸡死亡率 10%～30%。6 周龄以上鸡死亡率 0.5%～1%。

四、病理变化

主要病变是气管、支气管、鼻腔和窦内有浆液性、卡他性和干酪样渗出物。气囊可能混浊或含有黄色干酪样渗出物。病死鸡后段气管或支气管中可能有一种干酪性的栓子。在大的支气管周围可见到小灶性肺炎。产蛋鸡的腹腔内可以发现液状卵黄物质，卵泡充血、出血、变形。18 日龄以内幼雏，有的见输卵管发育异常，致使成熟期不能正常产蛋。

肾病变型，肾肿大出血，多数呈斑驳状的“花肾”，肾小管和输尿管因尿酸盐沉积而扩张。在严重病例，白色尿酸盐沉积可见于其他组织器官表面。

五、诊断

1. 临诊诊断

根据本病的流行病学、症状和病变进行综合分析，可作出初步诊断。

2. 病毒分离

无菌采取急性期病鸡气管渗出物和肺组织，制成悬液，每毫升加青霉素和链霉素各1万单位，置4℃冰箱过夜，以抑制细菌污染。经尿囊腔接种于9～11日龄SPF鸡胚。初代接种的鸡胚，孵化至19 d，可使少数鸡胚发育受阻，而多数鸡胚能存活，若在鸡胚中连续传几代，则可使鸡胚发育迟缓、卷曲，呈现规律性死亡，并出现特征性病变。

3. 血清学诊断

HA试验，选用96孔血凝板，1%鸡红细胞，取接种鸡胚尿囊液检测，无血凝性。但在用1%胰蛋白酶或磷酸酯酶C处理尿囊液24 h后，HA效价可达6lg2。

4. 干扰试验

IBV在鸡胚内可干扰NDV-B1株(即Ⅱ系苗)血凝素的产生，可利用这种方法对IBV进行诊断：取9～11日龄鸡胚10枚，分两组，一组先尿囊接种被检IBV鸡胚液，另一组作对照。10～18 h后两组同时尿囊内接种NDV-B1，孵化36～48 h后，置鸡胚于4℃ 8 h，取鸡胚液作HA。如果为IBV，则试验组鸡胚液有50%以上HA滴度在1∶20以下，对照组90%以上鸡胚液HA滴度在1∶40以上。

5. 气管环培养

利用18～20日龄鸡胚，取1 mm厚气管环作旋转培养，37℃，24 h，在倒置显微镜下可见气管环纤毛运动活泼。感染IBV，1～4 d可见纤毛运动停止，继而上皮细胞脱落。此法可作为IBV分离、滴定及血清分型。

6. 鉴别诊断

该病易与新城疫、传染性喉气管炎相混淆，鉴别诊断要点有：

(1)传染性支气管炎是所有呼吸道传染病中传播最为迅速的一种疾病，潜伏期短，无前驱症状，突然出现呼吸症状，并很快波及全群。

(2)传染性支气管炎常见肾脏肿大，呈“花斑肾”，而新城疫和传染性喉气管炎则无，传染性喉气管炎常见鸡咯血，而前两者则无。

(3)三者接种鸡胚后所呈现的鸡胚病变不一样。传染病支气管炎可出现休儒胚、蜷缩胚，72 h内死亡数量少；新城疫则出现全身出血，鸡胚多数在72 h内死亡；传染性喉气管炎则是在鸡胚绒毛尿囊膜上出现清晰可见的痘斑。

(4)病毒的血凝性差异。新城疫病毒能够凝集鸡红细胞，传染性支气管炎病毒需经胰酶处理后才表现血凝性，而传染性喉气管炎则无血凝性。

(5)传染性支气管炎无神经症状，而新城疫常可见神经症状。

六、防制

1. 综合措施

严格执行卫生防疫措施。鸡舍要注意通风换气，防止过挤，注意保温，加强饲养管理，补充维生素和矿物质，增强鸡体抗病力。

2. 免疫接种

常用M_{41}型的弱毒苗如H_{120}、H_{52}及其灭活油剂苗。一般认为M_{41}型对其他型病毒株有交叉免疫作用。H_{120}毒力较弱、对雏鸡安全；H_{52}毒力较强、适用于20日龄以上鸡；油苗各种日龄均可使用。一般免疫程序为5～7日龄用H_{120}首免；25～30日龄用H_{52}二免；种鸡于120～140日龄用油苗作三免。弱毒苗可采用点眼(鼻)、饮水和气雾免疫，油苗可作皮下注射。使用弱毒苗应与NDV弱毒苗同时或间隔10 d再进行NDV弱毒苗免疫，以免发生干扰作用。

第三节　传染性喉气管炎

传染性喉气管炎(ILT)是由传染性喉气管炎病毒(ILTV)引起鸡的一种急性呼吸道传染病，其特征为呼吸困难，咳嗽，咳出含有血液的渗出物，喉部和气管黏膜肿胀，出血并形成糜烂、坏死和大面积出血。本病传播速度快，死亡率较高。

本病1924年首次报道于美国，现已遍布世界养禽国家和地区，是当前严重威胁养鸡业的重要呼吸道传染病之一。

本病被国际兽疫局定为B类传染病，我国也将其列入二类动物疫病。

一、病原

传染性喉气管炎病毒(ILTV)属α-疱疹病毒型，病毒核酸为双股DNA。病毒颗粒呈球形，为二十面立体对称，核衣壳由162个壳粒组成，在细胞核内呈散在或结晶状排列。该病毒分成熟和未成熟病毒两种，成熟的病毒粒子直径为195～250 nm，有囊膜，囊膜表面有纤突；未成熟的病毒颗粒直径约为100 nm。

病毒主要存在于病鸡的气管组织及其渗出物中，肝、脾和血液中较少。

病毒容易在鸡胚中繁殖，使鸡胚感染后2～12 d死亡，胚体变小，绒毛尿囊膜增生和坏死，形成混浊的斑块病灶。病毒易在鸡胚细胞培养物上生长繁殖，最早（接种后 4～6 h）的细胞变化为核染色质变位和核仁变圆。随后胞浆融合，成为多核的巨细胞（合胞体），并且早在接种后 12 h 便能检出核内包涵体。随着培养时间的延长，多核细胞的胞浆出现大的空泡，并且由于细胞变性而变为嗜碱性。

传染性喉气管炎病毒对鸡和其他常用实验动物的红细胞无凝集特性。

ILTV 只有一个血清型，不同毒株在致病性和抗原性差异很大给本病的控制带来困难。

本病毒对外界环境的抵抗力不强，对乙醚、氯仿等脂溶剂均敏感。55℃只能存活 10～15 min，37℃存活 22～24 h，但低温冻干后在冰箱中可存活 10 年。对一般消毒剂都敏感，如 3%来苏儿或 1%苛性钠溶液，1 min 即可杀死。

二、流行病学

1. 易感动物

在自然条件下，各种年龄及品种的鸡均可感染，但以成年鸡症状最为典型。

2. 传染源

病鸡、康复后的带毒鸡和无症状的带毒鸡是主要传染来源。病毒存在于气管和上呼吸道分泌液中，通过咳出血液和黏液而经上呼吸道传播。

3. 传播途径

经呼吸道传播，亦可经消化道感染。由呼吸器官及鼻分泌物污染的垫草、饲料、饮水及用具可成为传播媒介。

4. 流行特点

本病一年四季均可发生，秋冬寒冷季节多发。本病一旦传入鸡群，则迅速传开，感染率可达 90%～100%，死亡率一般在 10%～20%或以上，最急性型死亡率可达 50%～70%，急性型一般在 10%～30%，慢性或温和型死亡率约 5%。

三、临床症状

自然感染的潜伏期为 6～12 d ，人工气管接种后 2～4 d 鸡只即可发病。潜伏期的长短与病毒株的毒力有关。

1. 急性型（喉气管型）

发病初期，常有数只病鸡突然死亡。患鸡初期有鼻液，半透明状，眼流泪，伴有结膜炎。其后表现为特征的呼吸道症状，鼻孔有分泌物和呼吸时发出湿性啰音，继而咳嗽和喘气。病鸡蹲伏地面或栖架上，每次吸气时头和颈部向前向上、张口、尽力吸气的姿势，有喘鸣叫声。严重病例，呈现高度呼吸困难，痉挛咳嗽，可咳出带血的黏液。在鸡舍墙壁、垫草、鸡笼、鸡背羽毛或邻近鸡身上沾有血痕。若分泌物不能咳出堵住时，病鸡可窒息死亡。检查口腔时，可见喉部黏膜上有淡黄色凝固物附着，不易擦去。产蛋鸡的产蛋量迅速减少（可达35%）或停止，康复后1～2个月才能恢复。

病鸡迅速消瘦，鸡冠发紫，有时排绿色稀粪，衰竭死亡。病程5～7 d或更长。有的逐渐恢复成为带毒者。

2. 温和型（眼结膜型）

毒力较弱的毒株引起发病时，流行比较缓和，发病率低，症状较轻，只是生长缓慢，产蛋减少，有时有结膜炎、眶下窦炎、鼻炎及气管炎，严重病例见眶下窦肿胀，病鸡多死于窒息，呈间隙性发生死亡。病程较长，长的可达1个月，死亡率一般较低（2%）。

四、病理变化

本病主要典型病变在气管和喉部组织，病初黏膜充血、肿胀、高度潮红、有黏液，进而黏膜发生变性、出血和坏死。气管中有含血黏液或血凝块，气管管腔变窄，病程2～3 d后有黄白色纤维素性干酪样假膜。严重时，炎症也可波及支气管、肺和气囊等部，甚至上行至鼻腔和眶下窦。肺一般正常或有肺充血及小区域的炎症变化。

组织学变化可见黏膜下水肿，有细胞浸润。在病的早期可见核内包涵体。

五、诊断

1. 临诊诊断

根据流行病学，特征性症状和典型的病变，即可作出初步诊断，确诊须进行实验室诊断。

2. 病毒分离和鉴定

以病鸡的喉头、气管黏膜和分泌物，制成（1∶5）～（1∶10）的悬液，离心，取上清液，经无菌处理后，取0.1～0.2 mL接种9～12日龄鸡胚绒毛尿囊膜上或尿囊腔，在2 d以后，可见绒毛尿囊膜增厚，有灰白色痘斑样坏死病灶或出血点。

3. 血清学诊断

中和试验、荧光抗体试验、免疫琼脂扩散试验等均可应用于本病的诊断。

4. 包涵体检查

取发病后2～3 d的喉头黏膜上皮或者将病料接种鸡胚，取死胚的绒毛尿囊膜作包涵体检查，见细胞核内有包涵体。

5. 鉴别诊断

鸡传染性喉气管炎的临诊症状和病理变化与某些呼吸道传染病，如鸡新城疫、传染性支气管炎有些相似，应注意鉴别。但本病也有一些特征性表现，如本病常突然发生，传播快，成年鸡发病率较高。临诊症状较为典型，张口呼吸、喘气、有啰音，咳嗽时可咳出带血的黏液。有头向前向上吸气姿势。剖检死鸡时，主要表现为气管黏膜出血性炎症病变，气管内有时还可见到数量不等的血凝块。

六、防制

1. 综合措施

严格坚持隔离、消毒等措施，封锁疫点，禁止可能污染的人员、饲料、设备和鸡只的移动。野毒感染和疫苗接种都可造成 ILTV 潜伏感染，因此避免将康复鸡或接种疫苗的鸡与易感鸡混群饲养尤其重要。

2. 免疫接种

目前有两种疫苗可用于免疫接种。一是弱毒疫苗，经点眼、滴鼻免疫。但 ILT 弱毒疫苗一般毒力较强，免疫鸡可出现轻重不同的反应，甚至引起成批死亡，接种途径和接种量应严格按说明书进行。一种是强毒苗，可涂擦于泄殖腔黏膜，4～5 d 后，黏膜出现水肿和出血性炎症，表示接种有效，但排毒的危险性很大，一般只用于发病鸡场。灭活疫苗的免疫效果一般均不理想。

第四节　鸡马立克病

鸡马立克病(MD)是由鸡马立克病病毒(MDV)引起的一种最常见的鸡淋巴组织增生性传染病，以外周神经、性腺、虹膜，各种脏器肌肉和皮肤的单核性细胞浸润为特征。本病由疱疹病毒引起，传染性强，在病原学上与鸡的其他淋巴肿瘤病不同。

鸡马立克病(MD)存在于世界所有养禽国家和地区，其危害随着养鸡业的集约化而增大。

本病被国际兽疫局定为 B 类传染病，我国也将其列入二类动物疫病。

一、病原

马立克病病毒(MDV)是一种细胞结合性病毒，属 α 疱疹病毒，MDV 基因组为线状双股 DNA，可在鸭胚成纤维细胞(DEF)和鸡肾细胞(CK)上繁殖，并产生蚀斑。

MDV 分三个血清型:1 型为致瘤的 MDV;2 型为不致瘤的 MDV;3 型为火鸡疱疹病毒(HVT)毒株。

MDV 的复制为典型的细胞结合病毒复制方式。MDV 感染后,在体内与细胞之间的相互作用有 3 种形式。第一种是生产性感染,主要在非淋巴细胞,病毒 DNA 复制,抗原合成,产生病毒颗粒。第二种是潜伏感染,主要发生于 T 细胞,但也可见于 B 细胞、脊神经节的 Schwann 氏细胞和卫星细胞。第三种是转化性感染,是 MD 淋巴瘤中大多数转化细胞的特征。转化性感染仅见于 T 细胞,且只有强毒的 1 型 MDV 能引起。转化性感染常伴随着病毒 DNA 整合进宿主细胞基因组。转化细胞表达多种非病毒抗原。

MDV 对理化因素作用的抵抗力不强,对热、酸、有机溶剂及消毒药抵抗力弱。5%福尔马林、3%来苏儿、2%火碱等均可杀死病毒。

二、流行病学

1. 易感动物

鸡是最重要的自然宿主,除鹌鹑外其他动物自然感染没有实际意义。致病力强的毒株可对火鸡造成严重损害。不同品种或品系的鸡均能感染 MDV,但易感性差异很大,感染时鸡的年龄对发病有很大影响,特别是出雏和育雏室的早期感染可导致很高的发病率和死亡率。年龄大的鸡发生感染,病毒可在体内复制,并随脱落的羽囊皮屑排出体外,但大多不发病。母鸡比公鸡对 MD 更易感。

2. 传染源

病鸡和带毒鸡是主要的传染源。

3. 传播途径

病毒通过直接或间接接触经呼吸道传播。在羽囊上皮细胞中复制的病毒,随羽毛、皮屑排出,使鸡舍内的灰尘成年累月保持传染性。很多外表健康的鸡可长期持续带毒排毒,故在一般条件下 MDV 在鸡群中广泛传播,于性成熟时几乎全部感染。本病不发生垂直传播。人工感染可用病鸡血液、肿瘤匀浆悬液或无细胞病毒接种 1 日龄易感雏鸡,或与感染鸡直接或间接接触。

4. 流行特点

MDV 毒力对发病率和死亡率影响很大,根据 HVT 疫苗能否提供有效保护,将 MDV 分为温和毒(mMDV),强毒(vMDV)和超强毒(vvMDV)。我国已有超强毒存在。应激等环境因素也可影响 MD 的发病率。

三、临床症状

本病是一种肿瘤性疾病，潜伏期较长，受病毒的毒力、剂量、感染途径和鸡的遗传品系、年龄和性别的影响，可以存在很大差异。种鸡和产蛋鸡常在16～20周龄出现临诊症状，迟可至24～30周龄或60周龄以上。MD的临诊表现一般可分为神经型、内脏型、眼型和皮肤型。

1.神经型

该型主要侵害外周神经，特征性症状是一个或多个肢体非对称的进行性不全麻痹，随后发展为完全麻痹。因侵害的神经不同而表现不同症状，翅神经受损以翅下垂为特征、颈神经受损可导致头下垂或头颈歪斜、迷走神经受害可引起嗉囊扩张或喘息、坐骨神经受侵害可见步态不稳、两腿麻痹，不能行走，蹲伏地上，或成一腿伸向前方，另一腿伸向后方的特征性"劈叉"姿势。

2.内脏型

该型多呈急性暴发，病性急骤，开始时以大批鸡精神委顿，食欲不振，羽毛散乱，行走缓慢，常缩颈呆立于墙角为特征。几天后部分病鸡出现共济失调、脸色苍白及下痢，随后出现单侧或双侧肢体麻痹。很多病鸡表现脱水、消瘦和昏迷。

3.眼型

该型病鸡虹膜受害，表现虹膜色素消退，单眼或双眼视力丧失。一侧或两侧虹膜呈同心环状或斑点状以至弥漫性的清蓝色或淡灰色的浑浊，俗称"眼鱼"、"灰眼"、"珍珠眼"或"白眼病"。瞳孔开始时边缘变得不齐，似锯齿状，后期则仅为一针尖大小孔。

4.皮肤型

大多见于大腿、颈、翅膀、背部或尾部皮肤毛囊形成小结节或瘤状物。

四、病理变化

1.神经型

最恒定的病变部位是外周神经，以腹腔神经丛、前肠系膜神经丛、臂神经丛、坐骨神经丛和内脏大神经最常见。受害神经横纹消失，变为灰白色或黄白色，有时呈水肿样外观，比正常增粗2～3倍。病变常为单侧性，将两侧神经对比有助于诊断。

2.内脏型

内脏器官最常被侵害的是卵巢，其次为肾、脾、肝、心、肺、胰、肠系膜、腺胃和肠道，肌肉和皮肤也可受害。在上述器官和组织中可见单个或多个大小不等的肿瘤块，灰白色，质地坚硬而致密，有时肿瘤呈弥漫性，使整个器官变得很大。法氏囊通常萎缩，极少数情况下发生弥漫性增厚的肿瘤变化，由肿瘤细胞的滤泡间浸润所致。

3. 眼型

主要为虹膜内有大量淋巴细胞浸润。

4. 皮肤型

皮肤病变常与羽囊有关，但不限于羽囊，病变可融合成片，呈清晰的带白色结节，在拔毛后的胴体尤为明显。

五、诊断

1. 临诊诊断

MD 一般发生于 1 月龄以上的鸡，2～7 月龄为发病高峰时间；病鸡常有典型的肢体麻痹症状，出现外周神经受害，法氏囊萎缩，内脏肿瘤等病理变化。

2. 血清学诊断

羽囊琼脂扩散试验、血清琼脂扩散试验、免疫荧光检测等。

六、防制

1. 综合措施

严格坚持隔离、消毒等措施，封锁疫点，禁止可能污染的人员、饲料、设备和鸡只的移动。

2. 免疫接种

免疫接种是防制本病的关键，以防止出雏室和育雏室早期感染为中心的综合性防制措施对提高免疫效果和减少损失亦起重要作用。

用于制造疫苗的病毒有三种：人工致弱的 1 型 MDV(如 CV1988)、自然不致瘤的 2 型 MDV(如 SB_1，Z_4)和 3 型 MDV(HVT)(如 FCl26)。HVT 疫苗使用最广泛，因为制苗经济，而且可制成冻干制剂，保存和使用较方便。多价疫苗主要由 2 型和 3 型或 1 型和 3 型病毒组成。1 型毒和 2 型毒只能制成细胞结合疫苗，需在液氮条件下保存。

由超强毒株引起的 MD 暴发，常在用 HVT 疫苗免疫的鸡群中造成严重损失，用 1 型 CV1988 疫苗，2、3 型毒组成的双价疫苗可以控制。2 型和 3 型毒之间存在显著的免疫协同作用，由它们组成的双价疫苗免疫效率比单价疫苗显著提高。由于双价苗是细胞结合疫苗，其免疫效果受母源抗体的影响很小。

第五节 禽白血病

禽白血病是由禽白血病/肉瘤病毒群中的禽白血病病毒(ALV)引起的禽类多种肿瘤性疾病的统称,在自然条件下以淋巴白血病最为常见。本病的特征为肢体无麻痹症状,内脏器官虽有肿瘤,但外周神经无肿瘤,肿瘤由均一的成淋巴细胞组成,法氏囊一般不萎缩,常见肿瘤。

一、病原

禽白血病病毒(ALV)是一种反转录病毒,属反录病毒科,禽C型反录病毒群。病毒颗粒呈圆形或椭圆形,有囊膜,直径80～120 nm。

根据囊膜蛋白的抗原性不同,ALV现有A、B、C、D、E、F、G、H、I、J共10个亚群,仅A-E亚群从鸡分离到,其余亚群见于其他鸟类。A、B、C、D可引起经典的以淋巴样细胞瘤为主的白血病,也有少数表现其他细胞类型的肿瘤,如纤维素性肉瘤、红细胞增生病、骨瘤等。A、B和J亚群的病毒是现场常见的外源性病毒;C和D亚群病毒在现场很少发现;而E亚群病毒则包括无所不在的内源性白血病病毒,致病力低;J亚群病毒则是近年来从肉用型鸡中分离到的。

病毒接种11日龄鸡胚绒尿膜,在8 d后可产生痘斑;接种5～8日龄鸡胚卵黄囊则可产生肿瘤;接种1日龄雏鸡的翅蹼,经长短不等的潜伏期也可产生肿瘤。肉瘤病毒可在CEF上生长,产生转化细胞灶,常用于病毒的定量测定。

二、流行病学

1. *易感动物*

鸡是本群所有病毒的自然宿主,不同品种或品系的鸡对病毒感染和肿瘤发生的抵抗力差异很大。自然感染时,该病最早也可发生于5～6周龄的后备种鸡或商品代肉鸡。J亚群病毒仅侵害肉用型鸡,蛋用型鸡也可能自然感染ALV-J,但很少会自然发病。

2. *传染源*

病鸡和带毒鸡是主要的传染源。

3. *传播途径*

外源性ALV的传播方式有两种:通过蛋从母鸡到子代的垂直传播和通过直

接或间接接接触从鸡到鸡的水平传播。垂直传播在流行病学上十分重要，因为它使感染从一代传到下一代。大多数鸡通过与先天感染鸡的密切接触获得感染。通常感染鸡只有一小部分发生淋巴白血病(AL)，但不发病的鸡可带毒并排毒。出生后最初几周感染病毒的鸡 AL 发病率高，虽感染时间后移，则 AL 发病率迅速下降。

内源性白血病病毒通常通过公鸡和母鸡的生殖细胞遗传传递，多数有遗传缺陷，不产生传染性病毒粒子，少数无缺陷，在胚胎或幼雏也可产生传染性病毒，像外源病毒那样传递，但大多数鸡对它有遗传抵抗力。内源病毒无致瘤性或致瘤性很弱。

4. 流行特点

20 世纪 80 年代以来，全世界各大蛋用型种鸡公司都对该病毒感染采取了严格的清除规划，已基本上消除了该病的流行和传播。但是，从 20 世纪 80 年代末在肉用型鸡群中出现的鸡 J-亚群白血病毒则成为主要问题。J-亚群白血病毒主要引起肉用型鸡的以骨髓细胞瘤为主的白血病，称之为鸡的 J-亚型白血病。

三、临床症状

禽白血病(AL)的潜伏期长，自然病例可见于 14 周龄后的任何时间，但通常以性成熟时发病率最高。

患鸡除表现出精神食欲较差，体况较弱外，无特殊临床表现。J-亚群白血病仅自然发生于肉用型鸡，主要是肉用型种鸡。一般来说，在育雏期后，经过一段稳定的健康发育期后，如在开产前后(18～22 周)鸡群死亡率开始不断升高，死亡鸡剖解后见肝、脾呈显著的增生性肿大和白色弥漫性增生性结节，又找不出其他特殊原因，就应怀疑是 J-亚型白血病。

四、病理变化

在自然发病鸡，肿瘤最常见于肝脏，但也可见于其他器官和组织，如心脏、脾脏、法氏囊、睾丸、卵巢、肾脏等。特别有特征性的是，在一些鸡群，肿瘤常表现于胸骨和肋骨的内表面。与马立克病引起的肝脏肿瘤不同，在 J-亚型白血病时，肿瘤结节多表现为弥漫性的细小的白色结节。

在显微镜下观察病理组织切片，其病理组织学特征是非常显著的。在不同器官组织中，均可见到以髓样细胞为主的肿瘤结节。随肿瘤结节大小不同，每个肿瘤结节中髓样细胞瘤细胞的数量也不一。少则十多个，多至几百个不等。但在典型的肿瘤结节中，在相当比例的髓样细胞瘤细胞的细胞质中，均可见到红色的嗜酸性颗粒或紫色的嗜碱性颗粒。

五、诊断

1. 临诊诊断

根据流行病学特点和大体病理变化，可作出初步诊断，结合病理组织学检查，在肿瘤结节中发现一定比例的在细胞质中含有嗜酸性或嗜碱性颗粒的髓样细胞瘤细胞，则基本可确定为J-亚型白血病。但是，最终的确诊还有待于将病料接种于鸡胚成纤维细胞作病毒分离鉴定。

2. 病毒分离与鉴定

将病料接种于细胞上继续培养 8～12 d。然后，或者用 ALV-J 特异性单克隆抗体做间接免疫荧光实验或者以感染细胞的 DNA 为模板用 ALV-J 特异性引物做 PCR 扩增相应的核酸片段并用测序证实。

3. 血清学诊断

对鸡群 ALV 的抗体检测只能表明鸡群被 ALV 感染过，但 ALV 抗体阳性的个体不能表明是病鸡。实际上，抗体阳性的鸡不一定会现病，而发生典型 J-亚型白血病肿瘤的鸡不一定出现 ALV-J 抗体。

六、防制

由于本病的垂直传播特性，水平传播仅占次要地位，所以减少种鸡群的感染率和建立无白血病的种鸡群是防制本病最有效的措施。

种鸡群公母雏应分开饲养至转群，到产蛋鸡舍仍要分开饲养 6 周，以减少应激和水平传播。

积极做好 MD、REV、REOV、IBDV、CIAV 及其他免疫抑制病的免疫预防工作，增强机体的抗病能力。

第六节　鸡传染性法氏囊病

鸡传染性法氏囊病(IBD)是由传染性法氏囊病病毒(IBDV)引起幼鸡的一种急性、高度接触性传染病。以突然发病、病程短、发病率高、腹泻、法氏囊水肿、出血、有干酪样渗出物及腿肌、胸肌、腺胃和肌胃交界处出血为特征。幼鸡感染后，可导致免疫抑制，并可诱发多种疫病或使多种疫苗免疫失败。

本病在世界上养鸡的国家和地区广泛流行，也是近年来严重威胁我国养鸡业的重要传染病之一。

该病被国际兽疫局定为B类传染病，我国也将其列入二类动物疫病。

一、病原

本病病原为传染性法氏囊病病毒（IBDV），属于双股双节RNA病毒科，双股双节RNA病毒属。病毒是单层衣壳，无囊膜。病毒无红细胞凝集特性。

本病毒能在鸡胚上生长繁殖，分离病毒最佳接种途径是绒毛尿囊膜（CAM）。病毒经接种后3～5 d死亡，胚胎全身水肿，头部和趾部充血和小点出血，肝有斑驳状坏死。IBDV在鸡胚中适应后可在鸡胚成纤维细胞上培养，经2～3代后，可产生细胞病变，并能形成蚀斑。

目前已知IBDV有2个血清型，即血清Ⅰ型（鸡源性毒株）和血清Ⅱ型（火鸡源性毒株）。采取交叉中和试验，血清Ⅰ型毒株中可分为6个亚型（包括变异株）。这些亚型毒株在抗原性上存在明显的差别，亚型间的相关性在10%～70%，这种毒株之间抗原性差异可能是免疫失败的原因之一。

病毒在外界环境极为稳定，能够在鸡舍内长期存在。病毒特别耐热，56℃ 3 h病毒效价不受影响，60℃ 90 min病毒不被灭活，70℃ 30 min可灭活病毒。

二、流行病学

1. 易感动物

自然感染仅发生于鸡，各种品种的鸡都能感染，3～6周龄的鸡最易感。3周龄以下雏鸡感染后不表现临诊症状，但引起免疫抑制。近年报道138日龄的鸡也发生本病。成年鸡一般呈隐性经过。

2. 传染源

病鸡是主要传染源。病毒可持续存在于鸡舍中，污染环境中的病毒可存活122 d。

3. 传播途径

病鸡粪便中的大量病毒，污染饲料、饮水、垫料、用具、人员等，通过直接接触和间接接触经消化道或呼吸道感染。小粉甲虫蚴是本病传播媒介。

4. 流行特点

本病往往突然发生，传播迅速，通常在感染后第3天开始死亡，5～7 d达到高峰，以后很快停熄，表现为高峰死亡和迅速康复的曲线。死亡率差异很大，有的仅为3%～5%，一般为15%～20%，严重发病群死亡率可达60%以上。据不少国家报道发现有IBD超强毒毒株存在，死亡率可高达70%。本病常与大肠杆菌病、新城疫、鸡支原体病混合感染，死亡率也可提高。

三、临床症状

潜伏期一般为 2～3 d。

本病最初发现有些鸡啄自己的泄殖腔。病鸡羽毛蓬松，采食减少，病鸡畏寒，常打堆在一起，精神委顿，随即病鸡出现腹泻，排出白色黏稠和水样稀粪。严重者病鸡头垂地，闭眼呈昏睡状态。在后期体温低于正常，严重脱水，极度虚弱，最后衰竭死亡。近几年来，发现由 IBDV 亚型毒株或变异株感染的鸡，表现为亚临诊症状，炎症反应弱，法氏囊萎缩，死亡率较低，但由于产生免疫抑制严重，而危害性更大。

四、病理变化

死于 IBD 的鸡表现脱水，胸肌颜色发暗，腿部和胸部肌肉出血。法氏囊的病变具有特征性，感染后 3 d 可见法氏囊内黏液增多，法氏囊水肿和出血，4 d 后体积增大，重量增加，比正常重 2 倍，5 d 后法氏囊开始萎缩，切开后黏膜皱褶多混浊不清，黏膜表面有点状出血或弥漫出血。严重者法氏囊内有干酪样渗出物。肾脏有不同程度的肿胀。腺胃和肌胃交界处见有条状出血点。

五、诊断

1. 临诊诊断

根据本病的流行病学和病变的特征，如突然发病，传播迅速，发病率高，有明显的高峰死亡曲线和迅速康复的特点，法氏囊水肿和出血，体积增大，黏膜皱褶多混浊不清，严重者法氏囊内有干酪样分泌物，就可作出初步诊断。由 IBDV 变异株感染的鸡，只有通过法氏囊的病理组织学观察和病毒分离才能做出诊断。

2. 动物接种

取病死鸡的法氏囊，制成悬液，经鼻或口服感染 21～25 日龄易感鸡，在感染后 48～72 h 出现症状，死亡剖检见法氏囊有特征性病变。

3. 病毒分离鉴定

取发病鸡的法氏囊和脾，经磨碎后制成悬液，接种于 9～12 日龄 SPF 鸡胚绒毛尿囊膜上，感染鸡胚 3～5 d 死亡。经典 IBDV 致死鸡胚可见到胚胎水肿、出血。变异 IBDV 致死胚胎肝坏死，脾肿大。

4. 血清学诊断

中和试验、琼脂扩散试验、间接 ELISA 试验等。

六、防制(防控)

1. 综合措施

加强环境卫生的消毒工作是控制本病的关键措施,必须贯穿种蛋、孵化、育雏的全过程,选用有效消毒药对育雏舍、用具、鸡笼等进行喷洒消毒,间隔 4～6 h,反复消毒 2～3 次。在彻底消毒的育雏舍内育雏可以防止早期感染。

2. 免疫措施

生产中应提高种鸡的母源抗体水平,保护子代雏鸡避免早期感染。应用油乳剂灭活苗对 18～20 周龄种鸡进行第一次免疫,于 40～42 周龄时第二次免疫,母源抗体能保护雏鸡至 2～3 周龄。

对雏鸡应进行免疫接种,常用的疫苗有活疫苗或灭活疫苗。活疫苗有三种类型,一是弱毒力苗,如 LuRert、BVM、LID228、L2 株(美国)、PBG98(荷兰)、S706(法国)、TAD、GuLM(德国),对法氏囊无任何损伤,易受母源抗体干扰,但免疫后保护力低,现不常使用;二是中等毒力苗,如 LKT、I/PV(美国)、D78(荷兰)、TADY(德国)、GP(匈牙利)、BJ836、B87、25/2(中国)接种后对法氏囊有轻度可逆的损伤,能突破较高的母源抗体干扰,保护率高,在污染场使用这种疫苗效果好;三是中等偏强毒力型,对法氏囊损伤严重,并有免疫干扰,故现在不用。灭活疫苗是用鸡胚成纤维细胞毒或鸡胚毒的油佐剂灭活苗,一般用于活疫苗免疫后的加强免疫。

确定弱毒疫苗首次免疫日龄是很重要的。首免时间常以琼脂扩散试验测定雏鸡母源抗体水平来确定。当 1 日龄雏鸡琼扩抗体阳性率不到 80%的鸡群,首免时间为 10～16 日龄。阳性率达 80%～100%的鸡群,待到 7～10 日龄时再测定一次抗体水平,其阳性率达到 50%时,首免时间为 14～18 日龄。在养鸡生产中由于传染性法氏囊病病毒变异株感染引起免疫失败时,可用当地分离的毒株制成灭活疫苗进行免疫接种,常收到良好的效果。

3. 扑灭措施

鸡群发病后,必须立即清除患病鸡、病死鸡,应深埋或焚烧。选择合适的消毒药对鸡舍、鸡体表周围环境,进行严格彻底消毒。与病鸡的同群鸡可使用双倍剂量的中等毒力的活疫苗进行紧急免疫接种。

另外,应加强饲养管理,降低饲料中的蛋白含量,提高维生素含量。饮水中加 5%的糖或 0.1%的盐,供应充足的饮水,或在饮水中加入口服补盐液,有利于减少对肾脏的损害。投服抗生素或磺胺药品,防止继发感染。

第七节 禽呼肠孤病毒感染

呼肠孤病毒感染可引起鸡多种疾病，包括病毒性关节炎、矮小综合征、呼吸道疾病、肠道疾病和所谓吸收不良综合征。疾病的表现很大程度上决定于鸡的年龄、病毒的致病型和感染途径。

呼肠孤病毒感染世界各地均有发生，我国自 20 世纪 80 年代中期以来已有多个省、市发现本病，并从有些病例分离鉴定出呼肠孤病毒。

一、病原

呼肠孤病毒(Reovirus)，无囊膜，呈正二十面体对称，有双层衣壳结构。病毒基因组为分节的双股 RNA，由大小不同 3 个类别的 10 个节段组成。

病毒通过卵黄囊或绒毛尿囊膜(CAM)接种易在鸡胚内繁殖。初次分离以卵黄囊接种为佳，3～5 d 后胚胎死亡，因大片皮下出血而使体表变紫。绒毛尿囊膜接种，鸡胚在 7～8 d 后死亡，CAM 有坏死灶。2～6 周龄鸡原代肾细胞可用以繁殖病毒，如欲作初次分离或蚀斑计数，则以胚肝原代细胞为好。呼肠孤病毒也可在 CEF 上生长，但常需要适应。

不同的毒株在抗原性和致病性方面有差异，据此可将呼肠孤病毒分类。已有不少划分血清型的报告，但有很大的随意性，不同血清型之间有相当大的交叉中和反应。

本病毒对环境的抵抗力强。耐热，对 pH 3、过氧化氢、2%来苏儿、对乙醚、氯仿和酸具有抵抗力。但 70%乙醇、0.5%有机碘可使其灭活。

二、流行病学

1. 易感动物

鸡和火鸡是呼肠孤病毒引起的关节炎-腱鞘炎的自然宿主，多在 4～7 周龄发病。在没有母源抗体的 1 日龄鸡很容易复制本病，如感染年龄较大的鸡，则一般症状较轻且潜伏期较长。

2. 传染源

病鸡和带毒鸡是主要传染源。病毒可在感染幼龄鸡的盲肠扁桃体和踝关节内长时间持续存在。

3. 传播途径

粪便污染是接触感染的主要途径，经呼吸道和消化道感染易感雏鸡。禽呼肠孤病毒可以垂直传播，但这种通过蛋的传播率低，约1.7%。

4. 流行特点

一年四季均可发生，没有明显季节性。本病感染率高可达100%，病死率低，通常低于6%。

三、临床症状

自然感染潜伏期28～150 d，人工感染1～13 d。

急性感染时，可见跛行，有些鸡发育不良。慢性感染跛行更显著，有一小部分病鸡的踝关节不能活动。有时可能看不到关节炎-腱鞘炎的临诊症状，但在屠宰时可见趾屈肌腱区域肿大。这样的鸡群增重慢，饲料转换率低，总死亡率高，屠宰废弃率高，属于不明显感染。由呼肠孤病毒引起的吸收不良综合征，以生长参差不齐、色素沉着差、羽毛发育不正常、骨骼变形和死亡率增加为特征，主要侵害1～3周龄肉用型鸡。

四、病理变化

病毒性关节炎和腱鞘炎的自然感染鸡可见到趾屈肌和跖伸肌腱肿胀。踝关节常含有枯草色或带血色的渗出液，有些病例有多量脓性渗出物。踝上滑膜常有出血点。腱区炎症发展为慢性时，腱鞘硬化并融合在一起。胫跗远端的关节软骨出现小的凹陷溃疡，溃疡增大后融合在一起并侵害到下面的骨组织。吸收不良综合征的主要病变是腺胃增大，并可能有出血或坏死，卡他性肠炎。此外还可能有关节炎和骨质疏松。

五、诊断

1. 临诊诊断

根据症状和主要受害部位是跖伸肌腱和趾屈肌腱，心肌纤维之间有异嗜细胞浸润等病变可作出病毒性关节炎的初步诊断。

2. 血清学诊断

免疫荧光试验、琼脂扩散试验、ELISA试验等方法。

六、防制

禽呼肠孤病毒无所不在的性质，以及对环境的抵抗力强和既可垂直传播又可水平传播的特点，使得消除鸡群的感染十分困难。在将感染鸡群清理后，鸡舍的彻底清洗消毒有利于防止以后鸡群的感染。因为1日龄雏对呼肠孤病毒最易感，而至2周龄时已开始建立年龄相关抵抗力，所以疫苗接种的目标是提供早期保护。用活疫苗或死疫苗免疫种鸡是防制本病的有效方法，不仅通过母源抗体保护1日龄仔鸡，而且对垂直传播有限制作用。如1日龄雏鸡接种疫苗，应注意有些疫苗毒株（如S1133）对同时接种的MD疫苗有干扰作用。

第八节　禽脑脊髓炎

禽脑脊髓炎（AE）是由禽脑脊髓炎病毒（AEV）引起的一种主要侵害幼龄鸡的病毒性传染病，以共济失调和快速震颤特别是头颈部的震颤为特征，故又称流行性震颤。

全世界各地均有发生，我国自20世纪80年代初开始，已证实在大多数商业化养禽地区存在，虽然大多数鸡群最终将感染病毒，但临诊疾病的发生率极低。如果种鸡群未予免疫并在开始产蛋后被感染，则病毒的垂直传播可使子代产生临诊疾病。

我国将其列入三类动物疫病。

一、病原

禽脑脊髓炎病毒（AEV）属小RNA病毒科中的肠道病毒，无囊膜。

AEV的不同毒株间无血清学差异，但野毒株和鸡胚适应毒株之间有明显生物学区别。野毒株的致病性有差异，都嗜肠道，易经口感染雏鸡，从粪中排毒。有一些野毒株嗜神经性较强，在幼雏产生严重的中枢神经症状和损害。野毒在通过快速继代适应于鸡胚之前对鸡胚不致死。鸡胚适应毒株（VanRoekel株）是高度嗜神经的，注射接种可在所有年龄的鸡引起疾病。它们对非免疫鸡胚有致病性。本病毒对氯仿、酸、胰酶、胃蛋白酶、DNA酶有抵抗力，双价镁离子保护其不受热影响。

繁殖AEV可用易感鸡群的幼雏、鸡胚、神经胶质细胞、鸡胚肾细胞、CEF和鸡胚胰腺细胞等细胞培养。鸡胚神经胶质细胞是生产血清学试验用AEV抗原的最佳材料。

本病毒对氯仿、酸、胰酶、胃蛋白酶、DNA酶有抵抗力，双价镁离子保护其不受热影响。

二、流行病学

1. 易感动物

鸡、野鸡、鹌鹑和火鸡均能自然感染，各年龄的鸡均有易感性，3 周龄以内的雏鸡易感性最高。雏鸭、幼鸽和珠鸡可人工感染。

2. 传染源

病鸡和带毒鸡是主要传染源。感染幼雏排毒可持续 2 周以上，而 3 周龄以上雏鸡排毒仅持续 5 d 左右，病毒对环境抵抗力很强，传染性可保持很长时间。

3. 传播途径

垂直传播在病毒的散播中起很重要的作用，也可经消化道和呼吸道传播。垫料等污染物是同栏鸡与鸡之间、鸡栏与鸡栏之间、鸡舍与鸡舍之间主要传播媒介，可把感染引入有易感鸡群的其他农场。据报道，种鸡群在 5 月龄有 57% 感染病毒，但在 13 月龄 96% 为血清学阳性。如易感鸡群在性成熟后被感染，则母鸡将感染传给不同比例的种蛋，病毒还可在孵化器内进一步传播，使后代发生 AE。

4. 流行特点

本病一年四季均可发生，发病率及死亡率随易感鸡的多少、病原的毒力强弱、感染日龄的大小等的不同而异。雏鸡的发病率一般为 40%～60%，死亡率 10%～25%，甚至更高。

三、临床症状

经胚胎感染的雏鸡的潜伏期为 1～7 d，而通过接触传播或经口接种时至少 11 d。

自然发病通常在 1～2 周龄，但出雏时即发病也可看到。病鸡的最早症状是目光呆滞，随后发生进行性共济失调，驱赶时很易发现。共济失调加重时，常坐于脚踝，被驱赶而走动则显得不能控制速度和步态，最终倒卧一侧。呆滞显著时可伴有衰弱的呻吟。这时头颈的颤抖变得明显，其频率和幅度可不同。刺激或骚扰可诱发病雏的颤抖，持续长短不一的时间，并经不规则的间歇后再发。共济失调通常在颤抖之前出现，但有些病例仅有颤抖而无共济失调。有人报道，在组织学检查阳性的现场病例中，36.9% 有共济失调，18.3% 有颤抖，35% 两者都有，9.2% 无临诊症状。共济失调通常发展到不能行走，紧接这一阶段的是疲乏、虚脱和最终死亡。少数出现症状的鸡可存活，但其中部分发生失明。

本病有明显的年龄抵抗力。2～3 周龄后感染很少出现临诊症状。成年鸡感染可发生暂时性产蛋下降(5%～10%)，但不出现神经症状。

四、病理变化

AE 唯一的眼观变化是病雏肌胃有带白色的区域，由浸润的淋巴细胞团块所致。这种变化不很明显，容易忽略。

主要的显微变化在中枢神经系统(CNS)和某些内脏器官。外周神经不受累，这有鉴别诊断意义。CNS 的病变为散在的非化脓性脑脊髓炎和背根神经节炎。最常见的其他变化是脑和脊髓所有部位的显著血管周袖套。中脑圆核和卵圆核恒有疏松小胶质细胞增生，是具有诊断意义的变化。脑干核神经元的中央染色质溶解也具有诊断意义。

内脏组织学变化是淋巴细胞增生积聚，腺胃肌壁的密集淋巴细胞灶也是具有诊断意义的变化，肌胃也有类似变化。有临诊症状的病鸡都有组织学变化。

五、诊断

1. 临诊诊断

自发性病例通过了解鸡群完整的历史和采典型样品作组织学检查常可初步诊断。CNS 胶质细胞增多、淋巴细胞血管周浸润、轴突型神经元变性和某些内脏组织的淋巴滤泡增生可作为 AE 的诊断依据。确诊需分离到病毒或检测血清特异抗体效价升高。

2. 动物接种试验

取病雏脑组织悬液颅内接种 1 日龄健康雏鸡，在 1～4 周龄内出现典型症状。

3. 病毒分离与鉴定

病毒分离以取脑、胰或十二指肠材料为最好，接种来自易感鸡群的 5～7 日龄胚卵黄囊，待孵化出壳后观察 10 d 是否出现症状。有症状时取病鸡脑、胰和腺胃检查显微变化或用荧光抗体法(FA)检查病毒抗原。病毒分离也可用鸡胚脑细胞培养。

4. 血清学诊断

感染 AEV 的鸡所产生的特异抗体可通过病毒中和试验(VN)、间接 FA 法、琼脂扩散试验(ID)、ELISA 和被动血凝试验(PHA)测定。

5. 鉴别诊断

本病需与新城疫、维生素缺乏症和马立克病相区别。

六、防制(防控)

种鸡群在生长期接种疫苗，保证其在性成熟后不被感染，以防止病毒通过蛋源传播，是防制 AE 的有效措施。母源抗体还可保护雏鸡在关键的 2～3 周龄之内不受 AEV 接触感染。

疫苗接种也可防止蛋鸡群感染 AEV 所引起的暂时性产蛋下降。8 周龄后，或在开始产蛋之前至少 4 周，是接种疫苗的合适时间。大多数鸡群都用鸡胚繁殖的活疫苗通过饮水和喷雾等自然途径免疫。灭活疫苗在已开始产蛋的鸡群也可使用，但注射疫苗的操作对产蛋有影响。

第九节　禽腺病毒感染

腺病毒科（Adenoviridae）中对动物致病的包括两个属，即哺乳动物腺病毒属（Mastadenovirus）和禽腺病毒属（Aviadenovirus）。禽腺病毒分为 3 个群：Ⅰ群是从鸡、火鸡、鹅和鹌鹑的呼吸道感染分离出的禽腺病毒，它有共同的群特异性抗原；Ⅱ群包括火鸡出血性肠炎病毒、大理石脾病病毒和鸡大脾病病毒，它含有与Ⅰ群腺病毒不同的群特异抗原；Ⅲ群是从鸡产蛋下降综合征和鸭分离到的腺病毒，它仅含有部分的Ⅰ群共同抗原。现已知禽腺病毒有 12 个血清型，能引起多种禽类的几种疾病。与Ⅱ、Ⅲ群腺病毒不同，Ⅰ群腺病毒作为病原的作用尚未完全明确，作为自然感染的原发性病原尚有争议。一般认为它可引起包涵体肝炎，它在 IBD 和 CIA 中起继发或协同致病作用。Ⅰ型腺病毒还可以引起产蛋下降，饲料转换差，生长迟缓和呼吸道疾病等。在禽腺病毒感染中对鸡危害严重的有鸡包涵体肝炎、产蛋下降综合征，这两种病在世界上分布很广，对养禽业可引起严重的经济损失。

一、鸡包涵体肝炎

鸡包涵体肝炎又称鸡贫血综合征（Anemia syndrome）是禽腺病毒引起鸡的一种急性传染病，其特征为病鸡死亡突然增多，严重贫血、黄疸、肝肿大有出血和坏死灶，肝细胞见有核内包涵体，主要侵害幼龄和青年鸡群，并能降低种鸡群的种蛋孵化率及雏鸡成活率。

1963 年美国首次报道本病，随后意大利、加拿大、英国、墨西哥、葡萄牙、德国、日本均有本病发生的报道，我国也有此病发生。

（一）病原

包涵体肝炎病毒属禽腺病毒Ⅰ群。病毒粒子呈球形，二十面体立体对称，无囊膜，病毒表面有纤突，病毒核酸类型为双股 DNA。

病毒可在鸡胚肾细胞、鸡胚肝细胞、鸡胚成纤维细胞中繁殖，在鸡胚肾细胞上可形成蚀斑。该病毒有12个血清型(F1～F12)，F1型病毒能凝集大鼠红细胞，多数毒株不凝集绵羊红细胞，血凝最适pH 6～9之间，温度在20～45℃间。F2型、F3型、F4型、F5型、F8型等血清型是鸡包涵体肝炎的主要病原体。

本病毒对热较稳定，能抵抗乙醚、氯仿及pH 3～9。病毒在室温存活时间长。

(二)流行病学

1. 易感动物

多发生于4～10周龄鸡，5周龄鸡最易感，产蛋鸡很少发病。

2. 传染源

病鸡和带毒鸡是主要的传染源。

3. 传播途径

本病可垂直传播和通过与病鸡接触或被病鸡污染的禽舍、饲料、饮水可经消化道而传染。

4. 流行特点

本病通常病死率10%左右，如有其他疾病混合感染时，病情加剧，病死率上升。春、秋两季多发。

(三)临床症状

自然感染潜伏期为1～2 d。

感染发病鸡表现精神沉郁，嗜睡，下痢，羽毛粗乱。有的病鸡出现贫血和黄疸，感染后3～4 d突然出现死亡率高峰，第5天后死亡减少或逐渐停止，病程一般为10～14 d。

(四)病理变化

本病典型病变为肝脏肿胀，脂肪变性，质地脆弱易破裂，呈点状或斑驳状出血，并见有隆起坏死灶；肾脏肿胀呈灰白色并有出血点；脾有白色斑点状和环状坏死；骨髓呈灰白色或黄色。

(五)诊断

1. 临诊诊断

根据流行病学、典型症状和病变可以作出初步诊断，确诊需进行病原分离和血清学试验等实验室诊断。

2. 病原分离与鉴定

取病鸡或病死鸡的肝，制备悬液，取上清液接种于5日龄腺病毒阴性的鸡胚卵黄囊内，5～10 d鸡胚死亡，见胚胎出血，肝坏死，并有包涵体。

3. 血清学诊断

荧光抗体试验、中和试验等。中和试验时必须取双份血清，即发病期和恢复期鸡的血清，才有现实诊断意义。

(六)防制(防控)

本病尚无特殊的治疗方法。主要措施为加强饲养管理，杜绝传染源传入，防止和消除应激因素。在饲料中补充微量元素和复合维生素以增强鸡的抵抗力，并加强禽舍和环境消毒，为了防止并发细菌性疾病，可在发病日龄前的 2～3 d 喂给一些抗生素药物。

二、鸡产蛋下降综合征

鸡产蛋下降综合征(Eggs drop syndrome，EDS_{76})是由禽腺病毒Ⅲ群中的产蛋下降综合征病毒(EDS_{76} V)引起鸡以产蛋下降为特征的一种传染病，其主要表现为鸡群产蛋骤然下降，软壳蛋和畸形蛋增加，褐色蛋蛋壳颜色变淡。

1976 年 Van Eck 首次报道发生于荷兰，1977 年分离到病毒，随后英国、法国、德国、匈牙利、意大利、美国、澳大利亚、日本等 20 多个国家报道有本病发生，我国在 1991 年分离到病毒证实有本病存在。

我国将其列入二类动物疫病。

(一)病原

产蛋下降综合征病毒(EDS_{76} V)属于禽腺病毒Ⅲ群(Avian adenovims Group Ⅲ)，无囊膜的双股 DNA 病毒。病毒粒子大小为 76～80 nm，呈二十面体对称。基因组 DNA 分子量比Ⅰ群病毒小；限制性酶切分析表明两者之间无共同之处。本病毒有 13 条结构多肽，有 7 条与Ⅰ群禽腺病毒的结构多肽相对应。

EDS_{76} V 能在鸭胚、鸭胚肾和鸭胚成纤维细胞、鸡胚肝和鸡胚成纤维细胞上生长繁殖，但在鸡胚肾和火鸡细胞中生长不良，在哺乳动物细胞不能生长。在鸭胚生长良好，可使鸭胚致死。

EDS_{76} V 能凝集鸡、鸭、火鸡、鹅、鸽的红细胞，但不能凝集家兔、绵羊、马、猪、牛的红细胞。血凝滴度在 4℃可保持很长时间，但 70℃却被破坏。鸭胚尿囊液病毒的 HA 滴度可达 18～20 log2，而鸡胚尿囊液病毒的 HA 滴度较低。

在国内外分离到 EDS_{76} 病毒株有十余个，国际标准毒株为 $ED_{76\text{-}127}$。已知各地分离到的毒株同属一个血清型。

EDS_{76} 病毒对乙醚、氯仿不敏感，对 pH 适应谱广，0.3%福尔马林 48 h 可使病毒完全灭活。

(二)流行病学

1. 易感动物

鸡、鸭、鹅和野鸭为本病的自然宿主,有报道天鹅、海鸥、珠鸡存在有 EDS_{76} 抗体。鸡的品种不同对 EDS_{76} 病毒易感性有差异,产褐壳蛋母鸡最易感。本病主要侵害 26～32 周龄鸡,35 周龄以上较少发病。幼龄鸡呈隐性感染,血清抗体呈阴性,在性成熟而开始产蛋后,血清才转为阳性。

2. 传染源

病鸡和带毒鸡是主要传染源。

3. 传播途径

本病传播方式主要是垂直传播。但水平传播也是很不可忽视,因为从鸡的输卵管、泄殖腔、粪便、肠内容物都能分离到病毒,它可向外排毒经水平传播给易感鸡。国内外有报道人工感染或自然发病所产畸形蛋和软壳蛋,饲喂易感鸡,被感染鸡也产畸形蛋。感染后 8～15 d 血清可测到较高的 HI 抗体效价,在感染后 2～3 周蛋中有病毒出现。

4. 流行特点

幼龄鸡感染后,在性成熟前对鸡不表现致病性,血清中也查不出抗体,在产蛋初期由于应激反应,致使病毒活化而使产蛋鸡发病,血清才转为阳性。日本学者用 Jap-1 株接种产蛋鸡,在接种后 7～9 d 各器官能检出病毒,其后较难检出病毒,但在 10～14 d 后,在母鸡子宫及输卵管峡部上皮细胞中,经荧光抗体检查,可查到病毒抗原,一直到 80 d 后,感染鸡开始产畸形蛋和软壳蛋。输卵管蛋壳分泌部有明显炎症。

(三)临床症状

人工感染的潜伏期为 7～9 d,有时延至 17 d。

感染鸡无明显症状,主要表现为 26～32 周龄产蛋鸡突然性群体产蛋下降,比正常下降 20%～38%,甚至达 50%。病初蛋壳色泽变淡,紧接着产薄壳蛋、软壳蛋、无壳蛋、小蛋、畸形蛋,蛋壳粗糙像沙粒样,蛋壳变薄易破损,占 15%以上。对种蛋受精率和孵化率没有影响,病程可持续 4～10 周。

(四)病理变化

本病无明显病变,剖检可见卵巢萎缩变小,卵泡充血、变型或发育不全,子宫和输卵管黏膜出血和卡他性炎症。输卵管腺体水肿,单核细胞浸润,黏膜上皮细胞变性坏死,病变细胞中可见到核内包涵体。

（五）诊断

1. 临诊诊断

根据流行病学特征和症状可作出初步诊断，本病的特点是引起产蛋下降的持续时间较非典型 ND、低致病性禽流感、IB 和 AE 等引起的要长。确诊需要进行实验室诊断。

2. 病原分离与鉴定

病鸡的输卵管、泄殖腔、肠内容物和粪便取作病料，经无菌处理后，以尿囊腔接种 10～12 日龄鸭胚（无腺病毒抗体）。病料也可以接种于鸭胚和鸡胚成纤维细胞。分离的病毒发现有血凝现象，再用已知抗 EDS_{76} 病毒血清，进行 HI 试验或中和试验进行鉴定。

3. 血清学诊断

HI 试验是最常用的诊断方法之一，如果鸡群 HI 效价在 1∶8 以上，证明此鸡群已感染。此外还可采用中和试验、ELISA、荧光抗体和双向免疫扩散试验等方法诊断本病。

（六）防制（防控）

1. 综合措施

杜绝 EDS_{76} 病毒传入，本病主要是经胚垂直传播，所以应从非疫区鸡群中引种，引进种鸡要严格隔离饲养，产蛋后经 HI 试验监测，确认 HI 抗体阴性者，才能留作种鸡用。

严格执行兽医卫生措施，加强鸡场和孵化厅消毒工作，在日粮配合中，必须注意氨基酸、维生素的平衡。

2. 免疫措施

油佐剂灭活苗对鸡免疫接种起到良好的保护作用。鸡在 110～130 日龄进行免疫接种，免疫后 7～10 d 可测到抗体，HI 抗体效价可达 8～9 log2，免疫期 10～12 个月。试验证明以新城疫和鸡产蛋下降综合征二联油佐剂灭活苗，对这两种病也有良好的保护力。

第十节 鸡传染性贫血

鸡传染性贫血（CIA）是由鸡传染性贫血病病毒（CIAV）引起鸡的一种传染病，

其特征是再生障碍性贫血，全身淋巴组织萎缩，以致造成免疫抑制，因此加重和导致其他疾病发生。

20 世纪 80 年代，世界上多数养鸡发达的国家都先后有发生本病的报道，我国 1992 年也有分离到此病毒。

一、病原

鸡传染性贫血病毒(Chicken infectious anemia virus，CIAV)，在病毒分类学上为圆环病毒科(Circoviridae)圆环病毒属(Circovirus)。病毒粒子呈球形，是一种无囊膜的呈十二面体对称的小病毒，直径 25～26.5 nm，无血凝性，基因组为单股环形 DNA。

不同病毒株毒力有一定差异，但抗原性无差别，仅有一个血清型。

本病毒可在马立克病肿瘤源细胞以及鸡淋巴白血病细胞等细胞中增殖并出现细胞病变。

本病毒对多种理化因子的抵抗力很强，对乙醚和氯仿有抵抗力；在 60℃耐 1 h 以上，100℃，15 min 可使病毒灭活；对酸稳定，在 pH 3 经 3 h 不死，对一般消毒剂的抵抗力较强。福尔马林和含氯制剂可用于消毒。

二、流行病学

1. 易感动物

鸡是本病毒唯一的宿主，所有年龄的鸡都可感染，1～7 日龄的雏鸡最易感，随日龄的增长易感性降低。自然发病多见于 2～4 周龄鸡，有混合感染时发病可超过 6 周龄。

2. 传染源

病鸡和带毒鸡是主要传染源。

3. 传播途径

垂直传播是本病主要的传播方式，母鸡感染后 3～14 d 内种蛋带毒，带毒的鸡胚出壳后 10～15 d 发病和死亡。也可通过消化道及呼吸道水平传播。

4. 流行特点

开产前不久或开产后的母鸡如感染该病毒后产生一过性病毒血症期间可产生垂直传染。在垂直传染鸡胚孵出的雏鸡或在出壳后 1～7 日龄传染该病毒的鸡，可在 1～2 周龄内产生明显的贫血症状，除了生长迟缓外，红血球显著减少，胸腺萎缩及骨髓色淡甚至呈黄色，严重时导致死亡。但 2 周龄后感染的鸡，往往不产生明显的贫血病变，但可引起不同程度的免疫抑制而继发其他细菌感染，或导致其他共感染病毒症状和病变加重。传染性法氏囊病病毒、马立克病病毒、网状内皮组织增殖症病毒及其他免疫抑制药物能增强本病毒的传染性和降低母源抗体的抵抗力，从而增加鸡的发病率和病死率。

三、临床症状

潜伏期为 8～12 d。

1. 雏鸡

多在 2 周龄内发病，有母源抗体的多在 3～6 周龄发病。本病的特征症状是贫血。病鸡表现精神委靡、羽毛粗乱，发育受阻，生长不良，虚弱、聚堆及行动迟缓，排白稀粪。贫血，喙、肉髯、面部和可视黏膜苍白，羽部有出血病灶。血液学检查，红细胞和血红素明显降低，红细胞压积值降至低于 20%，白细胞、血小板减少。血液中出现幼稚型红细胞，吞噬细胞内有变性的红细胞。死亡率高低不尽相同，低的为 10%，亦可高达 60%。当有马立克病、传染性法氏囊病等免疫抑制性疾病的感染时，雏鸡对鸡传染性贫血病毒易感性增高，发病早且严重。

2. 产蛋种

鸡感染后无临床症状，产蛋率、受精率和孵化率都不受影响。但可通过种蛋传播病毒。

四、病理变化

主要病理变化为全身性贫血，血液稀薄，凝血时间延长。胸腺萎缩，可能导致完全退化。骨髓萎缩是最有特征性的变化，表现股骨骨髓脂肪化呈淡黄红色，导致再生障碍性贫血。部分病例出现法氏囊萎缩。肝肿大发黄或有坏死斑点。腺胃黏膜出血。严重贫血病例见肌肉和皮下出血，多见于翅部。病变部位常发生细菌感染，导致严重的皮炎。

五、诊断

1. 临诊诊断

根据临诊症状和病理变化一般可作出初步诊断，确诊还需通过实验室方法证实该病毒感染的存在。

2. 动物接种

用肝脏悬液加等量氯仿处理后接种于 1 日龄 SPF 雏鸡或接种鸡胚卵黄囊进行病毒分离培养。接种雏鸡后经 14～16 d 后进行检查，如发现雏鸡红细胞压积值下降（低于 27%），股骨骨髓变黄白色及胸腺萎缩等典型病变，即可确诊。

3. 血清学诊断

中和试验、间接荧光抗体和 ELISA 等方法检测鸡血清和卵黄中的抗体，但目前尚不常应用。

六、防制(防控)

(1)目前还没有疫苗可供预防接种，只能依靠综合防制措施。加强种蛋检疫，禁止引进感染本病毒的种蛋；防止过早地暴露于有本病毒的环境中，切断传染源及传播途径。

(2)SPF 鸡群存在本病，用该 SPF 蛋孵化的鸡胚及其细胞培养所制的疫苗就有被 CIAV 污染的危险，不仅会影响到疫苗的免疫效果，还会造成 CIAV 的大范围传播，因此在育成 SPF 鸡群的过程中，应重视对 CIAV 的检查，并首先考虑从 SPF 鸡场清除该传染源。

(3)鸡马立克病、传染性法氏囊病及网状内皮细胞增殖病与本病的发生有密切关系，并降低预防本病疫苗的效力。因此，应加强这些传染病的预防工作，降低本病的易感性。

第十一节　鸡毒支原体感染

鸡毒支原体感染可引起呼吸道症状为主的慢性呼吸道病(Chronic respiratory disease，CRD)，其特征为咳嗽、流鼻液、呼吸道啰音和张口呼吸。疾病发展缓慢，病程长，成年鸡多为隐性感染，可在鸡群长期存在和蔓延。

本病分布于世界各国，也是危害养鸡业的重要传染病之一。感染此病后，幼鸡生长不良，成年鸡产蛋下降，气囊炎，使肉鸡胴体品质下降、废弃上升，发病群用药增加，可造成严重的经济损失。

一、病原

鸡毒支原体(*Mycoplasma gallisepticum*，MG)，呈细小球杆状，大小为 250～500 nm，能通过细菌滤器，在电子显微镜下形态不一，有些为圆形，有些呈丝状，用姬姆萨氏染色着色良好。

鸡毒支原体(MG)为好氧和兼性厌氧，在 pH 7.8 液体培养基中培养 5～7 d，分解葡萄糖产酸，使培养液变黄。在固体培养基上，生长缓慢，培养 3～5 d 可形成微小的光滑而透明的露珠状菌落，用放大镜观察，呈乳头状，在马鲜血琼脂培养基上能引起完全溶血，能凝集鸡和火鸡红细胞。

鸡毒支原体（MG）接种 7 日龄鸡胚卵黄囊中，能生长繁殖，但只有部分鸡胚在接种后 5～7 d 死亡，鸡胚的病变为胚体发育不全，全身水肿，关节肿大，尿囊膜、卵黄囊出血。如连续在卵黄囊继代，则死亡更加规律，病变更明显。

鸡毒支原体（MG）对外界抵抗力不强，对热敏感，45℃ 1 h 或 50℃ 20 min 即被杀死，经冻干后保存 4℃冰箱可存活 7 d。一般消毒药能将其杀死，对链霉素、红霉素、泰乐菌素和利高霉素敏感，对新霉素，磺胺类药物有抵抗力。

二、流行病学

1. 易感动物

鸡和火鸡对本病有易感性，4～8 周龄鸡和火鸡最敏感，纯种鸡比杂种鸡易感。少数鹌鹑、珠鸡、孔雀和鸽也能感染本病，对实验动物无致病性。

2. 传染源

病鸡和隐性感染鸡是本病的传染源。

3. 传播途径

本病的传播有垂直和水平传播两种方式。病原体可通过飞沫经呼吸道传播，也可以通过饮水、饲料、用具传播。另外，配种时也可传播。

4. 流行特点

本病在鸡群中传播较为缓慢，但在新发病的鸡群中传播较快。根据所处的环境因素不同，病的严重程度差异很大，如拥挤，卫生条件差，气候变化，通风不良，饲料中维生素缺乏和不同日龄的鸡混合饲养，均可加剧病的严重性并使死亡率增高。有多种病原微生物继发和并发感染时，能使本病更加严重，其中主要有传染性支气管炎病毒、传染性喉气管炎病毒、新城疫病毒、传染性法氏囊病毒、鸡嗜血杆菌和大肠杆菌等。带有 MG 的雏鸡，在用气雾和滴鼻法进行新城疫弱毒疫苗免疫时，能激发本病的发生。本病一年四季均可发生，以寒冷季节流行严重，成年鸡则多表现散发。

三、临床症状

人工感染潜伏期为 4～21 d，自然感染难以确定。本病呈慢性经过，有不少病例呈轻症经过，几乎不被人所注意。

1. 幼龄鸡症状

幼龄鸡发病，症状比较典型，表现为浆液或浆液黏液性鼻液，鼻孔堵塞、频频摇头、喷嚏、咳嗽，还见有窦炎、结膜炎和气囊炎。当炎症蔓延下部呼吸道时，则喘气和咳嗽更为显著，有呼吸道罗啰音。病鸡食欲不振，生长停滞。后期可因鼻腔和眶下窦中蓄积渗出物而引起眼睑肿胀，症状消失后，发育受到不同程度的抑制。如无并发症，病死率低。

2. 成年鸡症状

产蛋鸡感染后，只表现产蛋量下降和孵化率低，孵出的雏鸡活力降低。成年鸡很少死亡，如继发大肠杆菌，还出现厌食和腹泻，死淘率增高。

3. 火鸡症状

火鸡感染火鸡支原体时，常呈窦炎、鼻侧的窦部出现肿胀，有的病例不出现窦炎，但呼吸道症状显著，病程可延长数周至数月。雏火鸡有气囊炎。滑液膜支原体引起鸡和火鸡发生急性或慢性的关节滑液膜炎，腱滑液膜炎或滑液囊炎。

四、病理变化

单纯感染 MG 的病例，眼观变化见鼻道、气管、支气管和气囊内含有混浊的黏稠渗出物。气囊炎以致气囊壁变厚和混浊，严重者有干酪样渗出物。

自然感染的病例多为混合感染，可见呼吸道黏膜水肿，充血、肥厚。窦腔内充满黏液和干酪样渗出物。波及肺和气囊，气囊内有干酪样渗出物附着，有时可见于腹腔气囊，如有大肠杆菌混合感染时，可见纤维素性肝被膜炎和心包炎。

火鸡常见到明显的窦炎。

组织学变化，被侵害的组织由于单核细胞浸润和黏液腺的增生而使黏膜增厚，黏膜下有局灶性淋巴组织增生。在肺除肺炎和淋巴滤泡反应外，有时还出现肉芽肿。

五、诊断

1. 临诊诊断

根据流行病学、症状和病变，可作出初步诊断，但进一步确诊须进行病原分离鉴定和血清学检查。

2. 病原分离与鉴定

取气管或气囊的渗出物制成悬液，直接接种加有 1∶4 000 醋酸铊和 2 000 IU/mL 青霉素的支原体肉汤或琼脂培养基。

3. 血清学诊断

血清学方法主要用于 MG 控制计划的鸡群监测和怀疑有感染时的辅助诊断，以血清平板凝集试验(SPA)最常用，其他还有 HI 和 ELISA。

4.鉴别诊断

禽毒支原体病与鸡传染性支气管炎,传染性喉气管炎、传染性鼻炎、曲霉菌病等呼吸道传染病极易混淆,应注意鉴别诊断。

(1)传染性支气管炎。由病毒引起的传染力很强的一种呼吸道病,3月龄以下的仔鸡,特别是1月龄以内的幼雏感染时呼吸道症状明显,与霉形体病混合感染时易造成死亡。本病从临床上很难和霉形体病相区别,主要依赖实验室方法进行确诊。但目前一些地区流行肾病变型的支气管炎,表现出肾肿大和尿酸盐沉着的特有病变。

(2)传染性喉气管炎。本病多为急性经过,在全群出现呼吸道症状之前,可见有1～2只病鸡突然死亡,虽然各种年龄的鸡都可感染,但一般多见成鸡患病,表现明显的呼吸困难,伸脖,张口呼吸,咳嗽,甩头,病鸡发出尖叫声,冠髯发绀,窒息死亡。剖检的特征性病变是在喉头,气管有出血性炎症,并带有血块或黄色干酪样物形成栓塞。

(3)传染性鼻炎。由副鸡嗜血杆菌引起,发病快,与环境条件、特别是与气温的骤变有很大关系,多数病鸡在短期内出现水样鼻汁,颜面浮肿、流泪以至上下眼睑粘连。若及时用抗生素处理,一般经1～2周后即可恢复。本病极易与霉形体病混合感染,则病情加重,疗效不佳。

(4)雏鸡曲霉菌病。多发生于1周龄左右的雏鸡,呈现急性经过,常因饲料或褥草被曲霉菌污染而暴发,在肺部有粟粒大黄色及灰色硬的小结节,并散在腹腔及气囊上,切面呈干酪样,用病变结节压片镜检,可发现菌丝和霉菌孢子,如病料新鲜时可以作霉菌培养鉴定,制霉菌素有较好的疗效。

六、防制(防控)

1.净化措施

建立无支原体病的种鸡群。在引种时,必须从无本病鸡场购买。从MG感染阳性场建立无MG鸡群比较困难,但通过用灭活疫苗免疫,收集种蛋前种鸡连续服用恩诺沙星一类高效抗支原体药物,结合种蛋的药物浸泡或将种蛋在最初12～14 h进行46.1℃(蛋内温度)高温孵化,可大大减少MG经蛋传递的百分率。用这种方法培养出不带支原体的健雏,以后在2、4、6月龄时进行血清学检查,淘汰阳性鸡,留下阴性群隔离饲养作为种用,并对后代继续观察,确认是健康鸡群后,还应严格执行消毒,隔离措施,并定期作血清学检查,以保安全。

2.免疫措施

控制MG感染的疫苗有灭活疫苗和活疫苗两大类。灭活疫苗为油乳剂,可用于幼龄鸡和母鸡。活疫苗主要是F株和温度敏感突变株S6株，据报道其免疫保护效果确实，比未免疫的对照鸡病变轻，生产性能好。

3. 治疗措施

一些抗生素对本病有一定的疗效。目前认为泰乐菌素、壮观霉素、链霉素和红霉素对本病有相当疗效，抗生素治疗时，停药后往往复发，因此应考虑几种药轮换使用。

第十二节　鸡多病因呼吸道病

一、病原

鸡多病因呼吸道病，又称鸡多病因呼吸道综合征。是由病毒、细菌、支原体、免疫抑制性病原、不良环境等多种病因引起的并发或混合感染的呼吸道病，这种病比单一感染更为多见，而且诊断和治疗难度大。此外，常规免疫接种引起的呼吸道反应在其呼吸道病的发生中起主要作用。

我国目前大多数鸡群都存在ND强毒感染，为了控制它而频繁使用各种弱毒疫苗；由于种鸡群普遍未采取净化措施，使大多数商品化鸡群的支原体感染的阳性率都较高；大多数鸡群的大肠杆菌感染一般都比较严重。上述3种呼吸道病原体是我国大多数鸡群呼吸道疾病的背景。在这个意义上说，我国商品鸡群中的呼吸道病都是鸡多病因呼吸道病。

二、发病机理

1. 呼吸道疾病之间的相互作用

多病因呼吸道疾病最典型的是支原体与NDV和IBV之间的相互作用。鸡毒支原体或滑液囊支原体的单纯感染，在鸡只能引起轻微的亚临床表现。与NDV或IBV相互作用则可大大增强鸡毒支原体或滑液囊支原体的致病作用。呼吸道病毒的毒力可影响支原体感染的严重程度。一般说野毒的影响大于经鸡传代的疫苗毒，而经鸡传代的疫苗毒的影响又大于原来的疫苗毒。

其他传染性病原体也可与鸡毒支原体相互作用，产生致病协同效果，如副鸡嗜血杆菌、腺病毒、禽流感病毒、呼肠孤病毒和喉气管炎病毒等。疫苗病毒（NDV或

IBV)、支原体和大肠杆菌三元比任何二元相互作用产生的呼吸道疾病都严重得多。一般认为是对鸡不致病的鸡支原体，如与ND/IB疫苗病毒结合使用则可诱发肉鸡的气囊炎。

大肠杆菌和其他呼吸道病原体常在无支原体存在时发生相互作用。单独暴露于IBV或大肠杆菌产生轻微或没有临诊症状或死亡，但各种IBV毒株与大肠杆菌一起攻击都能引起临诊症状和死亡的显著加重。

2. 免疫抑制性病原体的影响

免疫抑制性病原体，尤其是IBDV、MDV、CIAV等可使鸡对呼吸道感染的易感性大大增加。用IBDV攻击鸡对鸡的抗体应答产生负面影响并降低对ND、IB、支原体等的抵抗力。中等毒力的IBD疫苗对ND抗体产生的干扰作用很大，使呼吸道疾病长期得不到控制，这种情况应引起业者高度重视。在肉鸡场控制IBD是控制呼吸道疾病的关键因素。

NDV和各种禽流感病毒(AIV)在本质上都是免疫抑制性的，它们本身也是呼吸道病原体，这两种病毒的感染都会使鸡的呼吸道疾病更加复杂，更难控制。低致病性的H9N2亚型禽流感，在肉鸡可表现严重的呼吸道症状和相当高的死亡率，很可能与其产生免疫抑制和与其他呼吸道病原体的致病协同作用有关。最近的研究表明，低致病性AIV感染，胸腺、法氏囊和脾脏均有明显组织病理学变化，而低致病性AIV和低毒力大肠杆菌联合感染可使死亡率比二者任一单独感染显著升高。

MDV是可引起严重免疫抑制的病原体，MD疫苗免疫失败的鸡群，除MD本身引起死亡外，严重的呼吸道疾病是死淘率升高的重要原因，我国的肉鸡群除生长期较长的三黄鸡外，都不使用MD疫苗。MDV强毒感染引起肿瘤而致死的比例可能不高，但造成的免疫抑制则是鸡群呼吸道疾病难以控制的重要原因。

3. 环境因素的作用

环境因素与传染性病原体相互作用，在引起家禽呼吸道疾病方面，也扮演了重要角色。持续暴露于20 mg/kg氨气的鸡和火鸡，6周后均可显示大体或组织学病变，对NDV易感。氨气的浓度在25～50 mg/kg，用IBV攻击鸡，可导致饲料报酬率降低，肺变大，气囊炎加重。空气中的尘埃常使大肠杆菌病加重，呼吸道疾病和气囊炎造成的死淘率在冬季均明显增加。

4. 疫苗接种反应

鸡对呼吸道病毒抵抗力依赖于广泛使用活的呼吸道病毒疫苗，如ND和IB活疫苗。所有的呼吸道病毒疫苗都在鸡体内复制，并引起某种程度的细胞损伤。这种病毒复制的临诊表现和病理变化称为“疫苗接种反应”。在良好环境中的健康鸡,呼吸道病毒活疫苗可引起轻微的病理变化,环境恶化如空气中大肠杆菌含量多的禽舍加重病变。对IBV或NDV正常的疫苗接种反应多在接种后3～5 d才表现,持续3～5 d。

三、防制

由于鸡多病因呼吸道病病因复杂,单一采取某种方法预防效果不好,因此应采取综合性控制措施来减少该病带来的损失。

(1)对发病鸡群可能参与的病原体进行摸底了解,在分析的基础上,确定主要的致病原因。

(2)在确定呼吸道病的主要致病因素后,必须针对它们采取有力措施,而对其他参与致病的因素在条件许可的情况下采取改善措施。如H9亚型禽流感病毒是致病的主要因素,这时针对禽流感的免疫是最关键的措施;又如鸡群的支原体感染率高,大肠杆菌污染严重,又存在法氏囊疫苗引起的免疫抑制,这时针对这些采取改进措施就是很必要的了,如果肉鸡群马立克强毒感染率很高,而呼吸道疾病又很严重,则马立克引起的免疫抑制就可能是呼吸道疾病严重的主要原因,在针对呼吸道病原体采取对应措施的同时,一定要通过生物安全或疫苗免疫降低马立克强毒感染率。

(3)大中型养禽企业控制呼吸道疾病必须抓种鸡群支原体的净化,降低商品代支原体和大肠杆菌的感染率。同时做好法氏囊病、马立克病等免疫抑制病的预防工作。

(4)要加强种鸡群胚传疾病的净化,提高鸡苗质量。要保证活疫苗的SPF鸡胚品质,防止多种胚传疾病传播;要搞好养禽业的生物安全系统,改变多年来形成的依赖疫苗和药物控制传染病的错误观念。此外,还应重点做好新城疫、传染性支气管炎、H_9型禽流感的防疫接种,活疫苗的使用频率不宜太高,除非不得已,不使用I系新城疫活疫苗。

第十三节 传染性鼻炎

传染性鼻炎(Infectious coryza,IC)是由副鸡嗜血杆菌引起鸡的一种急性呼吸道疾病。主要症状为鼻腔和窦的炎症，表现流涕、颜面水肿和结膜炎。本病分布于世界各地，由于感染，产蛋鸡产蛋减少 10%～40%，生长鸡增重停滞及淘汰鸡数增加，常造成严重的经济损失。

本病最早于 1920 年首次在美国报道，1932 年 De Blieck 分离到病原体。随后不少国家相继发现本病，现已遍布世界各主要养鸡国家和地区，我国各地均有发生和流行。

一、病原

副鸡嗜血杆菌(*Haemophilus paragallinarum*，HPG)。属于巴氏杆菌科嗜血杆菌属，呈多形性，为革兰阴性的小球杆菌，两极染色，不形成芽孢，无荚膜、鞭毛，不能运动。

本菌为兼性厌氧，在含 5%～10%二氧化碳的环境中生长较好。该菌对营养的需求较高，需要 V 因子(烟酰胺腺嘌呤二核苷酸 NAD)，鲜血琼脂或巧克力琼脂可满足本菌的营养需求，经 24 h 培养后，在琼脂表面形成细小、柔嫩、透明的针尖状小菌落，不溶血。葡萄球菌在生长过程中可排出 V 因子，因此，副鸡嗜血杆菌在葡萄球菌菌落附近可长出一种卫星菌落。本菌不发酵半乳糖、海藻糖，无过氧化酶。本菌分为 A、B、C 3 个血清型。我国流行的以 A 血清型为主，各型之间无交叉保护作用。

本菌的抵抗力很弱，培养基上的细菌在 4℃时能存活 2 周，在自然环境中数小时即死。对热及消毒药也很敏感，在 45℃存活不过 6 min，在真空冻干条件下可以保存 10 年。

二、流行病学

本病可发生于各种年龄的鸡，老龄鸡感染较为严重。4 周龄至 3 年的鸡最易感，但个体差异较大，人工感染 4～8 周龄小鸡有 90%出现典型的症状。13 周龄及以上的鸡则 100%感染。在较老的鸡中，潜伏期较短，病程长。

病鸡及隐性带菌鸡是传染源，而慢性病鸡及隐性带菌鸡是鸡群中发生本病的重要原因。其传播途径主要以飞沫及尘埃经呼吸传染，但也可通过污染的饲料和饮水经消化道传染，不能垂直传播。麻雀也能成为传播媒介。

雉鸡、珠鸡、鹌鹑偶尔也能发病。

本病的发生与应激因素有关。如鸡群拥挤，不同年龄的鸡混群饲养，通风不良，鸡舍内闷热，氨气浓度大，或鸡舍寒冷潮湿，缺乏维生素 A，受寄生虫侵袭等都能促使鸡群严重发病。鸡群接种禽痘疫苗引起的全身反应,也常常是传染性鼻炎的诱因。本病多发于秋、冬两季,可能与气候和饲养管理条件有关。

三、症状

潜伏期短,自然接触感染,在1～3 d内出现症状。

鼻腔和鼻窦发生炎症者常仅表现鼻腔流浆液性液体。一般常见症状为鼻孔先流出稀薄鼻液以后转为浆液黏性分泌物,有时打喷嚏,眼结膜炎、眼睑肿胀。食欲及饮水减少,或有下痢;体重减轻。病鸡精神沉郁,缩头,呆立。雏鸡生长不良,成年母鸡产蛋减少,公鸡肉髯常肿大。如炎症蔓延至下呼吸道,则呼吸困难,病鸡常摇头欲将呼吸道内的黏液排出,并有啰音。咽喉亦可积有分泌物的凝块,最后窒息而死。

四、病理变化

本病发病率高,死亡率较低。鸡群恢复阶段死淘率增加,但不见死亡高峰,多属继发感染所致。病理剖检变化比较复杂,有的死鸡具有1种疾病的主要病理变化,有的鸡则兼有2～3种疾病的病理变化特征,多为本病流行中继发大肠杆菌病、鸡白痢等病的症状。

育成鸡发病死亡较少,流行后期死淘率低于产蛋鸡群。主要病变为鼻腔和窦黏膜呈急性卡他性炎,黏膜充血肿胀,表面覆有大量黏液,窦内有渗出物凝块,后成为干酪样坏死物。常见卡他性结膜炎,结膜充血肿胀。脸部及肉髯皮下水肿。严重时可见气管黏膜炎症,偶有肺炎及气囊炎、卵泡变性、坏死和萎缩。

五、诊断

根据流行特点、症状和病理变化可作出初步诊断。确诊需进行病原的分离鉴定、血清学试验、动物接种试验和鉴别诊断。

1.病原分离鉴定

用消毒棉拭子自2～3只早期病鸡的窦内、气管或气囊无菌采取病料,直接在血琼脂平板上画直线,然后再用葡萄球菌在平板上画横线,放在有螺旋盖的大广口瓶中,旋紧螺盖让其中点燃的蜡烛自熄,置37℃培养,24～28 h后在葡萄球菌菌落边缘可长出一种细小的卫星菌落,这有可能是副鸡嗜血杆菌。然后钩取单个菌落,获得纯培养物,再作其他鉴定。

2. 动物接种试验

以病鸡的窦分泌物或培养物，窦内接种于 2～3 只健康鸡，可在 24～48 h 出现传染性鼻炎的病状。如接种材料含菌量少，则其潜伏期可能延长至 7 d。

3. 血清学检查

可用加有 5%鸡血清的鸡肉浸出液培养副鸡嗜血杆菌制备抗原，用凝集试验检查鸡血清中是否有相应的抗体，通常鸡被副鸡嗜血杆菌感染后 7～14 d 即可出现阳性反应，可维持 1 年或更长的时间。这对流行病学调查、研究菌苗接种后的应答及血清型的抗原分析均有价值。

此外，血凝抑制试验（HI）和琼脂扩散试验（AGP），也可用于本病诊断。近年来，使用的 PCR 技术，只需 6 h 就能出检验结果，并可检出 A、B、C 3 个血清型的菌株。

4. 鉴别诊断

本病和慢性呼吸道病、慢性禽霍乱、禽痘和维生素 A 缺乏症等相似，应注意区分。因为副鸡嗜血杆菌感染常以混合感染发生，所以应考虑到其他细菌或病毒使本病复杂化的可能性，特别是如果死亡率高和病程延长时。

(1)传染性鼻炎。脸部大多数呈单侧性肿胀，不发紫。蛋壳质量变化不大，死亡率低。磺胺类药物治疗有效。

(2)禽流感。脸部大多数呈双侧性浮肿，发紫。死亡快，死亡率高，抗菌药物治疗无效。

(3)传染性支气管炎。传播迅速，成鸡感染后主要表现产蛋急剧下降，呼吸道症状不明显，蛋畸形；大小不一，软壳蛋及沙壳蛋较多，蛋清稀薄如水，浓蛋白层消失。

(4)慢性呼吸道病。呼吸道症状时间较长，肿脸的鸡在鸡群中传播较慢，并且精神和采食变化不大。

(5)油苗注射不当。注射靠近头部时，免疫后 1 周左右可出现肿头，眼眶周围肿胀，发硬、切开有干酪物、未吸收的油苗或肉芽肿，若无感染一般可自然康复。

六、防制

加强饲养管理，改善鸡舍通风条件，做好鸡舍内外的卫生消毒工作，以及病毒性呼吸道疾病的防制工作，提高鸡只抵抗力对防制本病具有重要意义。

鸡场内每栋鸡舍应做到全进全出，禁止不同日龄的鸡混养，清舍之后要彻底进行消毒，空舍 2 周后方可让新鸡群进入。

目前我国已研制出鸡传染性鼻炎油佐剂灭活苗，对本病流行严重地区的鸡群有较好的保护作用，根据本地区情况可自行选用。免疫接种用多价灭活油剂菌苗，可于 3～5 周龄和开产前分 2 次接种预防本病有效。发病群也可做紧急接种，并配合药物治疗，对饮水和鸡舍带鸡消毒，可以较快地控制本病。

副鸡嗜血杆菌对磺胺类药物非常敏感，是治疗本病的首选药物。一般用复方新诺明或磺胺增效剂与其他磺胺类药物合用，或用 2～3 种磺胺类药物组成的联磺制剂均能取得较明显效果。若鸡群食欲下降，经饲料给药血中达不到有效浓度时，可考虑用抗生素采取注射的办法同样可取得满意效果。一般选用链霉素或者青霉素、链霉素合并应用。红霉素、土霉素及喹诺酮类药物也是常用治疗药物。

第十四节　鸭瘟

鸭瘟(Duck plague，DP)又称鸭病毒性肠炎(Duck virus enteritis，DVE)是由鸭瘟病毒引起的鸭和鹅的一种急性、热性、败血性传染病。临诊特点是体温升高，脚软，绿色下痢，流泪和部分病鸭头颈部肿大。剖检可见皮肤有出血斑点，皮下组织胶样浸润，食道黏膜有小出血点，有黄褐色假膜覆盖或溃疡，泄殖腔黏膜充血、出血、水肿和坏死；肝脏不肿，表面有不规则的出血点或坏死灶。本病传播迅速，发病率和病死率都很高重威胁养鸭业的发展。该病于 1923 年在荷兰首次报道，1967 年更名为鸭病毒性肠炎，几乎呈全球性分布，我国于 1957 年在广州首次发现该病。

一、病原

鸭瘟病毒(Duck plague virus，DPV)属于疱疹病毒科疱疹病毒亚科中的滤过性病毒，呈球形，有囊膜，为双股 DNA，胰脂酶可消除病毒上的脂类，使病毒失活。病毒在病鸭体内分散于各种内脏器官、血液、分泌物和排泄物中，其中以肝、肺、脑含毒量最高。本病毒对禽类和哺乳动物的红细胞没有凝集现象，毒株间在毒力上有差异，但每疫原性相似。

病毒能在 9～12 日龄的鸭胚绒毛尿囊上生长繁殖，初次分离时，多数鸭胚在接种后 5～9 d 死亡，继代后可提前在 4～6 d 死亡。死亡的鸭胚全身水肿、出血、绒毛尿囊膜有灰白色坏死点，肝脏有坏死灶。此病毒也能适应于鹅胚，但不能直接适应于鸡胚。只有在鸭胚或鹅胚中继代后，再转入鸡胚中，才能生长繁殖，并致死鸡胚。

此外病毒还能在鸭胚、鹅胚和鸡胚成纤维单层细胞上生长，并可引起细胞病理变化，最初几代病理变化不明显，但继代几次后，可在接种后的24～40 h出现明显的病理变化。经鸡胚或细胞连续传代到一定代次后，可减弱病毒对鸭的致病力，但保持有免疫原性，所以可用此法来研制鸭瘟弱毒疫苗。病毒对外界抵抗力不强，温热和一般消毒剂能很快将其杀死；夏季在直接阳光照射9 h毒力消失；病毒在56℃ 10 min即杀死；在污染的禽舍内(4～20℃)可存活5 d；对低温抵抗力较强，在－5～7℃经3个月毒力不减弱，在－10～－20℃约经1年对鸭仍有致病力。5%生石灰作用30 min亦可灭活，pH为3和11时迅速被灭活。

二、流行病学

自然条件下，本病主要发生于鸭，不同年龄、性别和品种的鸭都可感染。但以番鸭、麻鸭、绵鸭、绍兴鸭易感性较高，北京鸭次之。人工感染时小鸭较大鸭易感，自然感染则多见于1月龄以上的成年鸭，发病率可达100%，病死率达95%以上。这可能由于大鸭常放养，有较多机会接触病原而被感染。近些年有报道人工感染雏鹅也能感染发病，且死亡率很高。2周龄内雏鸡可人工感染致病。野鸭和雁也会感染发病。

病鸭和带毒鸭是本病主要传染源。鸭瘟可通过病禽与易感禽的接触而直接传染，也可通过与污染环境的接触而间接传染。被污染的水源、鸭舍、用具、饲料、饮水是本病的主要传染媒介。某些野生水禽感染病毒后可成为传播本病的自然疫源和媒介，节肢动物因本病为病毒血症也可能是本病的传染媒介。地区间调运或放牧等鸭群流动可造成疫情扩散。

本病一年四季均可发生，但以春、秋季流行较为严重。当鸭瘟传入易感鸭群后，一般3～7 d开始出现零星发病，再经3～5 d陆续出现大批病鸭，疾病进入流行发展期和流行盛期。鸭群整个流行过程一般为2～6周。如果鸭群中有免疫鸭或耐过鸭时，可延至2～3个月或更长。

三、症状

自然感染的潜伏期为3～5 d，人工感染的潜伏期为2～4 d。病初体温升高至43℃以上，高热稽留。病鸭表现精神委顿，头颈缩起，羽毛松乱，翅膀下垂，两脚麻痹无力，脚软，卧地不愿行走，强行驱赶时常以双翅扑地行走，走几步即行倒地，病鸭不愿下水，驱赶入水后也很快挣扎回岸。病鸭食欲明显下降，甚至废绝，渴欲增加。

病鸭的特征性临诊症状为流泪和眼睑水肿。病程一般为 2～5 d,慢性达 1 周以上,生长发育不良。病初流出浆液性分泌物,使眼睑周围羽毛粘湿,而后变成黏稠或脓样,常造成眼睑粘连、水肿,甚至外翻,眼结膜充血或小点出血,甚至形成小溃疡。病鸭鼻中流出稀薄或黏稠的分泌物,呼吸困难,并发生鼻塞音,叫声嘶哑,部分鸭有咳嗽。病鸭发生下痢,排出绿色或灰白色稀粪,肛门周围羽毛被污染或结块。肛门肿胀,严重者外翻,翻开肛门可见泄殖腔黏膜充血、水肿,出血点,严重病鸭的黏膜表面覆盖二层假膜,不易剥离。部分病鸭在疾病明显时期,可见头和颈部发生不同程度的肿胀,触之有波动感,俗称"大头瘟"。

自然条件下鹅可以感染鸭瘟,其临诊特征为体温升高,两眼流泪,鼻孔有浆性和黏性泌物。病鹅的肛门水肿,严重者两脚发软,卧地不愿走动。食道和泄殖腔黏膜有一层灰黄色假膜覆盖,黏膜充血或有斑点状出血和坏死。

四、病理变化

病理变化主要表现为急性败血症,全身小血管受损,导致组织出血和体腔溢血,尤其消化道黏膜出血和形成假膜或溃疡,淋巴组织和实质器官出血,坏死。食道与泄殖腔的急性病理变化具有特征性。食道黏膜有纵行排列呈条纹状的黄色假膜覆盖或小点出血,假膜易剥离并留下溃疡瘢痕。泄殖腔黏膜病理变化与食道相似,即有出血点和不易剥离的假膜与溃疡。食道膨大部分与腺胃交界处有一条灰黄色坏死带或出血带,肌胃角质膜下层充血和出血。肠黏膜充血、出血,以直肠和十二指肠最为严重。位于小肠上的 4 个淋巴滤泡环状呈深红色,有散在针尖大小的黄色病灶。后期转为深棕色,与黏膜分界明显。胸腺有大量出血点和黄色病灶区,在其外表或切面均可见到。感染时法氏囊充血发红,有针尖样黄色小斑点,到了后期,囊壁变薄,囊腔中充满白色、凝固的渗出物。

肝表面和切面上有大小不等的零黄色或灰的坏死点,少数坏死点中间有小出血点,这种病理变化具有诊断意义。胆囊肿大,充满黏稠的墨绿色胆汁。心外膜和心内膜上有出血点,心腔里充满凝固不良的暗红色血液。产蛋母鸭的卵巢滤泡增大,卵泡的形态不整齐,有的皱缩、充血、出血,有的发生破裂而引起卵黄性腹膜炎。

病鸭的皮下组织发生不同程度的炎性水肿,在"大头瘟"典型的病例,头和颈部皮肤肿胀、紧张,切开时流出淡黄色的透明液体。

鹅感染鸭瘟病毒后的病理变化与鸭相似。

五、诊断

根据流行病学、临诊症状和病理变化进行综合分析，一般即可作出诊断。确诊需进行病毒分离鉴定和中和试验加以确诊，Dot-ELISA 可作为快速诊断。

本病应注意与鸭巴氏杆菌病(鸭出败)、禽流感等病相区别。

(1)鸭出败。能使鸡、鸭、鹅等多种家禽发病，常呈暴发性流行，一般病情急，病程短(数小时至一天左右即死亡)。病鸭除体温升高，精神不振，食欲减退等临诊症状外，一般无肿头、流泪、两脚发软、排绿色稀粪等鸭瘟特有的临床表现。在病理变化方面，鸭出败的特征是肝脏上出现大小均一的灰白色针尖大坏死点，内脏器官的浆膜及黏膜(如胸、腹腔的浆膜，心包膜及心外膜)充血、出血，尤其是心冠脂肪有大量出血斑点，但食道和泄殖腔黏膜上不形成假膜。取病死鸭的心、血或肝作抹片，经瑞氏染色镜检，可见两极浓染的小杆菌。此外，抗生素和磺胺类等药物对巴氏杆菌病有一定的疗效，而对鸭瘟则全无效果。

(2)禽流感。病原为禽流感病毒。过去曾认为鸭、鹅对该病有较强的抵抗力，即使在感染后也不会发病，更不会引起死亡。但近年来发现，该病感染水禽特别是雏鸭和雏鹅后可造成高发病率和高死亡率，产蛋鸭、鹅则发生明显减蛋，其原因可能与毒株变异有关。从临诊症状和病理变化上看，该病与鸭瘟有一定的相似之处，如都会出现肿头、流泪、内脏器官出血、坏死等，可以通过血凝及血凝抑制试验进行病原鉴别，因为禽流感病毒可感染鸡胚，并有血凝活性，可用常规的微量血凝和血凝抑制试验进行鉴定。鸭瘟病毒未经适应前，不能感染鸡胚，也无血凝活性。

六、防制

预防鸭瘟应避免从疫区引进鸭，如必须引进，一定要经过严格检疫，并经隔离饲养 2 周以上，证明健康后才能合群饲养。还要避免在鸭瘟流行区域和野水禽出没区域放牧。平时对禽场和工具进行定期消毒。在受威胁区内，所有鸭、鹅应注射鸭瘟鸭胚化弱毒疫苗或鸡胚化弱毒苗。产蛋鸭宜在停产期或开产前 1 个月注射。肉鸭一般在 20 日龄首次免疫，4～5 个月后加强免疫 1 次即可。发生鸭瘟时应立即采取隔离和消毒措施，禁止病鸭外调和出售，停止放牧，防止扩散病毒。在受威胁区内，对鸭群用疫苗进行紧急预防接种，必要时剂量加倍，可降低发病和死亡。病鸭扑杀，停止放牧，防止病毒传播。

对经济价值较高的鸭，可在病初肌内注射鸭高免血清 0.5 mL/只，也可用聚肌胞肌内注射 1 mg/只，3 次/d，连用 2～3 次，可收到良好疗效。

第十五节 鸭病毒性肝炎

鸭病毒性肝炎（Duck virus hepatitis，DVH）是由鸭肝炎病毒引起的小鸭的一种传播迅速和高度致死性的病毒性传染病。特征是发病急、传播快、死亡率高。临诊特点为角弓反张。病理变化特征为肝脏肿大和出血。本病常给养鸭场造成巨大的经济损失。

本病最先发生于美国，并首次用鸡胚分离到病毒。其后在英国、加拿大、德国等许多养鸭国家陆续发现本病。我国于 20 世纪 60 年代在北京首次有本病流行，并分离到病毒，目前许多省市和地区都有本病的发生并有上升趋势，已成为养鸭业发展的重要威胁。

一、病原

病原为鸭肝炎病毒（Duck hepatitis virus，DHV）属微 RNA 病毒科。病毒不凝集禽和哺乳动物红细胞。病毒有 3 个血清型，即Ⅰ、Ⅱ、Ⅲ型，有明显差异，各型之间无交叉免疫性。我国流行的鸭肝炎病毒血清型为Ⅰ型，是否有其他型，目前尚无全面的调查和报道。此病毒不能与人和犬的病毒性肝炎的康复血清发生中和反应，与鸭乙型肝炎病毒也没有亲缘关系。

病毒能在 9 日龄鸡胚尿囊腔中繁殖，10%～60%的鸡胚在接种后 5～6 d 死亡，表现发育不良或出血水肿。病毒在鸡胚上连续传代 20～26 代后，对新孵出雏鸭失去致病力。此种鸡胚适应毒在鸭胚成纤维细胞上培养，可产生细胞病理变化。鸭胚肝或肾原代细胞可用来培养鸭肝炎病毒。

病毒对外界抵抗力很强，对氯仿、乙醚、胰蛋白酶和 pH 3.0 都有抵抗力。在 56℃加热 60 min 仍可存活，但加热至 62℃，30 min 可以灭活，在 37℃中能抵抗 2%来苏儿作用 1 h 和 0.1%福尔马林 8 h，病毒在 1%福尔马林或 2%氢氧化钠中 2 h（15～20℃），在 2%的漂白粉溶液中 3 h，5%酚、碘制剂均可使病毒灭活。

在自然环境中，病毒可在污染的孵化器育雏室中存活 10 周，在阴湿处粪便中存活 37 d 以上，在 4℃存活 2 年以上，在－20℃则可长达 9 年。

二、流行病学

自然条件下本病主要发生于3周龄以下雏鸭，随着日龄的增加，其易感性逐渐降低。1周龄内雏鸭病死率可达95%，1～3周龄雏鸭病死率在50%左右，4周龄以上的雏鸭发病率和死亡率都很低。5周龄以上的鸭，经大剂量人工感染，仅出现免疫反应，但无临诊症状。鸡、火鸡和鹅不感染，成年鸭可感染而不发病，但可通过粪便排毒，污染环境而感染易感小鸭。人工感染1日龄和1周龄的雏火鸡、雏鹅，能够产生本病的临诊症状、病理变化和血清中和抗体，并从雏火鸡肝脏中分离到病毒。

本病的传播主要通过与接触病鸭或被污染的人员、工具、饲料、垫料、饮水等，经消化道和呼吸道感染。在野外和舍饲条件下，本病可迅速传染易感小鸭，表明它具有极强的传染性。野生水禽可能成为带毒者，鸭舍中的鼠类也可能散播本病毒，病愈鸭仍可通过粪便排毒1～2个月。尚无证据表明本病毒可经蛋垂直传播，相反，被慢性感染的蛋鸭所产蛋的蛋黄，还有一定的免疫抗体。在出雏机内感染本病毒，可使雏鸭在出壳后24 h内就发生死亡。

本病一年四季均可发生，但主要在孵化季节，我国南方多在2～5月和9～10月，北方多在4～8月。而在肉鸭舍饲条件下可常年发生，无明显季节性。饲养管理不当，鸭舍内湿度过高；密度过大，卫生条件差，缺乏维生素和矿物质等都能促使本病的发生。

三、症状

本病潜伏期短，仅1～2 d。雏鸭都为突然发病。开始时病鸭表现精神委靡、缩颈、翅下垂，不能随群走动，眼睛半闭，打瞌睡，共济失调。发病12 h到1 d，发生全身性抽搐，身体倒向一侧，两脚痉挛性反复踢蹬，一般十几分钟死亡。头向后背，呈角弓反张姿态故俗称“背脖病”。喙端和爪尖淤血呈暗紫色，少数病鸭死亡前排黄白色和绿色稀粪。

四、病理变化

病理变化主要在肝脏，肝脏肿大，质地柔软，呈淡红色或外观呈斑驳状，表面有出血点或出血斑。胆囊肿胀呈长卵圆形，充满胆汁，胆汁呈褐色，淡黄色或淡绿色。脾脏有时肿大，外观呈斑驳状，多数病鸭的肾脏发生充血和肿胀，其他器官没有明显变化。

五、诊断

据本病的流行特点，发病急，传播迅速，病程短；3周龄内死亡率高，成年鸭不发病；病鸭有明显的神经临诊症状；病理变化主要表现为肝脏的变性和出血，可作出初步诊断。

确诊可用病毒分离物接种 1～7 日龄的敏感雏鸭，复制出该病的典型临诊症状与病理变化，而接种同一日龄的具有鸭病毒性肝炎母源抗体的雏鸭，则有 80%～100%的保护率，即可确诊。

鉴别诊断应注意与鸭瘟、鸭巴氏杆菌病相区别。

(1)鸭瘟。由鸭瘟病毒引起鸭的一种高死亡率的急性传染病。虽然各种日龄的鸭均可感染发病，但 3 周龄以内的雏鸭较少发生死亡，而病毒性鸭肝炎对 1～2 周龄易感雏鸭有极高的发病率和致死率，超过 3 周龄雏鸭发病率低；鸭瘟肝脏虽有出血病理变化和坏死灶，但尚有肠道出血，食道和泄殖腔出血和形成伪膜或溃疡，与鸭病毒性肝炎完全不同。

(2)鸭巴氏杆菌病。由多杀性巴氏杆菌引起的急性败血性传染病，发病率和死亡率很高。青年鸭、成年鸭比雏鸭更易感，3 周龄以内的雏鸭很少发生。鸭巴氏杆菌病的鸭肝脏肿大，有灰白色针头大的坏死灶和心冠沟脂肪组织有出血斑，心包积液，十二指肠黏膜严重出血等特征性病理变化，与鸭病毒性肝炎完全不同。肝脏触片，心包液涂片，革兰或亚甲蓝染色见有许多两极染色的卵圆形小杆菌一。

六、防制

严格的防疫和消毒是预防本病的积极措施，应避免从疫区或疫场购入带毒雏鸭，自繁自养和全进全出的饲养管理制度，可有效防止疾病传入和扩散，定期对鸭场的环境、用具进行预防消毒是绝对必要的。

由于本病毒抵抗力较强，在疫区仅靠消毒措施难以保证不发病，因此免疫是最有效的预防措施，可用鸡胚化鸭肝炎病毒疫苗免疫种母鸭，每只 1 mL，隔 2 周再做 1 次，共 2 次。这些母鸭的抗体可维持 4 个月以上，其后代母源抗体可保持 2 周左右，足以保护雏鸭度过最易感的危险期。但在环境卫生条件差，疫情较重的鸭场，则在 8～12 日龄仍需进行鸭肝炎疫苗的主动免疫或使用免疫母鸭的蛋黄匀浆进行被动免疫。没有母源抗体保护的雏鸭，在疫情不严重的场可在 1 日龄注射肝炎弱毒疫苗 0.5～1.0 mL 即可受保护。在疫情严重的鸭场，必须在 1 日龄注射鸭病毒性肝炎的卵黄抗体或高免血清 0.5～1.0 mL，必要时于 8～12 日龄重复 1 次。发病初期的病鸭及时注射鸭病毒性肝炎高免卵黄抗体或血清，每只 1～1.5 mL，可治愈 80%～90%病鸭，对中度病鸭也有一定疗效。目前尚无其他有效药物用于本病防制。

第十六节　番鸭细小病毒病

番鸭细小病毒病(Muscovy duck parvovirus infection,MDP)俗称“三周病”,是由番鸭细小病毒引起的,以喘气、腹泻、软脚及胰脏坏死和出血为主要特征的传染病,主要侵害3周龄内的雏鸭,具有高度传染性,发病率和死亡率高,可达40%~50%以上,是目前番鸭饲养业中危害最严重的传染病之一。

一、病原

番鸭细小病毒(Muscovy duck parvovirus,MDPV)为单股DNA病毒,无囊膜,生物学特性与小鹅瘟病毒(GPV)相似,但是两者似乎无交叉免疫保护性,有高效价抗GPV抗体的雏番鸭对DPV仍然易感,通过交叉中和试验可以把MDPV和GPV区分开来。该病毒不像其他哺乳动物细小病毒那样,在不同条件下能够和多种动物的红细胞发生凝集反应。

病毒能在番鸭胚和鹅胚中繁殖,并引起胚胎死亡。病毒在番鸭胚成纤维细胞上繁殖并引起细胞病理变化,荧光抗体染色在细胞核内出现明亮的黄绿色荧光,表明在细胞核内复制。

该病毒对乙醚、胰蛋白酶、酸和热等灭活因子作用有很强的抵抗力,胚液和细胞培养液中的病毒在60℃水浴120 min、65℃水浴60 min和70℃水浴15 min,其毒力没有明显变化。但对紫外线照射很敏感。

二、流行病学

雏番鸭是唯一自然感染发病的动物,其他禽类和哺乳动物均不感染发病。发病率和死亡率与日龄关系密切,日龄愈小发病率和死亡率愈高,3周龄以内的雏番鸭发病率为27%~62%,病死率为22%~43%。40日龄的番鸭也可发病,但发病率和死亡率低。麻鸭、半番鸭、北京鸭、樱桃谷鸭、鹅和鸡未见自然感染病例,即使与病鸭混养,或人工接种病毒也不出现临诊症状。

病鸭通过排泄物尤其是粪便排出大量病毒,导致病毒的水平传播和垂直传播。病鸭通过接触污染饲料、饮水、用具、人员和周围环境感染。病鸭也可以通过排泄物污染种蛋外壳,引起孵房内污染,使出壳的雏番鸭成批发病。

本病发生无明显季节性，但是由于冬、春气温低，育雏室空气流通不畅，空气中氨和二氧化碳浓度较高，故发病率和死亡率较高。

三、临床症状

本病的潜伏期为 4～9 d，病程 2～7 d，病程长短与发病日龄密切相关。根据病程长短可分为急性和亚急性 2 种类型。

1. 急性型

主要见于 7～14 日龄雏番鸭，主要表现为精神委顿，羽毛蓬松，两翅下垂，尾端向下弯曲，两脚无力，懒于走动，厌食，离群；有不同程度的腹泻，排出灰白色或淡绿色稀粪，并黏附于肛门周围。部分病雏鸭流泪，呼吸困难，喙端发绀，后期常蹲伏，张口呼吸。病程一般为 2～4 d，濒死前两肢麻痹，倒地，衰竭死亡。

2. 亚急性型

多见于日龄较大的病雏鸭，主要表现为精神委顿，喜蹲伏，两脚无力，行走缓慢，排黄绿色或灰白色稀粪，并黏附于肛门周围。病程 5～7 d 病死率低，大部分病愈鸭颈部、尾部脱毛，嘴变短，生长发育受阻，成为僵鸭。

四、病理变化

大部分病死鸭肛门周围有稀粪黏附，泄殖器扩张、外翻。心脏变圆，心壁松弛，尤以左心室病理变化明显。肝脏稍肿大，胆囊充盈。肾和脾稍肿大，胰腺肿大且表面散布针尖大灰白色病灶。肠道呈卡他性炎症或黏膜有不同程度的充血和点状出血，尤以十二指肠和直肠后段黏膜为甚，少数病例盲肠黏膜也有点状出血。

五、诊断

根据流行特点、临诊症状和病理变化可以作出初步诊断。临诊上本病常与小鹅瘟、鸭病毒性肝炎和鸭传染性浆膜炎混合感染，易造成误诊和漏诊。确诊必须依靠病原学和血清学方法。

1. 病毒分离与鉴定

无菌采取濒死雏鸭肝、脾和胰腺等组织与生理盐水研磨，制成 20%悬液，加入适量抗生素，低温冰箱冻融、离心取上清液，经尿囊腔接种于 11～13 日龄雏鸭胚，大部分胚胎于接种后 4～7 d 死亡，胚胎全身充血，头、颈、嘴、胸、翅、趾部等有针尖状出血点。但要把 MDPV 和 GPV 区分开来，必须收集胚液作血清学检查和鉴定。

2. 乳胶凝集试验(LPA)

适用于本病的快速鉴别诊断。取病鸭的肝、脾、肾和胰腺等组织与蒸馏水研磨成1∶1匀浆液，加等体积氯仿，振荡数分钟，离心取水相为待检样品。在净玻片上滴加待检样品10 μL，然后滴加等量致敏胶乳，充分混合，于室温(22～28℃)静置10～20 min观察结果。

判断标准："＋＋＋＋"：1～3 min内出现粗大凝集块，液体澄清；"＋＋＋"：形成较大凝集块，液体澄清："＋＋"：形成肉眼可见的凝集块，液体较澄清；"＋"：部分形成肉眼可见的颗粒，但是液体不澄清；"－"：无凝集颗粒。"＋＋"以上为阳性，"＋"为可疑，重复试验，"－"为阴性。

六、防制

严格的生物安全措施对本病的防制具有重要意义，对种蛋、孵房和育雏室的严格消毒尤为重要，结合预防接种，可减少或防止本病的发生和流行。

国内已研制出MDPV弱毒活疫苗供雏番鸭和种鸭免疫预防用，也可使用灭活疫苗。福建农业科院畜牧兽医研究所研制成雏番鸭细小病毒灭活苗，1日龄雏鸭每只肌内注射0.2 mL，3 d后部分雏番鸭血清中出现抗体，7 d后95%以上雏番鸭得到有效保护，14～21 d抗体效价达高峰，其有效抗体水平维持在400 d以上。种鸭接种疫苗后，通过卵黄把母源抗体转移给子代小鸭体内，这种被动抗体可在小鸭体内持续10～12 d，不良反应小。

目前对本病无特异性治疗方法，一旦发生本病；应立即将病雏隔离，彻底消毒场地，用高免卵黄紧急接种，每只1 mL，治愈率80%以上。为防止和减少继发细菌和霉菌感染，可适当应用抗生素。

第十七节　鸭传染性浆膜炎

鸭传染性浆膜炎(Infectious serositis of duck)又称鸭疫里氏杆菌病，原名鸭疫巴氏杆菌病，是鸭、鹅、火鸡和多种禽类的一种急性或慢性传染病。本病临诊特点是倦怠、眼与鼻孔有分泌物、绿色下痢、共济失调和抽搐。病变特征为纤维素性心包炎、肝周炎、气囊炎、干酪性输卵管炎、关节炎及脑膜炎。本病广泛分布于世界各地，常引起小鸭大批死亡和生长发育迟缓，给养鸭业造成巨大的经济损失，是当前危害养鸭业的主要传染病之一。

本病1932年最早发生于美国纽约州的长岛，其后在英国、加拿大、澳大利亚等国亦发现。我国于1982年在北京地区首次发现本病的流行，目前各养鸭省区均有发生。

一、病原

病原为鸭疫里氏杆菌(*Riemerella anatipestifier*，RA)，为革兰阴性小杆菌，无芽孢，不能运动，有荚膜。初次分离可将病料接种于胰蛋白胨大豆琼脂(TSA)或巧克力琼脂平板，在含有二氧化碳的环境中培养形成表面光滑、稍突起、圆形、直径1～1.5 mm的菌落。纯培养菌落涂片可见菌体呈单个、成对或偶呈丝状，菌体大小不一，(0.2～0.4) μm×(1～5) μm，用瑞特法染色时，菌体两端浓染，用印度墨汁染色可见荚膜。不能在营养琼脂和麦康凯培养基上生长。在血琼脂上不产生溶血。

本菌不发酵碳水化合物，但少数菌株对葡萄糖、果糖、麦芽糖或肌醇发酵。不产生吲哚和硫化氢，不还原硝酸盐。

到目前为止共发现有21个血清型。我国调查目前至少存在13个血清型(即1、2、3、4、5、6、7、8、10、11、13、14和15型)，以1型最为常见，各血清型之间无交叉保护力。

在室温下，大多数鸭疫里氏杆菌菌株在固体培养基上存活不超过3～4 d。4℃条件下，肉汤培养物可存活2～3周，欲长期保存菌种需冻干。

二、流行病学

主要感染1～8周龄的鸭，尤以2～3周龄雏鸭最易感，1周龄内幼鸭和8周龄以上大鸭较少发病。除鸭外，小鹅亦可感染发病，在污染鸭场的感染率可达90%以上，病死率高低不一，为5%～75%，与感染鸭的日龄、环境条件、病毒毒力、应激因素等有关。曾有鸡、黑天鹅、火鸡感染本病的报道。

本病的传播途径主要是水平传播，病毒通过污染的饲料、饮水、飞沫、尘土等经呼吸道和损伤的皮肤等途径传播。

该病一年四季都可发生，尤以冬季为甚，常表现明显的“疫点”特征，即在本病流行较为严重的鸭场，其周围鸭场也常有此病流行。

被本病感染而无应激的鸭通常不表现临诊症状。但如受应激因素的影响，如育雏室饲养密度过大、通风不良、地面潮湿、卫生条件差、饲料中蛋白质水平过低、维生素和微量元素缺乏、转舍时受寒冷或雨淋的刺激、其他传染病(鸭大肠杆菌病、禽霍乱、沙门杆菌病、葡萄球菌病、鸭病毒性肝炎等,均可引起本病暴发流行,加剧本病的发生和病鸭死亡。

三、症状

潜伏期为1～3 d,有时可达1周。

1. 最急性型

常见不到任何明显症状而突然死亡。

2. 急性型

多见于2～4周龄小鸭。病初可见眼流出浆液性或黏性分泌物,常使眼周围羽毛粘连或脱落。鼻孔流出浆液性或黏液性分泌物,有时分泌物干涸,堵塞鼻孔。轻度咳嗽和打喷嚏,粪便稀薄呈绿色或黄绿色。嗜睡,缩颈或喙抵地面,腿软,不愿走动、步态蹒跚。濒死前出现神经症状,如痉挛、背脖、两腿伸直呈角弓反张状,尾部摇摆等,不久抽搐而死,病程一般2～3 d。

慢性型:多见于4～7周龄的雏鸭,病程1周以上。病鸭表现精神沉郁,食欲减少,肢软卧地,不愿走动,进而共济失调,痉挛性点头运动,前仰后翻,翻转后仰卧,不易翻起等症状。少数鸭出现头颈歪斜,遇惊扰时不断鸣叫和转圈、倒退等,而安静时头颈稍弯曲,犹如正常,因采食困难,逐渐消瘦而死亡,若能长期存活,但发育不良。

四、病理变化

主要病变表现为心包膜、肝表面、气囊等浆膜上出现纤维素性渗出物。

1. 纤维素性心包炎

心包内积有淡黄色并含有絮状物的渗出液,心包膜外面覆盖淡黄色或干酪样纤维素性渗出物,使心外膜与心包膜形成粘连。

2. 纤维素性肝周炎

肝脏表面覆盖一层灰白色或灰黄色纤维素膜,易剥离。肝肿大呈土黄色或棕红色。病程较长者,纤维素性渗出物被肝被膜生长出的肉芽组织机化,呈淡黄色干酪样团块。

3. 纤维素性气囊炎

气囊混浊增厚,气囊壁上附有纤维素性渗出物。

慢性病例可见到纤维素性化脓性肝炎和脑膜炎,也可感染皮肤或关节,出现坏死性皮炎和关节炎。脾肿大，表面有灰白色斑点以及干酪性输卵管炎和关节炎等。脑膜及脑实质血管扩张、淤血。少数病例见有输卵管炎，即输卵管膨大，内有干酪样物蓄积。

五、诊断

根据流行特点、临诊症状和病理变化，可作出初步诊断，确诊有赖于实验室检查。

1. 涂片镜检

取血液、肝脏、脾脏或脑作涂片，经瑞氏染色镜检可见两端浓染的小杆菌，但往往菌体很少，不易与多杀性巴氏杆菌区别。

2. 细菌的分离与鉴定

无菌采集心血、肝或脑等病变材料，接种于 TSA 培养基或巧克力培养基上，在含二氧化碳的环境中培养 24～48 h 观察菌落形态并做纯培养，对其若干特性进行鉴定。

六、鉴别诊断

应注意与鸭大肠杆菌败血症、鸭病毒性肝炎等相区别。

雏鸭大肠杆菌病：雏鸭在 15 日龄前发病死亡率高，日龄越大，死亡率越低，一般没有明显的神经症状，无角弓反张症状。

鸭病毒性肝炎：发病日龄比本病小，无明显腹泻症状，临死前和死后大多呈角弓反张姿态，剖检时肝肿大，表面有出血斑点，无浆膜的纤维素性炎症。

七、防制

加强饲养管理，注意育雏室的通风换气，干燥保温，适宜饲养密度，清洁卫生等是控制和预防本病的有效措施。

1. 疫苗预防

我国已研制出油佐剂和氢氧化铝灭活菌苗，在 7～10 日龄接种一次即可。由于鸭疫巴氏杆菌血清型较复杂，各型之间缺乏交叉免疫反应，且易变异，因此在制苗时最好针对当地流行菌株的血清型制成自家菌苗才能取得良好预防效果。

2. 药物防制

多种抗生素及磺胺类药物对本病均有一定的防制效果。但由于鸭疫巴氏杆菌易产生耐药性，用药前最好做药敏实验，在药敏结果的基础上筛选高敏药物，并注意药物的交替和联合使用。一般可选用下列药物，如氟苯尼考、庆大霉素、利高霉素、复方敌菌净、磺胺类药、喹诺酮类等。

第十八节　小鹅瘟

小鹅瘟(Gosling plague,GP)是由细小病毒引起的雏鹅与雏番鸭的一种急性或亚急性高度致死性传染病。临诊特征为精神委顿,食欲废绝,严重腹泻和有时出现神经症状。主要病变特征为渗出性肠炎,小肠黏膜表层大片坏死脱落,与渗出物凝成假膜状,形成栓子阻塞肠腔。本病主要侵害 4～20 龄鹅,传播快,发病率和死亡率高,可达 90%～100%。随着日龄的增长,发病率和致死率逐渐降低。自然条件下,成年鹅感染后常不出现临诊症状,但经排泄物及卵传播疾病。

本病最早于 1956 年由方定一等首先在江苏扬州地区发现,并用鹅胚分离到病毒。1961 年江苏扬州地区重新分离到病毒,并将该病及病原定名为小鹅瘟及小鹅瘟病毒。此后国内大多数养鹅省区均有发生。1965 年以后东欧和西欧很多国家均报道有本病存在,在国际上又称为 Derzsey 病或鹅细小病毒感染。

一、病原

鹅细小病毒(Gosling plague virus,GPV)属细小病毒科细小病毒属,呈球形,无囊膜,单股 DNA。对哺乳动物和禽细胞无血凝作用,但能凝集黄牛精子。国内外分离到的毒株抗原性基本相同,只有一种血清型,与哺乳动物的细小病毒,如猪细小病毒和犬细小病毒没有抗原关系。病毒存在于病雏的肠道及其内容物、心血、肝、脾、肾和脑中;首次分离宜用 12～15 日龄的鹅胚或番鸭胚,一般经 5～7 d 死亡,典型病变为绒毛尿囊膜水肿,胚体全身性充血、出血和水肿,心肌变性呈白色,肝脏出现变性或坏死,呈黄褐色。鹅胚和番鸭胚适应毒可稳定 3～5 d 致死,胚适应毒能引起鸭胚致死,也可在鹅、鸭胚成纤维细胞上生长,3～5 d 内引起明显细胞病变,经 HE 染色镜检,可见到合胞体和核内嗜酸性包涵体。

本病毒对环境的抵抗力强,经 65℃3 min 滴度不受影响,在 pH 值为 3.0 的溶液中 37℃条件下耐受 1 h 以上,对多种消毒剂不敏感,能抵抗胰酶的作用。

二、流行病学

本病仅发生于鹅与番鸭,不同品种的雏鹅易感性相似。其他禽类均无易感性。本病的发生及其危害程度与日龄密切相关,主要侵害 5～25 日龄的雏鹅与雏番鸭。10 日龄以内发病率和死亡率可达 95%～100%,以后随日龄增大而逐渐减少。1

月龄以上较少发病,成年禽可带毒排毒而不发病。

病雏及带毒成年禽是本病的主要传染源。自然条件下,与病禽直接接触或采食被污染的饲料、饮水是本病传播的主要途径。病毒还可附着于蛋壳上,通过蛋将病毒传给孵化器中易感雏鹅和雏番鸭造成本病的垂直传播。当年留种鹅群的免疫状态对后代雏鹅的发病率和成活率有显著影响。雏鹅可通过母源抗体获得坚强的被动保护。

本病的暴发与流行具有明显的周期性,在每年全部更新种鹅的地区,大流行后的一、二年内都不致再次流行。有些地区并不每年更新全部种鹅,本病的流行不表现明显的周期性,每年均有发病,但死亡率较低,在20%～50%。

三、症状

本病的潜伏期依感染时的年龄而定,1日龄感染为3～5 d,2～3周龄感染为5～10 d。根据病程长短可分为最急性型、急性型和亚急性型等病例。

雏鹅感染本病时日龄不同,其临诊症状、发病率、死亡率和病程长短有较大差异。

1. 最急性型

多见于1周龄内雏鹅。往往无前期症状,一发病即极度衰弱或倒地两脚乱划,不久即死亡。

2. 急性型

2周龄内的雏鹅多见。病鹅表现精神委顿,缩头,行走困难,常离群独处,食欲减退,进而废绝,严重腹泻,排出灰白色或黄绿色带有气泡的稀粪。呼吸困难,喙的前端色泽变暗(发绀),眼鼻端有浆性分泌物,嗉囊有多量气体和液体。病鹅临死前常出现神经症状,头颈扭转,两脚麻痹,全身抽搐,病程1～2 d。

3. 亚急性型

2周龄以上的雏鹅发病多为此种类型。病鹅以精神委顿,拉稀,消瘦为主要症状。病死率一般在50%以下。大部分耐过鹅在一段时间内都表现为生长受抑制,羽毛脱落。少数病鹅可以自然康复。成年鹅经人工大剂量接种后也能发病,主要表现为排出黏性稀粪,两脚麻痹,伏地3～4 d后死亡或自愈。番鸭的临诊症状与鹅相似。

四、病理变化

最急性型病例除肠道有急性卡他性炎症外,其他器官一般无明显病变。急性病例表现为全身性败血变化。心脏变圆,心房扩张,心壁松弛,心尖周围心肌晦暗无光，颜色苍白。肝脏肿大，呈深紫色或黄红色。胆囊肿大，充满暗绿色胆汁。脾脏和胰腺充血，部分病例有灰白色坏死点，部分病例有腹水。本病的特征性病变为小肠发生急性卡他性-纤维素性坏死性肠炎，小肠中下段整片肠黏膜坏死脱落，与凝固的纤维素性渗出物形成栓子或包裹在肠内容物表面的假膜，堵塞肠腔，外观极度膨大，质地坚实，状如香肠。剖开栓子，可见中心是深褐色的干燥的肠内容物。有的病例小肠内会形成扁平带状的纤维素性凝固物。亚急性型更易发现上述特有的变化。一些病鹅的中枢神经系统也有明显变化，脑膜及实质血管充血并有小出血灶。

五、诊断

根据本病仅引起雏鹅、雏番鸭发病的流行特点，结合严重腹泻与神经症状的出现以及小肠出现特征性的急性卡他性－纤维素性坏死性肠炎的病变可作出初步诊断。确诊需经病毒分离鉴定或血清特异性抗体检查。病毒分离时，可取病雏的脾、胰或肝的匀浆上清液，经尿囊腔接种于12～15日龄鹅胚，可在5～7 d内死亡，胚胎主要变化为胚体皮肤充血、出血及水肿，心肌变性呈瓷白色，肝脏变性或有坏死灶。

检查血清中特异抗体的方法有病毒中和试验、琼脂扩散试验和ELISA试验。

本病应注意与下列疾病相区别：鸭瘟特征性病变是在食道和泄殖腔出血和形成伪膜或溃疡，必要时以血清学试验相区别。鹅流感、鹅副伤寒可通过细菌学检查和敏感药物治疗实证来区别。鹅球虫病通过镜检肠内容物和粪便是否发现球虫卵囊相区别。番鸭肠道发生急性卡他性-纤维素性坏死性肠炎是与鸭病毒性肝炎在病变方面的显著区别。

六、防制

本病目前无有效治疗药物。除采取常规的卫生防疫措施外，主要依靠疫苗、高免血清进行防制。对于发病初期的病雏，注射抗小鹅瘟高免血清，治愈率为40%～50%，血清用量，对处于潜伏期的雏鹅每只0.5 mL，已出现初期症状者为2～3 mL，10日龄以上者可相应增加，一律皮下注射，能控制80%～90%已被感染的雏鹅发病。对于症状严重病雏，抗血清的治疗效果甚微。

小鹅瘟主要是通过孵房传播的，因此孵房中的一切用具设备，在每次使用后必须清洗消毒，收购来的种蛋应用福尔马林熏蒸消毒，以消除蛋壳表面污染。对于已被本病污染的炕坊，每批种蛋、孵化器、出雏器以及其他用具均应用福尔马林熏蒸消毒。刚出炕的雏鹅切勿与新收进的种蛋或成鹅接触，以切断炕坊的污染环节。

本病严重流行地区，利用弱毒苗甚至强毒苗免疫母鹅是预防本病最经济有效的方法。未发病的受威胁区不要用强毒免疫，以免散毒。种鸭在产蛋前 15 d 左右，用鹅胚化种鹅弱毒苗皮下注射，每只 1 mL。在免疫 12 d 至 4 个月内鹅群所产蛋孵化的雏鹅群能抵抗人工及自然病毒感染。种鹅免疫 4 个月以后，雏鹅的保护率会下降，须进行二次免疫。未经免疫的种鹅群，或种鹅群免疫 4 个月以上所产蛋孵化的雏鹅群，在出壳 48 h 内应用鹅胚化雏鹅弱毒苗或细胞弱毒苗进行免疫，每只雏鹅皮下注射 0.1 mL，免疫后 7 d 内严格饲养，防止强毒感染，保护率达 95%。在已被污染的雏鹅群作紧急预防，保护率达 70%～80%以上，已被感染发病的雏鹅进行免疫注射无明显防制效果。

第十九节　禽曲霉菌病

禽曲霉菌病(Aspergillosis avium)是由曲霉菌属真菌引起多种禽类、哺乳动物和人的真菌病，主要侵害呼吸器官。特征是形成肉芽肿结节，在禽类以肺及气囊发生炎症和小结节为主，故又称曲霉菌性肺炎。多见于雏禽，常呈急性暴发。

一、病原

主要病原体为烟曲霉(*Aspergillus fumigatus*)。其次为黄曲霉(*A. flavus*)，均为需氧菌，在室温和 37～45℃均能生长。在马铃薯培养基和其他糖类培养基上均可生长。烟曲霉在固体培养基中，初期形成白色绒毛状菌落，经 24～30 h 后开始形成孢子，菌落呈面粉状、浅灰色、深绿色、黑蓝色，而菌落周边仍呈白色。曲霉菌能产生毒素，可使动物痉挛、麻痹、致死和组织坏死等。

曲霉菌在常温下能存活很长时间，在温暖、潮湿的适宜条件下 24～30 h 即产生孢子。孢子对外界环境理化因素的抵抗力很强，在干热 120℃，1 h，煮沸 5 min 才能杀死。对化学药物也有较强的抵抗力。在一般消毒药物中，如 2.5%福尔马林、3%的氢氧化钠、水杨酸、碘酊等，需经 1～3 h 才能灭活。

二、流行病学

曲霉菌可引起多种禽类发病，鸡、鸭、鹅、火鸡、鹌鹑、鸽及多种鸟类(水禽、野鸟、动物园的观赏禽等)均有易感性，以幼禽易感性最强，特别是 20 日龄以内的雏禽呈急性暴发和群发性发生，而成年家禽常散发。出壳后的幼雏在进入曲霉菌严重污染的育雏室或装入被污染的雏器内而感染；48 h后即可开始发病和死亡，4～12日龄是本病流行的最高峰，以后逐渐减少，至1月龄时基本停止。如果饲养管理条件不好，流行和死亡可一直延续到2月龄。

污染的木屑垫料、空气和发霉的饲料是引起本病流行的主要传染源，其中可含有大量烟曲霉菌孢子。曲霉菌的孢子广泛存在于自然界，家禽在污染的环境里带菌率很高。病菌主要是通过呼吸道和消化道传染。育雏阶段的饲养管理，卫生条件不良是引起本病暴发的主要诱因，育雏室内日温差大、通风换气不好、过分拥挤、阴暗潮湿以及营养不良等因素都能促使本病发生和流行。同样，孵化环境阴暗、潮湿、发霉甚至孵化器发霉等，都可能使种蛋污染，引起胚胎感染，出现死亡或幼雏过早感染发病。

三、症状

自然感染的潜伏期为2～7 d，人工感染的潜伏期为24 h病禽可见精神委顿、不愿走动，多伏卧，呼吸困难、喘气、张口呼吸，常缩头闭眼，流鼻液，食欲减退，口渴增加，消瘦，体温升高，后期表现腹泻。在食管黏膜看病变的病例表现吞咽困难。病程一般在1周左右。有的表现神经症状如摇头、头颈不随意屈曲、共济失调和两腿麻痹。禽群发病后如不及时采取措施，死亡率可达50%以上。放养在户外的家禽对曲霉菌的抵抗力很强，几乎能避免传染。

有些雏鸡可发生曲霉菌性眼炎，通常是一侧眼的瞬膜下形成一黄色干酪样小球，致使眼睑鼓起。有些鸡还可见角膜中央形成溃疡。

四、病理变化

主要集中在肺和气囊。肺可见充血，切面上流出灰红色泡沫液。胸腹膜、气囊和肺上有粟粒到黄豆大小的坏死肉芽肿结节；有时可以相互融合成大的团块最大的直径3～4 mm，结节呈灰白色或淡黄色，柔软有弹性，内容物呈干酪样。腺胃胃壁增厚，乳头肿胀。在肺的组织切片中，可见到多发性的支气管肺炎病灶和肉芽肿，病灶中可见分节清晰的霉菌菌丝、孢子囊及孢子。其他器官如胸腔、腹腔、肝、肠浆膜等处有时亦可见到。有的病例呈局灶性或弥漫性肺炎变化。

五、诊断

根据流行病学、症状和剖检可作出初步诊断，确诊则需进行微生物学检查。

取病禽肺或气囊上的霉菌结节病灶，置载玻片上，加生理盐水1滴或加15%～20%氢氧化钠(氢氧化钾)少许，用针划破病料，加盖玻片后用显微镜检查，肺部结节中心可见曲霉菌的菌丝;气囊、支气管等接触空气的病料,可见到分隔菌丝特征的分生孢子柄和孢子。接种于马铃薯培养基或其他真菌培养基,生长后进行检查鉴定。

幼禽急性病例,应注意与雏鸡白痢、雏鸡霉形体病、大肠杆菌病的区别,除一般症状和呼吸道症状有相似之处外,病理剖检变化和病原学检查即可区分开。霉菌性脑炎病例,其神经症状要与雏鸡脑脊髓炎、雏鸡新城疫等区别。

六、防制

不使用发霉的垫料和饲料是预防曲霉菌病的主要措施,垫料要经常翻晒,妥善保存,尤其是阴雨季节,防止曲霉菌生长繁殖。种蛋、孵化器及孵化室均按卫生要求进行严格消毒。育雏室应注意通风换气,保持室内干燥、清洁。长期被烟曲霉污染的育雏室、土壤、尘埃中含有大量孢子,雏禽进入之前,应彻底清扫、换土和消毒。消毒可用福尔马林熏蒸法,或 0.4%过氧乙酸、5%石炭酸喷雾后密闭数小时,经通风后使用。发现疫情时,迅速查明原因并立即排除,同时对环境、用具等严格消毒。本病目前尚无特效治疗方法。用制霉菌素防制本病有一定效果,剂量为每 100 只雏鸡 1 次用 50 万 IU,每天 2 次,连用 2 d。此外也可用克霉唑,剂量为每 100 只雏鸡用 1 g,拌料喂服。或以硫酸铜 1∶2 000 稀释饮水,连喂 3～5 d,或碘化钾内服也有一定效果。

第二十节　家禽念珠菌病

家禽念珠菌病(Candidiasis)又称鹅口疮或消化道真菌病(Mycosis of the digestive tract),主要是由白色念珠菌引起的家禽上消化道的一种真菌病,特征是上消化道黏膜发生白色假膜和溃疡。

一、病原

白色念珠菌(*Candida albicans*)是半知菌纲念珠菌属的一种,为兼性厌氧菌。接种于沙氏琼脂培养基上,可见菌落呈白色金属光泽,菌体小而椭圆,能够长芽,伸长而形成假菌丝。革兰染色阳性,但着色不甚均匀。能发酵葡萄糖和麦芽糖,对蔗糖、半乳糖产酸,不分解乳糖、菊糖,这些特性有别于其他念珠菌。病鸡的粪便中含有多量病菌,在病鸡的嗉囊、腺胃、肌胃、胆囊以及肠内,都能分离出病菌。

白色念珠菌在自然界广泛存在，可在健康畜禽及人的口腔、上呼吸道和肠道等处寄居。各地不同禽类分离的菌株其生化特性有较大差别。该菌对外界环境及消毒药有很强的抵抗力。

二、流行病学

本病主要见于鸡、火鸡、鸽、鸭、鹅等以幼禽多发，成年禽亦有发生。鸽以青年鸽易发且病情严重。多发生在夏秋炎热多雨季节。病禽和带菌禽是主要传染源。病原通过分泌物、排泄物污染饲料、饮水经消化道感染。也可能通过蛋壳传染。雏鸽感染主要是通过带菌亲鸽的"鸽乳"而传染。本病发病率、死亡率在火鸡和鸽均很高。

禽念珠菌病的发生与禽舍环境卫生状况差、饲料单纯和营养不足、长期应用广谱抗生素或皮质类固醇等有关。鸽群发病往往与鸽毛滴虫并发感染。

三、症状

依家禽的种类不同，临诊表现有所差异。

1. 鸡

鸡雏鸡、成年鸡均可发生。病鸡精神不振，食欲减少或停食，消瘦，羽毛粗乱，消化障碍。有的在眼睑、口角出现痂皮样病变，开始为基底潮红，散在大小不一的灰白色丘疹，继而融合成片，高出皮肤表现凹凸不平。病鸡嗉囊胀满，但明显松软，挤压时有痛感，并有酸臭气体自口中排出、有时病鸡下痢，粪便呈灰白色。一般1周左右死亡。

2. 火鸡

火鸡雏多发。表现精神委顿，食欲减退，口腔内有黏液并黏附着饲料，除去饲料在黏膜上见有一层白色的膜。病雏常伸颈甩头，张口呼吸。部分雏火鸡有不同程度的下痢。火鸡一旦发病，死亡逐日增多，发病率和死亡率高。

3. 鸽

大小鸽均可感染，但尤以青年鸽最严重。成年鸽一般无明显症状占雏鸽感染率亦较高，但症状不严重。口腔与咽部黏膜充血、潮红、分泌物稍多且黏稠。青年鸽发病初期可见口腔、咽部有白色斑点，继而逐渐扩大，最后变成黄白色干酪样假膜。口气微臭或带酒糟味。个别鸽引起软嗉症，嗉囊胀满，软而无收缩力，食欲废绝，拉墨绿色稀粪，多在病后2～3 d或1周左右死亡。一般可康复，但在较长时间内成为无症状带菌者。

四、病理变化

主要集中在上消化道,可见喙缘结痂,口腔、咽和食道有干酪样假膜和溃疡。嗉囊内有酸臭内容物,嗉囊黏膜明显增厚,表面有一层灰白色斑块状假膜,易刮落。假膜下可见坏死和溃疡。少数病禽出现腺胃黏膜肿胀、出血和溃疡,颈胸部皮下形成肉芽肿。

五、诊断

一般根据流行特点、典型临诊症状和特征性的病理变化可以作出诊断。确切诊断必须采取病变器官的渗出物做抹片检查,观察酵母状的菌体和菌丝,或是进行霉菌的分离培养和鉴定。

六、防制

本病与卫生条件有密切关系,因此,要改善饲养管理及卫生条件,室内应保持干燥通风,防止拥挤、潮湿。种蛋表面可能带菌,在孵化前要消毒。

本病常用 1∶2 000 硫酸铜溶液或在饮水中添加 0.05%的硫酸铜连服 1 周,制霉菌素按每千克饲料加入 50～100 mg(预防量减半)连用 1～3 周。投服制霉菌素时,还需适量补给复合维生素 B,对大群防制有一定效果。此外,灰黄霉素、两性霉素 B 等控制霉菌药物也可应用。

个别治疗时,可将鸡口腔假膜刮去,涂碘甘油。嗉囊中可以灌入数毫升 2%硼酸水。或以 0.5%硫酸铜液盛放在陶器上喂给。

第二十一节　肉鸡传染性生长障碍综合征

本病是一种主要侵害肉用仔鸡,引起肉用仔鸡严重生长抑制的传染病。主要特征是肉鸡发育迟缓或停滞,饲料报酬低,鸡冠和胫部苍白,羽毛生长不良,腿软、运动障碍等多种临诊症状。

一、病原

目前,对于传染性发育障碍综合征在病原或发病原因方面尚无一致意见。许多研究者证实,用病鸡小肠组织匀浆的无菌滤液给无母源抗体的易感雏鸡口服接种，能复制出与自然病例相同的病鸡，因此认为本病的病原可能是病毒。此外，许多学者还从病鸡的肠道组织中分离到呼肠孤病毒、冠状病毒、细小病毒、披膜病毒、肠道病毒和禽反转录病毒等。多数学者认为本病的主要病原是禽呼肠孤病毒。但是将这些病毒提纯后做致病试验，任何一种病毒都不能单独完全复制成功。因此有人认为除病毒外，还可能有细菌参与致病，亦即多种病原共同致病的结果。当然不排除存在新的病毒的可能性。也有报告认为与微量元素硒缺少有关。

二、流行病学

主要发生于肉用仔鸡，特别是3周龄内的鸡最易感，最早发生于3～7日龄，亦见于幼龄蛋鸡、火鸡和珍珠鸡。病鸡和带毒鸡是主要传染源，病毒主要从肠道排出，通过污染的饲料和饮水，经消化道感染。也可能通过种蛋垂直传播。本病在一个地区或鸡场一旦发生则很难彻底消灭，水平传播迅速，将1～3日龄健康雏鸡放入病鸡群中，很快发生同舍感染，出现明显症状。通常发病率为5%～20%，6～14日龄鸡死亡率可达15%左右。发病率和病死率与饲养管理条件有密切关系。

此外，霉菌毒素及其他一些毒素也可能与这种发育障碍综合征有关，应引起重视。

三、症状

病初表现为精神倦怠，水样腹泻，粪便内含未消化的饲料，病鸡腹部臌胀下垂。体重迅速下降，仅为正常鸡体重的1/3，个体矮小，生长明显受阻。羽毛发育异常，受感染的小鸡绒毛保持较长时间，主翼羽生长推迟，羽毛蓬松，干枯无光泽，容易断裂。3周龄以上病鸡骨骼变化较为明显，表现为站立无力，跛行。嘴、脚色苍白，色素消失。头颈、肉髯水肿。

特征性的临床表现有整个鸡群生长不均匀，大小不一，病程超过1周龄或更长时间的表现较为明显，一群鸡中一般有5%～20%的鸡受感染，这些鸡到4周龄时只有同栏鸡的一半那么大，甚至更小。在6～14日龄时，可见死亡率有所升高。病鸡过量饮水、下痢、排黄色至咖啡色带黏液的稀粪。羽毛粗乱、无光泽，颈部留有绒毛，翅膀上常伴有位置不整的羽毛，或断裂，故称为“直升飞机病”。

四、病理变化

病死鸡矮小、消瘦。剖检时可见肠道肿胀、苍白，胃肠道充满未消化的食物。腺胃肿大且增厚，有炎性反应，甚至坏死，肌胃缩小并糜烂。心包发炎，心包液增多，可见局灶性心肌炎。肝脏苍白有炎症，胰腺通常有不同程度的损害，见胰腺萎缩，腺管堵塞，苍白而坚实，尤其是在胰脏远侧 1/3 段表现更为明显。胸腺和法氏囊萎缩变小。胫骨或肋骨变形，呈佝偻样变化，大腿骨骨质疏松，股骨坏死，易断裂。长骨变软，生长板变厚。

五、诊断

由于目前对本病的病原尚未最后确定，因此在诊断上只能根据临床观察到的生长发育迟缓，结合病理解剖学上的变化来作出初步诊断，如发病年龄、腹泻、羽毛蓬乱、体形矮小、跛行以及腿骨的变化等。

六、防制

由于病因复杂，在防制方面目前仍没有特异性的措施，需采用综合性防疫措施。

加强鸡场的综合防疫工作，育雏结束后必须更换垫料，严格消毒。做好饲料的储存工作，防止受潮和发霉。消除免疫抑制因素，特别是要做好传染性法氏囊病的免疫接种工作，减少鸡群可能出现的免疫抑制现象。防止球虫感染，因两者之间有相互加强的效应。

改善饲料的营养水平，提供质优价全的配合饲料对预防本病有一定效果。饲料必须含可消化的营养物，最好添加足量的必需氨基酸，以提高饲料的利用率。此外，维生素量的增加一般也是有益的，而脂溶性维生素好处更多。但维生素 A 的含量要限制在每千克饲料 12 000 IU 以下，以避免阻碍维生素 D 的吸收。每千克饲料中添加 0.25 mg 硒和 25～100 mg 维生素 E，可防止胰脏的损害。

第二十二节　网状内皮组织增生症

网状内皮组织增生症（Reticuloendotheliosis，RE）是由网状内皮组织增生症病毒（Reticuloendotheliosis virus，REV）引起的鸭、火鸡、鸡和野鸡等禽类的以淋巴网状细胞增生为特征的肿瘤性疾病。包括免疫抑制、致死性网状细胞瘤、生长抑制综合征以及淋巴组织和其他组织的慢性肿瘤。

RE 不仅是一种肿瘤病，而且还引起感染宿主的免疫抑制。鸡在感染 RE 后其体液免疫和细胞免疫功能会受到抑制，会增强对传染性喉气管炎疫苗的接种反应，增加对禽痘和传染性支气管炎的敏感性，提高鸡患球虫病和沙门杆菌病的死亡率，且易患坏死性皮炎。据报道，REV 感染可抑制机体对 MDV、HVT 的免疫应答。REV 还是家禽疫苗的一种潜在污染物，在接种了受 REV 污染的生物药品的鸡中发生严重的免疫抑制。

本病是 1958 年英国的 Robinson 和 Twiehaus 首先从患内脏肿瘤的火鸡中分离到 TEV，60 年代后期又陆续从马立克病鸡、原虫病鸭等体内分离出病毒，但均属 REV 群。

一、病原

病毒粒子大小与禽白血病病毒相似。但其类核体具有链状或假螺旋状结构，这一点与禽白血病病毒不同。REV 可以在鸡胚绒毛尿囊膜上产生痘样病变，并常导致鸡胚死亡。用 REV 接种 1 日龄雏鸡，导致严重的肝脾肿大，具有显著的坏死或淋巴组织增生性病变。可在鸡胚、鸭胚、火鸡胚和鹌鹑胚等成纤维细胞培养物增殖，一般不产生细胞病变。

REV 分为复制缺陷型和非缺陷型两种。1958 年首次从患有内脏肿瘤的火鸡分离出来的 REV 原型病毒，称为 T 株，为复制缺陷型病毒，具有严重的致瘤性。其他毒株，包括 T 株辅助病毒、DIA 株(鸭传染性贫血病毒)、SN 株(鸭脾坏死病毒)和 CS 株(鸡合胞体病毒)均为非缺陷型病毒，它们与矮小综合征和慢性肿瘤有关。矮小综合征和慢性肿瘤均可自然发生，但 T 株引起韵急性网状细胞瘤尚未发现自然病例。目前，从各禽类分离到的 REV 近 30 个分离株，抗原均十分接近，同属于一个血清型。

病毒对乙醚、氯仿、消毒剂敏感，对热敏感，4℃条件下病毒比较稳定，37℃ 20 min 活力丧失 50%，lh 失活 99%，56℃ 30min 可失活，不耐酸(pH 值为 3.0)。耐低温和紫外线照射，－70℃可长期保存而活性不变。

二、流行病学

自然宿主包括火鸡、鸭、鹅、鸡和日本鹌鹑，此外还有野鸡和珍珠鸡等，其中以火鸡发病最为常见，2～6 周龄的家禽多发。本病在商品鸡群中呈散在发生，危害最为严重。但尚未见哺乳动物发病的报道。在火鸡和野水禽中可呈中等程度流行。病禽的泄殖腔排出物、眼和口腔分泌物常带有病毒。病毒可通过与感染鸡和火鸡的接触而发生水平传播。亦有报道指出本病毒可通过蚊子传播和鸡胚垂直传播。

使用污染 REV 的疫苗接种鸡在本病的传播上具有重要作用。已有报道用污染 REV 的马立克病火鸡疱疹病毒疫苗或禽痘疫苗对鸡进行接种可引起 REV 的人工传播，这种情况往往导致免疫失败或大批发生矮小综合征。

三、症状和病变

本病是除马立克病和淋巴细胞性白血病以外，病因清楚的第三种禽病毒性肿瘤病。

1. 急性网状细胞瘤

急性网状细胞瘤由复制缺陷型 REV-T 株引起。人工接种后潜伏期最短为 3 d，但死亡常发生于接种后 3 周左右。由于临诊症状出现迅速，几乎见不到症状就已死亡，病死率可高达 100%。病禽可见肝、脾肿大，并伴有局灶性或弥散性浸润病变。病变还常见于胰、心、肾和性腺。

2. 矮小综合征

矮小综合征是指由几种与非缺陷型 REV 毒株感染有关的非肿瘤病变，它包括生长抑制、胸腺和法氏囊萎缩、外周神经肿大、羽毛发育异常、肠炎和肝脾坏死等。临诊上鸡群表现为明显的发育迟缓和消瘦苍白，羽毛粗乱和稀少。以非缺陷型 REV 感染鸡后常发生细胞免疫和体液免疫抑制。已有资料报道它能抑制马立克病病毒、火鸡疱疹病毒、新城疫病毒等抗体的产生。抑制程度与接种剂量和毒株有关。实际上这组病毒最有经济意义的特点是引起免疫抑制。

3. 慢性肿瘤

由非缺陷型 REV 毒株引起的慢性肿瘤可分为两种类型。第一类包括鸡和火鸡经漫长的潜伏期后发生的淋巴瘤，这种肿瘤与淋巴细胞性白血病的主要区别在于前者是以淋巴网状细胞为主组成的。第二类是指那些具有较短潜伏期的肿瘤，这些肿瘤的特征大多尚未进行深入研究。

四、诊断

根据典型的肉眼病变和组织学变化可以作出初步诊断，但确诊还需要进一步证明 REV 或抗 REV 抗体的存在。

病原学检查可取病禽的组织悬液（最好采取脾或肿瘤组织，制备 10%悬液）、全血、血浆等接种在易感的组织培养物中。组织培养物至少应坚持 2～7 d 的盲传继代，观察细胞致病作用，并用抗 REV 的特异性血清检查免疫荧光抗原。按此法分离出来的病毒，可以腹腔接种于 1 日龄雏鸡，以复制典型病例和进一步做包括中和试验在内的血清学分析加以鉴定。

本病应与马立克病或淋巴细胞性白血病相鉴别诊断。马立克病为一侧坐骨神经肿胀，而本病为两侧坐骨神经肿胀；内脏型马立克病在各个脏器上基本均有肿瘤，并有皮肤与眼的肿瘤，本病仅在肝脾上出现肿瘤。肿瘤病变中如有淋巴网状细胞应认为对本病有相当诊断价值，因为这种细胞对后两种病都不是典型的病变。

五、防制

至今尚无适用于本病的特异性防制办法。现阶段 RE 防制的主要对策是加强原种鸡群中 REV 抗体和蛋清样本中病毒抗原的检测，淘汰阳性鸡，净化鸡群，同时对阳性鸡所污染的鸡舍及其环境进行严格消毒。目前，RE 疫苗的研究仅处于实验室阶段，尚无商业化生产。

本章小结

本章介绍了家禽的主要传染病，是本门课程的重点学习内容之一。在学习过程中应在学习了人畜共患病中禽的传染病基础上，结合本章内容将家禽常见传染病进行总结（如按照临床症状进行划分为呼吸道病、消化道病、免疫抑制疾病及其他等），并对家禽传染病的发生及流行形成初步认识，重点掌握常见家禽传染病及危害性较大的家禽传染病的流行特点、具体诊断方法和防制措施。

专项训练

1. 阐述鸡新城疫的流行特点，临床症状，病理变化及诊断措施。
2. 比较鸡传染性支气管炎和鸡传染性喉气管炎的临床诊断特点及其治疗措施。
3. 阐述鸡传染性法氏囊病的流行特点，临床症状，病理变化及诊断措施。
4. 阐述鸡产蛋下降综合征的流行特点，临床症状，病理变化及诊断措施。
5. 阐述鸡毒支原体病的流行特点，临床症状，病理变化及诊断措施。
6. 论述鸡传染性贫血的流行特点，临床症状，病理变化及诊断措施。
7. 论述鸡马立克病的流行特点，临床症状，病理变化及诊断措施。
8. 论述鸡多病因呼吸道疾病个病原的关系及相互作用。
9. 阐述如何鸡传染性鼻炎的流行特点及防控措施。
10. 论述鸭瘟的防制措施。
11. 阐述鸭病毒性肝炎的流行特点及防控方法。
12. 阐述鸭传染性浆膜炎的临诊特点，流行特点及防制方法。
13. 论述小鹅瘟的流行特点、临诊特点以及防制方法。
14. 阐述禽曲霉菌病的流行特点及防制方法。

第六章　反刍动物传染病

本章导读

本章主要介绍了牛羊生产中危害较大的传染病，有的已经被消灭，有的正在广泛流行。从病原、流行病学、临床症状、病理变化、诊断和防制6个方面描述了各个疾病特征。

1. 重点掌握牛病毒性腹泻—黏膜病、牛传染性鼻气管炎、恶性卡他热、牛流行热、传染性脓疱、传染性角膜结膜炎。

2. 掌握牛瘟、小反刍兽疫、牛白血病、牛传染性胸膜肺炎流行特点、诊断要点及防制措施。

3. 了解无浆体病、副结核、羊梭菌性疾病主要诊断要点及防制措施。

第一节　牛瘟

牛瘟(Rinderpest)是由牛瘟病毒引起牛和水牛的一种急性、热性、致死性传染病，绵羊、山羊、猪也可感染。临床特征为发热，齿龈、舌、颊和硬腭等处黏膜糜烂，眼、鼻流出浆液性或黏液脓性分泌物，有时出现严重腹泻。

牛瘟曾给世界养牛业造成过毁灭性的打击。曾广泛流行于整个欧洲、非洲、亚洲以及西亚。在1949年以前，我国牛瘟的流行几乎遍及全国，1956年以后再没有发生。

一、病原

牛瘟病毒(Rinderpest virus)属于副粘病毒科、麻疹病毒属成员。病毒粒子呈多形性,成熟粒子为圆形,平均直径120～300 nm,有囊膜,囊膜上有纤突。

该病毒能够刺激机体产生中和抗体、补体结合抗体和沉淀抗体,与麻疹病毒、犬瘟热病毒和小反刍兽疫病毒有较强的抗原相关性,并对裂谷热病毒有干扰作用。本病毒没有红细胞凝集和吸附作用。

牛瘟病毒对外界的抵抗力弱,高温、日光(紫外线)、超声波、冻融、冻干等极易使其失去活力,而且多种消毒剂都容易将其杀灭。病牛分泌物排泄物内的病毒一般可于36 h内死亡;病牛的皮张在日光下暴晒48 h后病毒被灭活。盐渍后的牛皮置于阴湿处,病毒可生存4～12 d,风干骨骼30 d后还有传染性。

二、流行病学

牛瘟病毒主要感染牛和水牛,致死率较高,但不同年龄、品种牛的易感性有明显差异,其中以牦牛最易感,黄牛和水牛次之。绵羊、山羊和猪对该病也有一定的易感性。

病牛和带毒牛是该病主要的传染源,病牛能通过其分泌物和排泄物排出大量病毒,但大多数都是由于健康牛与病牛的直接接触而被感染。亚临床感染的绵羊和山羊可将牛瘟病毒传染给牛,感染猪也可通过直接接触将病毒传播给其他猪或牛,病毒能在猪体内持续存活36 d。

该病主要通过消化道传播,也可通过呼吸道飞沫传播或吸血昆虫机械性传播。由于牛瘟病毒弱毒株的存在,可在流行地区的中群中长期存在而不被人们注意,一旦出现应激或传播到一个新的地方,则可能引起严重发病和流行。

牛瘟流行具有明显的周期性和季节性,多发生于冬季12月份到次年的4月份。流行期间疫情可随运输路线扩展,耐过病牛可获得足够的免疫力。

三、临床症状

潜伏期2周左右。新疫区病牛多表现为典型性临床症状,而老疫区病牛则以非典型性为主。

典型牛瘟　发病初期体温升高超过40℃上,稽留3～5 d,随后体温下降。眼结膜鲜红,眼睑肿胀,眼分泌物初为浆液性,渐变为黏性或黏脓性。鼻液由无色黏液渐变为灰色或棕色脓样物,有恶臭异味。鼻黏膜充血并有出血点。鼻镜干燥、发热、龟裂，其上附有棕黄色痂皮，脱落后露出红色易出血的糜烂面。唾液增加并夹杂有气泡，间或混有血丝。高热期间口腔黏膜充血，下唇和齿龈等处出现灰色或灰白色小点、大小如粟粒状，初坚硬而后渐变为水泡状，破溃后形成糜烂，最后融合成地图样烂斑或变为深层溃疡。最后大片口腔黏膜坏死，大量的坏死物质脱落而形成浅表的、不出血的黏膜糜烂或溃疡。此外，鼻孔、阴门和阴道以及阴茎的包皮鞘等处也可见明显的坏死变化。

发病早期病牛便秘，粪便干燥并常覆盖黏液和血液；随后严重腹泻，粪便呈水样、恶臭，粪便含有黏液、血液和上皮碎屑，并伴有里急后重表现；后期大便失禁。尿频，尿液呈黄红色至黑红色。母牛可从阴道流出黏性或黏脓性分泌物，有时混有血液。阴户红肿.阴道黏膜充血；乳房松软，奶产量减少，奶稀如水呈黄色或停止泌乳。孕畜常流产。病势严重时病牛多在出现症状后 4～7 d 死亡。

非典型牛瘟 上述症状不典型或不明显，表现出或多或少、严重程度不一的临床现象，也可能呈隐性经过。

四、病理变化

病理剖检变化主要表现为病牛的大部分器官和组织呈现出严重的点状出血、出血性浸润、体腔内出血和黏膜浅层坏死等变化，整个消化道黏膜出现炎症和坏死，特别是口腔、皱胃和大肠黏膜的损害最为显著并具有特征性，常形成纤维素性死性假膜和出血性烂斑。口腔黏膜，如上下唇的内侧面、齿龈、颊和舌的腹面等处有硬的灰黄色小结节，有时结节性病灶可蔓延到硬腭和咽部等处；随后结节处形成糜烂区，底部粗糙呈红色，边缘清楚并有较大的糜烂区和溃疡。皱胃黏膜，尤其是幽门部黏膜及各个皱襞的颈部肿胀，布满鲜红色或暗红色的斑点和条纹。胃底部黏膜水肿、增厚，切面呈胶冻样并有形状不规则的烂斑；若病程较长，则在烂斑的边缘可见黑色血块和纤维素假性膜牢固地粘着。回盲瓣的肿胀出血，盲肠内含有暗红色的血液和血块，整个盲肠皱褶处的顶端黏膜弥漫性出血，呈鲜红色，这种沿黏膜皱褶顶部的充血和出血形成了牛瘟特征性的斑马状条纹。盲结肠连接部的病变也很显著，肠壁极度充血和出血，由于黏膜下层及肌层水肿，肠壁增厚，黏膜上皮发生糜烂，淋巴滤泡坏死。牛瘟弱毒株常不引起广泛性的黏膜病变，因而很难进行临床诊断。

组织学病变可见所有淋巴器官损害严重，特别是肠系膜淋巴结和与肠道有关的淋巴组织。B 细胞和 T 细胞区破坏严重，常可见到细胞质内和细胞核内的嗜酸性包涵体。

五、诊断

根据流行病学、临床症状和剖检变化可做出初步诊断，确诊需要进行实验室检查。

1. 病原学检测

取急性感染动物的脾、淋巴结、血液或口、鼻分泌物等病料处理后，接种适宜的细胞培养物可观察到特征性的细胞病变，即有折射性、细胞变圆、皱缩、胞浆拉长或形成巨细胞。病毒鉴定可使用免疫过氧化物酶染色或特异性血清进行中和试验。由于牛瘟病毒和小反刍兽疫病毒具有血清学交叉反应，因此在小反刍兽疫的疫区，必须应用基于牛瘟病毒特异性单克隆抗体的荧光抗体或 ELISA 试验或 PCR 方法进行分离物的鉴定。

2. 血清学试验

常用的有琼脂扩散试验、反向对流免疫电泳试验、中和试验和竞争 ELISA 等快速诊断技术。前两种方法可用于检测患病动物眼分泌物中的沉淀抗原，并且在该病前驱期和糜烂期采集的分泌物均有大量的抗原存在。中和试验需要在特定的实验室进行以防散毒，竞争 ELISA 试验主要用于抗体的检测。

六、防制

牛瘟是 OIE 规定的 A 类动物传染病，也是我国《动物防疫法》规定的一类动物传染病。由于该病具有高度的传染性和致死率，所有分泌物都携带有病毒，所以需要对疫区内活体动物的移动采取严格限制措施。一旦有牛瘟发生，应在 24 h 内向上级主管部门通报疫情，封锁疫点和疫区，消毒、销毁污染器物及环境，对尸体做无害化处理。对可能发病的牛群进行紧急免疫接种。

我国规定禁止从发生牛瘟的国家或地区进口有关动物及动物产品。在进口的动物中检出牛瘟时，阳性动物连同其同群动物做全群退回或者扑杀并销毁尸体。

第二节　牛病毒性腹泻——黏膜病

此病也叫牛黏膜病(Mucosal disease)或牛病毒性腹泻(Bovine viral diarrhea)，是由牛病毒性腹泻——黏膜病病毒引起牛、羊的一种急性热性传染病。特征是体温升高、口腔黏膜发炎、糜烂、坏死，腹泻及胎儿发育异常。我国 1980 年首次发生，目前已发现许多地区有该病的存在。

一、病原

该病毒属黄病毒科、瘟病毒属的成员，与猪瘟病毒有共同的抗原性。该病毒分为两个血清型，即细胞病变型和非细胞病变型，每个血清型又分许多毒株，每个毒株间具有明显的抗原性差异，每种毒株可能引起不同的临床表现和病理变化。

病毒对外界抵抗力不强，pH 3.0 以下和 56℃很快灭活，但血液和组织中的病毒在低温状态下稳定，在冻干状态下可存活多年。对一般消毒药敏感。

二、流行病学

本病可感染多种动物，特别是偶蹄动物。患病动物和带毒动物为传染源，动物感染可形成病毒血症，患病动物急性期的血液、分泌物、排泄物和脾脏中含有病毒，感染怀孕母羊的流产胎儿也可称为传染源。持续感染的牛终生带毒，康复的牛可带毒 6 个月，都可成为重要的传染源。

本病主要传播途径是消化道和呼吸道，通过直接接触或间接接触传播，也可通过垂直传播。被病原体污染的饲料、饮水和用具可传播病毒。

牛不论大小均可发病，新疫区常表现为急性经过，但发病率一般不超过 5%，病死率可达到 90%以上，发病牛集中于 6～18 月龄。而老疫区发病率和死亡率都很低，隐性感染牛在 50%以上。

本病无明显的季节性，但冬春季节多发。

三、临床症状

1. 牛

自然感染的潜伏期 7～14 d，根据临床症状和病程可分为急性型和慢性型，临床上多数病牛表现为隐性感染。据资料，绝大多数发病的牛群，临床表现相对固定，而不是多种症状同时出现。

(1)急性型。常见于幼犊，成年奶牛症状轻重不一。常突然发病，初期表现为厌食，鼻、眼流出浆液黏性液体，咳嗽，呼吸急促，流涎，磨牙，精神委顿，体温升高到 40～42℃，持续 4～7 d，同时白细胞总数减少。经过几天的体温平稳期后体温再次升高，此时病牛鼻镜糜烂、表皮剥落，舌面上皮坏死脱落，流涎增多，呼出的气体恶臭。再后发生严重的腹泻，持续或间歇发生，可达几个月之久，开始粪便稀薄如水，灰色、恶臭，混有大量的黏液和小气泡，后期带有黏液和血液。有些病牛还伴有蹄叶炎、趾间皮肤糜烂、坏死，患肢出现明显的跛行。

某些毒株可引起病牛血小板减少，而表现为黏膜、浆膜广泛的出血，粪便带血被认为是血小板减少的结果。

(2)慢性型。一般体温不高，病牛被毛粗乱、消瘦和间歇性腹泻。常见的症状是鼻镜大面积糜烂，门齿齿龈明显发红。跛行，球节部皮肤充血、蹄壳变长而弯曲，步态蹒跚。病程2～6个月，多以死亡告终。

感染牛和发病牛会发生明显的免疫机能下降，发生严重的继发感染，原因在于白细胞总数减少，特别是淋巴细胞减少。

妊娠母牛感染本病时常发生流产，或产下有先天缺陷的犊牛，最常见的缺陷是小脑发育不全，有些患犊由于白内障而失明。妊娠感染的母牛可产下临床健康的犊牛，发病后康复的牛常被作为种用，实际上这些牛是最危险的，往往造成该病在牛群的广泛传播，经久不息。

2. 羊

绵羊可以用黏膜病毒实验感染，但仅在妊娠绵羊被感染而病毒通过胎盘及胎儿时才会发病。妊娠12～80 d的绵羊，可能导致胎儿死亡、流产或早产。

四、病理变化

主要病理变化位于消化道和淋巴组织。鼻镜口腔黏膜、齿龈、舌、软腭、硬腭以及咽部黏膜有小的不规则的浅表烂斑，尤其是食道黏膜呈现纵行的糜烂斑具有特征性。偶尔可见瘤胃黏膜有出血和糜烂，真胃黏膜炎性水肿和糜烂，小肠黏膜弥漫性发红，盲肠、结肠和直肠黏膜水肿、充血和糜烂。集合淋巴结和整个消化道淋巴结可见水肿。运动失调的新生犊牛有严重的小脑发育不全及两侧脑室积水现象。蹄部皮肤出现糜烂、溃疡和坏死。

五、诊断

在本病的流行地区，某牛群同时出现发热、腹泻、黏膜损伤和趾部损伤的典型病例，根据临床症状可作出诊断。确诊必须进行病毒鉴定或血清学检查。同时应注意与类似疾病进行鉴别，如牛传染性鼻气管炎、恶性卡他热、蓝舌病等。

六、防制

1. 预防

加强饲养管理，减少应激的发生，加强检疫，防止引进病牛；受威胁地区和牛场应考虑使用疫苗免疫接种，但由于活疫苗可造成妊娠牛持续感染，所以母牛应在空怀期接种。对绝大多数牛群，推荐使用灭活疫苗。

2. 治疗

对发病牛羊没有特效治疗方法，针对腹泻使用收敛剂和补液疗法可缩短恢复期，减少损失。用免疫增强剂、抗生素和磺胺类药物，可减少继发细菌感染。

第三节　牛传染性鼻气管炎

传染性牛鼻气管炎(Infectious bovine rhinotracheitis，IBR)，又称牛传染性脓疱性外阴—阴道炎、“坏死性鼻炎”、“红鼻病”，是由传染性牛鼻气管炎病毒引起牛的一种高度传染性疾病。该病的典型症状主要在上呼吸道，表现为化脓性鼻气管炎、结膜炎，有时有脑膜炎，生殖道感染则导致疱疹性外阴－阴道炎、流产和龟头－包皮炎等。多数牛感染呈亚临床经过，常常由于继发感染而出现更为严重的呼吸道症状。由于本病可延缓肥育牛群的生长和增重，使患病奶牛产奶量明显减少甚至停乳，感染的种公牛精液带毒，给养牛业造成很大的经济损失。

本病最早是于 1950 年在美国发现，1956 年分离并确认了病原。目前，该病呈世界性分布，美国、澳大利亚、新西兰以及欧洲许多国家都有本病流行。1980 年，我国从新西兰进口奶牛中首次发现本病，并分离到了传染性牛鼻气管病毒，目前在我国一些地区的牛群中发现有血清学阳性牛的存在。

一、病原

传染性牛鼻气管炎病毒(Infectious bovine rhinotracheitis virus)属于疱疹病毒科甲型疱疹病毒亚科单纯疱疹病毒属的成员。病毒粒子为正二十面体立体对称，直径为 130～180 nm，有囊膜，对氯仿和酸敏感。该病毒的细胞培养物经浓缩后有明显的血凝活性，能凝集小鼠、大鼠、豚鼠、仓鼠和人的红细胞。

目前，世界各地分离的 IBRV 毒株至少几十个，经血清学试验证明只有 1 个血清型。经试验证明该病与马鼻肺炎病毒、马立克病病毒和伪狂犬病病毒间有某些共同的抗原成分。

该病毒对外界环境的抵抗力较强，4℃条件下可存活 30 d；寒冷季节、相对湿度为 90％时可存活 30 d；在温暖季节中，该病毒也能存活 5～13 d，－70℃保存的病毒可存活数年。但在 pH 4.5～5 的溶液中不稳定，对热敏感，56℃ 21 min 可灭活，对一般常用消毒药敏感。

二、流行病学

该病的感染谱较窄，自然宿主是牛，并且多见于育肥牛和奶牛。肉用牛群的发病有时可高达75%，其中20～60日龄的犊牛最为易感，病死率也较高。山羊和猪也能感染并产生中和性抗体。

病牛和带毒牛为本病主要传染源，病毒存在于病牛的鼻腔、气管、眼睛以及流产胎儿和胎盘等组织内。感染牛可不定期排毒，通过空气、媒介物以及直接接触感染。在自然状态下则主要通过飞沫、交配传染，也能经胎盘感染而引起胎儿死亡和流产。

该病多发于秋季和寒冷的冬季，在过分拥挤、密切接触时更易迅速传播。

三、临床症状

本病潜伏期一般为3～6 d，有时可达20 d以上，人工滴鼻或气管内接种时为18～72 h。根据患病动物感染器官的不同可分为多种临床类型，其中较为多见的病型是呼吸道感染，伴有结膜炎、流产和脑膜炎，其次是脓疱性外阴-阴道炎或龟头-包皮炎。

1. 呼吸道型

该病型在临床上最为常见，多发生于较冷的季节。病毒首先侵害上呼吸道引起急性卡他性炎症，也可侵害消化道。有的病例症状轻微而不易觉察，有些症状则极为严重。患病牛体温高达39.5～42℃，精神极度沉郁，拒食。鼻黏膜高度充血呈火红色，故被称为红鼻病；鼻腔黏膜有浅表溃疡，鼻孔流出多量分泌物，初为浆液性，后为黏液性，最后则带有脓汁和血液；鼻窦及鼻镜内组织高度发炎呈红色；因鼻黏膜坏死，病牛呼气时常有臭味。随着病情的发展，病牛出现不同程度的呼吸困难症状，患病乳牛初期产乳量明显减少，后期完全停止，经5～7 d可能恢复。有时可见病牛拉稀，粪便中含有血液。此外，该型病例还常伴有结膜炎，可见眼睑浮肿、结膜充血及流泪，结膜上有黄色针尖大小的颗粒。无继发感染时病程7～9 d，随后逐渐好转并恢复正常。继发感染的重型病例可能死亡，妊娠中后期的母牛流产，犊牛则出现脑膜炎的变化。严重流行的牛群发病率可达75%以上，但病死率通常在10%以下。

2. 生殖道感染型

又称传染性脓疱性外阴阴道炎。潜伏期很短，通常为1～3 d。一般经配种传染，母牛及公牛均可感染发病。病初精神沉郁，发热呈轻度的波浪热型，可持续数天。外阴部轻度肿胀，并有少量黏稠的分泌物附着在局部皮毛上。病牛时常举尾，排尿时有痛感。病情缓和者，外阴黏膜上出现白色小脓疱，阴道黏膜轻度充血，阴道壁上附着淡黄色渗出物。重症病例的阴门阴道发炎充血，阴道底面上有黏稠无臭的黏液性分泌物，大量小脓疱使阴户前庭及阴道壁形成广泛的灰色坏死膜，当擦掉或脱落后遗留发红的擦破表皮，阴门流出黏液线条，污染附近皮肤被毛。急性期消退时开始愈合，经 10～14 d 痊愈，但阴道内渗出物可持续排出数周。孕牛很少发生流产。

公牛感染时，潜伏期 2～3 d，病牛精神沉郁、食欲废绝，有时出现一过性发热，数天后可痊愈。严重病例出现波浪热型以及包皮、阴茎上形成脓疱，随即包皮肿胀，几天后脓疱破溃，留下边缘不规则的溃疡，尤其当有细菌继发感染时更加严重。病程一般为 10～14 d，随后开始恢复。有时公牛呈隐性感染，可从其精液中分离出病毒。

3. 脑膜炎型

主要发生于犊牛，表现为脑炎症状，体温升高达 40℃以上，共济失调，精神沉郁，随后兴奋、惊厥，口吐白沫，最终倒地，角弓反张，磨牙，四肢划动。病程短促，发病率高，死亡率可达 50％以上。

4. 眼结膜炎型

由于病毒对黏膜的亲嗜性，常可引起角膜炎和结膜炎，但一般不形成溃疡。临床上多数病牛缺乏明显的全身反应，主要表现为结膜充血、水肿，表面形成灰色的颗粒状坏死膜。角膜轻度混浊，眼和鼻流浆液性或脓性的分泌物。该型有时与呼吸道感染型同时出现，很少引起死亡。

5. 流产型

一般多见于初产母牛，可在怀孕的任何时期发生，但多发生于妊娠的第 5～8 个月。流产前常无前驱症状，也无胎衣滞留现象。该型多数是由于病毒在呼吸道黏膜增殖后形成了病毒血症，经血液循环进入胎膜、胎儿所致，因此胎儿感染常为急性过程，经 7～10 d 死亡。

四、病理变化

特征性病变见于呼吸道感染的严重病牛，可见呼吸道黏膜高度发炎，有浅溃疡，咽喉、气管及大支气管黏膜表面被覆腐臭黏脓性渗出物。内脏器官可见化脓性肺炎、脾脏脓肿、肝脏表面和肾脏包膜下具有灰白色或灰黄色的坏死灶、第四胃黏膜发炎及溃疡以及大小肠出现卡他性肠炎。生殖道感染型则可见局部黏膜表面形成小的脓疱。流产胎儿的肝、脾有局部坏死，有时皮肤水肿。

组织学检查则在呼吸道上皮细胞中见有核内包涵体。脑膜炎型病例可见淋巴细胞性脑膜炎和以单核细胞为主的血管套。肺脏、肾脏、肝脏、脾脏以及胸腺、淋巴结等出现弥漫性的坏死灶。

五、诊断

根据该病在流行病学、临床症状和病理剖检等方面的特点，可进行初步的诊断。在新疫区要确诊本病，必须依靠病毒分离鉴定和血清学诊断。分离病毒所用的病料，可以是发热期的鼻腔洗涤物，也可以用流产胎儿的胸腔液或胎盘子叶，通常用牛肾细胞培养物进行分离，然后用中和试验及荧光抗体鉴定病毒。近年来，也用 DNA 限制性内切酶分析和 PCR 等方法进行病原学检测。

血清学试验多用中和试验、酶联免疫吸附试验、琼脂扩散试验或间接血凝试验等方法。OIE 推荐中和试验和 ELISA 方法进行抗体的检测。

六、防制

预防本病应在加强饲养管理的基础上，加强冷冻精液检疫、管理以及检疫制度，不从有病地区或国家引进牛只或其精液，必须引进时需经过隔离观察和严格的病原学或血清学检查，证明未被感染或精液未被污染方准使用。在生产过程中，应定期对牛群进行血清学监测，发现阳性感染牛应及时淘汰。

由于本病缺乏特效的药物治疗，一旦发生本病应根据当地疫情的具体情况，可采取封锁、检疫、剖杀病牛或感染牛，并结合消毒等综合性措施扑灭该病。但若本地是老疫区，则可通过隔离病牛，消毒污染牛棚，应用广谱抗生素治疗而防止细菌继发感染，再配合对症治疗等方法来促进病牛的痊愈。

疫区或受威胁牛群可对未被感染牛进行弱毒疫苗或油佐剂灭活疫苗的免疫接种。但免疫接种时应注意免疫母牛后代血清中的母源抗体有时可持续 4 个月，对主动免疫力的产生可能有干扰作用。通常犊牛在半岁时进行疫苗接种，其免疫期可达半年以上。病愈康复牛可获得坚强的免疫力。

第四节　牛流行热

牛流行热(Bovine epizootic fever)是由牛流行热病毒引起牛的一种急性热性传染病，其临床特征是突发高热，流泪，流涎，鼻漏，呼吸促迫，后躯强拘或跛行。该病多为良性经过，发病率高，病死率低，2～3 d 即可恢复。流行具有明显的周期性、季节性和跳跃性。由于大批牛发病，严重影响牛的产奶量、出肉率以及役用牛的使役能力，尤其对乳牛产乳量的影响最大，且流行后期部分病牛因瘫痪常被淘汰，故对养牛业的危害相当大。

在1867年，Sweinfurth首次报道该病在南非的大流行情况，1910年被证实。本病广泛流行于非洲、亚洲及大洋洲。在日本，本病被称为流行热，曾于20世纪50年代多次流行；在南非和澳大利亚等国家，将本病称为暂时热或三日热，据记载我国于1938年就有该病的流行，但至1976年才分离出病毒得到证实。

一、病原

牛流行热病毒（Bovine epizootic fever virus），又名牛暂时热病毒，属于弹状病毒科暂时热病毒属的成员。病毒粒子呈子弹头形或圆锥形，长130～220 nm、宽60～70 nm，含单链RNA，有囊膜，对乙醚、氯仿等敏感。除典型的子弹形病毒粒子外，还常见到T形粒子，即截短的窝窝头样病毒粒子，特别是在以高浓度病毒传代的细胞培养物内。牛流行热病毒具有血凝性抗原，能凝集鹅、鸽、马、仓鼠、小鼠和豚鼠的红细胞，而且能被相应的抗血清抑制。虽然该病毒具有不同的名称，但各地分离的毒株在血清学上没有差异，只有一个血清型。

本病毒可在牛肾、牛睾丸、牛胎肾细胞上繁殖，并产生细胞病变。也可在仓鼠肾原代细胞和传代细胞（BHK-21）、猴肾传代细胞（MS）、绿猴肾传代细胞（Vero）以及按蚊细胞培养物上生长并产生细胞病变。

病毒存在于病牛血液中，用高热期病牛血液1～5 mL经静脉接种易感牛后经3～7 d即可发病。用高热期血液中的白细胞及血小板层脑内接种新生小鼠，可使小鼠发病。初代潜伏期为10～17 d，发病率低，连续继代时潜伏期很快缩短为3 d左右，发病率可达100%。乳鼠表现为神经症状，易兴奋，步态不稳，常倒向一侧，皮肤痉挛性收缩，发病后多数经1～2 d死亡。

该病毒对外界的抵抗力不强，对热敏感，56℃ 10 min或37℃ 18 h灭活；pH 2.5以下或pH 9以上于数十分钟内使之灭活，对一般消毒药敏感。但血液中的病毒2～4℃贮存8 d后仍有感染性；感染鼠脑悬液4℃放置1个月后，毒力仍无明显下降；反复冻融对病毒也无明显的影响；－20℃以下可长期保持毒力。

二、流行病学

本病主要侵害牛，其中以奶牛和黄牛最易感，水牛的感受性较低，羚羊和绵羊也感染并产生中和抗体。在发病的年龄上3～5岁牛多发，1～2岁牛及6～8岁牛次之，犊牛及9岁以上牛很少发生。膘情较好的牛发病时病情较严重，母牛尤以怀孕牛的发病率略高于公牛，产奶量高的奶牛发病率明显高于低产奶牛。

患病牛是该病的主要传染源。通过吸血昆虫（蚊、蠓、蝇）叮咬而传播，实验还证明该病毒能在蚊子和库蠓体内繁殖，因此该类吸血昆虫对此病具有很强的传播和扩散能力。

牛流行热的发生和流行具有明显的季节性，主要出现于蚊蝇滋生的夏季，北方地区于 7～10 月份；南方可提前，在 7 月份以前发生。

该病传播能力强、传播迅速，在短期内可使很多牛发病，呈流行性或大流行性，但通常于发病初期，传播较为缓慢，发病 1 周以后才出现流行高峰；在奶牛场中，成年母牛最先发病，后为育成牛；在牛群中，该病呈跳跃式传播，同一牛场或牛棚内的牛只不一定同时发病。此外，该病的发生还具有明显周期性，3～6 年流行一次；在大流行的间歇期常发生较小的流行。

三、临床症状

潜伏期为 2～11 d，一般为 3～7 d。

病牛发病突然，体温升高达 39.5～42.5℃，持续 2～3 d。同时，可见精神沉郁，目光呆滞，反应迟钝，食欲减退，反刍停止，流泪，畏光，眼结膜充血，眼睑水肿；多数病牛鼻腔流出浆液性或黏液性鼻涕；口腔发炎、流涎，口角有泡沫。心跳和呼吸加快，呈明显的腹式呼吸，并在呼吸时发出哼哼声；病牛运动时可见四肢强拘、肌肉震颤，有的患牛四肢关节浮肿、硬、疼痛，出现跛行，常因站立困难而卧地不起。触诊病牛皮温不整，特别是角根、耳、肢端有冷感。有的病牛出现便秘或腹泻，发热期尿量减少，尿液呈暗褐色，混浊；妊娠母牛可发生流产、死胎，泌乳量下降或停止。多数病例为良性经过，病程 3～4 d，很快可恢复。病死率一般不超过 1%，但部分病牛常因跛行或瘫痪而被淘汰。

四、病理变化

病死牛剖检可见胸部、颈部和臀部肌肉间有出血斑点；胃肠道黏膜淤血呈暗红色，各实质器官浑浊肿胀，心内膜及冠状沟脂肪有出血点；胸腔积有多量暗紫红色液体，肺充血、水肿，并有明显的肺间质气肿现象，表现为气肿肺脏的高度膨隆，压迫有捻发音，切面流出大量的暗紫红色液体，间质增宽，内有气泡和胶冻样物浸润；气管内积有多量的泡沫状黏液，黏膜呈弥漫性红色，支气管管腔内积有絮状血凝块。淋巴结充血、肿胀和出血。

五、诊断

根据临床表现、流行病学特点可做出初步诊断，确诊需要实验室检查。本病的实验室检查方法主要有以下几种。

1. 病原学检查

可采取高热期病牛的血液加入抗凝剂，人工感染乳鼠或乳仓鼠并通过中和试验鉴定病毒。或将病死牛的脾、肝、肺等组织及人工感染乳鼠的脑组织制成超薄切片，电镜检查子弹状或圆锥形的病毒颗粒。也可取高热期病牛的血液或病料人工接种乳鼠后采取的含毒组织接种适宜的细胞培养物进行病毒分离，通过中和试验或免疫荧光试验进行病毒抗原的检查或鉴定。另外，由于荧光抗体技术简便、快速，除用于检查细胞培养物中的分离物外，还可将病牛肝、脾、肾、肺等脏器或细胞培养物制成涂片或压印片，用特异性荧光抗体染色和镜检。

2. 血清学检查

中和试验是将乳鼠脑组织或细胞培养物制成 PBS 悬浮液作为病毒抗原，其含毒量为 200 个/mL LD_{50}。待检血清经 56℃，30 min 灭活后，从 1∶5 起作 2 倍递进稀释，每一稀释度吸取 1 mL 于试管内，另取一支试管加入 1∶5 稀释的正常血清(60℃ 30 min 灭活)作为对照。然后各试管中加入等量的上述病毒悬浮液，充分混匀后置于 37℃温箱内中和 1 h。每一稀释度脑内接种 3～5 只乳鼠。根据乳鼠死亡和存活数，计算出被检血清的 50%中和效价。也可采用“双份血清”进行中和试验，如果血清抗体效价增加 4 倍或 4 倍以上即可作出诊断。

补体结合试验是将样品接种于 BHK-21 细胞单层，置于 37℃培养 48～72 h，待细胞病变达 90%以上收毒。细胞毒液经反复冻融 3 次，加入 2%灭活豚鼠血清，再冻融 5 次，以 2 000 r/min 离心 10 min，取其上清液测定效价合格，即制成细胞毒冻融抗原(v 抗原)。对人工感染牛康复期血清阳性检出率达 100%，自然感染急性病牛康复期血清阳性检出率为 97.8%，并且具有较高的特异性。此外，也可用琼脂凝胶扩散试验检测。

(1)鉴别诊断。本病应与牛的其他一些急性呼吸道传染病加以区别。

(2)茨城病。病牛在体温恢复正常后出现明显的咽喉食道麻痹，头下垂时第一胃内容物可自口鼻溢出，并可诱发咳嗽。但流行季节、临床表现均与牛流行热相似。

(3)牛呼吸道合胞体病毒感染。是牛的一种急性热性呼吸道传染病，传染性很强，但与牛流行热的不同点是多发生于晚秋、严冬和早春。该病以支气管肺炎为主，病程较长，约 1 周或更长，病死率低。

(4)牛鼻病毒感染。也可诱发牛的急性热性呼吸道疫病,但于一定时间内流行范围没有流行热广泛。其呼吸道症状持续时间较流行热长,康复缓慢,有的病例达1个月以上。

(5)牛传染性鼻气管炎。是以发热、鼻漏、流泪、呼吸困难及咳嗽为主的上呼吸道支气管感染,无明显季节性,但多发于寒冷季节。病原为牛疱疹病毒Ⅰ型。

六、防制

根据本病的流行特点,一旦发生该病应及时采取有效的措施,即发现病牛,立即隔离,并采取严格封锁、彻底消毒的措施,杀灭场内及其周围环境中的蚊蝇等吸血昆虫,防止该病的蔓延传播。定期对牛群进行疫苗的计划免疫是控制该病的重要措施之一,目前中国农业科学院哈尔滨兽医研究所已经研制出该病的疫苗。

本病尚无特效的治疗药物。发现病牛时,病初可根据具体情况酌用退热药及强心药;停食时间较长时可适当补充生理盐水及葡萄糖溶液。治疗过程中可适当用抗生素类药物防止并发症和继发感染;呼吸困难时应及时输氧。也可用中药辨证施治。

经验证明,在该病流行期间,早发现、早隔离、早治疗,消灭蚊蝇是减少该病传染蔓延的有效措施。自然病例恢复后,病牛在一定时期内具有免疫力。

第五节 地方性牛白血病

地方性牛白血病(Enzootic bovine leukaemia)是由反转录病毒属牛白血病病毒引起成年牛的一种慢性肿瘤性疾病,该病的临床特征是淋巴样细胞持续增生形成淋巴肉瘤以及进行性的恶病质和高度的致死率。牛白血病可分为由牛白血病病毒引起的地方性牛白血病和未见与病毒感染有关的散发性白血病。后者主要见于犊牛皮肤型和胸腺型淋巴瘤,通常根据病牛年龄和肿瘤发生的部位确定,多数病因尚没有确定。

此病流行的历史记载始于1869年,从东欧始发逐渐向德国和北欧扩展,目前已呈世界性分布,在美国、德国、法国、意大利、荷兰、丹麦、挪威、瑞典、比利时、日本、前苏联地区及东欧诸国均有发病的报道,我国自1977年以来,先后在江苏、安徽、上海、陕西、新疆等地发现本病,并有不断扩大与蔓延的趋势,给养牛业造成了严重的威胁。

一、病原

地方性牛白血病的病原为牛白血病病毒(Enzootic bovine leukaemia virus BLV),属于反转录病毒科牛白血病—人嗜T细胞反转录病毒属的代表种。病毒粒子直径90～120 nm,电镜下具有双层膜,外层膜是囊膜,表面有纤突;内层包裹有直径为40～90 nm高电子密度的核心,与外被膜之间界限清晰。

该病毒具有囊膜糖蛋白抗原和内部结构蛋白抗原,BLV与其他反转录病毒的囊膜糖蛋白抗原间无交叉免疫反应。

本病毒可以在牛源和羊源的原代细胞内生长并传代。将感染本病毒的细胞与牛、羊,犬、人、猴细胞共同培养时,可使后者形成合胞体。近年来先后育成了持续感染本病毒的胎羊肾细胞系和蝙蝠肺细胞系,为病毒抗原的制备创造了有利的条件。

本病毒对外界的抵抗力低,可经巴氏消毒灭活,将细胞培养的BLV置于60℃和73℃分别处理0.5 min和1 min即可使其灭活。

二、流行病学

本病主要发生于成年牛,尤以4～8岁的牛最常见,人工接种可引起绵羊发病。病牛和带毒牛是主要的传染源。该病主要通过水平传播方式从感染牛传染给健康牛,其中医源性传播对本病具有重要的作用,如普查疫病使用的采血针,治疗其他疾病或衰弱牛的输血,不更换塑料手套直接进行的直肠检查、污染牛群使用同一条件挤奶、连续的断角或打耳标等均可造成牛白血病的蔓延。感染后的牛群并不立即出现临床症状,多数为隐性感染者而成为传染源。在自然条件下,该病则主要通过吸血昆虫传播。

肿瘤期的妊娠母牛可以经胎盘将BLV和/或肿瘤细胞转移给胎儿造成胎儿感染或肿瘤形成。感染母牛也可在分娩时将病毒经子宫传染给胎儿,或在分娩后经初乳传染给新生犊牛。感染母牛所生的胎儿在摄食初乳前约10%抗体阳性,而在摄食初乳后24 h则全部阳转,并且初乳在犊牛体内的维持时间也较长,故在诊断或检疫时应在犊牛6月龄以后进行。

三、临床症状

各种年龄牛都可感染BLV,一般为亚临床经过,表现为淋巴细胞增多症,少数病牛演变为淋巴肉瘤,但典型的淋巴肉瘤则常见于3岁以上牛。

1.典型型

随瘤体生长部位的不同,可表现为消化紊乱,神经性斜视,食欲不振,体虚乏力,产奶量降低。从体表和股盆内可触摸到一侧性或对称性肿大的淋巴结,体表淋巴结常常显著肿大,触摸时能够移动;单侧肩前淋巴结肿大时可见病牛头颈向一侧偏斜;眶后淋巴结肿大则出现眼球突出等。血液中出现大量的异型淋巴细胞。牛群淘汰率增加,对其他疫病的易感性增加,容易发生乳房炎、下痢和肺炎。

2.犊牛型

主要见于6个月以下的犊牛,在伴有发热的同时,全身淋巴结肿大,呼吸困难。体表淋巴结肿大通常为对称性,多见于颈浅、股前、下颌和耳后淋巴结。

3.胸腺型

多发生于6～24月龄的幼牛,颈部胸腺肿大时出现明显的症状,由于肿瘤的压迫可见颈静脉怒张和静脉波动;胸部胸肿大时则症状不明显。

4.皮肤型

主要发生于2～3岁的牛,从颈部到背腹部乃至臀部或四肢上部、颜面部等处皮肤出现荨麻疹样肿胀,肿胀部敏感,病牛拒绝触摸,局部伴有硬结、脱毛、发红和轻度的渗出,有时病灶逐渐退化。病牛生长缓慢,体重减轻,多以死亡为告终。

5.亚临床型

无肿瘤形成,特点是淋巴细胞增生,可持续多年或终生,也可转化成典型型。

四、病理变化

EBL病牛的剖检可见淋巴结以及其他组织器官的淋巴细胞浸润,最常受侵害的器官有皱胃、右心房、脾脏、肠道、肝脏、肾脏、肺、瓣胃和子宫等。脾脏结节状肿大;心脏肌肉出现界限不明显的白色斑状病灶;肾脏表面布满大小不等的白色结节;膀胱黏膜出现肿瘤块,伴有出血、溃疡;瓣胃浆膜部出现白色实体肿瘤;空肠系膜脂肪部形成肿瘤块。犊牛肠系膜淋巴结压片可见大量的淋巴样细胞和部分幼稚淋巴样细胞并出现细胞的有丝分裂。组织学检查可见肿瘤组织的基质致密,内部主要含有淋巴细胞和成淋巴细胞。多种组织和器官内都出现肿瘤组织的浸润。

五、诊断

根据临床症状和病理变化即可诊断,如触诊肩前、股前、后淋巴结肿大,直检股盆腔及腹腔内有肿瘤块存在,腹股沟和髂淋巴结的肿大;血液学检查可见白细胞总数增加,淋巴细胞数量增加75%以上,并出现成淋巴细胞(瘤细胞);活组织检查可见成淋巴细胞和幼稚淋巴细胞;尸体剖检及组织学检查具有特征性病变等。亚临床型病例或症状不典型的病例则需要通过实验室的方法确诊。

病原学检查 可取病牛外周血液淋巴细胞培养分离病毒，通过电镜、PCR或免疫学方法鉴定。也可将外周淋巴细胞直接进行PCR扩增以检查该病毒的DNA。

血清学试验 可用琼脂扩散试验、补体结合试验、中和试验、间接免疫荧光试验及ELISA试验等方法拉测血清中的抗体。目前多用琼脂扩散试验和ELISA试剂盒进行检测。

六、防制

根据该病的流行特点和传播特性，防制本病应严格执行检疫制度，对引进的种牛或其精液、受精卵进行认真检查，发现阳性者及时淘汰、禁止使用。加强牛场的防疫消毒制度，防止工具器械带毒传播，并要保持场内清洁卫生，消灭吸血昆虫及其滋生地。

定期通过血液学和血清学方法对牛群进行普查，发现阳性牛及时淘汰。发病牛应及时淘汰扑杀，防止该病在牛群中蔓延。该病尚无有效的治疗方法。

第六节 蓝舌病

蓝舌病(Bluetongue)是由蓝舌病病毒引起反刍动物的一种急性病毒性传染病。该病是OIE规定的A类传染病之一，主要发生于绵羊，临床特征是发热，白细胞减少，口鼻、唇和胃黏膜的糜烂性炎症，蹄叶炎及心肌炎等变化。由于舌、齿龈黏膜充血肿胀、淤血呈青紫色而得名。发病羊在临床上消瘦、羊毛及肉品质下降、怀孕母羊流产、胎儿畸形，特别是羔羊发病后长期发育不良而导致死亡，造成极大的直接与间接经济损失。

本病最早在1876年发生于南非的绵羊。1949年后，该病在全世界50多个国家或地区陆续发生，1979年我国云南省曾经发生过该病。

一、病原

蓝舌病病毒(Bluetongue virus)属于呼肠孤病毒科环状病毒属蓝舌病病毒亚群的成员.病毒颗粒呈圆形，二十面体对称，直径60～69 nm，病毒衣壳由32个大型壳粒组成，壳粒直径为8～11 nm。该病毒具有囊膜样结构，但对乙醚、氯仿有抵抗力。蓝舌病病毒具有血凝素，能凝集绵羊和人O型红细胞，血凝抑制试验具有型特异性。

病毒对外界理化因素的抵抗力很强，可耐干燥与腐败。病毒在50%甘油内于室温下可存活多年，血液中的病毒经60℃ 30 min不能完全灭活，但对3%氢氧化钠溶液、2%过氧乙酸溶液很敏感，在pH值3.0或更低时则迅速灭活。

二、流行病学

几乎所有反刍动物对该病都易感，包括家养的和野生的，但以绵羊最易感。各种品种、性别和年龄的绵单都可感染发病，1～1.5岁青年羊最敏感，哺乳羔羊的敏感性较低，地方性土种羊和杂交羊要比纯种羊及引进品种羊的抗病力强。牛、山羊、鹿及羚羊等反刍动物可以感染，有时甚至可以造成严重的发病和死亡，但这类动物对该病的易感性相对较低，感染后可以长期携带病毒，并在流行间期作为该病的主要储存宿主。

患病动物和病毒携带者是本病的传染源，病毒存在于感染动物血液和各器官中，康复动物带毒时间可长达4～5个月。

该病主要通过吸血昆虫传播，库蠓是本病的主要传染媒介，当库蠓吸吮患病动物的带毒血液后，病毒可在虫体内繁殖并通过再次叮咬牛与绵羊而使易感动物感染；其他昆虫如羊虱、单蜱蝇、蚊、虻、螯蝇、蜱和其他叮咬昆虫，也可作为蓝舌病的病毒携带者与传染媒介。本病也可经垂直传染，经胎盘感染胎儿，导致母畜的流产、死胎或胎儿先天性异常。

本病的发生具有明显的地区性和季节性，这与传染媒介的分布、活动区域及季节密切相关。本病多发生于湿热的晚春、夏季和早秋，特别多见于池塘、河流多的低洼地区及多雨季节。

三、临床症状

潜伏期为5～12 d。病初体温升高到40.5～41.5℃，稽留2～4 d。体温升高后不久，病羊表现厌食，委顿，落后于羊群，流涎；嘴唇水肿可蔓延到面部、耳根和颈部；口腔黏膜充血后发绀呈青紫色，随后唇、齿龈、颊、舌黏膜糜烂，致使吞咽困难；随着病情发展，在溃疡部位渗出血液，唾液呈红色，由于继发感染而引起黏膜坏死，口腔恶臭。鼻流黏性分泌物，并在鼻孔周围结痂，阻碍空气流通引起呼吸困难和鼾声。病羊蹄冠、蹄叶充血、水肿，尤以后肢蹄部严重而导致跛行和斜卧；病羊后期消瘦，衰弱，常因继发细菌性肺炎或胃肠炎而死亡。病程为6～14 d、发病率与病死率分别为30%～40%和20%～30%。幸存的绵羊，经6～8周后蹄部可完全恢复，但由于长期虚弱、消瘦，其羊毛和肉品质及产量明显下降。妊娠母羊可经其胎盘感染胎儿，造成流产、死胎或胎儿先天性异常，严重时可使整个羊群的全部羔羊死亡或受损。

四、病理变化

主要病变表现在口腔、瘤胃、心、肌肉、皮肤与蹄部。舌、齿龈、硬腭、颊与上唇黏膜糜烂、深红色区与水肿，表皮脱落形成溃疡面；瘤胃黏膜有深红色区和坏死灶；心外膜有点状或斑状出血，蹄冠周围皮肤出现线状充血带；严重者消化道黏膜有坏死或溃疡，脾脏肿大，淋巴结和肾脏充血、肿大，呼吸道黏膜有出血点，有时有蹄叶炎变化。

五、诊断

根据本病典型的症状与病理变化可作出临床诊断。该病具有明显的地区性和季节性，病羊表现发热，白细胞减少，口唇肿胀与糜烂，舌发绀，跛行，蹄部皮炎等是本病诊断的有力证据。但对于处于恢复阶段的病羊及亚临床型的病例还有赖于实验室检验。

1. 病毒分离和鉴定

可取高热期的绵羊血液进行细胞培养物或鸡胚的接种以分离病毒，通常该病毒可形成细胞病变或致鸡胚死亡，出现这些变化后可采用血清中和试验鉴定病毒分离物或其抗原型。也可采用荧光抗体技术、核酸探针技术进行病毒抗原的检测。

2. 血清学试验

可通过琼脂扩散试验、ELISA 或间接荧光抗体方法等检测血清中的抗体以进行该病的诊断，其中以琼脂扩散试验为常用，即用标准的蓝舌病琼扩抗原来测定待检血清中的抗体。

牛蓝舌病应与口蹄疫、牛病毒性腹泻－黏膜病、恶性卡他热、传染性牛鼻气管炎、水疱性口炎、茨城病、牛瘟等进行鉴别诊断。羊蓝舌病除与口蹄疫鉴别外，还应与羊传染性脓疱、羊痘、光过敏症等进行鉴别。

羊口蹄疫无明显的季节性，且以冬春多发，发病率高，传染迅速，主要表现口腔与蹄部的水泡、糜烂，少见唇、舌的炎性肿胀，成年羊多呈良性经过，很少死亡。哺乳羔羊发生出血性胃炎与心肌炎，致死率很高。

羊传染性脓疱为副痘病毒所致，主要发生于断奶前后的羔羊与育肥羔羊，主要为接触性传染，发病率高，但病死率低。病羊在唇、鼻、眼周围皮肤出现丘疹、水疱、脓疱与痂皮，剥离痂皮后可留下特征性“桑葚样”肉芽组织。

羊光过敏症主要发生于夏初放牧草场中的绵羊，以1岁左右羊多发，绵羊由于采食了含感光物质的牧草后发生，发病快，主要表现耳、唇部、眼睑等毛稀少部位的炎性水肿，针刺肿胀部位可流出大量淡黄色液体。口腔黏膜与蹄部一般无损伤。病羊转场或舍饲后可自行康复，很少死亡。

六、防制

蓝舌病是世界性分布的动物传染病，许多国家将此列为重点检疫对象之一。为防止本病的传入，应严禁从有该病的地区和国家购买牛、羊，对需引进的牛羊要严格进行检疫，阳性羊予以扑杀以杜绝传染源的引入。同时加强国内疫情监测，做好冷冻精液及胚胎的管理与检疫等是控制本病传入的有效措施。有本病发生的地区，可避免在昆虫活动较多的晚间和低洼带放牧，以减少感染机会。定期对牛羊进行药浴，每年在媒介昆虫库蠓活动之前做好灭虫工作，消灭传染媒介。

流行地区的牛、羊可用鸡胚化弱毒蓝舌病单价和多价苗免疫接种，每年在昆虫开始活动前1个月注射疫苗，母羊可在配种前或妊娠3个月后接种，羔羊在出生后3个月再接种。弱毒苗的免疫期可达1年。

本病无特异治疗方法。各类种羊场、集约化养羊场对抗体阳性或可疑病羊应立即予以扑杀，以防止疫病进一步扩散。

第七节　羊传染性脓疱

羊传染性脓疱(Contagious ecthyma)俗称羊口疮，传染性脓疱性皮炎，是由羊口疮病毒引起绵羊和山羊的一种急性传染病。临床上以唇、鼻、眼睑、乳房、四肢皮肤及口腔黏膜发生丘疹、水泡、脓疱和痂皮为特征。羔羊常因继发感染而死亡。本病在所有养羊国家和地区都有发生，我国各种年龄的羊也都有发生，但以羔羊发生多，损失大。本病可感染与病羊接触过的人，具有一定的公共卫生意义。

一、病原

该病毒属痘病毒科，副痘病毒属。病毒粒子呈砖形，含有双链DNA核心和脂类复合物组成的囊膜。

病毒对外界抵抗力非常强，干燥痂皮中的病毒能在7℃下存活23年之久，但对高温和氯仿敏感，60℃ 30 min可杀死，对大多数消毒剂也敏感。

二、流行病学

对1岁以内的羔羊危害严重，而发病率主要集中在3～4月龄羔羊，常呈流行性。成年羊散发，可感染山羊、猫和人。病羊是主要传染源，直接接触和间接接触均可传播，病毒可通过污染的饲槽、栏杆、垫草、饲草等通过受伤的皮肤黏膜而感染，圈舍潮湿拥挤、使用尖硬的垫草和饲草、羔羊出牙等均可促使本病发生。未免疫羊群在短期内20%～60%的羊可感染发病，但死亡率较低。

育肥羔羊多发生于每年的8～9月份，而新生羔羊多发生于早春2～3月份。

三、临床症状与病变

潜伏期2～3天，病羊唇部、口角、鼻镜或眼帘皮肤上相继出现丘疹、水疱、脓疱与痂皮。水疱的持续期很短，常难以察觉，脓疱呈暗黄色且容易破溃，经过约1周，脓疱表明形成一层坚硬的褐色痂皮，突出于皮肤表面呈结节状，外观似桑葚样，本病的特征性病变。散在脓疱经过2～3周后可康复，不影响采食。融合性脓疱则引起病羊唇部严重的疼痛与厌食，病羊由于饥饿衰竭而死亡。严重病例可出现坏死、化脓。羔羊的死亡主要是由于坏死杆菌引起的肺脓肿、肝脓肿所致。

少数病羊可在外阴、蹄叉和蹄冠以及母羊的乳房、乳头上出现水疱、脓疱与结痂，病羊表现跛行和拒绝羔羊哺乳，个别母羊伴发乳房炎。

四、诊断

根据流行病学情况和临床表现可作出初步诊断，必要时采用酶联免疫吸附试验、免疫荧光技术和变态反应等方法进行诊断。

五、防制

防止羔羊口腔等处皮肤和黏膜的损伤是减少本病发生的有效手段。因此应给羊群柔软的垫草和易于咀嚼的饲草；补充矿物微量元素防制羊只啃咬异物，保护皮肤和口腔黏膜不受损伤。

对发病羊只，局部涂抹碘甘油和抗生素软膏，必要时候肌肉注射抗生素防止继发感染。常发地区进行疫苗接种。

第八节　小反刍兽疫

小反刍兽疫(Peste des pitits ruminants)是由小反刍兽疫病毒引起小反刍兽的一种急性接触性传染病。由于此病临床表现与牛瘟相似，所以也被称为伪牛瘟。特征是发病急剧、高热稽留、眼鼻分泌物增加、口腔糜烂、腹泻、肺炎。

本病 1942 年首次发生于象牙海岸，现流行于非洲一些国家、阿拉伯半岛及多数中东国家。亚洲印度曾有发生报道，我国尚未发现。

一、病原

小反刍兽疫病毒属副粘病毒科麻疹病毒属成员，与麻疹病毒、犬瘟热病毒、牛瘟病毒有相似的理化及免疫学特性。

二、流行病学

该病的传染源主要是患病动物和隐性感染动物。处于亚临床状态的羊最危险。病毒通过分泌物、排泄物经直接接触和飞沫传播。自然发病主要是绵羊、山羊、羚羊等小反刍兽，山羊发病时表现比较严重；易感羊群发病率和死亡率都可达到 100%，疾病呈现暴发状态。老疫区常零散发生。

三、临床症状

潜伏期为 4～6 d，一般在 3～21 d 之间。自然发病仅见于山羊和绵羊。患病动物发病急剧、高热 41℃以上，稽留 3～5 d；初期精神沉郁，食欲减退，鼻镜干燥，口鼻腔流黏液脓性分泌物，呼出恶臭气体。口腔黏膜和齿龈充血，进一步发展为颊黏膜出现广泛性损害，导致涎液大量分泌排出；随后黏膜出现坏死性病灶，感染部位包括下唇、下齿龈等处，严重病例可见坏死病灶波及齿龈、腭、颊部及其乳头、舌等处。后期常出现带血的水样腹泻，病羊严重脱水，消瘦，并常有咳嗽、胸部啰音以及腹式呼吸的表现。死前体温下降。幼年动物发病严重，发病率和死亡率都很高。

四、病理变化

尸体病变与牛瘟相似，可见结膜炎、坏死性口炎等肉眼病变，严重病例可蔓延到硬腭及咽喉部。瘤胃、网胃、瓣胃很少出现病变，皱胃则常出现糜烂病灶，其创面出血呈红色。肠道有糜烂或出血变化，特别在结肠和直肠结合处常常能发现特征性的线状出血或斑马样条纹。淋巴结肿大，脾有坏死性病变。在鼻甲、喉、气管等处有出血斑。

五、诊断

根据该病的流行病学、临床表现和剖检变化可作出初步诊断，确诊需要进行实验室检查。该病的实验室检查通常包括病毒分离鉴定和血清学试验。

1. 病毒分离鉴定

可用棉拭子采集活体动物的眼结膜分泌物、鼻腔分泌物、颊及直肠黏膜或病死动物的脏器如肠系膜淋巴结、支气管淋巴结、脾脏、大肠和肺脏等病料接种适当的细胞，当细胞培养物出现病变或形成合胞体时，表明病料样品中存在病毒，然后用标记抗体、电镜或 PCR 方法鉴定。也可用电镜技术和 PCR 方法直接检测病料。

2. 血清学试验

常用的方法有中和试验、ELISA、琼脂免疫扩散试验、荧光抗体试验等。可用酶联免疫吸附试验、对流免疫电泳和琼脂免疫扩散等进行快速诊断。通常采集双份血清进行检测，当抗体滴度升高 4 倍以上时具有示病意义。

3. 鉴别诊断

该病应与牛瘟进行区别，小反刍兽疫可引起绵羊和山羊临床症状，但被感染的牛不表现症状，因此仅限绵羊和山羊发病时应首先怀疑为小反刍兽疫。

六、防制

该病的危害相当严重，是 OIE 及我国规定的重大传染病之一，我国目前尚未有该病的发生，因此应加强国境检疫，防止该病的传入。

本病无特效的治疗方法。受威胁地区可通过接种牛瘟弱毒疫苗建立免疫带，防止该病传入国内。

第九节　牛恶性卡他热

牛恶性卡他热(Malignant catarrhal fever)是由恶性卡他热病毒引起多种反刍动物如牛、水牛和鹿等的一种急性高度致死性传染病。临床上以持续性发热、口鼻流出黏脓性鼻汁、双侧性角膜混浊、伴发严重神经扰乱、淋巴结肿大、全身性单核细胞浸润及血管炎为特征。该病通常为散发性，对养牛业可造成一定的损失。

18世纪末欧洲就有本病存在，到19世纪中叶南非发生的鼻水病就是本病，20世纪初该病在北美被发现，亚洲则是在近半个世纪因引进非洲角马才被发现。

目前本病呈世界性分布。中国有该病的报道。

一、病原

恶性卡他热病毒(Malignant catarrhal fever virus)属疱疹病毒科，疱疹病毒亚科的成员，核衣壳直径为100 nm，囊膜直径为140～220 nm。该病毒分为两型，即猬羚疱疹病毒Ⅰ型和绵羊疱疹病毒Ⅱ型；前者的自然宿主是角马，常呈隐性感染，对牛的致病力较强，为非洲区域内的牛以及世界范围内动物园多种反刍动物恶性卡他热的病原；后者则可引起绵羊的亚临床感染，是世界绝大多数地区反刍动物恶性卡他热的病原。有关抗原性方面的研究主要是在来源于角马的猬羚疱疹病毒Ⅰ型毒株中进行的，结果认为该病毒存在抗原性不同的亚型。

本病毒是疱疹病毒中最为脆弱的成员，不能抵抗冷冻和干燥，无论是低温冷冻或在冻干条件下，只能存活数天，故该病毒难以保存。但也有试验表明，用枸橼酸盐脱纤的含毒血液保存于5℃环境下可以较好地保存病毒；将适于卵黄囊培养的病毒在卵黄中于－10℃保存8个月仍具有感染力。

二、流行病学

本病的易感动物是牛(水牛、黄牛)和鹿(驼鹿、驯鹿、长颈鹿)。角马和绵羊感染不表现出任何临床症状，但因其携带病毒可引起牛及鹿的感染。因此，将牛恶性卡他热分为因接触角马而发病的角马原型(非洲型)恶性卡他热(WA-MCF)和因接触绵羊而感染的绵羊原型(欧洲型)恶性卡他热。无论哪一型，引起牛的症状均相同。另外，山羊和羚羊也有发生本病的报道。接种实验兔和大鼠也出现与牛相同的症状和病变。黄牛多于4岁以下发病，老龄牛很少发病。

本病的传染源在非洲主要是角马，在欧洲主要是绵羊。感染牛为终末宿主，不能在牛和牛之间进行传播。该病的发生主要是牛与绵羊、角马接触而感染，通过吸血昆虫传播病毒的可能性比较小。在自然条件下，该病一年四季均可发生，但冬季和早春多发，主要与角马分娩有关，并且与分娩角马、山羊，绵羊胎盘或胎儿接触的牛群最易发生本病。

三、临床症状

本病的潜伏期变动较大，自然感染时多为28～60 d，也有的长达140 d，人工接种 9～77 d。本病在非洲多呈地方性流行，而在欧洲以及其他地区则多以散发的形式存在。根据本病的临床表现可以分成最急性型、头眼型、肠型和轻症型四种。

1. 最急性型

主要表现为口腔和鼻腔黏膜的剧烈炎症和出血性胃肠炎，于 1～3 d 死亡。

2. 头眼型

为本病的典型症状，初期发热，体温常高达 40～42℃，持续至死亡之前。鼻腔分泌物增多，逐渐变为黏性乃至脓性，末期鼻孔部形成痂皮，阻塞鼻孔而导致呼吸困难，出现张口呼吸和流涎；鼻甲部黏膜出血和坏死。口腔黏膜充血、糜烂、坏死，在口唇、齿龈、硬腭、软腭、舌等部位出现大量的浅在性溃疡；口腔内乳头坏死.部分舌乳头尖端脱落，黏膜有点状出血。眼的症状是以流泪开始，逐渐形成眼炎、眼睑肿胀，角膜混浊从周边逐渐向中央发展，并且多为双侧性，也有一侧眼角膜较对侧发展迅速的情况，出现角膜混浊的牛常闭眼避光。病牛渴欲亢进和持续便秘，但也有的出现腹泻。后期病牛食欲废绝、关节肿胀、兴奋不安，个别病例出现震颤和运动失调等神经症状。该型的病程 1～2 周，几乎所有的感染牛均以死亡告终。

3. 肠型

病牛主要表现为发热、腹泻，口腔及鼻腔黏膜充血，流泪、流鼻汁，淋巴结肿大。经 4～9 d 死亡。

4. 轻症型

见于由弱毒病毒所引起的实验性感染病例，自然感染牛无此型，

鹿的恶性卡他热通常为最急性型或亚急性型，主要症状是出血和腹泻，末期症状是弥漫性血管内凝血。

水牛发病后，主要表现为持续高热、颌下及颈胸部皮下水肿，并出现全身性败血症的变化。发病率不高，但病死率可达 90％以上。水牛发病与其接触山羊有关。水牛和水牛间不能直接传播。

四、病理变化

最急性死亡的病牛通常无明显的眼观病变。

肠型和头眼型：鼻黏膜充血水肿，有大量渗出液，并附有脓性分泌物。咽喉黏膜充血性肿胀和溃疡。支气管及气管黏膜充血、点状出血和溃疡，消化系统的主要症状是食道黏膜充血、糜烂形成伪膜；瘤胃、网胃和瓣胃充血，皱胃充血水肿、糜烂、有点状出血；小肠水肿发硬、浆膜有点状和线状出血及糜烂，小肠的病变向后逐渐减轻；大肠沿纵轴黏膜皱襞呈线状充血。肾脏表面有 2～4 mm 的圆形白色病灶。肝脏略肿大，有粟粒大小的白色病灶。脾脏肿大。心脏外膜点状出血，心肌部分颜

色变淡。膀胱充血、出血和溃疡。出现神经症状时，存在脑膜脑炎。所有病例的淋巴结出血、肿大，其体积可增大 2～10 倍，并以头、颈和腹部淋巴结最明显。

鹿的病变除消化系统之外，还可见血管内皮的损伤和纤维素性血栓形成。另外，多数淋巴结肿大，特别是肠系膜淋巴结病变显著。

五、诊断

本病可以根据流行病学、典型临床症状及病理剖检变化作出诊断，但本病易与牛瘟、蓝舌病、牛传染性鼻气管炎、运输热、牛病毒性腹泻黏膜病、口蹄疫、牛传染性角结膜炎、丘疹性口炎及巴氏杆菌病等相似，故应进行实验室诊断确定。

1. 实验室诊断

病毒分离用的血液用 EDTA 或肝素抗凝，脾、淋巴结、甲状腺等组织应无菌采集，冷藏下迅速送检；分离的病毒可以应用荧光抗体试验进行鉴定。病理组织学检查用的肾、肝、脾、肾上腺、淋巴结等组织制成小片放入福尔马林液中固定。也可以将病料接种于家兔的腹腔或静脉，接种后可产生神经症状，并于 28 d 内死亡。应用 PCR 技术对该病毒进行检测的实际意义正在确定。

2. 血清学试验

主要用于绵羊、山羊和角马等动物血清中特异性抗体的检测，对临床发病动物的检测没有实际意义。常用的方法包括病毒中和试验、间接荧光抗体法、ELISA 等。

六、防制

防制该病的主要措施是使牛、水牛、鹿不接触媒介动物角马、山羊和绵羊，特别是在媒介动物的分娩期，更应阻止相互接触。当动物园和养殖场必须引进媒介动物时，必须经血清中和试验证明其为阴性，并隔离观察一个潜伏期后才能允许其活动。

本病目前尚无有效的治疗方法，一旦发现应及时扑杀并销毁，污染的场地应用卤素类消毒药物进行彻底消毒。

第十节　气肿疽

气肿疽（Gangraena eemphysematosa）又称鸣疽，俗名黑腿病，是气肿疽梭菌引起反刍动物的一种急性热性传染病。该病主要呈散发或地方性流行;牛最易感,绵羊、山羊及鹿等偶见发病。临床特征是股、臀、腰、肩和胸部等肌肉丰满处发生气性肿胀,按压有捻发音。

本病最初由 Bollinger(1875 年)和 Feser(1876 年)发现。气肿疽梭菌在世界各地广泛存在,所有养牛的国家均有本病的发生。我国在 1950 年以前缺乏记载,解放初期在中原地区曾有过较大的流行,由于采用气肿疽菌苗预防接种,现在已基本上控制,目前仅个别地区偶有少数病例发生。

一、病原

气肿疽梭菌,属于梭状芽孢杆菌属,为专性厌氧菌,菌体较大,两端钝圆,单在或成短链,形成中央或偏端芽孢,有周身鞭毛,运动活泼。幼龄培养物革兰染色阳性,在陈旧培养物中可变成阴性。

实验动物中以豚鼠最敏感,以病料或培养物 0.5～1 mL 皮下注射,16～36 h 死亡并由腹水或心血可得到本菌纯培养。肝表面触片可见到单个或短链的细菌存在。其他动物如小鼠和仓鼠也可感染发病,但家兔抵抗力较强。

该菌在血液琼脂上可形成边缘不整、扁平、灰白色纽扣状的圆形菌落,呈 β-型溶血,有时出现一个或多个同心环。在厌气肉肝汤中生长时培养基混浊,产气。能分解葡萄糖、蔗糖产酸产气,不分解杨苷和甘露醇,此点与腐败梭菌不同。在液体培养基中可产生具有溶血和坏死活性的 α 外毒素、透明质酸酶及脱氧核糖核酸酶。

本菌的繁殖体对理化因素的抵抗力不强,一旦形成芽孢则抵抗力很强,芽孢在土壤中可生存 5 年以上,干燥病料中的芽孢在室温可生存 10 年以上。胃液不影响芽孢的毒力,在液体中芽孢可耐受 20 min 煮沸,福尔马林质量分数为 3%的溶液 15 min 可杀死该菌芽孢。

二、流行病学

黄牛,特别是 6 个月至 3 岁营养良好的牛最易感;实验动物中,豚鼠、小鼠和仓鼠易感,绵羊、山羊、鹿和水牛也可感染,但自然病例不多。猫、犬、鸡、鸭和大鼠有抵抗力,家兔抵抗力更大。人不感染。人工感染可使骆驼发病,但未见自然感染病例。

患病动物及处理不当的尸体或其排泄物、分泌物中的细菌芽孢污染土壤后,病原菌可长期存活,进而污染饲料和饮水而经口感染健康动物。气肿疽梭菌常存在于土壤中。消化道感染是主要的传播途径。外伤和吸血昆虫叮咬也可传播。

该病多为散发,有一定的地区性和季节性,多发生于天气炎热的多雨季节以及洪水泛滥时；夏季干旱酷热，昆虫活动时也易发生。

三、临床症状

本病的潜伏期一般为3～5 d，个别为1～2 d。各种动物的临床表现基本相似。病初通常为突然出现精神沉郁，食欲和反刍停止，体温升高达40～42℃，跛行，在机体的肌肉丰满处出现肿胀，初期病灶小而疼痛、发热，随后迅速增大，中心变冷、无痛，局部皮肤干燥发黑，触诊有捻发音，叩诊有鼓音。切开时流出污浊、红色并带有泡沫的液体和特殊的腐败乳酪味。局部淋巴结肿胀，充血，有疼痛感。随着病程的发展，呼吸极度困难，脉搏细微，间有腹痛，体温下降，不能站立，迅速死亡。黄牛多呈急性经过，一般于发病后1～2 d死亡，病死率可达100%。绵羊多通过创伤感染，即在创伤部开始肿胀。水牛、骆驼和鹿也可自然发病。

四、病理变化

尸体迅速腐败，由于瘤胃胀气，直肠突出，鼻孔、口腔和肛门流出含有泡沫的血样液体。皮下组织见有出血性或黄色胶样浸润。肌肉丰满处肌肉组织呈海绵状，触之有捻发音，这种肿胀可向周围肌肉组织扩散；中心变黑色，其周围色泽变淡，有乳酪臭味。病变处切面呈污红色或灰红色、淡黄色或黑色，这种变化间隔存在，因而外观呈斑驳状。淋巴结肿胀、出血并有浆液性浸润。心内膜及外膜有出血斑，心肌脆弱。肺间质水肿。肝充血呈暗黑色，稍肿大，实质有核桃大的坏死灶。脾不肿大。胸腔、腹腔和心包积液，色淡红或黄色；胸膜、腹膜常有纤维蛋白或胶冻状物质，网膜、肠浆膜出血。

五、诊断

气肿疽为土壤源性疫病，多散发，具有地区性和一定的季节性。6个月至3周岁的牛最易感。临床上根据病牛高热、跛行，肌肉丰满处皮肤肿胀紧张，触诊有捻发音，叩诊发鼓音；剖检可见局部呈黑色，肌肉干燥呈海绵样，病变肌肉和正常肌肉相间等表现，结合流行病学资料常可作出初步诊断。但气肿疽容易与恶性水肿、炭疽以及牛出血性败血症相混淆，应注意鉴别诊断。确实诊断要进行细菌分离和鉴定。

实验室诊断主要采取病变部位的组织或渗出液以及濒死期和死亡动物的心血或各内脏器官等病料接种厌氧培养基可分离到气肿疽梭菌；也可将病料接种豚鼠以获得该菌的纯培养或进行肝触片染色观察。纯化的菌落可通过生化试验及血清学试验鉴定。

六、防制

疫区及受气肿疽威胁的地区，应通过接种气肿疽菌苗来进行预防。在本病常发地区每年接种 1 次。我国从 1950 年后开始使用气肿疽氢氧化铝甲醛灭活苗，皮下注射 5 mL，免疫期约 6 个月，犊牛到 6 个月时再加强免疫 1 次，可获得很好的免疫保护效果。近年来研制成气肿疽—牛出败二联干粉菌苗，用时与 20%氢氧化铝胶混合后皮下注射 1 mL，对两种病的免疫期在 1 年以上。干粉苗的保存期达 10 年或更长，使用效果好，剂量小，反应轻，使用方便，易于推广。

发病初期用大剂量的青霉素有较好疗效，必要时可用抗气肿疽血清注射，每头患病动物 150～200 mL，可收到满意的效果。病情严重时治疗效果常不好。

发生气肿疽时应对病中及时隔离、治疗；受威胁的牛群进行紧急免疫接种或抗气肿疽高免血清注射。病死牛及其污染物应在严格消毒的基础上进行焚烧处理，防止其芽孢污染而扩大疫情。

第十一节　副结核病

副结核病(Paratuberculosis)是由副结核分枝杆菌引起的一种慢性传染病。临床以顽固性腹泻、进行性消瘦、低蛋白血症、贫血为特征；病理变化以慢性增生性肠炎为特征。

一、病原

副结核分枝杆菌(Mycobacerium paratuberculosis)为分枝杆菌属，革兰氏染色阳性，抗酸染色呈阳性，细胞内寄生。此菌对热和消毒药品的抵抗力较强，在污染的牧场、厩肥中可存活数月至 1 年。本菌在蒸馏水中保持活力 270 d，尿中 7 d，在牛乳和甘油盐水中可保持 10 个月。在干燥状况下生存 47 d，－14℃冻结保存 1 年以上。10%～20%漂白粉液、5%甲醛、5%来苏儿、3%～5%石炭酸等 10 min 致死。

二、流行病学

此病主要感染牛，多数牛为阴性感染，幼年牛(4 月龄以下)易感染性较强，其他反刍动物也可感染；猪、马、驴也有感染的报道。

病牛和隐性感染牛为传染源，细菌可通过乳汁、粪便和尿排出，污染用具、草原、饲料（草）和饮水，通过消化道引起易感动物感染；皮下和静脉途径可感染；怀孕牛可经胎盘传染给犊牛。多数牛在幼龄时感染，经过很长的潜伏期，到成年时才表现出特征性的临床症状。饲料单一，矿物质、维生素缺乏，寒冷等应激因素可促进疾病的发展。此外，酸性土壤地区本病更常见，而碱性土壤可抑制细菌从而发病率降低，在碱性土壤地区饲养的无症状感染牛，转移到酸性土壤地区后可出现临床症状。

本病的流行特点是：发展缓慢、发病率不高、而病死率极高，此病一旦在动物群出现，则很难根除。因此，表面上看似散发性疾病，实际上具有明显的地方流行性。感染牛群的死亡率可达到 2%～10%，偶尔可达到 25%的程度。

三、临床症状

绝大多数感染牛不出现临床症状，但一旦出现临床症状，可能意味着整个牛群都已经感染，应引起兽医和畜主的警惕。

本病潜伏期很长，一般都在 6 个月以上，有的达到数年，一般需要 2～3 年。病程很长，为典型的慢性传染病。

发病初期没有明显症状，以后症状逐渐明显，一般由软便到下痢，从间歇性腹泻发展到持续性的顽固腹泻，继之变为水样的喷射状腹泻。有的患畜突然呈现严重下痢，粪便恶臭，带有泡沫、黏液或血凝块。体温始终不高，这是本病又一特征。随着病程的进展，全身状况恶化，贫血，营养不良，极度消瘦，高产奶牛的生产性能急减或停止泌乳，并伴发水肿（下颌、胸垂、腹部），最后患畜全身衰弱而死亡。有时对初期下痢患畜采用对症治疗，可得到缓解，以致往往误诊为一般性消化不良。尚有部分患畜虽未经治疗亦可自然恢复，暂停下痢，食欲和体重增加，但经几个月或数年后又复发下痢，最后转归死亡。

羊患本病时症状与牛相似，发病率在 1%～10%之间，多数以死亡为转归。

四、病理变化

病牛尸体极度消瘦，主要病理变化位于消化道和肠系膜淋巴结。

消化道病变常见于空肠、回肠和结肠的前段，尤以回肠和回盲瓣部位的病变较明显。有的严重病例由第四胃（真胃）到肛门，均可出现病变，但实质脏器未见异常病变，这也是本病的特征。浆膜和肠系膜显著水肿，肠黏膜比正常增厚 3～20 倍，形成弯曲的纵横皱褶，类似脑回样变化。浆膜下淋巴管和肠系膜淋巴管呈索状，淋巴结肿大 2～3 倍以上，尤其是病变肠段相应的淋巴结肿胀更明显，有时可达鸭蛋大小,淋巴结切面湿润多汁,表面有黄白色病灶,有时可见干酪样结节和点状出血。

病羊尸体的病理变化与牛基本一致。

五、诊断

根据流行病学情况、临床表现和病理变化,可作出初步诊断。需与沙门杆菌病、内寄生虫、球虫病、肝脓肿、肾盂肾炎、慢性 BVDV 感染、创伤性网胃炎、铅中毒、营养不良等疾病进行鉴别。确诊需进行病原学检查、血清学检查或变态反应诊断。

诊断的具体操作程序可参见动物检疫规程或国家标准。

六、防制

1. 预防

做好预防工作,严格把好检疫关,加强饲养管理,规范放牧,对被污染的牛舍、饲槽、用具及场地可用生石灰、火碱、漂白粉等消毒药物消毒,粪便和垃圾应堆积发酵,特别将牛尿一起堆积发酵,尿对该菌有很强的抑制作用。

2. 治疗

我国不提倡治疗此病。但对极其贵重的优良品种可以治疗,但强调必须在严格隔离的条件下进行。氯苯吩嗪可明显缓解自然感染牛的临床症状,异烟肼可以单独使用,20 mg/kg,口服,每天 1 次,也可使用利福平 20 mg/kg,每天 1 次。

第十二节　传染性角膜结膜炎

传染性角膜结膜炎(Infectious keratoconjunctivitis),俗名红眼病(Pink-eye),是由包括衣原体、支原体、立克次体、细菌或病毒等多种微生物共同引起牛、羊的一种传染病,其临床特征为发病动物眼睛流出大量分泌物、结膜炎、角膜混浊、溃疡甚至失明。本病是牛最常见的、损失最大的眼病。

本病几乎发生于世界各地所有养牛和养羊国家。发病母羊的产双羔率下降,羔羊生长减慢、双侧眼睛失明及治疗费用增加。

一、病原

到目前为止,还难以对传染性角膜结膜炎的病原作出肯定的结论。多数学者认为，牛摩拉克氏杆菌及立克次体是牛传染性角膜炎的病原体。病毒可能也参与结膜炎的发病，而细菌只起协同作用或作为继发性病原。

牛摩拉克氏杆菌是革兰氏阴性菌，致病型菌有菌毛，有助于细菌黏附于角膜表面，致病型菌还产生溶血素，是该菌对抗嗜中性白细胞的主要物质。

二、流行病学

该病可发生于牛、绵羊、山羊、骆驼和鹿，并且这些动物的感染无年龄、品种和性别差异，但以哺乳和育肥的犊牛、羔羊发病率较高。以母羊的症状较严重；无角动物比有角动物发病率高。患病及隐性感染动物是该病的主要传染源，国内资料报道，康复后动物不能产生良好免疫，在临床症状消失后仍能带菌排菌达几个月之久，而且可以重新发病；而来自外国学者证实康复犊牛不会复发，除非遭到免疫抑制，如持续感染牛病毒性腹泻—黏膜病病毒的牛就可发生顽固的红眼病。该病通过直接接触或间接接触被患病动物污染的器具而感染，也可通过飞蝇而传播。

本病在动物群中传播迅速，短时间内可使许多动物感染发病，羊群发病率可达90%。多流行于夏秋季节中的放牧牛群、羊群及围栏育肥场的羊群。不良的气候和环境因素可使本病症状加剧，尤其是强烈的日光照射。该病具有地方性流行的特点。

三、临床症状

潜伏期通常为3～7 d，发病初期，患病动物结膜充血，眼中流出大量浆液性分泌物，眼睑炎性肿胀；随后泪液成脓性，眼睫毛粘连，眼睑常常闭合；2～4 d后角膜明显充血，其中心处混浊呈微黄色，周围有一层暗红色边缘围绕；眼睑可见颗粒状滤泡。严重病例发生角膜糜烂和溃疡，以至于最后失明。病程1～2周，有时经1～2个月自然痊愈。

由于眼结膜角膜的炎症，患病犊牛和羔羊采食受到明显影响、生长发育受阻，母羊拒绝哺乳，奶牛产奶量明显下降，10%～15%的羔羊发生多发性关节炎，但发病动物很少死亡。

四、诊断

根据流行特点与特征性症状，该病的诊断并不困难，但应与恶性卡他热、维生素A缺乏以及吸吮线虫引起的角膜结膜炎相区别。实验室诊断可采集泪液或结膜刮取物进行姬姆萨染色，检查上皮细胞内原生小体，或用荧光抗体染色检查病原体。也可通过检查感染动物血清中衣原体抗体来确定。

五、防制

放牧羊群发生本病后应将其改为舍饲，减少围栏育肥羔羊的密度有利于本病的控制。发病动物早期用金霉素、红霉素、土霉素眼药膏或水剂，结合氢化泼尼松局部治疗，3～5 d 可取得良好的效果。严重病例可在局部用药的同时，采用青霉素肌肉注射可提高治愈率。

本病尚无疫苗用于预防。在本病常发的地区，应做好牛、羊圈舍周围环境的灭虫。新引进的动物在合群饲养前经局部或全身给予抗生素，可减少本病的发生。

第十三节　牛传染性胸膜肺炎

牛传染性胸膜肺炎（Contagious bovine pleuropneumonia），又称牛肺疫，是丝状支原体引起牛的一种高度接触性的传染性疾病。该病以肺间质淋巴管、结缔组织和肺泡组织的渗出性炎以及浆液纤维素性胸膜肺炎为特征。任何年龄和品种的牛均有易感性，给世界各国养牛业造成了巨大损失。

该病是一种古老的牛病，广泛分布于世界各个养牛国家。1703 年在德国和瑞士发生，1735 年在英国发现，1861 年传入美国、澳大利亚、南非，20 世纪初传入印度，并在亚洲的其他地区也有报道。20 世纪 90 年代曾流行该病的国家和地区包括安哥拉、几内亚、尼日利亚、纳米比亚、加纳、尼日尔、科特迪、贝宁、埃塞俄比亚、塞内加尔、西班牙、葡萄牙和意大利等，目前在非洲部分国家和印度部分地区仍有流行。

已经根除该病的国家有美国（1892）、英国（1898）、南非（1916）、前苏联（1935）、澳大利亚（1967）、日本（1932）和中国（1996）。

一、病原

本病的病原为丝状支原体丝状亚种，无细胞壁，只有 3 层结构的细胞膜；菌体呈多形性，有时为弧形弯曲的细丝状或呈“s”状，有时为球状、环状、星状、半月状、球杆状；该菌能通过细菌滤器。各分离株无血清学差异。

该菌可在常规的支原体培养基上生长良好。也可通过 9～11 日龄鸡胚绒毛尿囊膜接种连续传代，并在毒力减弱情况下保持良好的免疫原性。用 Hela 细胞、鸡胚成纤维细胞、人结膜细胞和牛肾细胞进行组织培养时生长较好。

丝状支原体在直射阳光下几小时即失去毒力，在 60℃水中 30 min 死亡。对寒冷有抵抗力，在冻结的病肺和淋巴结可存活 1 年以上；真空冻干后－20℃存活 3～12 年。0.25%来苏儿、2%石炭酸溶液、10%石灰乳溶液、5%漂白粉悬液均能于几分钟内将其杀灭。

二、流行病学

自然宿主主要是牛，黄牛、奶牛、牦牛、水牛等都可感染。此外，羚羊也可感染发病。传染源主要是病牛和带菌牛，康复牛长期带菌达 2～3 年，老疫区牛群感染后有 30%～45%牛只为亚临床经过，因此在实践中康复牛和无症状带菌牛是该病的主要传染源。

该病主要通过呼吸道排菌而进行飞沫传染，也可通过尿液、乳汁以及分娩母牛的子宫分泌物散播，病原污染饲料、饮水后经口传染；成年牛则可通过被尿污染的干草而经口感染。活牛的贸易、运输、迁徙等对该病的传播和扩散具有非常重要的作用。

该病在新疫区的发病率可达 60%～70%，病死率为 30%～50%。饲养管理条件差、养殖密度过大等可促进该病的流行。

三、临床症状

在自然情况下，潜伏期一般为 2～4 周，最长可达 8 个月。

1.急性型

发病初期体温急剧升至 40～42℃，呈稽留热型：病牛频繁干咳，精神沉郁，食欲缺乏；继而出现呼吸困难，呈腹式呼吸，鼻孔开张，常可听到呻吟声，按压肋间有疼痛表现，常因胸部疼痛而不愿卧下。咳嗽逐渐加剧，并有疼痛表现。咳声低沉无力；眼结膜潮红并有脓性分泌物；鼻腔流出浆液性或脓性分泌液。呼吸困难进一步加剧时，叩诊胸部可听到浊音或水平浊音。听诊患部有湿性啰音，肺泡音减弱或消失，心音减弱。后期可见胸前、腹下和垂肉常发生水肿，可视黏膜呈蓝紫色；消化机能障碍，反刍迟缓或停止，乳产量减少。幼龄牛则常并发多发性关节炎；体况迅速恶化，呼吸更加困难，常因窒息而死亡。病程为 15～30 d。

2.亚急性型

症状与急性型相似，但病程较长，症状较轻且不如急性型明显。

3.慢性型

病牛逐渐消瘦，不时有痛性短咳，叩诊胸部有实音区且敏感，使役时易感疲劳，体温时高时低，消化机能紊乱，食欲时好时坏，有的不表现临床症状，但长期带菌、排菌。

四、病理变化

急性病牛胸腔积液，内含有絮状的纤维素凝片，胸膜粗糙，肺表面与胸膜间常有纤维素粘连。常见肺叶肿大、坚实，表面粗糙且无光泽，切面有大小不等、程度不一的肺炎区，呈红色、黄色和灰色等不同阶段的肝变，外观为大理石样色彩。肺门和纵隔淋巴结肿大、出血。严重病例还可见肺坏死，并可形成空洞，周围有结缔组织包囊。心包膜变厚，常与肺或纵隔粘连，心包积水，心脏实质脆弱。脾肿大，被膜紧张，切面突出。

慢性型病牛肺脏与胸膜粘连，胸膜肥厚，肺小叶发生肉质样变、坏死、液化或钙化，有时可见液化灶被局部增生的结缔组织包围。

五、诊断

根据流行病学、临床症状和病理剖检可作出初步诊断，确诊需要实验室诊断。

1. 病原菌分离和鉴定

可取活牛鼻腔拭子、支气管肺泡冲洗物或胸腔穿刺液以及病死牛的肺脏病变组织、肺门淋巴结、胸腔液及关节滑液等病料接种于支原体培养基以观察有无该菌生长。在固体培养基上培养1～2周后可见菲薄透明的露滴状圆形菌落，中央有乳头状突起，即可判定；在液体培养基中培养后则可见指环状或豆芽状的轻度乳光。涂片染色镜检时，丝状支原体呈革兰染色阴性，着色不佳；但用姬姆萨或瑞氏染色较好，在高倍镜下菌体呈多形性。最后可通过间接荧光抗体试验、荧光抗体试验、琼脂扩散试验、生长抑制试验以及免疫组化技术和PCR等方法鉴定。

2. 血清学试验

补体结合试验是目前最可靠的方法，该法为OIE所推荐。ELISA试验和被动血凝试验可作为筛选试验，新近感染的动物也可用凝集试验进行诊断。

3. 鉴别诊断

该病应注意与牛出血性败血症等疫病区别。

六、防制

我国已在全国范围内消灭了牛传染性胸膜肺炎，但目前仍应警惕从有该病的国家或地区再次传入。因此，加强国境检疫，禁止从该病疫区输入任何牛只；若在实践中发现该病或血清学阳性牛只，应及时采取扑杀销毁和彻底消毒等处理措施，防止疫情扩散。疫区和受威胁地区牛群可进行牛传染性胸膜肺炎弱毒菌苗的免疫接种，其免疫效果确实、可靠。

第十四节 无浆体病

无浆体病（Anaplasmosis）是由无浆体引起反刍兽的一种急性或慢性蜱媒性传染病，临床发病以高热、贫血、消瘦、衰弱、黄疸和胆囊肿大为特征。我国曾称之为边虫病，现已明确改称为无浆体和无浆体病。

一、病原

无浆体属立克次体目、无浆体科、无浆体属，革兰氏染色阴性，姬姆萨染色呈紫色或蓝色。该微生物寄生在牛的红细胞中，疾病通过蜱、叮咬昆虫或血液污染的器械经皮肤传播。对动物致病的主要是以下三种无浆体：引起牛和鹿重症感染的边缘无浆体，引起牛轻症感染的中央无浆体和引起绵羊、山羊和鹿轻至重症感染的绵羊无浆体，上述三种无浆体有宿主特异性。

无浆体对理化因素的抵抗力较弱，56℃，10 min 或在普通消毒液中很快死亡。对金霉素、四环素等敏感，但对青霉素和磺胺类药物不敏感，磺胺类药物甚至可以促使其繁殖。

二、流行病学

患病动物和带菌动物是本病的传染源，传播媒介主要是蜱（俗称草爬子），虻、蝇和蚊等吸血昆虫也可传播；传播途径主要是通过叮咬经皮肤传播，因此本病有明显的季节性和地区性，夏秋季节容易发生。

各种反刍动物均可感染发病，幼龄动物感染性低，1 岁以上成年动物发病严重，应激因素（运输、饥饿、恶劣天气等）是发病的诱因。

本病发病率可达 10%～20%，病死率可达 5%。死亡多半是由于无浆体和泰勒氏虫、梨形虫等寄生虫和其他病原微生物混合感染以及营养缺乏和微量元素缺乏所致。

三、临床症状

潜伏期牛为 17～45 d，羊为 20～30 d。

1. 牛

边缘无浆体致病力强程。急性病例体温突然升高达 40～42℃。病牛鼻镜干燥,食欲减退,反刍减少,衰弱,贫血并出现黄疸,皮肤、黏膜苍白黄染。呼吸加快,心跳增数。虽有腹泻,但便秘更为常见,粪便暗黑,常带有血液或黏液。病牛发生顽固性的前胃弛缓。患病后 10～12 d,体重减轻 7%。同时可出现肌肉震颤、流产、发情抑制等。血液检查可发现感染无浆体的红细胞,而且红细胞总数减少。慢性病例呈渐进性消瘦、黄疸、贫血、衰弱,红细胞数和血红蛋白均显著减少。

2. 羊

绵羊发病主要由绵羊无浆体感染所致。病羊体温升高,衰弱乏力,贫血,黄疸,委顿,厌食,失重很明显。血液检查,可见红细胞总数、血红蛋白及红细胞压积均减少。感染后 20～60 d,在染色的血片中即可观察到许多红细胞中存在无浆体。

山羊主要表现为贫血,黄疸和渐进性消瘦。

四、病理变化

患病动物体表可找到有蜱,器官的病理变化与贫血有关。尸体消瘦、内脏器官脱水、黄疸。颈部、胸部皮下水肿。心内外膜及其他浆膜有大量淤斑。脾脏肿大,血液稀薄,淋巴结肿大、水肿。骨髓增生呈鲜红色。肝脏呈黄色,胆囊扩张、充满胆汁。真胃、小肠黏膜有出血性炎症。

五、诊断

根据患病动物临床和病理表现,特别是体表有蜱类寄生,体温升高等可作出初步诊断。用姬姆萨染色或瑞氏染色,可在红细胞中发现无浆体。补体结合试验、琼脂扩散试验和凝集试验也可用于确诊。

六、防制

预防措施

1. 加强检疫,严禁从有本病的国家和地区引进易感动物。为防止本病传入,进口动物应选在媒介昆虫不活动的季节。凡引进动物应做药物灭蜱处理。

2. 消灭或清除媒介蜱等传播本病的吸血昆虫,是防止本病的有效方法。为此,应保持圈舍及周围环境的清洁卫生,防止易感动物遭受媒介蜱的侵袭,发病季节常用杀虫药杀灭牛羊体表寄生的蜱以及环境中的吸血昆虫,防止饲草和用具将蜱带入圈舍。

3. 疾病流行地区,可用无浆体病灭活苗或无浆体病弱毒苗进行免疫接种,可获得良好的预防效果。据报道，一些国家为了防止牛群进入疫区大批发病，用含纯边缘无浆体中央亚种的新鲜脱纤血给牛皮下注射 5 mL，于 3～6 周内出现轻微反应，同时牛体产生抵抗力。对幼龄牛和犊牛，在冬季接种带边缘无浆体的新鲜牛血 1～2 mL，一般在接种后 17～48 d 发生反应，可产生有效的带菌免疫。

发现病牛、病羊应及时隔离治疗，并加强护理。供给足够的饮水和草料，增强动物体质。试用砷制剂、锑制剂或各种抗疟疾药物等进行治疗，可获一定效果。现提倡应用四环素族抗生素，包括四环素、金霉素或土霉素等药物，长效四环素 20 mg/kg，肌肉注射，间隔 3 d，共注射 4 次。一般认为青霉素、链霉素或磺胺类药物治疗无效。急性感染牛贫血威胁生命时，可进行输血治疗。

第十五节 羊梭菌性疾病

羊梭菌性疾病(Clostridiosis of sheep)是由梭状芽孢杆菌引起羊的一组传染病，包括羊快疫、羊肠毒血症、羊猝击、羊黑疫、羔羊痢疾等，其特点是发病快，病程短，死亡率高，对羊的危害大。

一、羊快疫

羊快疫(Braxy bradsot)是由腐败梭菌引起羊的一种地方流行性急性传染病，临床特征是发病突然、病程短促，真胃和十二指肠黏膜呈出血性或坏死性炎症。

本病最早发现于挪威、冰岛等国家。我国也有发生，常与猝狙混合感染，在牧区往往于 5 月间流行。一些地方以春季较为常见。有专家指出，本病几乎只发生于 2 岁以内的绵羊，时常侵害营养良好、体格健壮的羊只。

(一)病原

本病病原为腐败梭菌，是一种较大的杆菌，常独立或成对存在，也可形成长链，革兰氏阳性。芽孢的抵抗力很强，可用 0.2%升汞、3%福尔马林或 20%漂白粉液将其杀死。

(二)流行病学

本病主要发生于绵羊，尤其是 6～18 月龄、营养中等以上的绵羊多发；山羊也感染，但较少；鹿也可感染本病。腐败梭菌常以芽孢形式分布于自然界，尤其是潮湿、低洼以及沼泽地带。羊只采食污染的饲料和饮水后，芽孢进入羊的消化道。许多羊的消化道平时就有这种细菌存在，但并不发病；当存在不良的外界诱因，特别是在秋、冬和初春气候骤变、阴雨连绵之际，羊只受寒感冒或采食了冰冻带霜的草料，机体遭受刺激抵抗力降低时，腐败梭菌即大量繁殖产生外毒素，引起发病死亡。该病具有明显的地方性特点。

(三)临床症状

发病突然，病羊往往未见临床症状突然死亡，常见在放牧时死于牧场或早晨发现死于圈内。有的病羊离群独处、卧地、不愿走动，强迫行走时表现虚弱和运动失调。腹部膨胀，有腹痛症状；排粪困难、里急后重，排黑色软粪或稀粪，混杂有黏液或脱落黏膜，间或带有血丝。体温表现不一，有的正常，有的升高至41.5℃。病羊最后极度衰竭、昏迷，口流带血泡沫，通常经数分钟到几小时死亡。

(四)病理变化

尸体迅速腐败膨胀，可见黏膜充血呈暗红紫色。真胃及十二指肠黏膜有明显的充血、出血，黏膜下组织水肿甚至形成溃疡具有一定的诊断意义。胸腔、腹腔、心包大量积液，暴露于空气易于凝固。心内膜(特别是左心室)和心外膜有点状出血。肝脏肿大、质脆，呈煮熟状；胆囊胀大，充满胆汁。

(五)诊断

本病生前诊断比较困难，死后剖检真胃及十二指肠出血性、坏死性炎症具有诊断意义。但确诊需要进行实验室检查。

1. 涂片镜检

以肝表面制作触片，用瑞氏或美蓝染色镜检时，除见有两端钝圆、单在或短链的粗大杆菌外，还可观察到无关节的长丝状菌。其他脏器涂片有时也可发现。但并非所有病例都能发现这种特征表现。

2. 分离培养

从疑似病羊尸体采取病料接种于葡萄糖鲜血琼脂和肝片肉汤进行厌氧培养，分离鉴定腐败梭菌。

3. 动物试验

取患病动物的新鲜血液或组织乳剂肌肉注射于小白鼠或豚鼠，接种动物常于24 h内死亡，此时迅速采取死亡动物脏器进行分离培养或肝表面触片染色检查可见无关节长丝状、两端钝圆的杆菌。

(六)防制

加强饲养管理，防止受寒感冒，避免采食冰冻饲料。在本病常发地区，每年定期注射“羊快疫－猝击－肠毒血症三联苗”，或“羊快疫－猝击－肠毒血症－羔羊痢疾—黑疫五联苗”。发生本病后隔离病羊，对病程较长的病羊用青霉素、磺胺嘧啶等抗菌药物进行治疗。对未发病羊只，应转移到高燥地区放牧，加强饲养管理同时用菌苗紧急接种。

二、羊肠毒血症

羊肠毒血症(Enterotoxaemia)又称软肾病、羊快疫，是由D型魏氏梭菌在羊肠道内大量繁殖产生毒素所引起的一种急性传染病，临床特征为腹泻、惊厥、麻痹和突然死亡，死后肾脏多软化如泥。

(一)病原

本病病原为D型魏氏梭菌，又称羊中毒杆菌。为大杆菌，革兰氏阳性，在羊体内形成芽孢。一般消毒液均易杀死繁殖体，但芽孢的抵抗力很强，95℃，2.5 h才能杀死。

(二)流行病学

各种品种、年龄的羊都可感染发病，但绵羊多发，山羊较少，鹿也可以感染。该病通常以2～12月龄、膘情好的羊多发。本菌为土壤常在菌，也存在于污水中，羊只采食病原菌芽孢污染的饲料与饮水而感染。牧区以春夏之交、抢青时和秋季牧草结籽的一段时间发病较多，农区则多见于收割抢茬季节或食入大量蛋白饲料时，流行具有明显的地方性。

(三)临床症状

本病突然发生，很快死亡，很少能见到症状。临床上可分为2种类型：一类以抽搐为特征，在倒毙前四肢出现强烈的划动，肌肉颤搐，眼球转动，磨牙，口水过多，随后头颈显著抽搐，往往在2～4 h死亡；另一类以昏迷和静静地死亡为特征，病程不太急，早期症状为步态不稳，以后倒地，并有感觉过敏、流涎、上下颌“咯咯”作响，继而昏迷，角膜反射消失，有的病羊发生腹泻，通常在3～4 h静静地死去。体温一般不高。血、尿常规检查常有血糖、尿糖升高现象。

(四)病理变化

肠道(尤其是小肠)黏膜充血、出血、严重者整个肠壁呈血红色，有时出现溃疡。胸腔、腹腔、心包有多量渗出液，易凝固。心内外膜、腹膜、隔膜有出血点。肺脏充血、水肿，肝肿大，胆囊增大1～3倍。胸腺有出血点。全身淋巴结肿大、出血。肾脏软化如泥样，稍加触压即碎烂。

(五)诊断

根据本病突然发病、迅速死亡，散发，多发生于春夏之交抢青时和秋季草籽成熟时等流行特点，结合剖检所见软肾、体腔积液、小肠黏膜严重出血等特征，可以作出初步诊断。

实验室诊断：取肠内容物，如内容物稠厚可用生理盐水稀释 1～3 倍(若内容物稀薄则不必稀释)，用滤纸过滤或以 3 000 r/min 离心 5 min，取上清液给家兔静脉注射 2～4 mL 或静脉注射小白鼠 0.2～0.5 mL。如肠内毒素含量高，小剂量即可使实验动物于 10 min 内死亡；如肠内毒素含量低，动物于注射后 0.5～1 h 卧下，呈轻度昏迷，呼吸加快，经 1 h 左右可能恢复。也可用标准魏氏梭菌抗毒素与肠内容物作中和试验以确定菌型。

(六)防制

加强饲养管理，农区、牧区春夏之际避免抢青、抢茬，秋季避免吃过量结籽饲草，精、粗、青料要搭配合理。在常发地区定期注射三联苗或五联苗。发病时将病羊隔离，病程稍长者可用抗菌药物或对症治疗；尚未发病羊只转移到高燥地区放牧，同时用菌苗紧急预防接种。

三、羊猝狙

羊猝狙(Struck)是由 C 型魏氏梭菌引起的一种毒血症，以急性死亡、腹膜炎和溃疡性肠炎为特征。

(一)病原

病原体为 C 型魏氏梭菌或称 C 型产气荚膜梭菌，经消化道感染，常与快疫合并发生，多见于早春和秋季，成年绵羊发病较多。常发生于潮湿地区，多呈地方流行或散发。

(二)流行病学

本病发生于成年绵羊，以 1～2 岁的绵羊发病较多。常流行于低洼、沼泽地区。多发于冬春季节。主要经消化道感染，常呈地方流行性。

(三)临床症状

病程短促，常未见到症状即突然死亡。有时发现病羊掉群、卧地，表现不安、衰弱和痉挛，在数小时内死亡。

(四)病理变化

主要见于消化道和循环系统。十二指肠和空肠黏膜严重充血、糜烂，有的区段可见大小不等的溃疡。胸腔、腹腔和心包大量积液，暴露于空气后可形成纤维素絮块。浆膜上有小点出血。死亡后骨骼肌出现气肿和严重出血。

(五)诊断

根据成年绵羊突然发病死亡,剖检见糜烂和溃疡性肠炎、腹膜炎、体腔积液可作出初步诊断。确诊需从体腔渗出液、脾脏等取材作细菌的分离和鉴定,以及从小肠内容物里检查有无C型魏氏梭菌所产生的β毒素。

(六)防制

可参照羊快疫和羊肠毒血症的防制措施进行。

四、羊黑疫

羊黑疫(Black disease)又称传染性坏死性肝炎,是由B型诺维氏梭菌引起的一种急性高度致死性毒血症,其特征是肝实质发生坏死性病灶。

(一)病原

诺维氏梭菌又称水肿梭菌,为革兰氏阳性大杆菌,大小为(0.8～1.5) μm×(5～10) μm,但大小不均匀,呈单个或短链排列。有周身鞭毛能运动,无荚膜。较易形成芽孢,通常在生长24 h后即可看到,芽孢呈卵圆形,较菌体略宽,位于菌体的近端。

本菌是严格的厌氧菌,须有良好的厌氧条件才能生长。根据产生的毒素不同将本菌分为A、B、C、D4个菌型。

(二)流行病学

本菌能使1岁以上的绵羊感染,以2～4岁的肥胖绵羊发生最多;牛和山羊也可感染。实验动物中以豚鼠最敏感,家兔、小白鼠易感性较低。诺维氏梭菌广泛存在于土壤中,羊采食被此菌芽孢污染的饲料而感染。本病主要在春夏发生于肝片吸虫流行的低洼潮湿地区。

(三)临床症状

病程急促,绝大多数病例未见病症而突然死亡。少数病例病程稍长,可拖延1～2 d,但一般不会超过3 d。病羊精神不振,掉群,不食,呼吸困难,流涎,体温41.5℃左右,呈昏睡俯卧状态而死亡。

(四)病理变化

病羊尸体皮下静脉显著充血,皮肤呈暗黑色外观(黑疫之名由此而来)。胸部皮下组织常见水肿,胸腔、腹腔、心包腔积液。左心室心内膜下常出血。真胃幽门部和小肠充血、出血。肝脏充血肿胀,表面有一个到多个灰黄色、不规则的凝固性坏死灶,其周围常为一鲜红色的充血带围绕,坏死灶直径可达2～3 cm,切面成半圆形。羊黑疫肝脏的这种坏死变化具有诊断意义。这种病变与未成熟肝片吸虫通过肝脏所造成的病变不同,后者为黄绿色、弯曲似虫样的带状病痕。

(五)诊断

在肝片吸虫流行的地区发现急死或昏睡状态的病羊,剖检见特殊的肝脏坏死变化即可作出初步诊断。必要时可作细菌检查和毒素检查。

(六)防制

控制肝片吸虫的感染,用五联苗进行预防接种。发生本病时应将羊群移牧于高燥地区,对病羊用抗诺维氏梭菌血清治疗。

五、羔羊痢疾

羔羊痢疾(Lamb dysentery)是由B型魏氏梭菌引起初生羔羊的一种急性毒血症,以剧烈腹泻和小肠发生溃疡为特征。常引起羔羊大批死亡,该病可给养羊业造成重大的经济损失。

(一)病原

本病的病原主要是B型魏氏梭菌,其次是A、C、D型魏氏梭菌。其他肠道细菌如沙门杆菌、肠道球杆菌等可以成为条件性病原。

(二)流行病学

该病主要发生于7日龄以内羔羊,尤以2～3日龄羔羊发病最多,7日龄以上的羔羊很少患病。主要经过消化道感染,也可通过脐带或创伤感染。当母羊孕期营养不良,羔羊体质瘦弱,加之气候骤变、寒冷袭击、哺乳不当、饥饱不匀或卫生不良时容易诱发。本病呈地方性流行。

(三)临床症状

潜伏期1～2 d。病初精神委顿,低头弓背,不想吃奶,不久即发生腹泻,粪便恶臭,有的稠如面糊,有的稀薄如水,粪便呈黄绿色、黄白色甚至灰白色。后期粪便带血并含有黏液和气泡;肛门失禁、严重脱水、卧地不起,若不及时治疗常在1～2 d死亡,只有少数病轻者可能自愈。个别病羔表现腹胀而不下痢或只排少量稀粪(也可能带血),主要呈现神经症状,四肢瘫软,卧地不起,呼吸急促,口吐白沫,最后昏迷,头向后仰,体温下降至常温以下,于数小时至十几小时内死亡。

(四)病理变化

尸体严重脱水,尾部沾有稀粪痕迹。真胃内有未消化的乳凝块。小肠(尤其是回肠)黏膜充血发红,常可见直径为1～2 mm溃疡,其周围有一出血带环绕,肠内物呈血色。肠系膜淋巴结肿胀充血或出血。心包积液,心内膜可见出血点。肺常有充血区和淤斑。

(五)诊断

根据本病多发于7日龄以内羔羊,剧烈腹泻,很快死亡,并迅速蔓延全群,剖检小肠发生溃疡即可作出初步诊断。确认需进行实验室检查以鉴定病原菌及其毒素。在诊断过程中应注意与沙门菌、大肠杆菌和肠球菌所引起初生羔羊下痢的区别。

(六)防制

加强饲养管理、增强孕羊体质,产羔季节注意保暖,做好消毒隔离工作并及时给羔羊哺以新鲜、清洁的初乳。每年秋季注射羔羊痢疾菌苗或五联苗,产前14~21 d再接种1次可以提高母羊的抗体水平,使新生羔羊获得足够的母源抗体。

羔羊出生后12 h内可灌服抗菌药物,每日1次,连用3 d有一定预防效果。发病的羔羊可用土霉素、磺胺类药、痢特灵等药物治疗,同时采取对症治疗对缓解症状有利。

本章小结

本章应在多种动物共患病学习的基础上,重点掌握对反刍动物危害性较大传染病的流行特点、临床特征、诊断方法和防制对策。

专项训练

1. 阐述牛瘟的临床特征与防制对策。
2. 阐述牛病毒性腹泻的流行特点、症状和病理变化?怎样进行综合防制?
3. 阐述牛流行热的流行病学有什么特点?如何进行防制?
4. 试述牛副结核的临床和剖检特点?
5. 叙述牛传染性角膜结膜炎的临床表现和防制措施?

第七章　马的传染病

本章导读

本章主要从病原、流行病学、临床症状、病理变化、诊断和防制6方面描述了马鼻疽、类鼻疽、马传染性贫血、马流行性淋巴管炎、马传染性鼻炎以及非洲马瘟共6种疾病。

1. 重点掌握马鼻疽、类鼻疽及马传染性贫血的流行病学内容及防控措施。
2. 掌握马流行性淋巴管炎、非洲马瘟的流行特点、诊断要点及防制措施。
3. 了解马鼻疽、类鼻疽的公共卫生学意义。

第一节　鼻疽

鼻疽是由鼻疽杆菌引起的一种接触性传染病，主要在马、骡、驴等单蹄动物中传播蔓延，也可感染骆驼、狮、虎、猫等猫科动物和其他一些肉食动物和人类。该病的临床特征是鼻腔、喉头和气管黏膜以及皮肤上形成鼻疽结节、溃疡和瘢痕，在肺脏、淋巴结或其他实质脏器中形成特异性的鼻疽结节。马多呈慢性经过，驴、骡呈急性，人感染后也多呈急性，对养马业的威胁很大。

鼻疽是一种很古老的疫病，1882年Loffler和Schutz分离病原菌获得成功，并通过动物试验证实。1890年Helman和Kalning制成鼻疽菌素(Mallein)，对于本病诊断起到极大的作用。此后有大批学者致力于鼻疽的病原学、流行病学、发病机理及病理学、诊断及防制等方面研究，使本病得到了基本控制，目前该病在我国境内也几乎已被消灭。

一、病原学

该病的病原为鼻疽杆菌(*Pseudomonas mallei*)。该菌革兰阴性,两端钝圆,无运动性,不形成荚膜和芽孢。幼龄菌的形态比较整齐,老龄培养物中菌体则呈明显的多形态性,并且用美蓝染色后再用碘液处理老龄菌体,可见其内部有着色不均的颗粒或菌体两端浓染现象。

鼻疽杆菌是需氧或兼性厌氧菌。最适生长温度为37℃,最适pH为6.4%～6.8%。在含有3%～4%甘油的琼脂或肉汤中生长良好,在甘油琼脂上经24 h培养后,形成灰白色或灰黄色的小菌落,培养48 h后可达2～3 mm,形成表面光滑、湿润、圆形的半透明、黏性菌落或黄褐色菌苔。在甘油肉汤中呈轻度均匀混浊,在管底形成灰白色黏稠的沉淀物,摇动试管时沉淀物呈螺旋状上升,培养时间久者可形成菌环或菌膜。在甘油马铃薯培养基上,经48 h培养后形成棕黄色黏稠蜂蜜样菌苔,随着培养时间的延长,其颜色也逐渐变深。在血琼脂上不溶血,在石蕊牛乳中培养时间长时可见试管底部凝固。

该菌具有两种抗原,即特异性抗原和与类鼻疽共同的抗原。鼻疽杆菌与类鼻疽杆菌在凝集试验、补体结合试验和变态反应中均有交叉反应。菌体中具有特异性的致死性毒素及致细胞反应物质,还含有不耐热的坏死毒素和耐热的内毒素。

本菌对外界抵抗力较强,在室温下可存活数月到一年半,在潮湿的马厩内可生存20～30 d,一般化学消毒剂杀死本菌则需要1 h左右。但55℃ 10 min、80℃ 5 min内可被杀死;在直射阳光下经24 h即可被灭活;含有0.5%有效氯的消毒液中5 min内被杀死;对金霉素、土霉素、四环素、新霉素及磺胺嘧啶等磺胺类药物敏感,但对青霉素、红霉素、杆菌肽、呋喃西林等不敏感。

二、流行病学

单蹄兽中,马多呈慢性经过,驴等呈急性经过。不同品种马的感受性有一定差异。埃及、土耳其、俄罗斯及我国的马发病时多呈现慢性经过,而日本、德国、法国等马发病多呈急性经过。不同性别、不同年龄马对鼻疽的感受性无显著差异。另外猫科动物,也有因饲喂鼻疽马肉和内脏而感染的报道。

鼻疽的传染来源是鼻疽病畜,特别以开放性及活动性的病畜危害最大,这些病畜的鼻漏、肺及支气管和皮肤溃疡的分泌物能排出大量的病原菌而感染健康马匹。慢性无症状的鼻疽患马可长期带菌、周期性地排菌,成为马群中常被忽略的传染源。

被病马污染的饲料、饮用水、垫草、厩舍以及所有用具均可成为病原体的传播因素，引起间接接触感染。此外，病畜与健畜间相互啃咬，也可造成直接接触感染。鼻疽杆菌的传播途径主要是消化道，也可经呼吸道、结膜囊、胎盘、交媾等途径感染。

本病可在马群中缓慢地、延续地传播，流行没有明显的季节性。由于群养群放、密集饲养，通过健康马与病马之间的频繁接触以及马匹的调拨、转运等大范围转移，可促进鼻疽发生、传播和流行。

三、临床症状

鼻疽的潜伏期的长短与病原菌的毒力、感染数量、感染途径、感染次数及机体的抵抗力等有直接关系，自然感染的潜伏期 4 周或更长。

鼻疽在临床上分为急性型、慢性型和隐性型，但三者可以相互转化。

1. 急性型鼻疽

病马最初体温升高（39～40℃），精神沉郁，食欲减退或消失，可视黏膜潮红、脉搏加快（60～80 次/min），呼吸加快。颌下淋巴结肿大，有痛感。急性型鼻疽主要表现为鼻腔鼻疽、肺鼻疽和皮肤鼻疽三种形式。

发病初期鼻腔黏膜潮红，一侧或两侧鼻孔流出少量浆液-黏液性鼻汁，不久鼻腔黏膜表面出现微突起的，边缘红色的、透明的小结节。随着疾病的发展结节的中心溃烂，形成大小不等，边缘稍隆起的溃疡，并排出黏液—脓性或混有血液的分泌物。由于病情的恶化，溃疡融合，溃疡面扩大、加深，引起鼻中隔和鼻甲骨壁黏膜的坏死脱落，甚至使鼻中隔穿通。此时，可从一侧或两侧鼻孔流出大量恶臭的脓性鼻漏。病畜呼吸时可听到拉风匣式的鼾声。最后由于病情恶化，病畜极度衰竭而死或由于饲养环境条件的改善，鼻腔溃疡逐渐愈合，形成灰白色星芒状瘢痕而转为慢性鼻疽。

2. 肺鼻疽

除有不同程度的全身性症状之外，病畜日渐消瘦，时而干咳，时而咳出带血的黏液。呼吸次数加快，肺部可听到干性或湿性啰音。

3. 皮肤鼻疽

病初皮肤某处发生局限性浮肿、疼痛、发热，肿胀部位出现大小不等的结节，结节破裂，排出灰黄色或带血的黏稠分泌物，溃疡边缘不整，形如喷火口状。鼻疽结节可沿淋巴管蔓延，形成念珠状肿。当腿部局部皮肤高度增厚时可形成“橡皮腿”。上述表现常见于前肢，也可发生于后肢、胸前、腹部。该型发展到后期多因为发生鼻腔鼻疽而死亡。

4. 慢性型鼻疽

可由急性鼻疽转化而来，也可发生原发性慢性鼻疽。病马全身症状不明显或逐渐消失，但可查到某些残留的感染表现或鼻疽病灶。我国马匹多呈慢性经过。

5. 隐性型鼻疽

无任何可见的临床症状。

猫科动物感染鼻疽杆菌后，可出现急性鼻疽的表现，即从患病动物的眼睛、鼻孔中流出脓性带血的灰绿色分泌物，呼吸道黏膜肿胀、呼吸困难，动物身体各处皮下出现鼻疽结节或溃疡，经1～2周后常因腹泻而死亡。

四、病理变化

除上述皮肤鼻疽和鼻腔鼻疽的病理变化外，鼻疽病马在肺脏、淋巴结、肝脏和脾脏等处也具有明显的病理变化。其中以肺脏的病变最具有特征性，表现为鼻疽性结节和鼻疽性肺炎的变化。在该病的早期，各器官的鼻疽性结节以渗出性结节为主，结节大小不一，从粟粒大到核桃大小，并伴有充血和出血变化；随着病情的发展，转化为增生性结节，即中心坏死、化脓、干酪化、周围被增生性组织形成的红晕包裹。病的后期，结节性病灶可能被机体吸收或被钙化。此外可见淋巴管化脓并形成糜烂性溃疡，全身淋巴结出现髓样肿胀，进而化脓，形成干酪样的结节。

五、诊断

根据急性型鼻疽的临床症状、流行病学及病理学检查可以做出初步诊断，但对该病的确诊或对慢性型和隐性型病例的诊断则需要细菌学、血清学和变态反应等方法。

细菌学检查可分离到病原体，做出确诊。此法只限于确诊开放性鼻疽和对病畜尸体的诊断，而对慢性鼻疽的生前诊断不适用。由于细菌学检验手续麻烦、操作安全性要求比较高，故实际检疫工作中很少应用。

变态反应诊断时，多使用鼻疽菌素多次点眼法和注射法。在检疫时必须按鼻疽检疫规程进行，这是多年来行之有效的检疫方法。在鼻疽检疫实践中，常常将鼻疽菌素多次点眼与临床检查相结合，必要时用补体结合试验作为辅助手段。

血清学检验包括补体结合试验、团集反应、凝集反应和沉淀反应和间接血凝试验、酶联免疫吸附试验（ELISA）、荧光抗体间接法、乳胶凝集试验、对流免疫电泳与双扩散试验及固相补体结合试验等方法。

六、防制

本病目前尚无适用的疫苗，应通过检疫摸清鼻疽的流行情况、感染程度及其危害，采取综合性措施进行控制和消灭。

1. 检疫

鼻疽的防制应加强对相应动物的检疫工作。该病的检疫分为调查性检疫、输出输入性检疫和大群防制性检疫。检疫时除进行鼻疽菌素点眼之外，还可进行补体结合试验、间接血凝试验、对流免疫电泳和 ELISA 等来提高检疫的准确性和检出率。在国际贸易中，OIE 推荐的检疫方法为变态反应试验和补体结合试验(CFT)，前者可通过眼睑皮内注射、点眼和皮下注射等途径之一进行具体的诊断。

2. 隔离

检疫阳性的感染或发病马，应立即扑杀，尸体进行焚烧或深埋。但对于某些价值较高的非开放性种马，经过治疗后则可集中隔离饲养于一个特定区域并严格限制其活动，通过培育无该病的健康幼驹而逐渐更新马群。具体培育的方法是在幼驹离乳时将其单独组群，然后每年进行 2～4 次的综合性检疫，淘汰阳性幼驹。

3. 治疗

磺胺类药物和四环素族抗生素对鼻疽有疗效。常用的药物包括磺胺噻唑、磺胺二甲基嘧啶、四环素、土霉素等。在治疗过程中，应加强隔离和消毒措施，防止病原菌的散播。

4. 扑杀病马

由于病马，特别是开放性鼻疽病马的危害很大，易造成病原体的传播，经确诊后应立即扑杀。同时通过加强消毒、深埋尸体来达到消灭传染源的目的。

本病目前尚无适用的疫苗。

第二节　类鼻疽

类鼻疽是类鼻疽假单胞菌又称类鼻疽杆菌，引起多种动物和人的一种细菌性传染病。临床特征是急性败血症，皮肤、肺、肝、脾、淋巴结等处结节和脓肿，鼻腔和眼有脓性分泌物，有时出现关节炎。

该病的病原菌最早是在 1913 年分离于仰光一位患有类似鼻疽的病人。由于病原菌对外界的抵抗力较强，因而作为热带地区土壤和滞水的常在菌，主要存在于日本、印度以及南亚、东南亚和澳洲北部的一些国家或地区。我国目前也曾有从患病动物中分离到该菌的报道。

一、病原学

类鼻疽假单胞菌(*Pseudomonas pseudomallei*)为革兰染色阴性,单个、成双、短链或栅状排列,形似别针或呈不规则形态,具有两极浓染的特性。该菌有3～8根端鞭毛,菌体两端钝圆,呈球杆状;病料用姬姆萨染色可见假荚膜。

该菌在25～27℃生长良好,42℃仍可生长,最适pH 6.8～7.0,在培养过程中该菌能够散发出一种特殊的土霉味。在4%甘油琼脂上,可形成0.3～0.6 mm,半透明的光滑菌落;随着培养时间延长,菌落增大,表面粗糙并出现皱纹。血琼脂上生长良好,缓慢溶血。该菌的培养滤液对葡萄球菌、大肠杆菌菌、炭疽菌、土拉杆菌、布鲁菌、鼠疫杆菌、伪结核杆菌、霍乱弧菌等具有抑制生长作用。

该菌与鼻疽杆菌之间有许多共同的抗原成分,在琼脂扩散试验中类鼻疽菌可溶性抗原与抗血清可出2～7条沉淀线,与鼻疽杆菌抗血清可产生1～3条沉淀线。本菌可分为两个血型,Ⅰ型具有耐热和不耐热两种抗原,主要存在于包括中国在内的亚洲;Ⅱ型只有耐热抗原,主要存在于澳洲和非洲。

类鼻疽杆菌对多种抗生素有天然耐药性,但对四环素、强力霉素、卡那霉素、头孢甲羧酚、磺胺和TMP敏感。在自然环境如水和土壤中可以存活一年以上,在个别水样可存活20个月,在自来水中也可存活28～44 d。

二、流行病学

在自然条件下,类鼻疽杆菌主要感染啮齿动物,也可使马、牛、绵羊、山羊、猪、狗、猫等感染发病,人类也能感染。此外,兔、灵长类、骆驼、羚羊、袋鼠等也有感染发病报道。

该病患病动物和病人的临床症状与鼻疽相似,主要经伤口、呼吸道或消化道感染。由于类鼻疽杆菌是热带地区土壤和滞水中的常在菌,与人和动物的接触机会较多,因而通过污染的水土经外伤、呼吸道或消化道感染,如在水田中劳作的人和动物可因外伤感染。

该病的自然疫源性与病原菌生存环境的温度、湿度、雨量及水和土壤性状均有密切关系。如在冰冻条件下不超过2周,4℃58 d,8℃163 d,12℃207 d,16～32℃一年以上。在14～46℃范围内能在干燥土壤中存活不超过30 d,湿度大于20%时可存活一年以上。我国南方热带甚至某些亚热带地区对该菌的生存比较适合。其中以稻田水、土壤以及稻田的泥土分离率最高。地表下25～45 cm的黏土层也适合本菌生存。降雨量与类鼻疽菌的发生呈正相关，雨季和洪水泛滥季节往往造成猪类鼻疽的流行。

三、临床症状

1. 猪

急性型多见于幼龄猪，表现为厌食、发热、咳嗽，鼻、眼流出脓性分泌物，关节肿胀、运动失调，公猪睾丸肿大，病程1～2周，死亡率不高。成年猪一般多取慢性或隐性经过，临床症状不明显，在屠宰后方被发现。常呈地方性流行，偶尔暴发流行。

2. 绵羊和山羊

呈地方性流行，表现为发热、咳嗽、呼吸困难，眼和鼻流出黏稠分泌物，跛行；部分病羊有神经症状，后躯麻痹。母羊可能出现乳房炎，奶中常能分离出类鼻疽杆菌；公羊睾丸可能发生硬结。病死率可达30%。山羊多取慢性经过，临床症状不明显。

3. 马

马属动物感染类鼻疽杆菌时，常与鼻疽菌素呈交叉反应而干扰鼻疽的检疫。自然感染时的症状比较复杂，一般可归纳为肠炎、肺炎和脑炎几种类型。临床上肠炎型的急性病马可见高热、腹泻、疝痛和局部水肿，慢性型表现为虚弱和水肿症状；脑炎型表现为眼球震颤、步样蹒跚、肌肉痉挛或强直、角弓反张、横卧倒地，此型病马的死亡率极高；肺炎型表现为咳嗽，肺部听诊有浊音区和啰音，最后可出现肺部感染症状。

4. 牛

与山羊的临床表现相似，多取慢性经过。

5. 犬

表现为体温升高、阴囊肿胀、睾丸炎和附睾炎，跛行，常常伴有腹泻和黄疸症状，类似于大瘟热。

6. 猫

主要表现为呕吐和下痢等症状。

四、病理变化

各种动物的病理剖检变化相似，肺脏有结节性脓肿或肝变区，肝、脾、肾、淋巴结、睾丸或关节有散在的、大小不等的结节，其内常含有浓稠的干酪样物质。有神经症状的病例可见脑膜脑炎；后躯麻痹的病例多在腰、荐部脊椎出现脓肿。

马主要病变局限在肺脏，以形成结节、脓肿、急性肺炎为特征，有少数病例可在鼻腔、脾脏出现结节和脓肿。组织学病变可见渗出型结节中心灶状化脓，浸润嗜中性白细胞，外围多无包囊形成；增生型结节，坏死灶周围有上皮样细胞增生和薄层纤维细胞环绕，浸润有较多的淋巴细胞、嗜中性白细胞、浆细胞和单核细胞。在脑脊髓感染部位，嗜中性白细胞聚集，血管周围有大单核细胞和淋巴细胞形成的"袖套"样结构，并明显水肿。

五、诊断

根据流行病学、临床症状和病理剖检变化，可对该病作出初步诊断，但由于其临床表现复杂多样，感染动物有急性、慢性之分，病理损伤的部位也不尽相同等，因此该病的确诊需要实验室检查。

1. 病原学诊断

取病料直接涂片染色镜检，可见革兰染色阴性，形似别针或呈不规则形态，经酶标抗体或荧光抗体检测阳性，可作出诊断。也可进行病原菌的分离培养，即无菌取病料如脓汁、内脏器官或血液接种于4%甘油琼脂进行培养，挑选培养48 h后有皱纹的菌落用阳性血清进行玻片凝集试验等方法鉴定。

2. 动物接种

取病料直接接种豚鼠腹腔，动物将于接种后48 h时开始死亡，剖检肝、脾、睾丸等器官可见典型病变，可进一步作分离培养鉴定。

3. 免疫学诊断

目前常用的抗体检测方法有间接血凝试验、补体结合试验、间接荧光抗体试验和变态反应等。其中间接血凝试验是取该菌的甘油琼脂48 h培养物，经100℃2 h煮沸后离心，上清液中含有多糖抗原，用其适宜浓度致敏鸡或绵羊的红细胞，其冻干保存的有效期可达1年；该方法具有较好的特异性和敏感性，适于人和动物的血清学调查和大量被检血清样品的筛选，是美国疾病控制中心推荐的血清学检查方法。变态反应适用于马属动物鼻疽与类鼻疽感染的鉴别诊断，也可用于羊的检疫，通过用亲和层析提纯的抗原点眼，全部类鼻疽实验感染马出现反应，而鼻疽马仅个别有反应。

六、防制

由于该病对人和动物的危害性较大，并且是一种自然疫源性疾病，因此防制该病应采取以下几种方法。

(1)加强引进动物的检疫，防止引入患病和带菌动物而污染原来清净的地区。

(2)新发病地区或养殖场应对患病动物采取严厉的措施，扑杀并销毁感染患病动物及其周围的啮齿动物，对同群动物进行抗菌药物的预防性治疗，同时采取严格彻底的消毒措施，防止病原体污染土壤和水源而造成疫情的扩散传播。

(3)该病的疫区应定期检疫、消毒，消灭鼠害，防止水源、饲料和土壤污染；发现患病动物应及时隔离、消毒和治疗；常用的治疗药物有四环素、强力霉素、卡那霉素和磺胺类等。无治疗价值的动物应及时淘汰扑杀；死亡和患病动物的尸体应焚烧或高温化制处理，禁止食用。

第三节　马流行性淋巴管炎

马流行性淋巴管炎是伪皮疽组织胞浆菌引起马属动物的一种慢性疾病。临床上该病以淋巴系统的化脓性、深层性、溃疡性和扩散性皮炎并形成肉芽肿性结节为特征，曾被称为假皮疽或马溃疡性淋巴管炎。该病比较顽固，一旦感染发病很难清除，病程长达 3～4 个月，至今无有效的治疗方法。

该病是在 1873 年从病马皮肤溃疡的脓性分泌物中发现的，流行于世界上许多国家和地区，如非洲、中东地区、亚洲、美洲和欧洲等，呈地方性流行。

一、病原学

伪皮疽组织胞浆菌(*Histoplasma farciminosum*)属于半知菌纲、念珠菌目、组织胞浆菌科、组织胞浆菌属。本病原菌为双相型，病料中菌体是以孢子芽裂繁殖为主的寄生型，呈多形、卵圆形或球形，直径为 2.0～3.5 μm，呈单个或成簇、成链状，位于巨噬细胞和巨型细胞的外侧和内侧，通常不需染色即可清晰地观察该菌体，若用革兰染色或姬姆萨染色则可见到特征性的孢子和菌丝体。在培养基中是以菌丝繁殖为主的腐生型，呈长丝状，直径为 2.1～4.2 μm。该菌在有氧条件下，于 25～30℃时能够缓慢生长，并可形成皱褶状菌落，一般需要培养 15～20 d 才能观察到菌落开始生长。常用的培养基包括沙堡弱氏葡萄糖琼脂、脑一心浸液琼脂及 PPLO 营养琼脂。

该菌在斜面培养基上可形成蚕豆至拇指大小、类似爆米花样的菌落，表面具有多个皱褶，菌落隆起呈灰白色、淡黄色或浅褐色。在液体培养基的深部发育微弱，经过一定时间后形成高粱粒大小的毛球样菌落，但在液体表面发育良好，30～40 d 后形成浅灰色或淡黄色的多皱襞菌膜。

皮疽组织胞浆菌对外界因素抵抗力顽强。在污染病马厩舍中能存活 6 个月，病变部位的病原菌在直射阳光作用下能耐受 5 d，60℃能存活 30 d，但 80℃几分钟即可被杀死。0.2%升汞、5%石炭酸、1%甲醛溶液、5%石灰乳需要 1～5 h，5%～20%漂白粉需要 1～3 h 才能被杀死。另外，该菌在干燥的培养基上可生存一年，在密封的培养基能存活一年以上。

二、流行病学

马和马科其他动物是该病的自然宿主，幼龄及老龄的马属动物都可发病，但以 2～6 岁马较敏感，在牧区则以 1～3 岁育成马的发病率较高。

该病主要通过伤口、蚊蝇叮咬或吸入而感染，也可通过交配直接传播。蚊、蝇、虻等昆虫是病原的机械传递者，通过对皮肤的刺吮而传播此病；另外厩舍中易造成外伤的钉头、铁丝断端、挽具、装蹄及马匹互相咬踢等引起的皮肤外伤容易感染。病变部脓液或分泌物污染的厩舍、厩具、马具、刷具、垫草、土壤、厩肥、管理人员用的鞋、靴、工作服、医疗器械、保定架、绳、绷带材料等都是该病的间接传染本病的媒介物。

本病在低湿地区及多雨年份、洪水泛滥之后发生较多，无明显季节性。发病率随着动物的饲养密度增大而增加，一般污染地区发病率为 2%～5%，流行严重地区为 10%左右；个别严重地区或马场的发病率可达 30%～50%，死亡率和废役率一般占 20%～30%。

三、临床症状

潜伏期与机体的抵抗力、感染次数及病原菌的毒力等因素有关，短的为 40 d 左右，长者可达半年以上。人工感染的潜伏期 30～60 d。

皮肤病灶最常见于四肢、头部，尤其是唇部，其次为颈、背、腰、胸侧和腹侧。开始时局部皮肤出现豌豆大的硬性结结节，并逐渐增大而突起于皮肤表面；随之结节变为脓肿，破溃后可流出黄白色或淡红色脓液，并逐渐形成溃疡。由于肉芽组织增生，局部溃疡可高出皮肤表面呈蘑菇状，周围突起而中央凹陷，易于出血。全身症状不明显。

当这种病灶发生于某部位淋巴管上，则可见局部淋巴管增粗呈索状，其上可形成许多小结节，致使外观呈串珠状。局部淋巴结肿大，可达拇指大或核桃大，初期呈硬性肿胀，而后化脓或形成溃疡，并不断流出脓性分泌物。

除皮肤病变外，也常侵害鼻腔黏膜和颌下淋巴结。初期可见鼻黏膜上形成大小不等的圆形或椭圆形隆起，随后隆起部逐渐增大可形成结节，破溃后可形成溃疡，鼻腔流出少量脓性鼻漏。会阴、阴囊、睾丸、乳房、阴筒、阴唇、眼结膜等处也可形成类似的病灶。

患病后的动物逐渐消瘦、运动障碍、食欲减退以致瘦弱死亡。当继发细菌感染时，则可出现明显的全身症状，病情可能恶化。该病常呈慢性经过，病程漫长，经 2 个月左右可痊愈，严重病例可拖延数月。少数病例可因衰竭而死亡。

四、病理变化

剖检可见皮肤和皮下组织有大小不等的化脓性病灶，局部淋巴管内充满脓性分泌物和纤维蛋白性凝块；单个结节是由灰白色柔软的肉芽组织构成，其中散布着微红色病灶；局部淋巴结通常肿大，含有大小不等的化脓病灶，陈旧者被坚韧的结缔组织所包围。鼻黏膜表面有扁豆大的扁平突起、灰白色的小结节或边缘隆起的溃疡。个别病例的鼻窦、喉头及支气管黏膜也有类似的病变。有些病例的肺和脑组织可见小化脓病灶；四肢关节含有浆液性脓性渗出液，周围的组织中有化脓性病灶。

五、诊断

根据流行病学和临床症状，如皮肤黏膜的结节、淋巴管的索状肿及串珠状结节和溃疡等现象可作出初步诊断。确诊需要进行病原学检查和变态反应试验。

1. 病原学检查

取病变处的渗出物涂片镜检可见大量的酵母样菌体；如果取结节内脓汁涂片，可加少量 10%～30% 氢氧化钠溶液充分混匀后再镜检；或将脓汁涂片后用姬姆萨染色镜检，此时在高倍镜下可见到寄生型的孢子菌体，双层细胞膜清晰可辨。

也可进行病原体的分离鉴定，即采集病料接种脑－心浸液琼脂或 PPLO 琼脂，28℃恒温培养，若在绿豆粒至黄豆粒大小脓液或组织块的上面出现带有皱褶的菌落，结合流行病学和临床表现即可确诊。

2. 免疫学试验

潜伏期或隐性感染期的动物可通过变态反应方法诊断，即在皮内注射伪皮疽组织胞浆菌素，然后分别于接种后 48 h 和 72 h 观察皮肤厚度变化以确定感染状态。若局部皮肤出现硬固的、有热痛的肿胀，皮肤厚度增加 5 mm 以上即可判为阳性。该法特异性强，检出率很高，可达 93.9%。

其他血清学试验还包括荧光抗体试验、酶联免疫吸附试验和血凝抑制试验等。

3. 鉴别诊断

该病应与鼻疽、颗粒性皮炎、节肿和溃疡性淋巴管炎等区别。鼻疽尤其皮肤鼻疽与本病类似，通过鼻疽菌素点眼和补体结合试验及鼻疽病原菌检查可以将二者区分开。颗粒性皮炎多发于夏季，是胃虫（大口胃虫、蝇胃虫）幼虫引起的一种皮肤病，溃疡面呈颗粒状，病马表现奇痒。节肿由葡萄状球菌引起的，多见于发生创伤的背和肩甲等部位皮肤，结节外形较大，破溃后可排出混有血液的脓汁，但该病愈合较快，不形成索状肿，不侵害附近的淋巴结。溃疡性淋巴管炎是由假结核棒状杆菌引起的，病料涂片染色即可鉴别。

六、防制

该病尚无特异性的预防制剂。应加强国境检疫，防止引进阳性或感染动物。在该病的疫区，发现病马后及时隔离治疗或剖杀，防止该病的扩散传播。

扑杀或自然死亡的动物尸体、治疗过程中摘除的病变组织以及其他含有病原菌的物质，如换下的敷料、分泌物、排泄物等应进行焚烧或其他无害化处理。污染的厩舍及其用具用 4%烧碱溶液或 5%甲醛溶液进行严格消毒。

第四节　马传染性贫血

马传染性贫血（Equine infectious anemia）简称马传贫，是由传染性贫血病病毒引起马、骡、驴的一种慢性传染病。临床上该病可以反复发作，以发热（稽留热、间歇热）、贫血、出血、黄疸、心脏衰弱、浮肿和消瘦等为特征；发热期间症状明显，无热期间症状减弱或暂时消失，慢性或隐性病马长期持续带毒。

马传贫于 1843 年首次在法国发生，目前呈世界性分布。我国原本并无此病，1931 年日本侵华时带进了东北和华北等地，1954 年和 1958 年由苏联进口马匹时又将该病传入我国，并广为散布。1965 年我国首次分离马传贫病毒成功，并于 1975 年首次研制成功了马传贫弱毒苗，目前马传贫疫情在我国已得到控制，疫区逐渐消失。

一、病原

马传贫病毒（Equine ifectious anemia virus，EIAV）属反录病毒科（Retroviridae）慢病毒属（Lentivirus），属于 RNA 病毒。该病毒粒子呈球形，有囊膜，直径为 90～120 nm，囊膜厚度为 9 nm 左右，囊膜表面有纤突。病毒粒子的中心电子密度较高，并有一直径为 40～60 nm 的类核体。

马传贫病毒的不同毒株都具有 2 种抗原，即群特异性抗原和型特异性抗原。

群特异性抗原是可溶性的，存在于所有毒株中，因其抗原性保守而被用于大多数的诊断试验中，如补体结合试验及沉淀反应等。型特异性抗原位于囊膜表面，属于中和性抗原，但不同毒株之间该抗原的差别很大，目前至少有 14 个型 6 该病毒极易变异，通常在病毒持续感染期间，病马出现反复发作的病毒血症，而每次病毒血症出现时其体内病毒抗原性均可发生改变，即出现抗原漂移现象。

马传贫病毒在体外培养较困难，在马属动物的白细胞、骨髓细胞和胎组织（脾、肺、皮肤、胸腺等）传代细胞上培养时可以复制。马属动物以外的动物细脆，如蚊的卵巢细胞、犬源和猫源细胞培养物也可以培养马传贫病毒。该病毒主要存在于病马体内，尤其是发热期病马的血液及各脏器（主要肝、脾）中病毒滴度最高。在不发热期间，各脏器及血液中病毒含量降低或消失。

此病毒在低温条件下稳定，－20℃时可保存 7 年。对乙醚、甲醛、石炭酸等敏感。对热抵抗力较弱，血清中病毒 60℃处理 60 min 可失去感染力，煮沸 15 min 可用于各种器械的消毒。临床上常用 5%来苏儿溶液消毒马厩和被病毒污染的环境，效果很好。

二、流行病学

病马、带毒马是主要的传染源，特别是发热期的病马血液和脏器中含有大量病毒，并可随分泌物和排泄物排出体外而散播传染慢性和隐性感染马能长期带毒，是危险的传染源。

马、骡、驴对该病毒易感，以马的敏感性最高，骡、驴次之 6 各种品系、年龄、性别的马属动物均具易感性。

该病的传播途径主要是吸血昆虫的机械性传播，能传播马传贫的吸血昆虫有虻类、蚊类等，尤其以大中型的山虻危害较大，这与其体躯大、口器粗、吸血量大等有关。此外，也可通过污染的医疗器械、消化道、直接接触和胎盘等途径感染。本病呈地方性流行或散发，通常无严格的季节性，但在吸血昆虫活动季节（7～9 月）较多发。饲养管理不良、疲劳、长途运输、内寄生虫及马匹的调拨、购入、集结等都能促进本病的发生和传播。

三、发病机制

感染初期实验感染马的肝和脾含病毒量最大，有人认为这些脏器是病毒增殖的最初部位。感染后或在机体抵抗力下降时，病毒进入血液并进行大量增殖引起病毒血症，此时在血液中马传贫病毒和组织分解产物的作用下，病马体温升高。当机体抵抗力增强时，病毒可暂时从血液中减少或消失，体温下降或恢复。

实验感染还表明，肝脏星状细胞、脾和其他脏器的巨噬细胞及血管内皮细胞均含有高滴度病毒。当发生网状内皮系统机能失常、病毒抗原变异和无效的免疫应答等现象时常导致马传贫的持续感染。

四、症状

该病的潜伏期长短不一，人工感染病例一般为 10～30 d，短的为 2～5 d，长的可达 90 d。在临床上通常将病马分为急性型、亚急性型、慢性型及隐性型 4 种病型。流行初期多为急性经过，死亡率高。以后逐渐转为亚急性或慢性，病死率降低，最后以慢性为主。新疫区多呈暴发，急性病例多；老疫区则断断续续发生，慢性病例多。

1.各型病马的共同症状

(1)发热。主要表现为稽留热和间歇热，也可出现不规则热。患马可能高热稽留直至死亡，也可能发热几天至三周后恢复正常，然后出现长短不一的间歇热。发热期间病马出现血液学变化及全身状况恶化的临床表现。除体温升高外，病马还可出现温差倒转现象(上午体温高、下午体温低)，特别是慢性型病马更为明显。

(2)贫血、黄疸及出血。发热初期，病马可视黏膜潮红、充血及轻度黄染。随着病程的发展，贫血逐渐加重，可视黏膜随之变为黄白至苍白。同时常在眼结膜、鼻翼黏膜、齿龈黏膜、阴道黏膜，尤其是舌下，可能出现大小不一的出血点。

(3)心脏机能紊乱。表现为心搏动亢进，第一心音增强、混浊或心音分裂，心律不齐，出现缩期杂音等。脉搏增数可达 60～100 次/min。

(4)浮肿。病马四肢下部、胸前、腹下、包皮、阴囊等处出现无热无痛的面团样肿胀。

(5)全身状态。病马表现为精神沉郁，低头耷耳，站立不动、食欲减退，逐渐消瘦，极易疲劳和出汗。在中后期，由于肌肉变性、坐骨神经遭受损害，病马表现后躯无力，运动时出现左右摇晃，步样不稳，急转弯困难，尾力减退或消失等现象。

(6)血液学变化。病初红细胞被大量吞噬破坏，但由于骨髓造血机能的代偿性增、强使红细胞数量仍能基本保持正常。但随着病程的发展，红细胞数量下降，常在 5×10^6 个/mm^3 以下，严重病例可达 3×10^6/mm^3 以下。同时，还可发现血液稀薄、血红蛋白量减少、红细胞沉降速度加快等表现。

2.不同病型的临床特点

(1)急性型。多见于新疫区的流行初期或老疫区内突然暴发的病马。发病时，体温骤升达到 39～41℃，高热稽留 8～15 d 后可降至常温，以后又急骤升高达 40～41℃，并稽留至死亡。临诊症状及血液学变化明显。病程短者 3～5 d，最长不超过 1 个月。

(2)亚急性型。常见于流行中期,病程较长为 1～2 个月。主要呈现反复发作的间歇热和温差倒转现象,通常反复发作 4～5 次,有热期体温升到 39.5～40.5℃,持续 4～6 d,部分病例可延长至 8～10 d,然后转为无热期。若病马趋于死亡,则发热次数较频繁,无热期缩短,有热期延长;反之,则发热次数减少,无热期变长,有热期缩短,此时病马可转为慢性型。临诊症状及血象随体温变化而变化,即有热期临诊症状和血液变化明显,无热期症状减弱或消失,但心脏机能仍然不正常。

(3)慢性型。常见于老疫区,病程长可达数年或数月。其特点与亚急性型基本相似,呈现反复发作的间歇热,但发热程度不高、维持时间短,一般 2～3 d。无热期长,可达数周、数月。温差倒转现象明显。

上述 3 种病型并不是静止不变的,可随机体抵抗力增强或减少而相互转变。

隐性型:无明显临诊症状,但能长期带毒,只有实验室检验才能查出。

五、病理变化

本病主要表现为全身性败血症变化。最明显的病理变化是脾和淋巴结肿大,槟榔肝,贫血,出血,水肿和消瘦。组织学变化具有一定的诊断价值,主要包括早期的淋巴样细胞增生和实质细胞坏死。随后各器官中血管周围出现淋巴细胞浸润,淋巴样组织及脾、肝、肾、心脏、淋巴结等内部的网状内皮细胞增生及铁代谢障碍。肝脏出现特征性病变,即肝细胞变性,星状细胞肿大、增生及脱落,肝细胞索紊乱,在中央静脉周围的窦状间隙内和汇管区见有多量吞铁细胞,同时淋巴样细胞在肝细胞素、汇管区的血管和胆管周围弥散性浸润。肾脏可见肾小球肾炎。此外,由于病马肝、脾等内部的网状内皮细胞大量增殖,吞噬能力增强,变性的红细胞被大量吞噬,在吞噬细胞酶的作用下,被吞噬红细胞的血红蛋白转变成含铁血黄素,因此静脉血中出现大量含铁血黄素的细胞即吞铁细胞。

(1)急性型。主要表现为败血症变化,即在舌下、鼻翼、第三眼睑、阴道、胸腔、腹腔、膀胱、输尿管以及盲肠和大肠等处的黏膜及浆膜表面有出血点或出血斑。淋巴结肿大,切面充血、出血、水肿。脾脏肿大,切面呈暗红色,有时因白髓增生而呈颗粒状。肝肿大,切面小叶明显,呈槟榔样花纹。肾肿大,肾实质和肾盂黏膜有出血点。心脏脆弱,呈灰黄熟肉样,心内外膜有出血点。

(2)亚急性和慢性型。尸体消瘦和贫血、可视黏膜苍白、全身轻微出血,一般仅在肠浆膜及心内外膜等处见有少量出血点。脾肿大、质地坚实,表面粗糙不平,脾小体肿大。肝肿大,暗红色或铁锈色,切面呈槟榔样花纹,肝小叶明显,呈网状结构。肾轻度肿大,呈灰黄色,切面皮质增厚,肾小球明显,呈慢性间质性肾炎的变化。心脏迟缓、扩张、心肌脆弱退色呈煮熟状淋巴结肿大，坚硬，切面呈灰白色，淋巴小结增生呈颗粒状。长骨骨髓红区扩大，黄区内有红髓增生，慢性严重病例骨髓呈乳白色胶冻状。

六、诊断

根据临诊症状、血液学变化及流行病学可为本病提出诊断的线索，但确诊需要进行抗体检测及病毒分离鉴定，其中任何一种方法呈现阳性都可判断为马传贫。

即根据该病的流行病学、临诊症状、血液学变化以及病理剖检结果进行综合分析，以获得初步的诊断结果。该方法虽然是非特异的，但可为进一步诊断提供依据。

1. 流行病学调查

首先调查症状的流行情况和病史，进一步再调查该病的流行特点，近年购入马匹的来源，时间和活动范围，药物治疗效果以及蚊、虻等昆虫的活动情况等。

临床检查和血液学检查：由于传贫病马的临诊症状和血液学变化具有随体温变化而变化的特点，因此可应用该特点进行本病的诊断。为了解这一变化规律，应每日早晚对被检马定时测温 2 次，连续 1 个月或更长时间，以观察热型和温差倒转现象。血液学检查应于有热期间隔 2～3 d，无热期间隔 7～10 d 进行 1 次，以分析其相互关系。

该项检查项目包括全身状态、心机能、可视黏膜、浮肿、红细胞数、血沉及吞铁细胞。

2. 病理学检查

马传贫的病理变化虽无特异性，但对自然死亡的病马或在发热期或退热后不久捕杀的病马进行病理检查，结合其他检查综合分析有一定的诊断价值。但对慢性病例的诊断意义不大。

3. 血清学诊断

(1)补体结合反应(CF)。该法具有较高的特异性和敏感性，对隐性感染马和慢性病马也有很大的诊断价值。

(2)琼脂扩散试验(AGID)。马传贫诊断的琼脂扩散试验也具有很高的特异性，抗体在病马体内的持续时间可长达数年，对慢性及隐性病马检出率为 96.88%，对急性、亚急性型病马检出率为 88.15%。另外，该方法可用于检测幼驹体内的母源抗体，它是一种简便、易于推广使用的检测方法，同时也是 OIE 指定的诊断方法。与补体结合反应及临床综合诊断法相比，琼脂扩散试验检出率最高。其次是补体结合反应，临床综合诊断最低，但该 3 种诊断方法的结果并不一致，必须同时使用才能提高检出率。

(3)中和试验。马、骡感染产生的中和抗体晚于沉淀抗体及补体结合反应抗体,但抗体效价波动较少。该抗体可用于鉴别不同毒株的病毒型,而很少用于诊断。

(4)免疫荧光技术。可分为直接法和间接法,直接法用于对抗原的检验,间接法主要用于检查抗体,都具有很高的敏感性和特异性。

(5)酶联免疫吸附实验(ELISA)。与琼脂扩散试验和补体结合反应相比,该方法敏感度高、特异性强,已用于马传贫的检疫、定性和疫场净化。

(6)斑点酶联免疫吸附实验。可用于鉴别疫苗接种马与传贫病马。

4. 鉴别诊断

马传贫、马梨形虫病、马锥形虫病、马钩端螺旋体病、马营养性贫血等疾病在临床上都具有高热(营养性贫血除外)、贫血、黄疸、出血等症状,容易混淆。因此,诊断时通常需要采用血清学方法进行鉴别诊断。

七、防制

为了预防和扑灭马传贫,必须贯彻执行"马传染性贫血防制办法"等有关法规文件规定,切实做好养、防、检、隔、封、消、处等综合性防制措施。

1. 一般性防制措施

加强饲养管理,实行科学养马,增强马匹体质,提高抗病能力,慎重引进马匹。必须引进时,要注意做好检疫工作。对环境、马厩定期消毒,防灭蚊、虻等吸血昆虫,严格限制马群混牧。

2. 免疫防制

马传贫的免疫应答包括体液和细胞免疫,细胞免疫的抗感染作用比体液免疫更有效。哈尔滨兽医研究所研制成功的驴白细胞弱毒疫苗,对马的保护率可达74%。在疫区及受威胁区对健康马或假定健康马可实行疫苗接种以达到防制本病的目的。

3. 发病后的防制措施

发生马传贫后应迅速作出诊断,划定疫区进行封锁。假定健康马不得出售、串换、转让或调群。种公马不得调出疫区配种,繁殖母马一律人工授精配种。自疫点检出最后一匹病马之日起,一年内未再检出时方可解除封锁。

经过检疫将马群分为病马、假定健康马。检疫的方法除进行测温、临床及血液学检查外,应以1个月间隔做3次补体结合反应和琼脂扩散试验。在临床综合诊断、补体结合反应和琼脂扩散试验诊断中,任何一种判定为阳性的马属动物都被视为传贫病马。可疑病马要进行 1 个月的观察，排除传贫后方可消毒归群。

病马和可疑病马必须与健康马匹分别隔离以防传播该病。被病马或可疑病马污染的马厩、马场应彻底消毒。粪便应堆积发酵消毒。为了防止吸血蚊、虻等昆虫，可喷洒 0.5%溴氰菊酯。病马应集中捕杀处理并对捕杀或自然死亡病马尸体进行焚烧或深埋。经检疫认定的假定健康马可进行弱毒苗接种。

第五节　马传染性鼻肺炎

马传染性鼻肺炎是幼龄马的一种急性传染病，其特征为发热、白细胞减少和呼吸道卡他性炎症。孕马感染后可发生流产，故又称为马病毒性流产。

本病从 30 年代在美国发现本病以后，目前已分布于世界各地，许多国家和地区都证明本病的存在。在我国，解放军兽医大学于 1980 年从东北两个马场的流产胎儿首次分离到了马鼻肺炎病毒，随后又开展了流行病学调查，结果表明本病在我国马群中广泛存在。

一、病原学

马传染性鼻肺炎病毒属于疱疹病毒科（Herpesviridae）的马疱疹病毒 1 型（Equine erpesvirus type 1，EHV-1），它具有疱疹病毒的一般共性。该病毒直径约 15～200 nm，含有双股 DNA 核心，外包以脂蛋白囊膜。

EHV-1 不仅能在马属动物的组织细胞内增殖，还能在一些异种动物的组织细胞内生长。但初代分离培养时，以马、猪和仓鼠肾等原代细胞最为敏感，在出现细胞病变的同时，感染细胞内可形成核内包涵体。

该病毒可区分为 2 个亚型，即亚型 1 又称胎儿亚型，主要引起流产；亚型 2 又称呼吸系统型，主要引起呼吸道感染症状。亚型 1 和亚型 2 间在许多特性上都有差异，表现为抗原性上与单克隆抗体的反应不同，基因组核酸仅有 20%的同源性等。

EHV-1 比较脆弱，不能在宿主体外长时间存活，在生理盐水中不稳定，对乙醚、氯仿、胰蛋白酶等都敏感，能被很多表面活性剂灭活，0.35%福尔马林可迅速被灭活。但保存该病毒时，pH 6.0～6.7 的环境条件最适合；冷冻保存时以−70℃以下为最佳。

二、流行病学

病马和恢复后的带毒马是本病的主要传染源。病毒存在于病马的鼻汁、血液和粪便中；流产马的胎膜、胎液和胎儿组织内也含有大量的病毒。该病的传播途径主要是通过呼吸道，也可消化道或交配传染。犬、鼠类和腐食鸟类可能机械传播本病。

在自然条件下，本病毒只感染马属动物，其他动物不感染。实验感染时，病毒可在仓鼠、鸡胚、豚鼠和小鼠体内增殖。

该病常呈地方性流行，多发生于秋冬和早春季节。初次发生本病的马群，往往先在育成马群中出现鼻肺炎表现，并迅速蔓延传播，通常可在3～4个月内使80%～100%的马匹遭受感染。在幼马发病1～4个月后，孕马可能出现流产，并多发生于妊娠第8～11个月。但在老疫区，大多只见幼马鼻肺炎，孕马群中的流产率不高。

三、临床症状

潜伏期为2～4 d，个别的可达1周。

常见的临床症状是鼻肺炎，病驹体温升高达39.5～41℃之间，流多量浆液乃至黏液脓性鼻汁，鼻黏膜和眼结膜充血。在体温上升的同时，白细胞数量减少。病程可持续1～3周。继发细菌感染时可导致肺炎的表现。但多数病例呈隐性型感染，往往不被察觉。

成年马或妊娠马患病后，临床表现远较幼驹轻微，仅个别病马有一过性体温升高。但妊娠母马感染后可导致流产，通常在流产前妊娠马无前驱症状，突然发生不明原因的流产，无胎衣滞留现象。流产后的病马能够很快恢复正常，也不影响以后的配种。有些接近临产期的母马被感染后，胎儿产出时即呈昏睡状、不能站立、吮乳，存活1～2 d即死亡。

感染马偶尔呈现严重的神经症状，病马表现为运动失调、后肢和腰部僵硬麻痹，以至瘫痪不能起立。病程长短不一，长的可持续10 d，但均以死亡转归。

四、病理变化

鼻肺炎患驹上呼吸道充血、发炎和糜烂，局部腺体呈增生变化。侵及肺脏时，间质发生水肿和纤维蛋白浸润。严重感染病例，呼吸道上皮细胞和淋巴结发生中心显著坏死，并可在细支气管上皮细胞看到典型嗜酸性核内包涵体。

流产胎儿具有特征性病理变化。体表外观新鲜，皮下常有不同程度的水肿和出血，可视黏膜黄染。心肌出血，肺水肿和胸、腹水增量。肝包膜下散在针尖大到粟粒大灰黄色坏死灶，是本病的主要眼观特征。组织学检查时，可在坏死灶周围细胞、小叶间胆管上皮细胞和肺细支气管上皮内，可发现嗜酸性核内包涵体。肺脏可见支气管上皮细胞坏死，肺泡上皮细胞核内有包涵体。脱落的支气管上皮使很多细支气管堵塞。脾淋巴组织呈现以细胞核破裂为特征的坏死，类似变化也见于淋巴结和胸腺。生前呈现神经症状的病马，大脑显示引起化脓性脑炎变化。

五、诊断

在马鼻肺炎流行区，可根据流行病学、临床症状、流产胎儿病变，尤其是嗜酸性核内包涵体作出初步诊断。但应注意与马腺疫、马流行性感冒，病毒性动脉炎等区别，确诊要靠病毒分离或特异性血清反应。

1. 病毒分离

母马流产时，可取胎儿肺、肝、脾、胸腺等组织；发生鼻肺炎时，可用灭菌棉拭子采取鼻分泌物作为病毒分离的检样。初代分离培养以马肾细胞最敏感，也可以用乳仓鼠肾和猪胎肾原代细胞。

2. 血清学诊断

主要包括病毒中和试验、补体结合试验、琼脂扩散试验和免疫荧光试验等。但进行琼脂扩散试验时该病毒常与疱疹病毒 2 型和 3 型有交叉反应，故很少使用。

六、防制

本病的预防需要贯彻执行兽医综合性卫生防疫措施，尤其要加强妊娠马的饲养管理，不使其与流产母马、胎儿和患驹接触。由于 2 岁以下幼驹最为易感，因而断奶后应即时与患病母马隔离，并防止与其他马群接触，以防感染发病。流产母马应及时隔离，并对其污染的环境和流产后的分泌物、排泄物及胎儿等进行严格的消毒处理。

70 年代后欧洲和美洲研制了几种经过细胞（猪肾、猪睾丸和 Vero 细胞等）培养传代减毒致弱的活疫苗。这些疫苗在应用时无不良反应，但免疫期短，需要接种 2 次，即母马在妊娠 2～3 个月和 6～7 个月各接种 1 次，幼驹在 3 月龄和 6 月龄各接种 1 次可达到较好的防制效果。由于该疫苗的免疫期短，每隔一定时间就需要加强免疫一次，因此繁殖育马场对该病的防制非常重视。

第六节 非洲马瘟

非洲马瘟是由非洲马瘟病毒引起马属动物的一种急性或亚急性传染病。该病在临床上以发热、肺和皮下组织水肿及部分脏器出血为特征，感染马的死亡率为95%，感染骡为50%～70%，感染驴也可达10%。

本病在非洲沙哈拉沙漠以南的地区长期存在，在非洲北部、中东附近及西班牙则多以暴发的形式出现。目前，本病在非洲以外的地区也有发生。1959年伊朗发生本病，并瞬间在西部的德鲁克和基普路斯岛发生，并从东部的巴基斯坦向印度扩展。目前，我国虽然没有该病的流行，但我们也应了解它的危害程度及防制对策。

一、病原学

非洲马瘟病毒(African horse sicknes virus，AHSV)为呼肠孤病毒科中环状病毒属(Orbivirus)的成员，与蓝舌病病毒同属。该病毒为圆形，基因组是由双股RNA组成，病毒粒子的直径为60～80 nm。

本病毒有9个血清型，6型和9型间具有较强的免疫交叉反应，而1型和3型、3型和7型、5型和8型间也有某种程度的免疫交叉反应，但该9个血清型均具有非洲马瘟病毒的共有抗原。

本病毒对酸的抵抗力弱，pH 5.9以下则被灭活。该病毒对热的抵抗力强，45℃下可以存活6 d，50℃ 10 min或70℃ 5 min病毒仍具有感染活性。该病毒对乙醚等具有耐受性。液态下在－20℃时效价会逐渐消失，但在4℃和－40℃以下可以保存，组织中的病毒和冷冻干燥状态下的病毒也可以长期保存。

二、流行病学

病马和带毒马以及感染的斑马是本病的主要传染源。感染马在恢复后的90 d内仍然保存病毒。斑马感染后仅出现轻微的发热，无其他症状，但在相当长的时间内持续存在病毒血症。本病主要经过库蠓等昆虫传播，不能经口和接触传播。但犬可以经过摄食感染马的脏器和肉而经口感染。马属动物对本病易感，且马最为易感，特别是幼龄马，骡次之，驴具有耐受力。除此之外，斑马、犬、山羊、黄鼠狼、大象和骆驼等动物也可以感染本病。

由于该病毒在库蠓体内可以越冬，故温暖地带的马群可呈持续性感染状态，但在冬季寒冷地带，本病存在明显的季节性。

三、临床症状

本病的潜伏期 3～9 d。由于感染动物和病毒株的不同，临床表现有较大差异。根据临床症状，可以将该病分为 4 种类型。

1. 急性肺炎型

多见于流行初期和新发病地区，潜伏期 3～5 d。病马体温迅速升高达 40～42℃，咳嗽、呼吸困难，不久鼻孔扩张，流出大量泡沫样的鼻汁，头向下伸直，耳向下垂，前肢开张并有大面积出汗。该类病马多于出现症状后不久因呼吸困难而死亡。

2. 亚急性心脏型

多见于部分免疫马匹或弱毒株感染的马匹。潜伏期和病程均较急性长。表现为头部、颈部皮下水肿，发热、上眼睑、口唇和腭等部位肿胀，并向胸、肩及腹部扩展。有时呼吸数增加，呈腹式呼吸。濒死期病马出现呼吸数迅速增加、倒地横卧、肌肉震颤、出汗等表现。

3. 肺心型

表现为肺、心两型的综合临床症状，多呈亚急性经过。

4. 发热型

该型症状轻微，多发生于具有一定抵抗力的动物感染。潜伏期 5～9 d 后体温升高，经过 4～5 d 后又恢复。表现为发热初期的食欲不振、结膜轻度发炎、脉搏和呼吸数增加等症状，病程为 1～2 周。

四、病理变化

1. 肺炎型

为本病的特征症状是肺水肿、小叶间充满透明的液体；全肺呈粉红色或红色，压迫肺组织，则从切面流出泡沫样液体；急性死亡的病马，可见气管和鼻腔内具有来自肺脏的白色泡沫；胸腔内充满大量黄色透明的液体。

2. 心型

常见皮下组织和肌间组织出现大量的黄色明胶样水肿，肌肉呈茶褐色并有出血。心包内充满黄色或红褐色液体，心脏表面存在点状或斑状出血。肺脏在非混合型感染时萎陷，有时也点状出血。消化道变化与急性型相似，胃底部充血，肠系膜、腹膜、盲肠和结肠的浆膜存在点状出血。肝脏肿大呈暗褐色，脂肪变性及充血。脾脏肿大，有大量出血点。

五、诊断

可以根据上述各型的临床症状和剖检变化进行初步诊断。该病的临床症状与病变相当特异，但由于感染动物及毒株的差异，也可能出现不典型的变化，故应该与马传染性贫血、炭疽、马病毒性动脉炎、马病毒性关节炎等疾病加以区别，必要时需要进行实验室诊断。

1. 病毒分离

取血液或肺、脾、淋巴结等组织材料的灭菌上清液，脑内接种 1～3 日龄乳鼠，观察 4～10 d，若出现神经症状则需要在小鼠脑内继代接种。也可用感染组织处理后的上清液、红细胞裂解液接种仓鼠肾细胞、马肾细胞及鸡胚细胞进行病毒培养，观察细胞病变或进行荧光抗体染色检查。

2. 补体结合(CF)试验

由于非洲马瘟的 9 种 CF 抗原具有群特异性反应，因此可用感染小鼠脑组织乳剂的蔗糖和丙酮抽提物或灭活的血清(马 56℃、驴 62℃、斑马 60℃，30 min)进行补体结合试验进行该病的诊断。同时该方法也是 OIE 推荐的用于非洲马瘟诊断的方法之一。

此外，ELISA 法具有群特异性，且敏感性高，也是 OIE 推荐在国际贸易中采用的诊断方法。琼脂扩散试验则用于对 CF 检测时出现非特异性反应的血清进行检查。

六、防制

AHS 是马属动物唯一的 A 类疫病，可通过库蠓属雌蠓传播。因此季节、生态和地理等因素对本病的流行具有重要影响。

禁止从本病流行国家进口单蹄动物是杜绝引进本病的最好方法。控制方法包括：禁止进口或经其领域过境运输具有 AHS 感染国家或地区的马科动物及其精液和胚胎等相关材料；对从无 AHS 国家进口的马科动物都要经过法定检验程序，兽医行政管理部门应出具国际动物健康证书；从污染国参赛返回的马匹，必须进行严格的检疫，并隔离观察 2 个月。

当发现可疑病例时，应及时确诊，并进行严格的隔离。病死马焚烧或深埋，周围环境进行严格消毒处理。

防制本病时界定 AHS 感染区域是一项非常重要的工作，应根据该病传播媒介的存在状况、当地的环境条件以及可能的自然屏障等具体情况决定。

本章小结

本章应重点介绍了对马动物危害性较大的6种传染病的流行特点、临床特征、诊断方法和防制对策。学习中重点掌握马的鼻疽及类鼻疽等病的流行病学特点及防控措施，掌握马传染性贫血、马流行性淋巴管炎的流行特点，了解马鼻疽、类鼻疽的公共卫生学意义。

专项训练

1. 阐述马鼻疽的临诊特点、流行病学及防制对策。
2. 阐述马类鼻疽的流行特点、症状和病理变化及防控措施。
3. 阐述马传染性贫血的流行病学特点及防控方法。
4. 试述马流行性淋巴管炎的临床和剖检特点。
5. 叙述马传染性鼻炎的临诊要点及防制措施。
6. 叙述非洲马瘟的流行特点。

第二篇　实验部分

第一章　基本实验技术
第二章　猪传染病诊断技术
第三章　禽传染病诊断技术
第四章　反刍动物传染病诊断技术

实验指导

畜禽传染病诊疗技术实验须知

开设畜禽传染病实验课的目的是让学生掌握畜禽传染病实验室基本操作技能，并通过系统的畜禽传染病实验室基本操作技能训练，不断培养学生观察、分析、解决问题的能力；实事求是、认真负责的工作作风，严谨的科学态度；积极思考和开拓创新精神、团队意识、勤俭节约、爱护公物的习惯；在畜禽传染病实验过程中所需的病料中常常含有多种人兽共患的病原微生物如：结核分枝杆菌、布鲁菌、炭疽杆菌、狂犬病毒等。据统计目前在人类和脊椎动物之间自然感染与传播的疾病达到30多种。因此教师、学生在做畜禽传染病实验时必须严格执行《中华人民共和国动物防疫法》、《重大动物疫情应急条例》、《病原微生物实验室生物安全环境管理条例》及有关环境保护的法律法规的若干规定及本实验室的以下规定：

(1)对兽医主管部门指定的菌(毒)种保存应依据兽医主管部门的规定，严格实施安全保管制度，并作好病原微生物菌(毒)种的进出和储存记录，并指定专人负责。以学生为主的实验室对《中华人民共和国动物防疫法》中规定的一类、二类疫病的菌(毒)种不进行保存。

(2)进入实验室必须穿工作衣帽、口罩、袖套、手套，必要时戴上防护眼镜、高筒胶鞋。

(3)开始实验时注意力集中，不得将食物、饮水、饮料、香烟等带入实验室，手指及实验室物品不能接触口、唇、鼻腔、面部及伤口，若必须操作时需戴上橡胶手套。

(4)每次实验及科研工作结束后，应依照相关规定及时将病原微生物菌(毒)种和送检样本销毁或处理。

(5)学生在实验时应严格按照相关操作规程进行实验，若不慎出现污染时，应立即报告指导老师，并在教师的指导和督促下进行严格的消毒后方可继续实验。

(6)学生在实验结束后，应将相关的物品及废弃物放在规定的地方，由实验指导教师统一进行消毒无菌处理后，方能继续使用。

(7)任何人不得将本实验室的任何物品带出实验室。

(8)实验结束后用肥皂反复洗手、流水冲洗干净后，方能离开实验室。

(9)实验室产生的废水需经化学消毒及生物发酵后才能进行排放。

(10)对实验(接种)动物的实施病理剖检时应严格执行病理剖检规程，剖检结束后对相关用具等进行严格的消毒无菌处理。对剖检后尸体按规定进行无害化处理。

(11)学生应在实验指导教师的指导下才能对病畜进行宰杀和病理剖检。对宰杀后的皮、肉、内脏未经检验不得食用。

第一章　基本实验技术

实验一　消毒

一、教学目标

1. 掌握养殖环境、畜舍、养殖用具、饮用水、污水、粪便的消毒方法。

2. 掌握常用消毒药物的配制方法。

3. 掌握消毒效果检查方法。

二、实验内容

1. 常用消毒器械的使用和保养。

2. 常用化学消毒剂的配制。

3. 养殖环境、畜舍、养殖用具、饮用水、污水、粪便的消毒方法。

三、仪器、设备

1. 器械

手动或电动喷雾器、称量天平或台秤、盆、桶、清扫、洗刷用品、高筒胶鞋、橡胶手套、工作衣、工作帽、手套等。

2. 药品

漂白粉、生石灰、来苏儿、福尔马林等。

四、方法步骤

(一)常用消毒器械的使用和保养

1.喷雾器

常见的手动喷雾器为背携式和手提式,常用于小面积消毒时使用。电动喷雾器、机动喷雾器、高压清洗消毒机等多种类型,常用于大面积消毒时使用。使用前要仔细检查喷雾器的各个部件,特别要注意检查喷头有无堵塞。消毒液要事先配制好后才能装入喷雾器内。消毒完后倒掉剩余的消毒液,用清水反复冲洗喷雾器及喷头部分,其余部件要注意维护保养,以延长使用时间。

2.火焰喷灯

是一种多用途的以酒精、汽油、煤气、天然气做燃料的常用工具,由于喷出的温度很高,可以在短时间内杀灭金属物体上的病原微生物,因此养殖场常用于金属物体如笼具等的消毒,其效果良好。

(二)常用消毒液的配制方法

1.消毒浓度

临床消毒使用百分浓度,即每百克或每百毫升药液中含某种药品的毫升数。

2.常用消毒液的配制方法

(1)漂白粉消毒液配制。

①漂白粉有效氯的测定(间接碘量法):取待检漂白粉 1 g 倒入烧杯中加少量的蒸馏水调成糊状,加水 100 mL 充分搅拌,加入碘化钾 3 g 摇匀,再加入 2 mL 冰醋酸,用 0.282 mol/L 的硫代硫酸钠滴定滴到无色时加入 1%的淀粉作指示剂,再滴定仍然无色即为终点,消耗硫代硫酸钠的 mL 数既是漂白粉的有效氯的含量如:消耗硫代硫酸钠 30 mL,所以漂白粉有效氯的含量为 30%。

②有效氯 2%漂白粉消毒剂的配制:根据测定的漂白粉有效氯的含量进行消毒液的配制,漂白粉有效氯的含量为 30%为例进行配制。取漂白粉 1 000 g,加水 14 kg 即配成有效 2%漂白粉消毒液。其方法是在称好的漂白粉中加少量水将漂白粉混合成浆状后,再加入定量的水搅拌均匀后,沉淀一段时间后取上清液进行消毒。若需要其他浓度溶液按同样比例加药加水即成。

(2)20%石灰水消毒液配制。取 10 kg 生石灰,加 40 kg 水即配成 20%石灰水消毒液,其方法与漂白粉消毒液相同。

(3)5%来苏儿配制。取来苏儿 5 份,加 95 份的水混合均匀即成。若需要其他浓度溶液按同样比例加药加水即成。

(4)10%福尔马林溶液配制。取市售的40%的甲醛10份,加水30份即成,若需要其他浓度溶液按同样比例加药加水即成。

(三)常用消毒的消毒方法

1.养殖环境、畜圈、用具的消毒

通常分两次完成,一次机械清除法,一次化学消毒法。常用的消毒程序是:畜禽粪便、杂物等的清除→畜禽圈舍清扫→高压水枪冲洗→干燥→消毒液喷洒房顶、墙壁、地面→干燥→甲醛等消毒药物熏蒸畜禽舍→密闭2 d→通风→进入畜禽,整个消毒过程不少于15 d。

(1)机械清除法。要按照扫、烧、洗、刷、填、塞的顺序来进行。打扫圈内卫生、清除污物粪便、烧掉养殖的可燃性废弃物、洗刷圈内设施设备,冲洗地面、粪槽(沟)和清粪工具、填塞老鼠、野兽进出的通道。

(2)化学消毒法。要按照消、开、通的顺序进行,即消毒、开门窗、通风换气。

①消毒器械的使用:喷雾器的种类、使用要点及注意事项(同上)。

②喷洒消毒:畜圈喷洒消毒一般以"先里后外、先上后下"的顺序喷洒为宜,先里、先上即从畜圈的最里头、最上面(顶棚或天花板)开始,后下至墙壁、设备和地面仔细喷洒,边喷边退;后外即如此喷洒顺序逐渐退至门口,喷洒消毒完成。用药量视畜圈结构和性质适量控制。水泥地面、顶棚、砖混墙壁的建筑,控制在800 mL/m^2左右;土地面、土墙或砖木结构建筑,用药量1 000～1 200 mL/m^2。舍内设备200～400 mL/m^2。启用前用清水刷洗料槽、水槽,开门窗通风,消除药味。

③熏蒸消毒:常用福尔马林熏蒸,测算畜舍空间,按福尔马林25 g、水12.5 g(12.5 mL)、生石灰(或高锰酸钾)25 g/m^3计算总用药量,畜舍内用具、物品适当摆开,密闭门窗,畜舍内温度保持15～18℃以上,若无暖气,应架煤炉或电炉升温,但电炉电源开关应在室外控制。按计量加入福尔马林与水混合,再加入生石灰或高锰酸钾,立即搅拌,人员迅速离开,尽量缩短人员在畜舍内停留的时间。将门关闭、密闭熏蒸12～24 h,消毒完成后,打开门窗通风(若不急用畜舍,熏蒸时间可延长),打开门窗通风20～30 min,即可启用。

2.运载工具、集装箱的消毒

装运动物及其产品之后,都要先将污物清除、打扫干净后进行冲洗或洗刷。清除的污物(包括粪、尿、垃圾、垫草、污水、污染草料等)在指定地点进行生物热消毒,对染疫的污物最好采取焚烧法处理。车辆、集装箱可用2%～5%的漂白粉澄清液、5%～15%氢氧化钠溶液或0.5%的过氧乙酸等消毒药物进行喷洒消毒。也可用4%碳酸钠溶液或20%石灰乳喷洒消毒车辆,消毒后在用清水洗刷一次,然后用清洁的抹布擦干净。对有密封仓的车辆包括集装箱,还可用福尔马林熏蒸消毒,其操作、用药量和要求同畜舍消毒。对染疫运载车辆包括集装箱要进行2～3次反复消毒。

3. 粪便的消毒

(1)堆粪法。堆粪处应人、畜居住的地方保持一定距离，避开水源，选适宜的堆粪场地。堆粪时在地面挖一浅长方形沟或一浅圆形坑，沟的宽窄长短、坑的大小视被消毒粪便的多少自行设定，但沟或坑的深度一般都是20～25 cm。先将非传染性粪便或麦草、稻草等堆在底层，其厚度为5 cm，上面堆欲消毒的粪便，高可达1～1.5 m，最外层抹上10 cm厚草泥封表。冬季不短于3个月，夏季不短于3周，即可作肥料用。用此法消毒应注意粪便的干湿度，当粪便过稀应混合一些其他干粪土，若过干时应洒适量的水。含水量应在50%～70%，堆积后最易发酵产热，效果好。

(2)发酵池法。选择发酵池的地点要求与堆粪法相同。发酵池的大小、形状依据粪便的多少自行设定。一般土质干固、地下水位低时，池底和边缘可以不砌砖和水泥涂抹，否则就要砌砖和抹水泥。粪池建好后，底层放一些干粪，再将欲消毒的畜禽粪便、垃圾、垫草到入池内，快满时，在粪的表面再盖一层泥土封好。经1～3个月，即可出粪清池。此法适合于饲养数量较多、规模较大的猪、鸡场。

(3)掩埋法。漂白粉或生石灰1:5与粪便混合，然后深埋地下2 m左右。本法适合于被烈性传染病病原体污染的少量粪便的处理。

(4)焚烧法。少量带芽孢的粪便可直接与垃圾、垫草和柴草混合焚烧。必要时在地上挖一壕沟，宽75～100 cm，深75 cm，其长度以粪便多少而定，在距壕底40～50 cm处加一层铁梁(相当于炉箅子，以不漏粪土为宜)，铁梁下放燃料，梁上放欲消毒粪便。如粪便太湿，可混一些干草，以便烧毁。此法仅适用于带芽孢粪便的销毁。

(5)人员、衣物等消毒。饲管人员常接触动物，尤其接触染疫动物或污染物，人员便成为活的传播媒介。因此，对于人员及衣物应严加管理、及时妥善消毒。人员进出场应洗澡更衣。穿戴的工作服、靴、帽等，用前先洗干净，然后放入消毒室，28～42 mL/m^3 福尔马林熏蒸30 min或用消毒药物进行消毒后备用。人员进出场畜舍都要用0.1%新洁尔灭或0.1%过氧乙酸消毒液洗手、浸泡3～5 min。

4. 饮用水的消毒

常用漂白粉进行消毒，因漂白粉所含有效氯易挥发，每批购进的漂白粉应进行有效氯含量的测定。存放漂白粉的仓库应与漂白粉溶液投加间隔开，并保持阴凉、干燥、避光和良好的自然通风条件。漂白粉溶解池和溶液池一般2个，便于轮流使用。池底坡度不小于2%并设有坡向排渣孔。

(1)消毒方法。将一定量的漂白粉装入无毒塑料袋、竹筒、小口瓶、木盒或陶罐等容器中，在容器上面或旁边钻若干小孔(一般 4～6 个，孔的直径为 0.2～0.5 cm)。根据水量和水质情况加入漂白粉。一般竹筒装漂白粉 250～300 g，塑料袋装 250～500 g。将加漂白粉容器口塞住或扎紧，放入水池内，用浮筒悬在水中，利用取水时的振荡，使容器中氯慢慢从小孔放出。以保持水中一定的余氯量。一次加药后可持续消毒 1 周左右。若用漂精片消毒(按每片含有效氯 0.2 g 计算)则每片漂精片可消毒水 50 kg，即每桶水(约 25 kg)加半片。使用漂精片时也可直接加入。如果水质低下，应加大用量，具体用量见表 2.1.1。

表 2.1.1　不同水源水消毒的加氯量

水源种类	加氯量(mg/L)(参考人畜饮用水标准)	1 m^3 水中加漂白粉量(g)
深井水	1.5～1.0	2～4
浅井水	1.0～2.0	4～8
上坑水	3.0～4.0	12～16
泉水	1.0～2.0	4～8
湖河水(清洁透明)	1.5～2.0	6～8
湖河水(水质混浊)	2.0～3.0	8～12
塘水（环境较好）	2.0～3.0	8～12
塘水(环境不好)	3.0～4.5	12～18

(2)注意事项

①漂白粉进行消毒时，不能直接将漂白粉投入需消毒的水中。

②漂白粉具有腐蚀性，对织物有漂白作用，对金属有腐蚀作用；高浓度时对人有刺激性，配制溶液时应戴口罩、橡胶手套。漂白粉(漂精片)性质不稳定，遇高温、亮光、潮湿时会失效，所以必须在避光、干燥、凉爽处保存，例如：少量用棕色瓶拧紧瓶盖存放，大量最好加上黑色或蓝色塑料袋保存。当漂白粉的有效氯含量低于 15％时或受潮结成硬块时，就不能用于消毒。

③消毒后的饮用水应达到应有的消毒效果，水中游离余氯量应达到 0.3～0.5 mg/L，即氯嗅明显，但投药不要过量。

5.养殖废水、污水的消毒

养殖废水、污水常常采用过滤法、沉淀法、发酵法及化学消毒法进行处理。最普及的方法是通过三次沉淀后，再用漂白粉进行消毒，其方法与化学消毒相同。

(四)消毒效果的检查

1. 消毒剂选择、消毒剂配制、消毒方法正确性检查

重点了解本次消毒使用的消毒剂种类、消毒剂的配制、消毒剂浓度、消毒剂用量、消毒时间、消毒温度、消毒湿度、消毒方法等情况,并对剩余的消毒剂进行化学抽查。

2. 养殖环境、畜圈、用具消毒效果的检查

检查圈舍内地面、墙壁及所有设备用具的清洁度,同时抽取样品进行细菌学检验。其方法是从消过毒的地面、墙壁、墙角、料槽、水槽等地方用小刀画 10 cm×10 cm 大小的 正方块数块,每个正方形都用灭菌棉花拭子擦拭 2 min 左右,将其蘸上中和剂后,反复挤压几次,然后装入灭菌瓶(内有 30 mL 灭菌水)内。样品送入实验室后分别接种在普通营养琼脂、麦康凯琼脂及远藤氏琼脂培养基内,置于 37℃的恒温培养基内培养 24 h 后取出检查结果,若无特殊细菌出现说明消毒效果良好。

3. 粪便生物热消毒效果的检验

(1)测温法。粪便生物发酵后温度达到 70℃以上经过 48 h 以上就可以杀灭粪便中所有的病原微生物。

(2)细菌学检查。粪便中最常见的细菌为大肠杆菌,因此粪便的微生物学检验重点进行大肠杆菌的检验。其方法是当粪便生物发酵温度达到 70℃以上经过 48 h 后,待粪便冷却后均匀采取样品进行微生物学检验。为了对照比较在粪便发酵前也要进行细菌总数和大肠杆菌的检验。

4. 消毒效果判定

细菌杀灭率在 80%以上为良好,70%~80%为较好,60%~70%为一般,60%以下为不合格。

(五)注意事项

(1)生石灰遇水产生高温,应在搪瓷桶、盆或铁锅中配制为宜。

(2)对有腐蚀性的消毒药品,如氢氧化钠在配制时,应带橡皮手套操作,严禁用手直接接触,以免灼伤。

(3)对配制好的有腐蚀性的消毒液,应选择在塑料或搪瓷桶、盆中储存备用。严禁储存于金属容器中,避免损坏容器。

(4)大多数消毒液不易久存,应现配现用。

(5)选择适宜的消毒方法:由于病原体的特性不同,被消毒物体的种类和性质不同,为保证消毒效果,应根据实际情况和需要选择适宜的消毒方法及消毒剂。例如,被细菌芽孢污染的物品等,可选择火焰或焚烧消毒法;污染一般病原体的物品,

可选择煮沸消毒法；不耐热、湿的物品和畜舍、仓库等，可选择气体熏蒸消毒；怕热而不怕湿的物品可采用消毒液浸泡；污染一般病原体的粪便、垃圾、垫草等污物应选择生物消毒法等。

(6)在选购时要注意认真检查消毒药的外观性状和标签说明(包装、保存条件、药品性状、使用方法、技术要求、作用对象、注意事项、产地、厂名、出厂批号、有效期等)是否一致。

(7)称量准确：所需药品应准确称量。配制浓度应符合消毒要求，不得随意加大或减少。使药品完全溶解，混合均匀。

(8)选择适宜的消毒方法：由于消毒药品和被消毒对象种类繁多，消毒药品的使用方法也是多种多样，在实践中消毒药品的消毒方法主要喷雾法、熏蒸法、喷洒法、冲洗法、浸泡法、洗刷法、涂擦法、撒布法、拌和法等，可根据消毒对象的不同选择。

(六)影响消毒效果的因素

在化学消毒的过程中消毒效果都受到多种因素的影响，主要表现在以下几个方面：

1.病原微生物种类

不同的病原微生物，对消毒药的敏感性有明显的差异，如：形成芽孢的微生物对消毒药敏感性差，因而所用药物的浓度及作用时间都要增加；病毒对碱和甲醛很敏感，而对酚类的抵抗力却很大；乳酸杆菌对酸的抵抗力强；大多数的消毒药对细菌有作用；因此，在消毒时时应充分考虑当地发生畜禽传染病的种类和特点，正确选用消毒药。

2.使用方法

消毒药常见的使用方法有刷洗、涂抹、浸泡、喷洒和熏蒸等。能否正确使用，对消毒药的消毒作用有较大影响。因此，应根据消毒对象的不同，选择正确的使用方法。有些消毒药配合使用，可增强或减弱消毒作用。例如，甲醛和三羟甲硝甲烷配合，具有缓释长效的特点。酚类和碱类不能同时使用，以防止因中和而失去作用。

3.消毒药浓度

消毒药的浓度越高，杀菌力也就越强，但随着药物浓度的增高，对活组织的毒性也就相应地增大了。另一方面，当浓度达到一定程度后，消毒药的效力就不再增高。因此，在使用中应选择有效和安全的杀菌浓度，例如70%的酒精杀菌效果要比95%的酒精好。

4.消毒的时间与强度

消毒药的效力与作用时间呈正比，与病原微生物接触作用的时间越长，其消毒效果就越好。若作用时间太短,往往会达不到消毒的目的。作用时间短效果就差。如紫外线照射的强度和时间达不到规定要求效果就差。

5. 环境温度的影响

消毒药的杀菌力与温度呈正比,温度升高,杀菌力增强,因而夏季消毒作用比冬季要强。一般温度每增高10℃,消毒效果增强1.5倍。因此,当温度升高时,可缩短药物作用时间。总之,为了使消毒药充分发挥作用,在使用时应注意以上诸多因素对消毒药使用效果的影响,并根据消毒药的特点和消毒对象不同,合理选用消毒药。

6. 环境酸碱度的影响

环境酸碱度对消毒药的作用有影响,如季胺类消毒药,其杀菌作用随着pH升高而明显加强;苯甲酸则在碱性环境中作用减弱;戊二醛在酸性环境中稳定而在碱性环境杀菌作用加强。在碱性环境中,菌体表面的负电荷增多,有利于阳离子表面活性剂发挥作用。如新洁尔灭、度米芬(消毒宁)、洗必泰等阳离子消毒剂,在碱性环境中消毒力强。石炭酸、来苏儿等阴离子消毒剂在酸性环境中消毒作用强。

7. 环境中有机物的影响

当环境中存在大量的有机物如畜禽的粪、尿、血、分泌物、炎性渗出物、饲料残渣等时,一方面,有机物覆盖于病原体表面,能阻碍消毒药直接与病原微生物接触,从而影响消毒药效力的发挥;另一方面,由于这些有机物,往往能中和或吸附部分药物,也使消毒作用减弱。因此,在使用消毒药物之前,应进行充分的机械性清扫,清除消毒物品表面的有机物,使消毒药能够充分发挥作用。

五、作业

以一家畜禽养殖场发生传染病为例,写一份消毒工作报告。

实验二　传染病病料的采取、运送及尸体的处理

一、教学目标

1. 掌握传染病病料的采集、保管及送检方法及步骤。
2. 掌握传染病畜禽尸体的运输及无害化处理方法。

二、实验内容

1. 传染病病料的采集。

2. 传染病病料的保管。

3. 传染病病料的记录、包装及运输。

4. 病畜禽尸体的运输和无害化处理。

三、仪器、材料

1. 仪器

运输车、高压灭菌器、外科手术器械、灭菌密封塑料袋、标签纸、玻璃容器、无菌真空采血管、采血针头、注射器、酒精灯、载玻片、棉花、纱布、采样箱、工作服、帽、口罩、胶鞋等。

2. 药品耗材

消毒药品、一次性注射器、甘油、生理盐水、病死畜禽尸体、木柴、柴油等。

四、方法步骤

(一)病料的采集

采集的病料应按传染病的种类适当选择，一般要采集有病变的组织和器官。若一时无法判断的传染病必须采集全面，并要求无菌操作采集。

1. 采集方法与部位

(1)脓汁、水肿液、水泡液和渗出液。可用 1 次性注射器无菌抽取。

(2)淋巴结。连同周围的脂肪组织一起采集。内脏在病变部位采集 1～2 cm^2 小块，分别置于灭菌器皿内，供检查时用。

(3)血液。采集 10 mL 全血，立即注入装有 5%枸橼酸钠的灭菌试管中混匀后待检。

(4)血清。无菌采血 5～10 mL 后摆成斜面，待凝固 1～2 d，充分析出血清。用无菌吸管滴管吸出血清装入另一无菌试管内送检，为了防腐可在 1 mL 血清可加入石炭酸 1 滴。

(5)乳汁。严格消毒手和乳房，同时将乳房周围毛刷湿，先将前面挤出的乳汁丢弃。无菌操作取 10 mL 置于无菌试管中送检。

(6)小家畜或流产胎儿。浸入 50%的甘油盐水中送检。

(7)尿液。无菌操作取 20～30 mL，立即送检。

(8)粪便。取新鲜粪便置于小瓶内送检。

(9)皮肤。直接采集病变部位皮肤碎屑、水泡皮等。

(10)液体标本。采集胆汁、脓汁、等样品时,用灭菌吸管、注射器无菌插入,吸取内部液体,注入无菌试管中,塞好塞子送检。

(11)家禽。将整个尸体用塑料袋包裹后,装入容器中送检。

(12)显微镜检查标本。将血液、脓汁、黏液等液体材料制成涂片或推片;组织材料做成触片;每个病理材料不得少于2～4张,做好标记和说明,自然干燥后,插入玻片架中送到实验室染色后镜检。

2.病理解剖前的临床检查

主要判断是否是炭疽病,确定不是炭疽病才可进行解剖。若是则不能进行病理解剖。

3.采集时间

病畜死后立即进行,最好不超过6 h,否则影响检验的准确性。

4.器械的消毒

所有器械、用具要煮沸消毒30 min,用前酒精消毒后在火焰上烧一下才能用于解剖。

(二)病料的保存

1.保存液的配制

(1)30%的甘油缓冲剂配制

纯中性甘油	30.0 mL
氯化钠	0.50 g
碱性磷酸钠	1.0 g
0.02%酚红	1.5 mL
中性蒸馏水加置	100.0 mL

高压灭菌灭菌30 min即可

(2)50%的甘油缓冲剂配制

纯中性甘油	150.0 mL
氯化钠	2.5 g
碱性磷酸钠	10.74 g
酸性磷酸纳	0.46 g
溶于中性蒸馏水	100.0 mL中
再加中性甘油	150.0 mL
中性蒸馏水	50.0 mL

混匀后高压灭菌30 min。

(3)10%福尔马林溶液。福尔马林为40%的甲醛溶液。按10 mL福尔马林加30 mL水比例配制。

(4)饱和食盐水的配制。称食盐38 g,中性蒸馏水62 mL,搅拌均匀即成。

(5)鸡蛋生理盐水。先将新鲜鸡蛋的表面用碘酊或碘伏消毒,然后打开将内容物到入灭菌的三角瓶中,加灭菌的生理盐水(占总量的10%),摇匀后,用灭菌纱布过滤,然后加热到56~58℃,保持30 min,第二天及第三天按上法再加热一次即可用。

2.病料的保存

(1)病理组织材料。用10%福尔马林溶液或95%的酒精固定,24 h更换一次。冬天可将固定后的病料置于30%~50%甘油的10%福尔马林溶液中保存。

(2)细菌材料。可保存在30%的甘油缓冲剂或饱和食盐水溶液中。

(3)病毒材料。可保存在50%的甘油缓冲剂或鸡蛋生理盐水中。

(4)血清学检验材料。固体材料可用硼酸或食盐处理;液体材料如血清等可在1 mL血清中加入3%~5%的石炭酸溶液1~2滴。

(三)病料的记录、包装和运送

1.病料的记录

在病料包装上编号、填写病料送检单一式三分、样品标签和封条。同时将采样清单、病历资料、病理解剖记录表装在塑料包装袋中,随样品送检。样品信息应包括以下内容:畜主姓名、养殖场名称、养殖场地址、动物种类、年龄、性别、数量、被感染动物种类和数量,死亡动物种类和数量、死亡时间、出现临床症状和病理变化、死亡动物饲养情况、发病动物的治疗情况、病料种类、送检目的、送检者姓名、地址、邮编、联系方式、时间日期等。

2.送检材料的包装

每个样品应仔细分别包装,在样品外包装上注明样品名称、编号、采样日期等信息,再将其放入纸质或特定塑料包装盒中;血清样品包装时周围应加填塞物,避免破碎和晃动,外包装应贴上标签、封条、写明采集人姓名、贴封时间、注明放置方向、病理材料种类等信息。

3.送检材料的运输

样品应放置在保温箱或保温瓶中运输,保持在低温环境下运输,尽快运送到检验部门,在运输过程中避免日光直射和高温,到达实验室后要迅速将样品按规定进行冷冻或冷藏保存,避免反复冻融以影响检验质量。

(四)动物尸体的运输

动物尸体在运输前,应先准备好运输车辆,最好车厢内有铁皮衬里或用大张后塑料纸铺垫,工作人员应穿好工作服,戴帽子、戴口罩、戴手套、戴眼镜、穿胶鞋等。

尸体在装车前将天然孔用蘸有消毒液的棉花、纱布等塞紧,小动物直接装入塑料袋中,以避免分泌物、血液、尿液、粪便等流出污染环境,同时将尸体污染过的物品一同运走,不能运输的如地面、土壤等要进行严格的消毒,同时对运输车辆、用具及工作人员用过的东西也进行严格、认真的消毒。

(五)传染病病畜尸体的无害化处理

根据"中华人民共和国国家标准 GB 16548"的规定来对动物尸体进行无害化处理。

1. 化制法

对动物尸体常用土灶化制法进行化制,适用于一般传染病,其方法是将动物尸体解剖后将脂肪和肥肉切成小块,先在大锅中中放入 1/3 清水煮沸后,加入脂肪和肥肉边煮边搅拌边将浮油捞出,最后剩下渣子,再用榨油机压出油渣内脂肪。

2. 掩埋法

选择远离住宅、水源、道路、养殖场等地方,土质松软、地下水位深的地方挖坑,坑的长度和宽度能容下侧卧尸体即可,深度不得少于 1.5～2 m,掩埋时在坑底先撒上一层生石灰或漂白粉,将尸体及污染物一起放入坑内,再铺上一层生石灰或漂白粉后,填土夯实即可,此法适用于一般传染病。

3. 焚烧法

先挖一个以尸体相匹配的长方形尸坑,深度为 0.6 m,坑内加满木柴,尸坑沿上横放数根铁棍或湿大木棍,将尸体放在铁棍或湿大木棍上,在尸体表面浇上柴油后从下面点火燃烧到尸体呈黑炭为止,最后将尸体掩埋在坑内即可。此法适用于烈性传染病。

五、作业

结合实训内容拟订 1 份猪患口蹄疫病畜尸体处理方案。

实验三　免疫接种

一、教学目标

1. 掌握预防接种的方法和步骤。
2. 掌握预防接种的注意事项。

二、实验内容

(1)家畜的预防注射方法。

(2)家禽预防注射的方法。

(3)免疫接种的注意事项。

三、仪器设备

1. 实验动物

猪、牛、羊、禽。

2. 器材

金属注射器、玻璃注射器、连续注射器、各种针头、消毒设备、镊子、剪刀、棉花、体温计、工作服、帽、口罩、胶鞋、动物保定架、免疫登记表等。

3. 免疫耗材

5%碘酒、70%的酒精、来苏儿、新洁尔灭、常用疫苗、免疫血清、应急药品等。

四、方法步骤

(一)预防接种前的准备工作

1. 预防接种器材、耗材的准备

根据本地畜禽传染病发生的实际情况决定预防接种的种类及畜禽的接种数量计算出所需疫苗的种类和数量,提前预订本次预防接种所需的兽用生物制品、酒精、药品、棉;花、冰瓶及常用药品。

2. 接种前的技术培训

在预防接种开始前对参与的相关人员进行预防接种知识及预防接种技术的培训,并要求相关人员严格遵守预防接种的操作规程,学生分小组跟随乡村兽医开展预防接种工作。

3. 疫苗的保存和运送

(1)疫苗的保存。所有生物制品应放在冰箱、冰柜、冷库内按要求温度保存。灭活疫苗、类毒素和血清等应保存在 2～8℃的环境中防止冻结;大多数弱毒活疫苗(冻干制品)应放在－15℃以下冻结保存。各种温度下保存的所有疫苗等生物制品,不得超过所规定的期限,超过有效期的疫苗等生物制品不能使用。保存温度达不到要求,有效期将会缩短。另外保存的温度要尽量保持一致,切忌不要忽高忽低,保存时要避光以免影响疫苗质量,降低免疫效果。使用前一定要注意保质期,超过保质期的疫苗不能使用。

(2)疫苗的运输。运输前将疫苗包装、装盒。在运输过程中要保证低温环境、避免日光照射。特别是弱毒疫苗必须在低温的环境中运输。运到疫苗使用地后立即进行低温保存,各种疫苗等生物制品应保存在低温、阴暗及干燥的场所。要求包装完善,防止碰坏瓶子和散播活的弱毒病原体。运送途中避免日光直射和高温,并尽快运到保存地点或预防接种场所。弱毒苗应在低温条件下运送,大量疫苗运送应用冷藏车,少量运送可装在盛有冰块的广口瓶或聚乙烯泡沫箱内,以免其性能降低或丧失。

4. 疫苗使用前注意事项

各种疫苗在使用前必须仔细检查,出现下列情况之一者不能使用。

(1)没有标签或标签模糊不清,没有合格标记。

(2)失去真空而失效的弱毒苗。

(3)疫苗出现变色、异常沉淀、异物、发霉者。

(4)瓶塞松动、玻璃瓶破裂者。

(5)没有按规定保存、运输者。

(6)疫苗效价检测不符合要求者。

5. 动物健康的检查

接种疫苗前应对接种动物进行仔细的检查,重点是接种动物的营养及健康状况、饲养管理情况、年龄、母畜要注意是否妊娠、哺乳,应遵循"病畜、孕畜、弱畜"三不打原则,注意要点如下:

(1)完全健康的动物可进行免疫接种。

(2)妊娠期家畜应谨慎使用。

(3)初生或出生不久的动物应考虑母源抗体的干扰。

(4)疑似病畜和发热的病畜不进行免疫接种。病愈后再补免。

(5)同时接种两种以上不同疫苗时,注射器、针头、疫苗不得混合使用,应分别选择各自的途径、不同部位进行免疫。

(6)使用活疫苗时,应严防泄漏,凡污染之处均要消毒。用过的空瓶及废弃的疫苗应高压蒸气灭菌消毒后予以深埋。

(7)免疫接种后要有详细登记,如疫苗的种类、接种日期、头数、接种方法、使用剂量以及接种后的反应等要进行详细记载。还应注明对漏免者补免的时间。

6. 疫苗的稀释

对需要稀释的疫苗要严格按照说明书的要求用灭菌蒸馏水或生理盐水按头份进行稀释,稀释好的疫苗应保存在低温的环境下,并在短时间内用完,用不完的疫苗要集中灭菌灭毒处理不能乱丢。针头排气时溢出的稀释液要滴在酒精棉球上,集中处理后才能丢弃。

7. 无菌操作

注射器、针头等用具应煮沸消毒，免疫注射时尽量做到一畜一针头，若针头不足时尽量做到一圈一针头。吸取疫苗时，先除掉瓶子封口上石蜡，用酒精棉球消毒瓶塞，瓶塞上固定一个专用针头，吸取疫苗后不用拔出针头，用酒精棉球包裹好，以免再次吸取。要注意不能用注射过的针头吸取药液，以免污染疫苗影响免疫效果。

(二)免疫接种方法

免疫接种根据疫苗和动物的种类不同，主要有以下几种免疫接种方法。

1. 饮水免疫

将可供口服的疫苗按规定剂量溶解于饮水中，动物通过饮水而获得免疫，叫饮水免疫，常用于家禽的免疫。如新城疫弱毒活苗免疫。稀释疫苗应用不含消毒药的新鲜井水或泉水。在饮水中加入1%脱脂奶或脱脂奶粉更佳。

2. 肌肉注射

将某些疫苗通过肌肉注射而使动物机体获得免疫，注射部位与常规注射相同。选择肌肉发达的部位，一般在颈侧或臀部。猪取颈侧耳根后为宜，鸡取胸肌为宜。

3. 皮内注射

宜选择皮肤疏松部位进行。牛羊在颈侧、尾根皮肤皱折部、猪在耳后皮肤皱折处注射，多种疫苗均可通过皮下注射，使动物机体获得免疫。其方法是左手拇指与中指提起皮肤，形成皱褶，食指压住底部，使成凹形。右手持注射器斜向刺入底部皮肤与肌肉之间后缓缓推注药物。注射完后，拔出针头，立即以药棉揉擦皮肤，以使疫苗散开。

4. 皮肤刺种

主要用于禽类某些疫病的预防接种，一般在翅内侧无血管、无毛处刺种。如鸡痘、鸽痘疫苗的免疫接种。

5. 点眼、滴鼻

用乳头滴管吸取疫苗滴于眼内或鼻孔内免疫。如鸡新城疫Ⅱ系疫苗的免疫接种。

6. 气雾免疫

将稀释的疫苗经高压喷雾，使疫苗形成5～10 μm雾化粒子，均匀悬浮在空气之中，动物依靠自然呼吸进入肺内以达到免疫的目的。本法适用于群体饲养动物的免疫，但需用专用的气雾发生器来完成。

(三)紧急接种

紧急免疫接种的目的是建立“免疫带”以包围疫区，就地扑灭疫情，阻止疫病向外传播。免疫带大小视疫区及受威胁区传染病的性质而定。“中华人民共和国动物防疫法”所规定的一类传染病如口蹄疫等，其免疫带在周围 5～10 km 以上。

发生疫情时在做好消毒隔离的前提下，从外向内即按安全区、受威胁区、疫区的次序对假定健康畜禽进行紧急接种工作，以保护畜禽不发生传染病，但要注意严禁疫区的工作人员到非疫区进行紧急接种。与病畜同群、同圈、同槽或已开始出现症状的畜禽一定要严格隔离、消毒，但不能注射疫苗，有条件的养殖场可以按规定注射抗血清起到紧急治疗和早期预防的作用。对国家规定扑杀的重大动物疫病不能注射抗血清或药物治疗，要按照国家的规定进行处理。紧急免疫接种必须与疫区的隔离、封锁、消毒等综合措施配合进行。

（四）临时接种

临时为避免发生某些疫病而进行的免疫接种叫临时免疫接种，如引进、外调、运输畜禽时为避免途中或到达目的地后暴发某些疫病而临时进行的免疫接种。又如家畜去势、手术时，为防止破伤风疫病发生而进行的临时免疫接种破伤风类毒素。

（五）预防接种后的护理与观察

动物进行预防接种后会出现短暂的免疫力降低、食欲降低、精神不佳等反应，因此加强对预防接种动物的护理和观察，一般 7 d 以后上述症状就会自动消失，若反应严重者可根据情况进行药物治疗。

（六）预防接种的注意事项

1. 预防接种人员的防护和安全

工作人员应穿好工作服，戴帽、戴口罩、穿胶鞋等，工作前后洗手消毒。在进行预防接种的过程中，不要吃东西和吸烟，要注意防止被犬咬伤或动物踢伤，注意自身安全。

2. 气候因素

应避开气温高、太阳照射强烈时段，以免影响免疫的效果。低温、多湿的刺激也会使动物受到冷应激反应，使机体的免疫系统机能下降，抗体产生受到抑制。

3. 严格执行消毒和无菌操作

在整个疫苗接种的全过程中，一定要按无菌操作的技术规程进行，否则难以保证预防接种的效果。

五、作业

根据自己参加预防接种的实际情况写出实习报告。

实验四 畜禽传染病防疫计划的制订

一、教学目标

掌握畜禽传染病和养殖场畜禽疫病防疫计划的编制方法。

二、实验内容

1.学会动物传染病防疫计划的编制方法。

2.学会畜禽养殖场传染病防疫计划的编制方法。

三、材料

畜禽免疫程序计划表、畜禽药物预防计划表、畜禽预防接种计划表、生物制剂和药物计划表、普通药物器械计划表等。

四、方法步骤

(一)编制畜禽传染病防疫计划的内容

防疫计划是对免疫接种、消毒、检疫等具体防疫工作的计划性安排。它是动物防疫体系的重要组成部分。防疫计划的有无或优劣,直接关系到防疫工作能否顺利进行,能否有效地预防、控制疫病。一个切实可行、科学的防疫计划,能够全面指导防疫工作,既能保证平时预防措施得以实施,又能避免发生疫情时的被动和盲目无序而错过防疫的最佳时期,从而真正做到及时扑灭疫情。

各级动物防疫监督机构在每年年底都应根据防疫目标和工作重点拟订下一年动物疫病防疫计划。

1.动物疫病防疫计划的编制范围

是根据疫情分布、疫病监测和畜禽免疫状况进行的计划免疫。计划的基本内容包括使用哪些疫苗、接种对象范围、疫苗(包括种类、数量、供应时间、供应办法)以及预算、分配和器械准备等。

2.编写内容

(1)基本情况。主要内容是该地区与流行病有关的自然、社会和经济概况、畜牧业现状、最近2年当地和周边地区畜禽传染病的发生情况、畜禽发生疫病饲养条件、人员、设备设施、基层兽医人员的数量、水平、工作基础以及对未来1年畜禽传染病发生的估计等。

(2)预防接种计划表。应充分考虑到当地近2年来发生的传染病的种类、使用疫苗的种类、数量、动物种类、地区分布及选用的免疫程序等内容,见表2.1.2。

表2.1.2 (单位) 年动物预防接种计划表 第 页

疫苗名称	地区	畜别	应接种头数	计划免疫头数				
				一季度	二季度	三季度	四季度	合计

制表人 审核人 年 月 日

(3)诊断性检验计划表。其内容包括检验动物传染病种类、检验数量等,参考表2.1.3。

表2.1.3 (单位) 年动物检疫计划表 第 页

检验疾病名称	地区	畜别	应检疫头数	计划检疫头数				
				一季度	二季度	三季度	四季度	合计

制表人 审核人 年 月 日

(4)兽医卫生监督及兽医卫生措施。主要包括畜禽屠宰场、畜产品加工厂、集市兽医卫生监督、畜禽饲养卫生消毒措施及制度、灭鼠制度及措施以及兽医环境卫生的宣传等内容。

(5)生物制品及药物计划表。具体内容见表2.1.4。

表2.1.4 (单位) 年生物制剂、药品计划表 第 页

药剂名称	计算单位	全年需要量					库存情况		需要补充量					备注
		第一季度	第二季度	第三季度	第四季度	合计	数量	失效期	第一季度	第二季度	第三季度	第四季度	合计	

制表人 审核人 年 月 日

(6)普通药械计划表。包括药械名称、用途、现有数量、需要补充数量、规格、使用时间等,见表2.1.5。

表 2.1.5 （单位） 年普通药械计划表 第 页

药械名称	用途	单位	现有数	需要补充数	规格	代用规格	需要时间	备注

制表人 审核人 年 月 日

(7)经费预算。可按所需的项目分季度列出。

(二)畜禽传染病防疫计划的制订

制订畜禽传染病地区性防疫计划前，应该掌握所属区域内的畜禽养殖的全部情况，并根据当地的实际情况制订出切实可行的防疫计划。

1. 疫情调查与统计

制订畜禽传染病区域性防疫计划前，首先要对本地区的气候条件、气象资料、地理条件、各乡镇分布的养殖场、养殖专业户、农户散养等情况进行调查。详细查阅本地区以往畜禽传染病的流行情况、畜禽传染病统计上报资料、畜禽传染病最后诊断资料等，若出现疑问要亲自到现场进行实地调查，补充完善形成完整畜禽传染病流行资料，并根据本地畜禽传染病流行情况制订防疫计划，计划主要内容有以下几个方面。

疫病流行情况调查，在进行本地畜禽传染病流行情况调查时，其主要内容是：

①疫病发生时间：本地某传染病初次发病的时间、患病动物最早死亡时间、死亡出现的高峰时间、高峰的持续时间、目前疫情的分布地点等。

②疫病发生空间分布：本地某传染病初次发病的地点、患病动物最早死亡地点、死亡出现的地点、高峰的持续地点及可能蔓延地点等。

③发病动物的情况：发病动物群体的背景及现状资料，疫区内动物的分布状况、数量；发病和可能发病动物的种类、数量、年龄、性别、饲养条件、预防接种情况等。

④各种数理指标统计：发病率、感染率、死亡率等的统计。

⑤防制措施：发病前后采取了那些防疫措施，发病后治疗效果等。

2. 疫情来源调查

本地过去是否发生过此类传染病、是否有正确、科学的确诊结果、流行时间、流行范围、所采取的紧急防制措施及效果、最近畜禽传染病的发生情况、附近地区是否发生相同的畜禽传染病、这次发病前是否从外地引进动物、饲料及其产品等，输出地有无类似的动物传染病发生、可能传播的条件、病死动物尸体、粪便及养殖污水的处理情况。

3.其他资料调查

当地的社会发展情况、经济状况、人口和动物流动情况和特点、动物防疫工作开展、落实情况等。

4.传播途径和方式的调查

①检疫情况:市场检疫、运输检疫、屠宰检疫的情况,病死动物尸体等处理情况,可能引起畜禽传染病传播的因素及扑灭的措施等。

②自然环境条件:疫区的气候条件、气象资料、植被、河流、交通、市场贸易等自然环境条件。

③传播媒介:人类、野生动物、昆虫、节肢动物、鼠类的活动及分布情况,近期预防注射及动物治疗等情况,重点调查与本次动物传染病的发生、蔓延有无直接、间接关系。

④饲养管理:本地各种畜禽的饲养管理方法、畜禽放牧情况、动物流动情况等。

⑤卫生防疫:当地畜禽预防接种情况、常规综合防疫措施等情况。

5.本次畜禽的防疫数量

在制订计划前应该准确掌握当地各种畜禽的数量和在一年内可能达到的数量。

6.防疫药械

在制订药械计划时,要遵循节约原则,不要造成人为的浪费。

7.现有的基层兽医人员的技术水平和数量

在制订计划前要充分考虑到现有基层兽医人员的技术水平和数量,不要把不能办到的事情编制到计划中。

8.防疫实施的时间

防疫时间的安排必须要充分考虑到农事生产的季节性,要特别注意即不能耽误农事又要考虑到畜禽传染病发生的季节性,避免互相冲突而影响防疫工作的进行。

9.计划编制

初稿拟定后,要充分征求相关人员的意见,通过集体讨论、修改后,报请上级主管部门审核批准定案。

(三)畜禽养殖场疫病防疫计划

畜禽饲养场、养殖专业户的养殖密度高,防疫工作尤为重要,防疫措施不严格容易造成畜禽传染病的暴发和流行,因此,制订科学、严格、符合实际生产情况的防疫计划显得更为重要。

1.养殖场兽医卫生防疫工作的内容

本养殖场饲养畜禽常规饲养条件、饲养管理水平、饲料的来源、质量、保管、调制、饲喂的方式、水源及周边环境卫生状况、粪便及养殖污水的处理方法、尸体处理方法、传播媒介的滋生周期、卫生防疫情况及兽医卫生监督状况等。

2.切实可行的养殖场卫生防疫制度的制定

要根据养殖场的实际情况制定符合本养殖场的、具有可操作性的卫生防疫制度,其主要内容有消毒制度、检疫制度、免疫接种制度、药物预防制度、卫生监督制度等。

3.其他常规工作

(1)必须由兽医卫生人员负责兽医卫生工作。

(2)贯彻“自繁自养”的科学管理原则。贯彻自繁自养的原则,不随意从外地引种以减少疫病的传入机会。

(3)建立健全家畜卫生防疫制度,定期对健康畜群进行系统检查。

(4)加强饲养管理工作,建立健全合乎家畜卫生的饲养管理制度,搞好环境卫生,能够增强畜禽的抗病力和保持理想的生产性能,是预防疫病的基础。

五、作业

要求学生制订学校附近区域或所实习畜禽养殖场的某种动物传染病的防疫计划。

第二章　猪传染病诊断技术

实验一　猪瘟正向间接血凝试验(猪瘟抗体的监测)

一、教学目标

1. 掌握猪瘟正向间接血凝试验操作术式。
2. 掌握猪瘟正向间接血凝试验的结果判断。

二、实验内容

1. 待检抗体稀释方法。
2. 猪瘟正向红细胞诊断液滴加方法。
3. 猪瘟正向间接血凝试验结果判断。

三、仪器和材料

1. 仪器

96 孔 110°V 形血凝板、微量移液器(25 μL、50 μL)、枪头若干、微量振荡器、恒温箱、离心机、湿盒、玻板、烧杯等。

2. 材料

猪瘟正向间接血凝抗原、猪瘟阴性对照血清、猪瘟阳性对照血清、稀释液、待检血清等。

四、实验方法步骤

1. 滴加稀释液

取 96 孔 110°V 血凝板，从 1～10 孔分别加入稀释液 50 μL。

2. 滴加待检血清

于第 1 孔加入待检血清 50 μL，用移液器塑料吸头插入孔底混匀 3 次后取 50 μL 到第 2 孔，依此类推，倍比稀释至第 9 孔，最后弃掉 50 μL，留第 10 孔作空白对照。此时 1～9 孔待检血清的稀释倍数依次为 1∶2、1∶4、1∶8、1∶16、1∶32、1∶64、1∶128、1∶256。

3. 滴加猪瘟阴性血清

第 11 孔加入 1∶16 稀释的猪瘟阴性血清 50 μL，作阴性对照。

4. 滴加阳性血清

第 12 孔加入 1∶256 稀释的猪瘟阳性血清 50 μL，作阳性对照。

5. 滴加猪瘟正向血凝抗原

使用前先将猪瘟正向间接血凝试验红细胞诊断液摇匀，从第 1～12 孔分别加入 50 μL，置于微量振荡器振荡 1～2 min，使红细胞分布均匀，盖上玻板室温放置 1.5～2.0 h，37℃ 15～30 min 后，观察血凝结果。

6. 结果判断

(1)阴性、空白孔结果观察。去掉玻板，将血凝板放在白纸上，先观察空白对照第 10 孔，再观察阴性血清对照第 11 孔，2 孔均没有红细胞凝集现象，血细胞全部沉入孔底形成边缘整齐的红色小圆点，偶尔也会出现"＋"凝集现象，血细胞大部分沉入孔底，仅有少部分血清悬浮，可判断为合格。

(2)阳性血清结果观察。第 12 孔出现"＋＋"或"＋＋＋"凝集现象，即少量血球沉底，大部分血细胞悬浮于孔内现象，可判断为对照合格。

(3)待检血清结果判断。在对照孔都合格的前提下，在观察待检血清各孔，以呈现"＋＋"凝集的最大稀释倍数为该份血清的抗体效价。例如：1 号待检血清第 1～4 孔出现"＋＋＋"至"＋＋＋＋"凝集现象，第 5～7 孔出现"＋＋"凝集现象，第 8～9 孔出现"＋"凝集现象，可判断该待检血清抗体效价为 2lg7(1∶128)。在理论上抗体保护的临界值为 2lg4，临床上接种猪瘟疫苗的猪群免疫抗体效价要达到 2lg7 以上，才判定为免疫合格。

"－"：表示不凝集或 0～10％血细胞凝集。

"＋"：表示 10～25％血细胞凝集。

"＋＋"：表示 50％血细胞凝集。

“＋＋＋”：表示75％血细胞凝集。

“＋＋＋＋”：表示90％～100％血细胞凝集。

7.注意

正向间接血凝试验还可用此法进行，加稀释液50 μL至血凝板1～6排的1～9孔，第7排的1～4孔，第8排的1～12孔；其次在第1排的第1孔分别加入50 μL待检血清作倍比稀释，于第9孔稀释后弃之，第7排第1孔加入阴性血清50 μL止作倍比稀释，于第4孔稀释后弃之，第8排第1孔加入阳性血清50 μL作倍比稀释，于第12孔稀释后弃之，各孔稀释液加入25 μL的血凝诊断抗原，在微量振荡器上振荡1～2 min后，盖上玻板，室温下或37℃下静置1.5～2 h判定结果（判定方法同上）。

五、注意事项

（1）污染、溶血的血清样品不进行检测，可能发生非特异反应而影响检验结果。

（2）血凝试验以110°板的血凝现象最好，90°板和130°板血凝现象难以判断而影响结果的准确性。

（3）本检验方法同样适合检测猪口蹄疫抗体水平。

（4）每次检测只需要作1份阴性、阳性和空白对照。

（5）试验结束后立即用自来水冲洗血凝板直至红细胞全部冲洗掉，再用蒸馏水或纯水冲洗2～3次，甩干水分置于37℃恒温箱内（温度过高血凝板容易变形而影响检测的准确性）干燥备用；其他检测用具常规消毒后，置于37℃恒温箱内干燥备用。

六、作业

写出猪瘟正向间接血凝试验的方法步骤、本次试验的结果判断及临床意义。

实验二　猪繁殖与呼吸障碍综合征的诊断技术

一、教学目标

1.掌握猪繁殖与呼吸障碍综合征的临床诊断要点。

2.掌握猪繁殖与呼吸障碍综合征的实验室诊断技术。

二、实验内容

1. 猪繁殖与呼吸障碍综合征主要临床症状及病理变化。

2. 猪繁殖与呼吸障碍综合征的 ELISA 检测技术、荧光抗体检测技术。

三、仪器和材料

1. 仪器

酶联免疫测定仪、荧光显微镜、抗原抗体反应板(U 形)、1～10 μL 移液器、10～100 μL 移液器、500 μL 移液器、烧杯若干、冰箱、2 mL 子弹头离心管、塑料吸头等。

2. 材料

酶标抗体、底物液、样品稀释液(PBS 液,pH 7.2、0.01 mol/L 磷酸盐缓冲溶液)、阳性血清、阴性血清等。

四、临床诊断

以母猪繁殖障碍和仔猪呼吸道症状为主要症状。本病从临床诊疗方法主要注意以下三点,只要达到其中任意两点即可初步诊断为猪繁殖与呼吸综合征,再结合实验室诊断技术可最后确诊。

(1)母猪产下的胎儿达到 20%以上的死胎。

(2)母猪的流产率达到 8%以上。

(3)断奶前仔猪死亡率达到 25%以上。主要病变部位为肺脏,严重者表现为大叶性肺炎的病理变化过程,出现红色或灰色肝变区,大部分的肺叶出现充血、水肿和气肿,有时在气管或支气管内有泡沫样血色液体。淋巴结肿胀、以腹股沟淋巴结最为明显。心肌萎缩,心室扩张等症状。

五、实验室诊断

(一)ELISA 检测技术

ELISA 方法的敏感性和特异性较高,ELISA 方法检测可在较短时间内得到结果,因此在有条件的实验室是首选的实验室诊断方法。

1. 原理

根据抗原抗体反应的特异性和酶催化反应的高敏性而建立的免疫检测技术。具体做法是将已知的 PRRSV 抗体或抗原结合在酶标板载体上,保持免疫活性。测定时将待检标本和酶标抗原或抗体按不同步骤与固相载体表面吸附的抗体或抗原发生反应，用洗涤的方法将抗原抗体复合物和游离物成分分开，然后加入酶作用于底物催化显色，最后根据底物溶液的颜色反应来判断免疫反应的有无和反应的程度进行定性检测。再用酶标仪进行定量测定，以判断猪体内抗体或抗原的量。

2. 过程

包被→洗涤→封闭→加待检血清→洗涤→加酶标抗体或抗原→洗涤→加底物溶液显色（定性检测）→终止反应→酶标仪检测（定量检测）→计算结果→作出判断。

3. ELISA 试验程序

(1)样品准备。用样品稀释液将阴性血清阳性血清、待检血清样品 1∶40 稀释，混合均匀后加到酶标板上，每种样品加完后必须更换吸头。

(2)在 A1 孔和 B1 孔抗原包被孔加阳性血清 100 μL，在 C1 和 D1 抗原包被孔加入阴性血清 100 μL。在 E1 和 F1 孔加入稀释好的待检样品。

(3)置于 37℃温箱作用 60 min。

(4)弃掉反应孔中的液体。在每个反应孔中加入 300 μL 的洗涤液充分洗涤 3～5 次，每次 5 min。

(5)每孔加入辣根氧化酶标记的抗猪抗体 100 μL。

(6)置于湿盒中放入 37℃温箱中作用 40 min。

(7)每个孔加入 300 μL 的洗涤液充分清洗 3～5 次，每次 5 min。

(8)每孔加入显色液 100 μL，室温避光保存 12 min。

(9)每孔加入 100 μL 的终止液，终止所有反应。

(10)将反应板放入酶标仪中，在 620nm 的波长下测定各孔的 OD 值，读取该值，计算结果。

4. 计算方法

阳性血清 ODp 均值＝(A1＋B1)/2

阴性血清 ODn 均值＝(C1＋D1)/2

S/P＝ODS/ODP

ODp：阳性血清 ODp 均值

ODS：被检血清比值。

5. 结果判定

(1)ODp 与 ODn 的比值大于或等于 2，试验结果才有效，否则要进行重复试验。

(2)如果 S/P 小于或等于 0.3 说明样品中无抗猪繁殖与呼吸综合征抗体；如果 S/P 大于 0.3，小于 0.4，判定该样品可疑，应重复试验；若 S/P 大于或等于 0.4，样品为猪繁殖与呼吸综合征抗体阳性。

6. 注意事项

试剂保存在 2～8℃，使用前恢复室温。

(二) PCR 扩增技术

用 PCR 扩增的方法直接检测疑似 PRRS 样品中 PRRSV 的基因组 RNA。由于省去了病毒分离的过程，PCR 扩增比病毒分离要省时得多，而且敏感性和特异性都非常高，但由于 PCR 扩增仪的价钱高、技术要求高，基层实验室难以实施(具体操作方法参考第 4 章实验五)。

(三)猪繁殖与呼吸综合征实验室诊断注意事项

(1)PRRSV 的分离、检测的成功率取决于样品处理是否正确。因此，用于病毒分离的样品应尽可能在发病的早期采取，最好在发病开始的 7～10 d 内，急性发病期样品病毒含量较高，而后期采取的样品往往容易得出可疑甚至阴性的结果。用于病毒学检验的样品也需要足量的初始样品。

(2)无菌采取新鲜样品后，应立即送往实验室进行病毒分离。如果不能马上送到实验室，则可在 4℃冷藏保存，但不能超过 2 d，如果需要保存较长时间的话，则应保存于－20℃的冰箱保存，注意不要反复冻融，在样品运送过程中最好使用干冰。

六、作业

写出猪繁殖与呼吸障碍综合征的主要实验室诊断方法及结果判定。

实验三　猪口蹄疫反向间接血凝试验

一、教学目标

掌握猪口蹄疫反向间接血凝试验检测技术。

二、实验内容

1. 待检抗体稀释方法。
2. 猪口蹄疫反向红细胞诊断液滴加方法。

3. 猪口蹄疫向间接血凝试验结果判断。

4. O型口蹄疫和猪水疱病鉴别诊断。

三、仪器和材料

1. 仪器

96孔110°V形血凝板、微量移液器(25 μL、50 μL)、微量振器、恒温箱、离心机、湿盒、烧杯等。

2. 材料

O型口蹄疫标准抗原、O型口蹄疫诊断液、稀释液(PBS液,pH 7.2、0.01 mol/L磷酸盐缓冲溶液)、口蹄疫待检抗原等。

四、试验原理

间接血凝试验是以红细胞作为载体的间接凝集试验。动物的红细胞均匀一致,表面能吸附多种抗体成为颗粒载体,致敏后用于检测未知抗原,其敏感性高。蛋白质类的抗体需要经过一定化学表面活性剂(如鞣酸等)或连接剂(如戊二醛等)处理后,先将抗体吸附在红细胞上,而吸附在红细胞表面的抗体与相应的抗原结合即可出现肉眼可见的凝集现象。

五、试验方法与步骤

1. 滴加稀释液

取96孔110°V形血凝板,从1～9孔分别加入稀释液50 μL。

2. 滴加待检样品

于第1孔加入待检抗原50 μL,用移液器塑料吸头插入孔底混匀3次后取50 μL到第2孔,依次类推,倍比稀释至第9孔,最后弃掉50 μL,留第10孔作空白对照。此时1～9孔待检血清的稀释倍数依次为1∶2、1∶4、1∶8、1∶16、1∶32、1∶64、1∶128、1∶256。

3. 滴加猪口蹄疫阴性抗原

第11孔加入1∶16稀释的猪口蹄疫阴性抗原50 μL,作阴性对照。

4. 滴加猪口蹄疫标准抗原

第12孔加入1∶256稀释的猪口蹄疫标准抗原50 μL,作阳性对照。

5. 滴加猪口蹄疫红细胞诊断

使用前先将猪口蹄疫反向间接血凝试验红细胞诊断液摇匀,从第1～12孔分别加入50 μL,置于微量振荡器振荡1～2 min,使红细胞分布均匀,盖上玻板室温放置 1.5～2 h,37℃15～30 min 后,观察血凝结果。

6. 结果判断

(1)阴性、空白孔结果观察。去掉玻板,将血凝板放在白纸上,先观察空白对照第10孔,再观察阴性阴性对照第 11 孔,2 孔均没有红细胞凝集现象,血细胞全部沉入孔底形成边缘整齐的红色小圆点,偶尔也会出现“+”凝集现象,血细胞大部分沉入孔底,仅有少部分血清悬浮,可判断为合格。

(2)标准结果观察。第 12 孔出现“++”或“+++”凝集现象,即少量血球沉底,大部分血细胞悬浮于孔内现象,可判断为对照合格。

(3)待检样品结果判断。在对照孔都合格的前提下,在观察待检血清各孔,以呈现“++”凝集的最大稀释倍数为该份待检样品的抗原效价。例如:1 号待检样品第 1～4 孔出现“+++”至“++++”凝集现象,第 5～6 孔出现“++”凝集现象,第 8～9 孔出现“+”凝集现象,可判断该待检样品抗原效价为 2lg6(1∶64)。

六、O 型口蹄疫和猪水疱病鉴别诊断

临床实践中,猪口蹄疫与猪水疱病在临床诊断上难以区分,因此使用标准阳性血清对 O 型口蹄疫和猪水疱病进行鉴别诊断是最简单易行的方法,其实验方法与程序如下:

1. 滴加稀释液

在 96 孔血凝板上,每份被检样品做 4 排孔,每排 1～12 孔每孔各加 50 μL 稀释液。

2. 滴加被检样品

每排第 1 孔加入待检样品 50 μL,用移液器塑料吸头插入孔底混匀 3 次后取 50 μL 到第 2 孔,依次类推,倍比稀释至第 11 孔,最后弃掉 50 μL,留第 12 孔作空白对照。此时 1～9 孔待检样品的稀释倍数依次为 1∶2、1:4、1∶8、1∶16、1∶32、1∶64、1∶128、1∶256。

3. 滴加标准阳性血清

在第 2 排,每孔加入 1:20 稀释的 O 型口蹄疫标准阳性血清 50 μL。在第 4 排,每孔加入 1∶100 稀释的猪水疱病标准阳性血清 50 μL。放置于微量振荡器上振荡 1～2 min,加盖,置 37℃温箱作用 30 min。

4. 滴加致敏红细胞诊断液

在第 1 排和第 2 排,每孔加入 1%O 型口蹄疫抗体致敏红细胞悬液 50 μL。在第 3 排和第 4 排孔,每孔加入 1%猪水疱病抗体致敏红细胞悬液 50 μL。将血凝板置微量振荡器上振荡 1～2 min,加盖,置于室温下 2 h 后观察结果。

5. 结果判定

若第 1 排出现 2 孔以上的凝集(50%以上凝集),且第 2 排相对应孔出现 2 个孔以上的凝集抑制;第 3、4 排不出现凝集,判为口蹄疫 O 型阳性。若第 3 排出现 2 个孔以上的凝集(50%以上凝集),并且第 4 排对应孔出现 2 个孔以上的凝集抑制,第 1、2 排不出现凝集,则判为猪水疱病阳性。以能引起 50%红细胞凝集的被检样品最大稀释度为被检样品的血凝效价。

七、作业

根据试实验结果写出猪口蹄疫反向间接血凝、O 型口蹄疫和猪水疱病进行鉴别诊断的方法及本次试验结果判断。

实验四 伪狂犬病的诊断技术

一、教学目标

掌握猪伪狂犬病的临床诊断和实验室诊断方法技术。

二、实验内容

(1)猪伪狂犬病的临床诊断方法。

(2)猪伪狂犬病实验室检测方法及结果判断。

三、仪器设备

1. 仪器

荧光显微镜、电子显微镜、冷冻病理切片机、恒温箱、酶标仪、离心机、湿盒、烧杯、载玻片、96 孔 110° V 形血凝板、微量移液器(25 μL、50 μL)、微量振器、恒温箱等。

2. 材料

伪狂犬荧光标记抗体、伪狂犬病乳胶凝集试验抗体检测试剂盒,包括伪狂犬病毒致敏抗原、抗伪狂犬病毒阳性血清、阴性血清、pH 7.2、0.01 mol/L 磷酸盐缓冲溶液(PBS 液)、pH 9.0、0.5 mol/L 碳酸盐缓冲甘油、3%氢氧化钠溶液等。

四、临床诊断

伪狂犬病是由伪狂犬病病毒引起的家畜及野生动物的一种家畜及野生动物的急性传染病。其特征为发热、奇痒及脑脊髓炎。临床上对猪的危害最为严重，病猪的年龄不同，临床表现各异。哺乳仔猪主要症状为发热、呕吐、腹泻、呼吸机能障碍、神经机能紊乱。育肥猪主要症状为猪出现低热、轻度呼吸机能障碍、生长发育迟缓、饲料利用率降低等。母猪表现为流产、产死胎、妊娠难、流产常发生于妊娠后期等。

五、实验室诊断

(一)ELISA 试验

伪狂犬病 ELISA 抗体检测试剂盒可用于检测猪血清中抗伪狂犬病病毒抗体、评估猪群中伪狂犬病疫苗免疫状况及感染猪的血清学诊断。

1. 主要器材

酶联免疫测定仪、抗原抗体反应板(U 形)、1～10 μL 移液器 、10～100 μL 移液器、500 μL 移液器、烧杯若干、冰箱、2 mL 子弹头离心管、塑料吸头、抗猪 IgG-HRP 结合物、底物液、样品稀释液(PBS 液，pH 7.2、0.01 mol/L 磷酸盐缓冲溶液)、阳性血清、阴性血清等。

2. 试验程序

(1)样品准备。用样品稀释液将阴性血清阳性血清、待检血清样品 1∶40 稀释，混合均匀后加到酶标板上，每种样品加完后必须更换吸头。

(2)在 A1 孔和 B1 孔抗原包被孔加阳性血清 100 μL，在 C1 和 D1 抗原包被孔加入阴性血清 100 μL。在 E1 和 F1 孔加入稀释好的待检样品。

(3)置于 37℃温箱作用 30 min。

(4)弃掉反应孔中的液体。在每个反应孔中加入 300 μL 的洗涤液充分洗涤 3～5 次，每次 5 min。

(5)每孔加入辣根氧化酶标记的二抗抗体(抗猪 IgG-HRP 结合物)100 μL。

(6)放入 37℃温箱中作用 30 min。

(7)每个孔加入 200 μL 的洗涤液充分清洗 3～5 次，每次 5 min

(8)每孔加入底物 A 液、B 液显色液 100 μL，室温避光保存 10 min。

(9)每孔加入 100 μL 的终止液，终止所有反应，15 min 内测定结果。.

(10)将反应板放入酶标仪中，将空白孔调为 0 在 620 nm 的波长下测定各孔的 OD 值，读取该值，计算结果。

3. 结果判断

阳性对照 OD 均值＝(A1＋B1)/2；

阴性对照 OD 均值＝(C1＋D1)/2。

试验成立的条件是阳性对照孔 OD 均值大于或等于 1.0，阴性对照孔 OD 均值必须小于 0.2。样品 OD 值大于 0.42 时，可判为阳性。样品 OD 值在 0.38～0.42 之间时，可判为可疑。样品 OD 值小于 0.38，判为阴性。

(二)乳胶凝集试验

乳胶凝集试验是用来检测猪血清内特异性抗体常用方法。即可定性又可定量，操作简单方便。

1. 主要器材

伪狂犬病毒致敏抗原、抗伪狂犬病毒阳性血清、阴性血清、pH 7.2、0.01 mol/L 磷酸盐缓冲溶液(PBS 液)、pH 9.0、0.5 mol/L 碳酸盐缓冲甘油、3%氢氧化钠水溶液等。

2. 试验程序

(1)样品采集及处理。血清按常规方法采血和分离；全血用针尖刺破猪耳静脉用吸管吸取血液 1 滴置于载玻片上；乳汁按常规方法采集初乳后用 3 000 r/min 离心 10 min，取上清液作为待检样品。

(2)定性试验。分别取被检样品(血清、全血或乳汁)、阳性血清、阴性血清、稀释液各 1 滴于载玻片上。然后每种载玻片上各加 1 滴乳胶抗原，用牙签混匀、搅拌 1～2 min，于 3～5 min 内观察结果。

(3)定量试验。先用 96 孔 V 形或 U 形板将待检血清作倍比稀释。其方法是于第 1 孔加入待检样品 50 μL，用移液器塑料吸头插入孔底混匀 3 次后取 50 μL 到第 2 孔，依次类推，倍比稀释至第 12 孔，最后弃掉 50 μL 此时 1～12 孔待检样品的稀释倍数依次为 1∶2、1∶4、1∶8、1∶16、1∶32、1∶64、1∶128、1∶256。然后各取 1 滴依次滴加于乳胶凝集反应载玻片上，另外设阳性血清、阴性血清、稀释液对照，也依次滴加乳胶抗原 1 滴，用牙签混匀、搅拌 1～2 min，于 3～5 min 内观察结果。

3. 结果判断

“－”：液滴未发生变化，呈原有的均匀乳状。

“＋”：有少许乳胶凝集，液体混浊。

“＋＋”：表示 50%乳胶凝集，但凝集颗粒较细、液体较混浊。

“＋＋＋”：表示 75%乳胶凝集，颗粒明显，液体稍混浊。

“＋＋＋＋”：表示 100%乳胶凝集，颗粒聚集于液滴边缘，液体完全透明。

4. 注意事项

(1)试剂盒应放在 2～8℃黑暗处保存,避免冻结。

(2)乳胶抗原若出现分层,使用前应轻轻摇匀。

六、作业

1. 根据试实训内容写出猪伪狂犬病的临床诊断、实验室诊断方法。

2. 根据实验结果判断送检样品。

实验五　猪丹毒的诊断技术

一、教学目标

掌握猪丹毒病的临床诊断和实验室诊断方法与技术。

二、实验内容

1. 猪丹毒的临床诊断方法。

2. 猪丹毒实验室检测方法及结果判断。

三、仪器和材料

1. 仪器

恒温培养箱、接种环、吸管、酒精灯、纯水机、试管、培养皿、酸度计、高压灭菌锅、三角瓶、量筒、烧杯、漏斗、电炉、天平、棉花、纱布、玻璃棒等。

2. 材料

牛肉膏、蛋白胨、氯化钠、磷酸氢二钾、琼脂粉、蒸馏水等。

四、临床诊断

猪丹毒丝菌最容易感染猪,其感染率高、发病率高,特别是仔猪最敏感。伤口是最重要的传播途径,其次是呼吸道。在注射消毒不严、断脐、断尾、阉割等情况下最易感染。四季均有发生,夏秋季节较多。散发或呈地方性流行。急性型以体温升高、淋巴结肿大、脾脏肿大、关节炎、脑炎为特征;慢性以关节炎、心内膜炎为特征。

五、实验室诊断

(一)直接涂片检查

自耳静脉或刺破皮肤疹块边缘采血,亦可采取尸体的心血、脾、肝、淋巴结、肾等组织直接涂片,自然干燥后用瑞特氏或革兰氏染色、干燥后镜检。病料中猪丹毒杆菌呈细小杆菌,革兰氏阳性、散在、成对、成堆。

(二)分离培养

取病猪的血液、脾、肝、淋巴结等接种于鲜血琼脂平板上,死亡时间较长的尸体取骨髓作为分离培养的材料。接种后置于37℃培养箱培养24 h,可见针尖大小的菌落,经涂片染色镜检可见革兰氏阳性细小杆菌。挑选典型的菌落作纯培养后,再作明胶穿刺培养3～4 d呈试管刷状生长、明胶培养不液化现象。也可在培养基中加上0.000 1%结晶紫叠氮钠和结晶紫适量,制成选择培养基常规培养后,接种后置于37℃培养箱培养24 h,细菌能生长。

(三)血清培养凝集试验

在3%胰蛋白胨肉汤(或肝化汤)中,加入1∶40或1∶80的高免血清(每1 mL加入适量的抗菌素)或0.000 5%结晶紫,制成猪丹毒血清抗生素诊断液分装后置于冰箱保存。取病猪耳尖血1滴或刚死亡猪的病料置于安瓿管内,接种后置于37℃培养箱培养14～24 h,凡管底出现凝集颗粒或团块即可判为阳性。

(四)动物接种

采集病料(心血、脾、淋巴结)研磨后用灭菌生理盐水按1∶10稀释,制成悬液。纯培养物也按1∶10比例稀释后,取悬浮液或稀释菌液接种小白鼠、鸽子等试验动物体内。接种剂量为0.5～1 mL,接种方法可以肌肉、腹腔注射。接种1～5 d后,小白鼠出现精神沉郁、背弓、毛乱、食欲降低,几天后死亡。鸽子出现头缩羽乱、精神沉郁、不食等症状。病理解剖时可见小白鼠和鸽子的肺脏、肝脏充血、肝出现点状坏死、脾脏肿大,可以从内脏中分离出猪丹毒丝菌。

(五)鉴别诊断

1. 猪瘟

全年均有发生,新疫区呈流行性,发病和死亡率均高90%以上,老疫区发病率、死亡率降低。目前仅从临床症状、病理变化不能对猪瘟进行确诊,必须要进行实验室检测才能确诊。

2. 猪肺疫

为猪的急性、热性传染病。主要症状为体温升高到41～42℃,喉头部温度升高、红肿、坚硬，呼吸困难、黏膜发绀等，最后窒息死亡。病理解剖以急性纤维性肺炎或急性胸膜肺炎为特征。慢性感染以慢性肺炎和慢性胃肠炎为特征，主要表现为持续性咳嗽和呼吸困难。

3. 猪链球菌病

主要感染猪，发病率高，仔猪最敏感。伤口是最重要的传播途径，其次是呼吸道。在注射疫苗、注射药物、断脐、断尾、阉割手术的过程中消毒不严格、操作不符合无菌原则可引起猪感染本病。猪链球菌病四季均可发生，夏秋季节(7—10月份)较多。呈散发或地方性流行。急性表现出为出血性败血和脑炎症状，慢性表现为关节炎、心内膜炎。

六、作业

1. 根据实训内容、实训结果写出实训报告。

2. 简述猪丹毒、猪肺疫、猪瘟的鉴别诊断要点。

实验六　猪链球菌病的诊断技术

一、教学目标

1. 掌握猪链球菌病的流行特点、临床诊断方法。

2. 掌握猪链球菌实验室诊断方法。

二、实验内容

1. 猪链球菌病的临床诊断方法。

2. 猪链球菌的实验室检测方法及结果判断。

三、仪器和材料

1. 仪器

恒温培养箱、接种环、吸管、酒精灯、纯水机、试管、培养皿、酸度计、高压灭菌锅、三角瓶、量筒、烧杯、漏斗、电炉、天平、棉花、纱布、玻璃棒等。

2. 材料

枸橼酸盐、牛肉膏、蛋白胨、氯化钠、磷酸氢二钾、琼脂粉、蒸馏水、葡萄糖、麦芽糖、甘露醇、硫化氢等。

四、临床诊断

主要感染猪，发病率高，仔猪最敏感。伤口是最重要的传播途径，其次是呼吸道。猪链球菌病四季均可发生，夏秋季节（7—10月份）较多。呈散发或地方性流行。急性表现为出血性败血和脑炎症状，慢性表现为关节炎、心内膜炎。

五、实验室诊断

（一）病料的采集

猪、羊链球菌病采集病畜肿胀的颈部淋巴结、鼻液、唾液、气管分泌物、血液、肝、脾、肾、肺、肌肉和脓肿的关节液等。

（二）涂片镜检

将新鲜病料（淋巴结、鼻液、唾液、气管分泌物、血液、肝、脾、肾、肺、肌肉和脓肿的关节液）制成涂片，用革兰氏染色或碱性美蓝染色法染色后镜检，链球菌的直径为0.5～1.0 μm，圆形或椭圆形、成对或3～5个菌体排列成短链，偶尔可见30个以上菌体相接的长链，但不成丛、成堆、不运动、无芽孢，少数可见荚膜。

（三）分离培养

将浓汁、分泌物、排泄物接种于血液琼脂上，置于37℃温箱中培养24 h后，已干涸的病料棉拭先浸于无菌水或无菌肉汤中，然后挤出0.5 mL接种于血液琼脂平板上，置于37℃恒温箱内培养24 h后镜检。

（四）动物接种

将病料制成5～10倍生理盐水悬液，家兔腹腔注射1～2 mL，小鼠皮下注射0.2～0.3 mL，接种后的动物12～26 h死亡。死亡后采集心血、腹水、肝、脾脏抹片镜检，可见有大量单个、成对或3～5个菌体相连的球菌，亦可用细菌培养物制成的菌液或肉汤培养物接种家兔和小鼠。在实验动物中以家兔和小鼠最为敏感，小鼠和家兔在接种后2～10 d内以败血症或脓毒败血症死亡。

（五）培养特性

1. 猪链球菌

本菌在有氧及无氧的环境中都能生长。菌落呈灰白色、半透明、露珠状菌落。在血液琼脂平板上生长良好，菌落周围呈β型溶血。在血清肉汤及厌氧肉汤中出现均匀混浊，管底有沉淀，上部澄清，不形成菌膜。实验动物中小鼠、家兔、鸽子等对链球菌敏感。而鸡、鸭等则没有感受性。

2. 羊链球菌

羊链球菌在组织涂片中，以瑞特氏染色，见许多有荚膜的双球菌，少数是短链状。在胸水、腹水以及营养丰富的液体培养基中成长链状。本菌在血液琼脂平板上形成浅灰色半透明、湿润、黏稠的菌落。在血平板上的菌落周围形成无色透明的溶血环（β型溶血环），在马丁肉汤中培养呈中等混浊。

3. 马腺疫链球菌病

对营养的要求高，初次分离时，培养基里要加入全血、血清等，在血液琼脂培养基上形成透明、闪光、微隆起、黏稠的露珠状菌落，产生明显的溶血环，直径可达到2 mm以上。强毒菌的菌落表面常出现颗粒状构造。在37℃血清肉汤中培养24～48 h轻度混浊，当管底有黏稠的沉淀物生成后，上部又变为透明液体（这是长链株的特征）。

(六)生化试验

1. 糖发酵管接种

每个平板取培养物各分别接种于葡萄糖、乳糖、麦芽糖、甘露糖等生化反应管中，每种糖一管，置于37℃培养箱中培养24 h后取出，观察结果。凡是培养基变为黄色，说明该菌发酵此糖产酸用"＋"表示；凡是培养基不变色，说明该菌不发酵此糖不产酸用"－"表示；凡是培养基变为黄色并含有气泡者，说明该菌发酵此糖产酸产气用"(＋)"表示。

2. 葡萄糖蛋白胨水接种

每个平板取培养物各接种2管，37℃培养箱中培养24～72 h后取出，取1管加入MR试剂5滴左右，凡液体变红者为阳性反应，用"＋"表示，呈黄色者为阴性反应，"－"表示；呈橙色者为可疑反应，用"±"；另1管先加VP试剂甲液3 mL，再加VP试剂乙液1 mL，充分摇匀后静置于试管架上，在数分钟内出现红色者为阳性反应，不出现红色者放入37℃温箱1～2 h后再进行观察，仍然不变色者判为阴性。

3. 枸橼酸盐琼脂接种

每个平板取培养物各接种1管37℃培养箱中培养24～72 h后取出观察结果凡是培养基变为天蓝者为阳性反应，不变色者为阴性反应。

4. 硫化氢琼脂接种

每个平板取培养物各接种1管，37℃培养箱中培养24～72 h后取出观察结果，凡是沿穿刺线或其周围出现黑色者为阳性反应，不变色者为阴性反应。

六、作业

1. 根据实训内容、试验结果写出实训报告。

2. 简述猪链球菌病的实验室诊断技术。

实验七　猪痢疾的诊断技术

一、教学目标

1. 掌握猪痢疾病的流行特点、临床诊断方法。

2. 掌握猪痢疾实验室诊断方法及结果判断。

二、实验内容

1. 猪痢疾病的临床诊断方法。

2. 猪痢疾的实验室检测方法及结果判断。

三、仪器和材料

1. 仪器

恒温培养箱、CO_2 培养箱、显微镜、接种环、吸管、酒精灯、纯水机、试管、培养皿、酸度计、高压灭菌锅、三角瓶、量筒、烧杯、漏斗、电炉、天平、棉花、纱布、玻璃棒等。

2. 材料

牛肉膏、蛋白胨、氯化钠、磷酸氢二钾、琼脂粉、犊牛血清、蒸馏水、微孔滤膜等。

四、临床诊断

本病主要以病猪拉稀，粪便呈粥样或水样，粪便内含黏液、黏膜或血液为特征。腹泻同时出现体温升高和腹痛现象。病程长的还出现脱水、消瘦和共济失调。诊断要点：只感染猪，各种品种和年龄的猪均易感染，但以 7～12 周龄猪发病多。成年猪较少发病。其他动物不感染。本病流行无明显季节性，但各种应激因素，如阴雨潮湿，猪舍积粪，气候多变，拥挤，饥饿，运输及饲料变更等，均可促进本病发生和流行。本病传播缓慢，流行期长，可长期危害猪群。流行初期多取急性经过，以后多呈亚急性和慢性，一旦传入可持续不断反复发生，不易根除。在隔离病猪群与健康猪群之间，可因饲养员的衣、鞋等污染而传播。此外，小鼠和犬感染后也可排菌。因此，本病一旦传入猪群，很难肃清。在大面积流行时，断乳猪的发病率可高达90％，经过合理治疗，病死率较低，一般为5％～25％。

鉴别诊断：本病应注意与仔猪副伤寒、仔猪白痢、仔猪黄痢、仔猪红痢、猪传染性胃肠炎、猪流行性腹泻、猪轮状病毒感染相区别。

五、实验室诊断

（一）病原检查

（1）直接抹片镜检。取新鲜粪便（最好为带血丝的黏液）少许，或取大肠黏膜直接抹片，在空气中自然干燥后经火焰固定，用姬姆萨氏染色液、石炭酸复红染色液或镀银染色 3～5 min，水洗，阴干后，在显微镜下观察，可见菌体长 6～8.5 μm、宽 0.3～0.37 μm，多为 4～6 个弯曲，两端尖锐，形如双雁翼状，呈革兰氏染色弱阳性的蛇形螺旋体，镀银染色效果良好。

（2）暗视野镜检。取新鲜病料一小滴置于载玻片上，滴 1 滴无菌生理盐水，混匀后盖上盖玻片，在暗视野显微镜下检查，可见呈蛇样活泼运动的菌体。

（3）镜检注意事项。每份病料做两张抹片，每片至少观察 10 个视野。当多数视野中有 3 条以上猪痢疾密螺旋体样微生物时，可判为猪痢疾。健康猪粪中常存在少量非致病性密螺旋体，它一般只有 1 个弯曲，两端钝圆，长 4～6 μm，镜检时应注意区别。

（二）间接血凝试验（正向间接血凝试验）

猪感染蛇形螺旋体后，在 2～3 周出现凝集抗体，4～7 周达高峰，可维持 12～13 周。本病目前没有疫苗进行预防，因此用正向间接血凝试验方法检验病猪体内的抗体（其方法与实验六相同）就可以确诊猪感染蛇形螺旋体。

（三）乳胶凝集试验

乳胶凝集试验是用来检测猪血清内特异性抗体常用方法。即可定性又可定量，操作简单方便，适宜基层实验室进行检验。

1. 主要器材

猪痢疾病乳胶凝集试验抗体检测试剂盒，包括猪痢疾致敏抗原、抗猪痢疾阳性血清、阴性血清及稀释液等。

2. 试验程序

（1）样品采集及处理。采取大肠病变部一段，两端结扎以后，立即送实验室进行将分离的材料用孔径为 0.65 μm 微孔滤膜过滤后，取滤液进行待检。

(2)定性试验。分别取被检样品、阳性血清、阴性血清、稀释液各 1 滴于载玻片上。然后每种载玻片上各加 1 滴乳胶抗原，用牙签混匀、搅拌 1～2 min，于 3～5 min 内观察结果。

(3)定量试验。先用 96 孔 V 形或 U 形板将待检血清作倍比稀释。其方法是于第 1 孔加入待检样品 50 μL，用移液器塑料吸头插入孔底混匀 3 次后取 50 μL 到第 2 孔，依此类推，倍比稀释至第 12 孔，最后弃掉 50 μL。此时 1～12 孔待检样品的稀释倍数依次为 1∶2、1∶4、1∶8、1∶16、1∶32、1∶64、1∶128、1∶256。然后各取 1 滴依次滴加于乳胶凝集反应载玻片上，另外设阳性血清、阴性血清、稀释液对照，也依次滴加乳胶抗原 1 滴，用牙签混匀、搅拌 1～2 min，于 3～5 min 内观察结果。

3. 结果判断

“－”：液滴未发生变化，呈原有的均匀乳状。

“＋”： 有少许乳胶凝集，液体混浊。

“＋＋”：表示 50％乳胶凝集，但凝集颗粒较细、液体较混浊。

“＋＋＋”：表示 75％乳胶凝集，颗粒明显，液体稍混浊。

“＋＋＋＋”：表示 100％乳胶凝集，颗粒聚集于液滴边缘，液体完全透明。

4. 注意事项

(1)试剂盒应放在 2～8℃黑暗处保存，避免冻结。

(2)乳胶抗原若出现分层，使用前应轻轻摇匀。

六、作业

1. 根据实验内容、试验结果写出实训报告。

2. 简述猪痢疾病的实验室诊断技术。

实验八　猪附红细胞体检查技术

一、教学目标

1. 掌握猪附红细胞体病的流行特点、临床诊断方法。

2. 掌握猪附红细胞体实验室诊断方法。

二、实验内容

1. 猪附红细胞体病的临床诊断方法。

2. 猪附红细胞体实验室检测方法及结果判断。

三、仪器和材料

1. 仪器

显微镜、吸管、酒精灯、纯水机、试管、载玻片、盖玻片、三角瓶、真空采血管、采血针、量筒、烧杯、染色缸、玻璃棒等。

2. 材料

革兰氏染色液、吉姆萨染色液、瑞特氏染色液、氯化钠、磷酸氢二钾、甲醇、蒸馏水等。

四、临床诊断

本病多发生于夏秋季节。主要临床症状为体温升高，皮肤、黏膜黄染，尿黄，贫血(病程长的病猪)，皮肤、黏膜苍白，背腰、四肢、腹下等部位常出现紫红色病斑。发病后期心跳加快，呼吸困难，母猪常出现流产、死胎，哺乳母猪容易出现乳房炎，无乳症，间情期延长，屡配不孕。病理解剖可见病死猪全身浆膜、黏膜、脂肪组织苍白、黄染，肝脏肿大、脂肪变性；胆汁浓稠，肾脏肿大，腹股沟淋巴结肿大，切面苍白。

五、实验室诊断

(一)微生物诊断

1. 直接涂片检查

取生理盐水 1 滴于载玻片上，采病猪耳尖血 1 滴置于生理盐水中，混合均匀后，盖上盖玻片，置于油镜下镜检。可见在红细胞表面黏附有环形、球形、逗点形、星形等多种形状的附红体，有少数也游离在血浆中，其大小 0.5～2.5 μm。由于附红细胞体黏附在红细胞表面，使红细胞的形状也发生变化，使红细胞出现星状、锯齿状等多种形状，有的红细胞破裂。

2. 涂片检查

取病猪耳尖血推片、干燥、甲醇固定、用吉姆萨染液染色后，在油镜下检查可见染成粉红色、紫红色的附红细胞体。革兰氏染色阴性、瑞特氏染色为淡蓝色。

3. 动物接种

取病猪耳尖血，接种小白鼠后，定期采血、推片、染色检查有无附红细胞体寄生。

(二)免疫学诊断

1. 间接血凝试验(其方法与第 2 章实验二相同)

此法诊断猪附红细胞体病具有方法简便、敏感性高、特异强等优点。

2. 酶联免疫吸附试验(其方法与第 2 章实验八相同)

据报道比间接血凝试验的敏感性高，但不适用急性感染期的诊断。

六、作业

1. 根据实训内容、试验结果写出实训报告。
2. 简述猪附红细胞体病的微生物诊断方法。

实验九　猪支原体肺炎的诊断技术

一、教学目标

1. 掌握猪支原体病的流行特点、临床诊断方法。
2. 掌握猪支原体的实验室诊断方法。

二、实验内容

1. 猪支原体病的临床诊断方法。
2. 猪支原体病的实验室检测方法及结果判断。

三、仪器和材料

1. 仪器

恒温培养箱、接种环、吸管、酒精灯、纯水机、试管、培养皿、酸度计、高压灭菌锅、三角瓶、量筒、烧杯、漏斗、电炉、天平、棉花、纱布、玻璃棒等。

2. 材料

Goodwin 氏培养基、青霉素、马血清培养基、姬姆萨染色、pH 7.2、0.01 mol/L 磷酸盐缓冲溶液(PBS 液)、绵羊红细胞、蒸馏水等。

四、临床诊断

临床症状

本病是由猪肺炎支原体引起的一种猪的慢性传染病，在临床上主要表现为咳嗽、呼吸次数增加、气喘。按病程可分为急性、慢性和隐形最为常见。急性主要表现为呼吸次数增加，呼吸困难，呈犬坐姿势，体温正常，采食减少或不食，以妊娠母猪、哺乳母猪和断奶小猪发病较多，小猪的病死率较高。慢性表现为病猪长期咳嗽，多发生于清晨、晚间、运到后或进食后更为明显，呼吸时呈腹式呼吸。小猪，生长发育停滞，成为僵猪。隐性感染表现为偶尔咳嗽。剖检以心叶、尖叶、膈叶前下边缘出现淡红色或灰红色的病变，其病变部的颜色与胰腺相似，被称为“胰变”，其质地与肌肉相似，又成为“肉变”。肺门淋巴结和纵膈淋巴结肿大为特征。

五、实验室诊断

(一)触片直接镜检

1. 病料采集

取病猪的病变明显的肺炎病灶与健康肺交界处肺切面或细支气管上皮细胞绒毛部部位、鼻、喉、气管分泌物、胸腔渗出物、泌尿生殖道分泌物、乳汁、关节液、纵膈淋巴结等立即接种或置于液体培养基中 4℃保存备用。

2. 制片

无菌采取病料 2 cm^2 大小，修成光滑的平面后，取载玻片轻触 3 次制成触片，干燥后用甲醇固定 2～5 min。

3. 染色

用 pH 7.2、0.01 mol/L 磷酸盐缓冲溶液(PBS 液)稀释成 20 倍的姬姆萨染色 3 h，冲洗、干燥后，立即用丙酮浸洗 1 次后镜检，

4. 镜检

可见到深紫色球状、环状、轮状、伞状、两极状等种形态的微生物。

(二)生理生化试验

支原体的生化试验有多种，常用的有以下几种。

1. 溶血试验

在生长有可疑支原体的平板上，加一薄层含绵羊红细胞的盐水琼脂，置于 37℃培养过夜后，取出观察在菌落的周围出现 β 溶血环可确诊。

2. 生长抑制试验

先将可疑的支原体菌落连琼脂一同取出，接种于液体培养基中，37℃培养箱中培养1周后，取0.3 mL均匀涂布在固体培养基上，然后在平板表面放1片直径6～8 mm，再将培养基置于37℃培养箱中培养2～4周后，纸片周围出现抑菌环(与药敏纸片相同)可以确诊为猪肺炎支原体。

六、作业

1. 根据实验内容、试验结果写出实训报告。
2. 简述猪支原体病的微生物诊断方法。

实验十　肠杆菌科细菌的分离与鉴定

一、教学目标

1. 掌握肠杆菌科细菌种类、致病性及各病临床诊断方法。
2. 掌握肠杆菌科细菌的实验室诊断及鉴定方法。

二、实验内容

1. 猪肠杆菌病的临床诊断方法。
2. 猪链球菌的实验室检测方法及结果判断。

三、仪器和材料

1. 仪器

恒温培养箱、接种环、吸管、酒精灯、纯水机、试管、培养皿、酸度计、高压灭菌锅、三角瓶、量筒、烧杯、漏斗、电炉、天平、棉花、纱布、玻璃棒等。

2. 材料

牛肉膏、蛋白胨、氯化钠、磷酸氢二钾、琼脂粉、蒸馏水、葡萄糖、麦芽糖、甘露醇、枸橼酸盐、硫化氢等。

四、临床诊断

(一)概述

肠杆菌科细菌是一大类致病性相同的、生物学性状相近的革兰阴性杆菌，主要包括大肠杆菌和沙门杆菌,它们都寄生于人和动物的肠道内,分泌肠毒素、细胞毒素及毒力基因等导致多种动物,特别是幼龄动物发生败血症、肠炎、水肿、肺炎、流产及食物中毒等症状。其中大肠杆菌可导致仔猪黄痢、仔猪白痢及仔猪水肿;沙门杆菌可导致仔猪和架子猪的败血及肺炎、鸡白痢、猪霍乱等传染病,对畜禽养殖危害严重。

猪大肠杆菌病鉴别诊断见表 2-2-1。

表 2-2-1 猪大肠杆菌病鉴别诊断表

鉴别项目	仔猪黄痢	仔猪白痢	仔猪水肿病
发病年龄	7日龄,尤1～3日龄多发,9日龄以上很少发生	10～30日龄多发,2～3周龄多发,1月龄以上少发	常见断奶后仔猪,同窝中长势好的多发,10日龄以下及育肥猪少见
发病与死亡情况	潜伏期1～3 d,发病率90%以上,死亡率高,全窝死亡	发病率50%以上,死亡率低	发病率30%以下,死亡率高达90%左右,一般呈散发或地方性流行
诱因	带菌母猪是传染源仔猪发病后加重对环境污染	环境卫生差,冷热不定乳汁或饲料质量不适	蛋白精饲料过多,缺乏维生素B、维生素E、微量元素Se等
症状	产后不久排黄色糨糊稀便,急性死亡	病程5～6 d,粪便乳白,常成为僵猪	一过性发热 体温正常或低心跳快 脸-睑水肿
剖检	十二指肠明显急性肠卡他肠系膜淋巴结肿大出血	胃肠黏膜发炎,肝胆、肠系膜淋巴结肿大	贲门、胃大弯、肠系膜、淋巴结显著水肿;胃底弥漫性出血,卡他出血性肠炎

(二)实验室诊断

1. 病料采集

无菌采集新鲜粪便、肠内容物、阴道内容物、血液及病变组织器官等,立即冷冻保存或送实验室检验。

2. 分离培养

对未污染的被检组织可直接接种在普通琼脂、血液琼脂或麦康凯、伊红美蓝、SS等鉴别培养基平板上划线分离培养;对已经污染的被检材料如饮水、粪便、饲料、肠道内容物和已经败坏组织器官划线接种后置于37℃培养箱中培养24～48 h后取出,观察每个平板上的细菌生长情况,麦康凯平板上出现圆形、湿润的红色菌落。

3. 形态观察

用无菌接种环分别挑取麦康凯和SS琼脂平板上新培养的单个菌落,制成涂片，待自然干燥后，火焰固定，经革兰氏染色后镜检，观察两种细菌的形态、大小、排列，若见到革兰氏阴性、两端钝圆的球杆菌，菌体大多单个存在、大小差异不大、无芽孢，有菌毛，多数有鞭毛，少数有荚膜的细菌可判断为肠道杆菌。

4. 细菌的纯培养

用接种环挑取麦康凯培养基上的单个菌落，划线接种于普通琼脂斜面，37℃培养箱中培养 24 h 后取出后置于 4℃冰箱保存备用。

5. 生化试验

(1)糖发酵管接种。每个平板取培养物各分别接种于葡萄糖、乳糖、麦芽糖、甘露糖等生化反应管中，每种糖一管，置于 37℃培养箱中培养 24 h 后取出，观察结果。凡是培养基变为黄色，说明该菌发酵此糖产酸用“＋”表示；凡是培养基不变色，说明该菌不发酵此糖不产酸用“－”表示；凡是培养基变为黄色并含有气泡者，说明该菌发酵此糖产酸产气用“(＋)”表示。

(2)葡萄糖蛋白胨水接种。每个平板取培养物各接种 2 管，37℃培养箱中培养 24～72 h 后取出，取 1 管加入 MR 试剂 5 滴左右，凡液体变红者为阳性反应，用“＋”表示，呈黄色者为阴性反应，“－”表示；呈橙色者为可疑反应，用“±”；另 1 管先加 VP 试剂甲液 3 mL，再加 VP 试剂乙液 1 mL，充分摇匀后静置于试管架上，在数分钟内出现红色者为阳性反应，不出现红色者放入 37℃温箱 1～2 h 后再进行观察，仍然不变色者判为阴性。

(3)蛋白胨水接种。每个平板取培养物各接种 1 管，37℃培养箱中培养 24～72 h 后取出，培养后做吲哚试验。先加少量乙醚，塞紧管塞后振荡试管，使乙醚与培养液充分混匀，静置片刻，待乙醚浮于液面上层时，沿管壁加入吲哚试剂 2～3 滴。凡在乙醚层出现玫瑰红色者为阳性反应，不变色者为阴性反应。

(4)枸橼酸盐琼脂接种。每个平板取培养物各接种 1 管 37℃培养箱中培养 24～72 h 后取出观察结果凡是培养基变为天蓝者为阳性反应，不变色者为阴性反应。

(5)硫化氢琼脂接种。每个平板取培养物各接种 1 管，37℃培养箱中培养 24～72 h 后取出观察结果，凡是沿穿刺线或其周围出现黑色者为阳性反应，不变色者为阴性反应。

6. 沙门杆菌的血清学鉴定

取洁净的载玻片，用接种环挑取少许沙门杆菌多价 O 血清于载玻片上，再用接种环挑取疑似的沙门杆菌纯培养物少许，与载玻片的多价血清均匀混合，轻轻摇动载玻片，如果在 2 min 内出现凝集现象，即可初步判断为沙门杆菌。同时用生理盐水代替 O 型多价血清进行对照试验，以提高诊断的可靠性。

7. 注意事项

(1)纯培养物在使用时要遵守无菌操作规程，严防病原菌扩散。

(2)同一菌种不同的血清型菌株，其生化反应结果可能不一样。

(3)判定沙门杆菌，应将分离培养、染色镜检、生化试验、血清学试验结果进行综合考虑，在生化试验、血清学试验结果中只要有1种符合沙门杆菌特性者，可判断为沙门杆菌。

五、作业

1. 描述肠杆菌科细菌的培养特性。

2. 记录并比较大肠杆菌、沙门杆菌的生化特性及血清学鉴定结果。

实验十一　猪传染性胸膜肺炎的诊断技术

一、教学目标

1. 掌握猪传染性胸膜肺炎病的流行特点、临床诊断方法。

2. 掌握猪传染性胸膜肺炎实验室诊断方法。

二、实验内容

1. 猪传染性胸膜肺炎病的临床诊断方法。

2. 猪传染性胸膜肺炎实验室检测方法及结果判断。

三、仪器和材料

96孔110°V形血凝板、微量移液器(25 μL、50 μL)、微量振器、恒温箱、离心机、湿盒、烧杯等。

标准抗原、10%抗原致敏红细胞诊断液、稀释液(PBS液，pH 7.2、0.01 mol/L磷酸盐缓冲溶液)、待检抗原等。

四、临床诊断

(一)临床症状

猪传染性胸膜肺炎是由胸膜肺炎放线杆菌引起猪的一种高度传染性呼吸道疾

病，又称为猪接触性传染性胸膜肺炎。以急性出血性纤维素性胸膜肺炎和慢性纤维素性坏死性胸膜肺炎为特征，急性型呈现高死亡率。临床诊断要点包括：

(1)本病的发生具有明显的季节性，多发生于4～5月和9～11月。当出现饲养环境突然改变、猪群的转移或混群、拥挤或长途运输、通风不良、湿度过高、气温骤变等应激因素时，使发病率和死亡率增加。

(2)6周龄至6月龄的猪较多发，但以3月龄仔猪最为易感。

(二)鉴别诊断

本病应注意与猪肺疫、猪气喘病进行鉴别诊断。猪肺疫的病原体为两极染色的巴氏杆菌，而猪传染性胸膜肺炎的病原体为小球杆状的放线杆菌。猪肺疫常见咽喉部肿胀，皮肤、皮下组织、浆膜以及淋巴结有出血点；而传染性胸膜肺炎的病变常局限于肺和胸腔。猪气喘病患猪的体温不升高，病程长，肺部病变对称，呈胰样或肉样病变，病灶周围无结缔组织包裹；而急性病猪出现高热、严重的呼吸困难、咳嗽、拒食、死亡突然，死亡率高。死后剖检病变主要局限于胸腔，可见肺脏和胸膜有特征性的纤维素性和坏死性出血性肺炎、纤维素性胸膜炎。

(三)实验室诊断

1. 直接镜检

从鼻、支气管分泌物和肺脏病变部位采取病料涂片或触片，革兰氏染色，显微镜检查，如见到多形态的两极浓染的革兰氏阴性小球杆菌或纤细杆菌，可进一步鉴定。

2. 病原的分离培养

无菌采集病死猪肺脏病变组织的病料分别接种在7%巧克力琼脂平板、划有表皮葡萄球菌十字线的5%绵羊血琼脂平板、牛血琼脂平板上，于37℃含5%～10% CO_2 条件下培养48 h取出观察培养结果。在巧克力琼脂平板上形成淡灰色、扁平、柔软、带彩虹的菌落，直径为1～2 mm；在划有表皮葡萄球菌十字线的5%绵羊血琼脂平板37℃培养24 h后，可见在葡萄球菌周围形成卫星菌落，其菌落大小为0.5～1 mm，并呈β溶血(因此，初次分离本菌时，一定要在血琼脂培养基上划一条葡萄球菌划线)；在牛血琼脂培养基上，菌落产生β溶血环，可与金黄色葡萄球菌产生CAMP反应(即金黄色葡萄球菌可增强本菌的溶血作用，CAMP反应呈现阳性)。

3. 培养物镜检

挑取纯培养的单个菌落，涂片、自然干燥、火焰固定、经革兰氏染色后镜检，可见大量两端钝圆的革兰氏阴性小杆菌。

4. 生化特性

可作葡萄糖、乳糖、麦芽糖、甘露糖等发酵试验，同时做葡萄糖蛋白胨水接种、蛋白胨水接种、琼脂接种和硫化氢琼脂试验。

5. 沙门杆菌的血清学鉴定

取洁净的载玻片，用接种环挑取少许沙门杆菌多价 O 血清于载玻片上，再用接种环挑取疑似的沙门杆菌纯培养物少许，与载玻片的多价血清均匀混合，轻轻摇动载玻片，如果在 2 min 内出现凝集现象，即可初步判断为沙门杆菌。同时用生理盐水代替 O 型多价血清进行对照试验，以提高诊断的可靠性。

(四)血清学试验

用猪传染性胸膜肺炎多血清型放线杆菌抗原致敏戊二醛处理的绵羊红细胞，冻干后作为诊断抗原，用以进行血凝反应检测猪传染性胸膜肺炎的抗体。最常用的是正向间接血凝试验，操作方法如下：

1. 滴加稀释液

取 96 孔 110°V 血凝板，从 1～10 孔分别加入稀释液 50 μL。

2. 滴加待检血清

于第 1 孔加入待检血清 50 μL，用移液器塑料吸头插入孔底混匀 3 次后取 50 μL 到第 2 孔，依此类推，倍比稀释至第 9 孔，最后弃掉 50 μL，留第 10 孔作空白对照。此时 1～9 孔待检血清的稀释倍数依次为 1∶2、1∶4、1∶8、1∶16、1∶32、1∶64、1∶128、1∶256)。

3. 滴加猪传染性胸膜肺炎阴性血清

第 11 孔加入 1∶16 稀释的猪传染性胸膜肺炎阴性血清 50 μL，作阴性对照。

4. 滴加阳性血清

第 12 孔加入 1∶256 稀释的猪传染性胸膜肺炎阳性血清 50 μL，作阳性对照。

5. 滴加猪传染性胸膜肺炎正向血凝抗原

使用前先将猪传染性胸膜肺炎正向间接血凝试验红细胞诊断液摇匀，从第 1～12 孔(作定性检测是可加到第 4 孔)分别加入 50 μL，置于微量振荡器振荡 1～2 min，使红细胞分布均匀，盖上玻板室温放置 1.5～2.0 h，37℃ 15～30 min 后，观察血凝结果。

6. 结果判断

“++++”：表示 100％血细胞凝集，红细胞全部凝集，形成一层均匀膜，布满整个孔底，液体完全透明。

“+++”：表示 75％血细胞凝集，红细胞在孔底形成一层薄膜，面积比前者小，液体稍混浊。

“＋＋”：表示50％血细胞凝集，红细胞在孔底呈稀薄、散在、少量凝集，液体混浊。

“－/＋”：表示红细胞凝集不稳定，红细胞沉于孔底，但周围不光滑或中心有空斑。

结果判断必须在阳性对照孔滴度不能低于2log2（第7孔），阴性对照除第1孔允许前带现象（＋）外，其余各孔均为（－），稀释液对照为（－）的前提下，对被检血清进行判断，否则应重新进行试验。

被检血清判断标准：血清效价≥1∶8（＋＋）者判为阳性，血清效价≤1∶4者判为阴性。

五、作业

1. 简述猪传染性胸膜肺炎的危害及防制。

2. 如何诊断传染病胸膜肺炎（临床及解剖、实验室诊断）。

第三章　禽传染病诊断技术

实验一　鸡新城疫血凝试验

一、教学目标

1. 掌握血凝试验（HA）的原理及意义。
2. 掌握新城疫血凝试验的操作、结果分析及注意事项。

二、实验内容

1. 稀释液等试剂配制、0.5％红细胞制备。
2. 血凝试验（HA）操作。

三、仪器设备

微量血凝板：V 形 96 孔、微型振荡器、塑料采血管、移液器：50 μL。

四、试剂

1. 稀释液

pH 7.0～7.2 磷酸缓冲盐水

氯化钠（GB 1266～77）	170 g
磷酸二氢钾（GB 1274—77）	13.6 g
氢氧化钠（GB 629—77）	3.0 g
蒸馏水	1 000 mL

高压灭菌，4℃保存，使用时作 20 倍稀释

浓缩抗原、标准阳性血清

2. 0.5%红细胞悬液

采成年鸡血，用20倍量磷酸缓冲盐水洗涤3～4次。每次以2 000 r/min离心3～4 min，最后一次5 min，用磷酸缓冲盐水配成0.5%悬液。

五、操作方法

(1)于微量血凝板的每孔中滴加稀释液50 μL，共滴四排。

(2)吸取1∶5稀释抗原滴加第一列孔，每孔50 μL，然后由左至右顺序倍比稀释至第11列孔，再从第11列孔各吸取50 μL弃之。最后一列不加抗原作对照。

(3)每孔中加入0.5%红细胞悬液50 μL。

(4)置微型振荡器上振荡1 min，或手持血凝板绕圆圈混匀。

(5)放室温下(18～20℃)30～40 min，根据血凝图像判定结果。

六、结果判定

类别	孔底所见	结果
1	红细胞全部凝集，均匀铺于孔底，即100%红细胞凝集	＋＋＋＋
2	红细胞凝集基本同上，但孔底有大圈	＋＋＋
3	红细胞于孔底形成中等大的圈，四周有小凝块	＋＋
4	红细胞于孔底形成小圆点，四周有少许凝集块	＋
5	红细胞于孔底呈小圆点，边缘光滑整齐，即红细胞完全不凝集	—

能使红细胞完全凝集(100%凝集，＋＋＋＋)的抗原最高稀释度为该抗原的血凝价，此效价为1个血凝单位。注意对照孔应呈完全不凝集(—)，否则此次检验无效。

七、作业

1. 根据实训内容、试验结果写出实训报告。

2. 简述HA的操作及注意事项。

实验二　鸡新城疫血凝抑制(HI)试验

一、教学目标

1. 掌握血凝抑制试验(HI)的原理及意义。

2. 掌握新城疫血凝抑制试验(HI)的操作、结果分析及注意事项。

二、实训内容

1. 试剂配制、0.5%红细胞制备。

2. 血凝抑制试验(HI)操作及结果分析。

三、仪器设备

微量血凝板：V 型 96 孔；微型振荡器；塑料采血管；移液器：50 μL。

四、试剂

阿氏液

葡萄糖	2.05 g
柠檬酸钠	0.8 g
柠檬酸	0.055 g
氯化钠	0.42 g

加蒸馏水至 100 mL，以 10%柠檬酸调至 pH 为 6.1 分装后，70 kPa 10 min 灭菌，15 min 高压灭菌，4℃保存备用。

浓缩抗原；标准阳性血清；0.5%红细胞悬液：被检血清。

五、操作程序

1. 抗原血凝效价测定

(1)10%和 0.5%鸡红细胞液的制备

①采鸡血：用注射器吸取阿氏液约 1 mL，取 3～10 日龄 SPF 鸡(最少 2 只)，心脏采血 2～4 mL，与阿氏液混合，放入装 10 mL 阿氏液的离心管中混匀。

②洗涤鸡红细胞：将离心管中的血液经 1 500～1 800 r/min 离心 8 min，弃上清液，沉淀物加入阿氏液，轻轻混合，再经 1 500～1 800 r/min 离心 8 min，用吸管移去上清液及沉淀红细胞上层的白细胞薄膜，再多次重复以上过程后，加入阿氏液 20 mL，轻轻混合成红细胞悬液，4℃保存 5 d 备用。

③10%鸡红细胞悬液：取阿氏液保存不超过 5 d 的红细胞，在锥形刻度离心管中离心 1 500～1 800 r/min 8 min，弃去上清液，准确观察刻度离心管中红细胞体积(mL)，加入 9 倍体积(mL)的生理盐水，用吸管反复吹吸使生理盐水与红细胞混合均匀。

④0.5%鸡红细胞液：取混合均匀的 10%鸡红细胞悬液 1 mL，加入 19 mL 生

理盐水混合均匀即可。

(2)抗原血凝效价测定

①于微量血凝板的每孔中滴加稀释液 50 μL,共滴四排。

②吸取 1∶5 稀释抗原滴加第一列孔,每孔 50 μL,然后由左至右顺序倍比稀释至第 11 列孔,再从第 11 列孔各吸取 50 μL 弃之。最后一列不加抗原作对照。

③每孔中加入 0.5%红细胞悬液 50 μL。

④置微型振荡器上振荡 1 min,或手持血凝板绕圆圈混匀。

⑤放室温下(18～20℃)感作 30～40 min

⑥抗原血凝价判定:感作完毕,观察血凝板,判读结果(表 2-3-1)。

表 2-3-1　血凝试验结果判读标准

类别	孔底所见	结果
1	红细胞全部凝集,均匀铺于孔底,即 100%红细胞凝集	++++
2	红细胞凝集基本同上,但孔底有大圈	+++
3	红细胞于孔底形成中等大的圈,四周有小凝块	++
4	红细胞于孔底形成小圆点,四周有少许凝集块	+
5	红细胞于孔底呈小圆点,边缘光滑整齐,即红细胞完全不凝集	—

能使红细胞完全凝集(100%凝集,++++)的抗原最高稀释度为该抗原的血凝价,此效价为 1 个血凝单位。注意对照孔应呈完全不凝集(—),否则此次检验无效。

2. 血凝抑制试验

(1)被检血清样品准备。血清灭活:被检血清,包括阳性、阴性血清,56℃水浴 30～45 min,以破坏补体及血凝抑制因子。

(2)4 个血凝单位抗原制备。如果抗原的血凝效价为 1∶1 024,4 个血凝单位为 1 024/4=256(即 1∶256),取生理盐水 11.8 mL,加入 1∶20 mL,混合均匀即为 1∶256 稀释液。

(3)血凝抑制试验

①吸被检血清(B3)50 μL 于第 1 孔(血清对照)中,挤压混匀后吸 50 μL 于第 2 孔,依次倍比稀释至第 12 孔,最后弃去 50 μL。

②置室温(18～20℃)下作用 20 min。

③滴加 50 μL 0.5%红细胞悬液(B2.3)于各孔中,振荡混合后,室温下静置 30～40 min。

六、结果判定

1. 在对照出现正确结果的情况下，以完全抑制红细胞凝集的最大稀释度为该血清的血凝抑制滴度。

2. 若有10%以上的鸡出现11(Log2)以上的高血凝抑制滴度，说明鸡群已受新城疫强毒感染。

3. 若监测鸡群的免疫水平，则血凝抑制滴度在4(Log2)的鸡群保护率为50%左右；在4(Log2)以上的保护率达90%～100%；在4(Log2)以下的非免疫鸡群保护率约为9%，免疫过的鸡群约为43%。鸡群的血凝抑制滴度以抽检样品的血凝抑制滴度的几何平均值表示，如平均水平在4(Log2)以上，表示该鸡群为免疫鸡群。

七、作业

1. 根据试验结果判定检疫鸡群免疫状态。

2. 简述如何根据鸡群HI结果制定免疫程序。

实验三　鸡白痢的血清学检疫方法

一、教学目标

1. 掌握鸡白痢血清学常见方法的原理及意义。

2. 掌握鸡白痢平板凝集试验的操作、结果分析及注意事项。

二、实验内容

1. 鸡白痢检疫的意义。

2. 鸡白痢平板凝集试验操作及结果分析。

(一)快速全血平板凝集反应

1. 主要材料

(1)鸡白痢全血凝集反应抗原，由农业部中国兽药监察所购得，或其他来源的合格产 品。抗原为福尔马林灭活的细菌悬液，每毫升含菌100亿。

(2)用具：玻璃板、注射针头、带柄不锈金属丝环(环直径约4.5 mm)、巴氏滴管。

2.操作方法

先将抗原瓶充分摇匀，用滴管吸取抗原，垂直滴一滴（约 0.05 mL）于玻片上，然后使用注射针头刺破鸡的翅静脉或冠尖，以金属环蘸取血液一满环（约 0.02 mL）混入抗原内，随即搅拌均匀，并使散开至直径约 2 cm 为度。

3.结果判断

(1)抗原与血清混合后在 2 min 内发生明显颗粒状或块状凝集者为阳性。

(2)2 min 以内不出现凝集，或出现均匀一致的极微小颗粒，或在边缘处由于临干前出现絮状者判为阴性反应。

(3)在上述情况之外而不易判断为阳性或阴性者，判为可疑反应。

4.注意事项

(1)抗原应在 2～15℃冷暗处保存，从杀菌之日算起有效期 6 个月。

(2)本抗原适用于产卵母鸡及 1 年以上公鸡，幼龄鸡敏感度较差。

(3)本试验应在 20℃以上室温中进行。

(二)血清凝集反应

1.血清试管凝集反应

(1)主要材料

①鸡血清样品：以 20 或 22 号针头刺破鸡翅静脉，使之出血，用一清洁、干燥的灭菌试管靠近流血处，采集 2 mL 血液，斜放凝固以析出血清，分离出血清，置 4℃待检。

②抗原：试管凝集反应抗原，必须具有各种代表性的鸡白痢沙门杆菌菌株的抗原成分，对阳性血清有高度凝集力，对阴性血清无凝集力。固体培养中洗下的抗原需保存于 0.25%～0.50%石炭酸生理盐水中，使用时将抗原稀释成每毫升含菌 10 亿，并把 pH 调至 8.2～8.5，稀释的抗原限当天使用。

(2)操作方法。在试管架上依次摆 3 支试管，吸取稀释抗原 2 mL 置第 1 管，吸取各 1 mL 分置第 2、3 管。先吸取被检血清 0.08 mL 注入第 1 管，充分混合后再吸取 1 mL 移入第 2 管，充分混合后吸取 1 mL 移入第 3 管，混合后吸出混合液 1 mL 舍弃，最后将试管摇振数次，使抗原—血清充分混合，在 37℃温箱中孵育 20 h 后观察结果。

(3)结果判断。试管 1、2、3 的血清稀释倍数依次分别为 1∶25、1∶50、1∶100，凝集阳性者，抗原显著凝集于管底，上清液透明，阴性者，试管呈均匀混浊；可疑者介于前两者之间。在鸡 1∶50 以上凝集者为阳性。在火鸡 1∶25 以上凝集者为阳性。

2. 血清平板凝集反应

(1)主要材料。血清采集同试管凝集法;抗原与试管凝集反应者相同,但浓度比试管法的大 50 倍,悬浮于含 0.5%石炭酸的 12%氯化钠溶液中。

(2)操作方法。用一块玻板以蜡笔按约 3 cm^2 画成若干方格,每一方格加被检血清和抗原各 1 滴,用牙签充分混合。

(3)结果判定。观察 30～60 s,凝集者为阳性,不凝集者为阴性。试验应在 10℃以上室温进行。

三、作业

1. 试比较鸡白痢检疫的全血平板凝集反应与血清平板凝集反应的异同点。
2. 我国绝大多数鸡群鸡白痢的阳性率比较高,试分析其原因和拟定防制对策。

实验四 马立克病的实验室诊断技术

一、教学目标

1. 掌握马立克病的流行特点、临床诊断方法。
2. 掌握马立克病的实验室诊断方法。

二、实验内容

1. 马立克病临床诊断要点。
2. 马立克病的实验室检测方法及结果判断。

三、设备及材料

平皿、打孔器、小试管、玻璃棒、微量移液器、优质琼脂粉、含 8%氯化钠 pH 7.2～7.4 的磷酸盐缓冲液、马立克病琼脂扩散阳性血清及抗原被检鸡等。

四、方法及内容

琼脂扩散法:

(1)1%琼脂糖平板制备。用含 8%氯化钠的 PBS(0.01 mol,pH 7.4)配制 1%琼脂糖溶液,水浴加温使充分溶化后,加入培养皿,每皿约 20 mL;平置,在室温下凝固冷却后，将琼脂板放在预先印好的7孔形图案上，用打孔器按图形准确位置打孔，中央孔孔径为4 mm，周边孔孔径为3 mm，孔距均为3 mm。

(2)加样

①检测血清抗体(被检鸡血清)：用微量移液器向中央孔滴加标准琼扩抗原，换滴头向周边孔滴加待检血清和至少有一孔加阳性血清，均以加满而不溢出为度；将加样后的琼脂平皿加盖后平放于加盖的湿盒内，置37℃温箱中孵育，8～24 h内观察并记录结果。

②检测羽髓中MDV抗原：选拔被检鸡含羽髓丰满的羽毛数根(幼鸡8根以上，成鸡3～5根)，将带有羽髓的毛根剪下，置小试管中，每管加2～3滴PBS或生理盐水，用玻璃棒捻转挤压。然后向周边2、5、6孔加待检羽髓浸液，向中央孔加MD阻性血清，向周边1、4孔加标准MD琼扩抗原。加样后将琼脂平皿置湿盒内，于37℃温箱孵育，8～24 h内观察结果。

(3)结果判定

①被检样品孔与中心孔之间形成清晰的沉淀线，并与周边已知抗原或阳性血清孔的沉淀线互相融合者，判为阳性，不出现沉淀性的判为阴性。

②已知抗原与阳性血清之间所产生的沉淀线末端弯向被检样品孔内侧时，则该被检样品判为弱阳性。

③有的被检材料可能会出现两条以上沉淀线，其中一条与已知抗原——阳性血清的沉淀线融合者，仍判为阳性。

(4)注意事项

①上述方法可用于20日龄以上鸡羽髓MDV抗原检测和1月龄以上鸡的血清抗体检测，试验需用标准的MD琼扩抗原和抗血清。

②在处理和滴加每份被检样品前，必须把玻璃棒和移液器滴头彻底冲洗拭干。

③羽毛根加水浸提时水量一定不宜过多，以防由于稀释而影响反应结果。

④加样时以平满为度，过多或过少都将影响反应结果。

⑤处理或使用过的受检样品可放在普通冰箱或阴凉处(复检备用)，待次日结果判定结果无误时废弃。

⑥抗原和阳性血清需冻结保存，切忌反复冻融，以防降低效价。

⑦鸡号、试管号、孔号必须一致。

五、作业

检测鸡羽髓抗原和血清抗体的意义何在？

实验五　鸡传染性法氏囊病的诊断技术

一、教学目标

1. 掌握鸡传染性法氏囊病的流行特点、临床诊断方法。

2. 掌握鸡传染性法氏囊病的琼脂扩散试验的原理及意义。

二、实验内容

1. 鸡传染性法氏囊病的临床诊断要点。

2. 鸡传染性法氏囊病的实验室检测方法及结果判断。

三、临诊诊断的要点

鸡传染性法氏囊病(1BD)是由一种双股 RNA 病毒种法氏囊病病毒引起鸡的一种急性接触性传染病。主要特征表现为:IBD 仅发生于鸡,多见于 3～6 周龄雏鸡和幼龄鸡最易感。成年鸡感染后一般呈隐性经过。临诊以早期症状表现为有的鸡啄肛门和羽毛现象,随着病鸡出现下痢、畏寒,病鸡脱水虚弱而死亡,死亡率一般在 5%～25%为特征。病变主要为,见胸肌、腿肌肌肉出血,腺胃和肌胃交界处有带状出血。法氏囊水肿比正常大 2～3 倍。

四、实验室的诊断

IBD 的实验室诊断,取决于病毒的特异性抗体的检测,或组织中病毒的血清学检查,通常不把病原分离和鉴定作为常规诊断的目的。

1. 琼脂凝胶沉淀试验

本法是检测血清中特异性抗体或法氏囊组织中病毒抗原的最常用诊断方法。

(1)病料采集。采集发病早期的血液样品,3 周后再采血样,并分离血清。为了检出法氏囊中的抗原,无菌采取 10 只鸡左右的法氏囊,用组织搅拌器制成匀浆,以 3 000 r/min 离心 10 min,取上清液备用。

(2)IBD 的标准阳性血清和阴性血清。

(3)琼脂板制备。取 1 g 优质琼脂溶化于含有 0.1%石炭酸的 8%氯化钠溶液 100 mL,经 多层纱布脱脂棉过滤,置冰箱备用。有时放在水溶液化并趁热浇在玻片上，每片 4 mL，厚约 2.5～3 mm。也可以吸 15 mL 倒入 90 mm 平皿内。

(4)打孔和加样。事先制好打孔的图案(中央 1 个孔和外周 6 个孔)，放在琼脂板下面，用批孔器打孔，并剔去孔内琼脂。孔径为 6 mm，孔距为 3 mm。检测 IBDV 的抗体时，中央孔和已知的 IBDV 的抗原，若测法氏囊中的病毒抗原，中央孔加已知标准阳性血清。现以检测抗原为例进行加样。中央孔加 IBD 的阳性血清，1、4 孔加入已知抗原，2、3、5、6 孔加入被检抗原，添加孔满为止，将平皿倒置放在湿盒内，置 37℃温箱内经 24～48 h 观察结果。

(5)结果判定。在标准阳性血清与被检的抗原孔之间，有明显沉淀线者判为阳性，相反，如果不出现沉淀线者判为阴性。标准阳性血清和已知抗原孔之间一定要出现明显沉淀线者，本试验方可确认。

2. 间接 ELISA 检测 IBDV 抗体

(1)材料准备。聚苯乙烯微量反应板、酶标测定仪。

抗原、兔抗鸡 IgG 酶标记抗体、阳性血清和阴性血清(自备或购买)。试验溶液配制。

(2)操作方法

①抗原色被：IBDV 抗原用 0.05 mol/L pH 9.6 碳酸盐缓冲液稀释至 5 μg/mL，每孔加 100 μL，置 37℃温箱 1 h 后，再置 4℃冰箱过夜。取出后倾去包被液，用 PBS-T 冲洗液洗涤 3 次，每次 3～5 min。加含 10% BSA 的 PBS-T 封闭液，每孔加 100 μL，置 37℃ 1 h，倾去封闭液，同前洗涤。色被好的抗原板用塑料封装，放在－20℃冰箱保存。

②加被检血清：用血清稀释液按 1∶400 稀释，加入 ELISA 反应板中，每孔加 100 μL。A_1 孔加稀释液，A_2、A_3 孔加阴性血清，A_4、A_5 孔加阳性血清。阳性和阴性血清不稀释，加入量同被检血清。然后将反应板放在湿盒中，置 37℃ 1 h。

③冲洗：倾去反应板中液体，用冲洗液洗涤 3 次，每次 3～5 min。

④加兔抗鸡：IgG 酶标记抗体取酶标记抗体 1 mL 加 100 mL 酶标稀释液混匀后，再加 100 mL 灭菌甘油即成兔抗鸡 IgG 酶标记抗体，用安瓿分装每支 1 mL(可放－20℃保存)。用时取出。1 支加入 9 mL 稀释液，每孔加入 100 μL，置 37℃ 1 h。

⑤冲洗：方法同③。

⑥加底物液：将底物液甲液加入乙液中，再加入 30%过氧化氢液 10 μL，混匀后立即加入反应板上，每孔 100 μL，37℃避光作用 20 min。

⑦加终止液：每孔加入 50 μL。

⑧用酶标测定仪在波长 492 nm 下，测定每孔降解物的吸收值。测定时 A_1 孔

调零。

(3)结果判定。被检血清两孔 OD 值平均值与阴性血清两孔 OD 值平均值之比,若被检血清 OD 值≥2 者判为阳性。

(4)试验溶液配制

①冲洗液:0.01 mol pH 7.4 PBS 液配制。

取 KH_2PO_4 1 g,$Na_2HPO_4 12H_2O$ 14.5 g,KCl 1 g,NaCl 42 g,无离子水加至 250 mL 溶解。

②酶标抗体和血清稀释液配制:0.01 mol pH 7.4 PBS 250 mL,吐温 20 2.5 mL,硫柳汞 0.1 g。混匀后,按每瓶 10 mL 分装,室温保存。

③封闭液配制:取(2)液 250 mL,BSA 1 g 混匀按每瓶 10 mL 分装,-20℃保存。

④底物液配制:甲液:取 $Na_2HPO_4 \cdot 12H_2O$ 35.8 g,加无离子水 1 000 mL 按每瓶 6 mL 分装,室温保存。乙液:取柠檬酸 21 g,加无离子水 1 000 mL,再加邻苯二胺 1.2 g,按每瓶 3 mL 分装,-20℃避光保存。

⑤终止液:2 mol/L 硫酸。

取浓 H_2SO_4(纯度 95%~98%)4 mL 加入 32 mL 无离子水中混匀即成。

五、作业

1.传染性法氏囊病的流行病学、临床症状和病理变化特点是什么?

2.本病的实验室诊断方法有几种?比较其优缺点。

实验六 曲霉菌病的实验室诊断技术

一、教学目标

1.掌握禽曲霉菌病的流行特点及临诊特点。

2.掌握曲霉菌病的常见检查方法。

二、实验内容

1. 曲霉菌的直接镜检。

2. 曲霉菌的分离鉴定。

三、材料准备

1. 器材

载玻片，盖玻片，培养皿，铂金耳或针，恒温箱，手术刀，普通显微镜等。

2. 试剂

20%氢氧化钾溶液，乳酸酚棉蓝染色液，沙保劳(Sabouraud)氏葡萄糖琼脂培养基或改良察贝克(Czapek)氏琼脂培养基等，其配制方法见附录A。

3. 样品采集

对病理学检查可疑的病禽，应无菌操作采取带有病变(如结节、霉菌斑等)的组织各数小块，置于灭菌容器(如中试管)内冷藏，并尽快送检，如果不能立即送检，可暂时保存于30%甘油缓冲液中。

四、检查方法

1. 压滴标本法

取结节置于载玻片上，用手术刀切开，由切面刮取干酪样坏死组织，或由病变组织表面刮取霉菌斑，或用铂金针钩取纯培养物置于载玻片中央，加1～2滴乳酸酚棉蓝染色液或生理盐水，用大头针将组织块或菌团撕扯开，压上盖玻片(注意勿产生气泡)，制成压滴标本。如果组织碎块较硬，可改用1～2滴20%氢氧化钾(KOH)溶液，并在火焰上微微加温后压片。显微镜检查时，先用低倍物镜发现目标，再用高倍物镜详细观察菌体形态。经棉蓝(见A.2)染色的菌体呈蓝色。

2. 分离培养法

取沙保劳(Sabouraud)氏葡萄糖琼脂培养基(见A.3)或改良察贝克氏琼脂(见A.4)培养皿若干个(通常每份样品用4个)，做好标记。将铂金耳在火焰上烧灼灭菌，冷却后钩取干酪样坏死组织或霉菌斑，均匀涂抹于培养基表面；或者用铂金针蘸取样品，小块点播刺种于培养基表层。接种完毕，将铂金耳或针在火焰上烧灼灭菌，将接种过的培养皿放在27℃或37℃恒温箱内进行培养。通常于36 h后即可见菌落出现。菌落形态见附录B(A ,B,C,D和E)。

五、结果判定

在可疑病禽(鸟)的病变组织中，观察到或分离出曲霉菌，即可确诊为禽曲霉菌病。如要确定为何种曲霉菌所感染，则需参照附录B，依据菌落和菌体的形态特征，对所分离的曲霉菌进行菌种鉴定。

附录 A

主要试剂的配制方法：

A.1 质量浓度为30%的甘油缓冲液

甘油(化学纯)	30.0 mL
氯化钠(NaCl)	0.5 g
磷酸氢二钠	1.0 g
蒸馏水	加至100.0 mL

先用少量蒸馏水溶解氯化钠和磷酸氢二钠，再加入甘油，最后用蒸馏水补足量，混合，分装，于103.6 kPa灭菌15～20 min后保存备用。

A.2 乳酸酚棉蓝染色液

结晶石炭酸	20.00 g
乳酸	20.00 mL
甘油	40.00 mL
棉蓝	0.05 g
蒸馏水	20.00 mL

将棉蓝溶于蒸馏水中，再加入结晶石炭酸、乳酸、甘油，混匀，备用。

A.3 沙保劳(Sabouraud)氏葡萄糖琼脂培养基

葡萄糖	40 g
蛋白胨	10 g
琼脂粉	18～20 g
蒸馏水	1 000 mL

将以上成分倒入烧杯或三角烧瓶内，先加少量蒸馏水加热溶解。待完全溶解后补足蒸馏水至所需要的总体积，并加入广谱抗生素，用四层纱布过滤，按要求定量分装于小烧瓶或中试管内，塞以棉塞，再于棉塞外加包牛皮纸和油纸各一层，挂上标签，于103.6 kPa灭菌10～15 min后保存备用。

A.4 改良察贝克(Czapek)氏琼脂培养基

蔗糖	30.00 g
硝酸钠	3.00 g
磷酸二氢钾	1.00 g
硫酸镁	0.50 g
氯化钾	0.50 g
硫酸亚铁	0.01 g

氯化钠	60.00 g
琼脂粉	18～20.00 g
蒸馏水	1 000.00 mL

配制法同 A.3。

附录 B

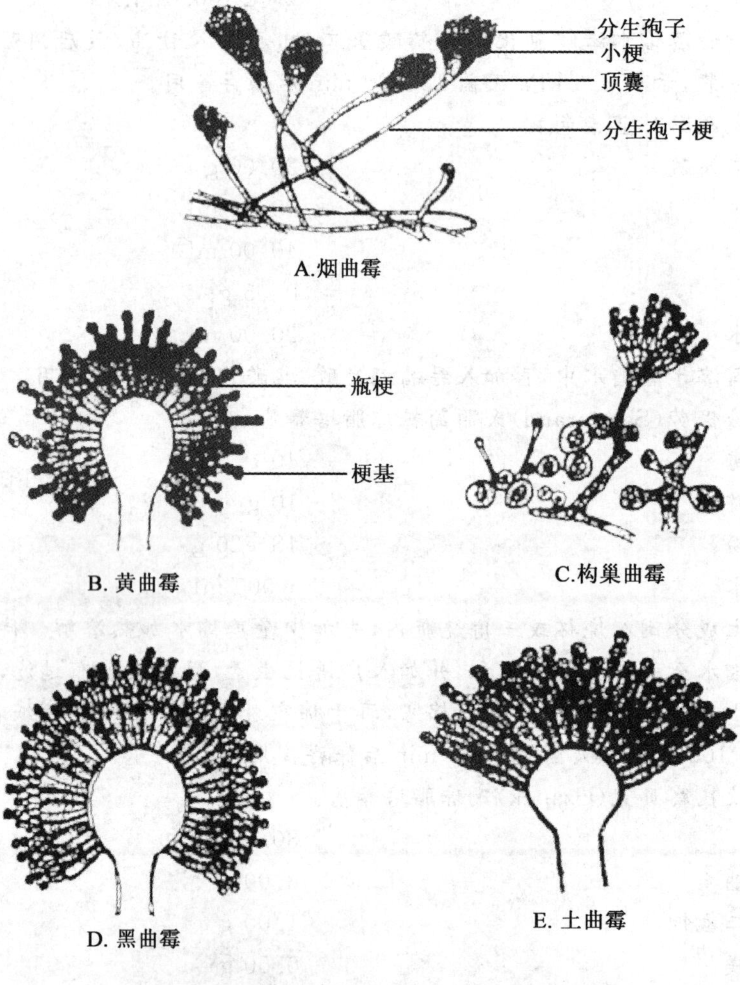

附图　禽曲霉菌病中常见曲霉菌形态比较示意图

实验七 小鹅瘟诊断技术

一、教学目标

1. 熟悉小鹅瘟的流行特点、临床诊断方法。

2. 掌握小鹅瘟的琼脂扩散试验的原理及意义。

二、实验内容

1. 小鹅瘟的病毒分离鉴定。

2. 小鹅瘟琼脂扩散试验。

(一)病毒分离鉴定

1. 材料准备

(1)以无菌手术取患病雏鹅或死亡雏鹅的肝、胰、脾、肾、脑等内脏器官病料放置灭菌的玻瓶冻结保存,作为病毒分离材料。

(2)先将病料组织剪碎、磨细,用灭菌生理盐水,或灭菌 pH 7.4 磷酸盐缓冲液(PBS)作(1∶5)~(1∶10)稀释,经 3 000 r/min 离心 30 min,取上清液加入抗生素,使每毫升组织液含有 2 000 IU 青霉素和 2 000 μg 链霉素,于 37℃温箱作用 30 min,作为病毒分离材料。

(3)将上述离心的上清液按 4∶1 加入分析纯三氯甲烷充分混匀后放置 37℃温箱作用 60 min,或 4℃冰箱过夜,经 3 000 r/min 离心 30 min,取上清液加入抗生素,使之每毫升含有 2 000 IU 青霉素和 2 000 μg 链霉素,于 37℃温箱作用 30 min,作为病毒分离材料。

2. 病毒分离

(1)鹅胚接种。将上述病毒分离材料接种 5 枚 12 日龄无小鹅瘟抗体的鹅胚,每胚尿囊腔接种 0.2 mL,置 37~38℃孵化箱内继续孵化,每天照胚 2~4 次,观察 9 d,一般经 5~7 d 大部分胚胎死亡。72 h 以前死亡的胚胎废弃,72 h 以后死亡的鹅胚取出放置 4~8℃冰箱内过夜冷却收缩血管。用无菌手续吸取尿囊液保存和作无菌检验,并观察胚胎病变。无菌的尿囊液冻结保存作传代及检验用。

(2)番鸭胚接种。将上述病毒分离材料接种 5 枚 12 日龄无小鹅瘟抗体的番鸭胚,每胚尿囊腔接种 0.2 mL,置 37~38℃孵化箱内继续孵化,每天照胚 2~4 次,观察 9 d，一般经 5～7 d 大部分胚胎死亡。在 72 h 以前死亡的胚胎废弃，72 h 以后死亡的番鸭胚取出放置 4～8℃冰箱内过夜冷却收缩血管。用无菌手续吸取尿囊液保存和作无菌检验，并观察胚胎病变。无菌的尿囊液冻结保存作传代和检验用。

接种后 7 d 内未见死亡的鹅胚或番鸭胚取出后入 4～8℃冰箱内过夜冷却收缩血管。用灭菌手续吸取尿囊液盲传一次。

(3)病变。由本病毒致死的鹅胚和番鸭胚具有相同的大体肉眼病变。绒尿膜增厚，全身皮肤充血，翅尖、趾、胸部毛孔、颈、喙旁均有较严重出血点，胚肝充血及边缘出血，心脏和后脑出血，头部皮下及两肋皮下水肿。接种后 7 d 以上死亡的鹅胚和番鸭胚胚体发育停顿，胚体小。

3. 病毒鉴定

用鹅胚绒尿液分离病毒与已知抗小鹅瘟病毒标准血清，或抗小鹅瘟病毒单克隆抗体，在无小鹅瘟抗体的鹅胚做中和试验；用已知抗小鹅瘟病毒标准血清在易感雏鹅做保护试验；也可应用琼脂扩散试验和 ELISA 等方法鉴定病毒。

(二)琼脂扩散试验

1. 材料准备

(1)标准阳性血清、抗小鹅瘟病毒单克隆抗体、标准阴性血清。

(2)标准琼扩抗原。

(3)被检血清，无菌手续采取血液，分离血清，按 0.01%量加入硫柳汞防腐，冻结保存待检。

(4)被检抗原。将分离毒株鹅胚尿囊液，经 3 000 r/min 离心 30 min，取上清液加入等量三氯甲烷(氯仿)振摇 30 min 后，经 3 000 r/min 离心 30 min。吸取上清液装入透析袋，置于有干燥硅胶的密闭玻璃缸(或玻璃瓶)内数小时，或至完全干燥为止，也可置 40%聚乙二醇中浓缩(约 12 h)。加适量灭菌无离子水于透析袋内，使之达到 1/40～1/50 原绒尿液量，待完全溶解后吸出置无菌小瓶内加入 0.01%硫柳汞防腐，冻结保存，即为被检琼扩抗原。

(5)琼脂板。取 1.0 g 优质琼脂或琼脂粉加 100 mL pH 7.8 的 8%氯化钠溶液，加热使其完全溶解后加入 1 mL 1%的硫柳汞溶液混匀制成 3 mm 厚的平板。

2. 操作方法

(1)检测抗体。

①打孔：将制备好的琼脂板按模板用打孔器打孔，并挑出孔中的琼脂。中心 1 孔，周围 6 孔，孔径 3 mm，孔距 3 mm，用熔化琼脂补孔底。

②加样：中央孔加入标准琼扩抗原，1、4 孔加入标准阳性血清，其他孔分别加

入被检血清，或1孔加入标准阳性血清，其他孔分别加入倍增稀释被检血清。各孔均以加满不溢出为度。将加样后的琼脂板放入填有湿纱布的盒内，置20～25℃室温或37℃温箱，24 h初判，72 h终判。

③结果判定：

a. 当标准阳性血清孔与抗原孔之间形成清晰沉淀线时，被检血清孔与抗原孔之间也出现沉淀线，且与标准阳性血清沉淀线末端相吻合，即被检血清判为阳性。

b. 当标准阳性血清孔与抗原孔之间形成清晰沉淀线时，而被检血清孔与抗原孔之间无沉淀线出现时，即被检血清判为阴性，

c. 当被检血清最高稀释度孔与抗原孔之间形成清晰沉淀线时，即判为被检血清琼扩效价。

(2)检测抗原。

①打孔：同上。

②加样：中央孔加标准阳性琼扩血清，1、4孔加入标准琼扩抗原，其他孔加被检抗原(见附录A)。各孔均以加满不溢出为度。将加样后的琼脂板放入填有湿纱布的盒内，置20～25℃室温或37℃温箱，24 h初判，72 h终判。

③结果判定：当标准抗原孔与阳性血清孔之间形成清晰沉淀线时，被检抗原孔与阳性血清孔之间也出现沉淀线，且与标准抗原沉淀线末端相吻合，即被检抗原判为阳性。

当标准抗原孔与阳性血清孔之间形成清晰沉淀时，被检抗原孔与阳性血清孔之间无沉淀线出现，即被检抗原判为阴性。

三、作业

简述小鹅瘟的流行特点、检测及防控措施。

实验八　鸭瘟的诊断技术

一、教学目标

1. 熟悉鸭瘟的流行特点、临床诊断方法。
2. 熟悉鸭瘟的病毒分离鉴定。

二、实验内容

1. 鸭瘟的病毒分离鉴定。

三、鸭瘟临诊诊断的要点

临诊特点：

不同品种和年龄的鸭均可感染鸭瘟；在自然流行中成年鸭发病和死亡较为严重，1月龄以下鸭发病较少。临床表现为病初体温升高43℃以上，呈稽留热。随着病鸭渴欲增加，精神委顿，不久两腿麻痹。另一特征，病鸭流泪、眼睑水肿，部分病鸭头颈肿胀，俗称“大头瘟”，并排出草绿色稀粪。剖解以食道黏膜上呈纵行排列的灰黄色假膜，假膜易剥离，剥离后黏膜留有溃疡为特征。

四、鸭瘟的实验室诊断

病毒的分离和鉴定：

(1)病料采集和处理。取病鸭或刚死亡鸭的肝脏或脾脏，置消毒的研钵内，研磨碎后用磷酸缓冲液或灭菌生理盐水做1∶10稀释，经3 000 r/min离心20 min，取上清液，按每毫升加青霉素和链霉素各1 000 U，置室温60 min。

(2)病料的接种。将上述处理好的病料接种于10～14日龄鸭胚，每胚尿囊腔内接种0.2 mL，置37℃继续孵育。鸭胚接种后3～6 d有部分鸭胚死亡，见胚体全身出血，一般盲代2～3代后鸭胚死亡较规律。

(3)病毒的鉴定。鸭胚死亡后收鸭胚液，采用血清中和试验进行病毒的鉴定。其方法是：取上述分离病毒的鸭胚液(1∶100稀释)0.5 mL与已知抗鸭瘟血清0.5 mL混合，置室温感作30 min后，将混合液接种入已长好鸭胚成纤维细胞培养管内，每管滴入2滴(0.05 mL)，置37℃作用60 min，然后将混合液吸出加入维持液，在37℃继续培养。并设立阴性血清和空白对照。结果判定，接种后观察4 d，若阳性血清与分离的病毒不出现细胞病变，即认为是鸭瘟病毒，如果出现细胞病变则不是鸭瘟病毒。阴性血清对照组应出现细胞病变；空白对照不应出现细胞病变。病毒鉴定也可用雏鸭做中和试验，将分离的病毒与已知抗鸭瘟血清等量混合，置37℃感作60 min后，接种于健康雏鸭(无鸭瘟抗体)，每只鸭肌肉注射0.1 mL，观察10 d，如试验组鸭均健活，对照组鸭死亡，也证明分离的病毒是鸭瘟病毒。

五、作业

1. 简述鸭瘟临床症状和剖检变化的特征。

2. 在鸭瘟的诊断中应注意什么问题?

实验九 鸭病毒性肝炎诊断技术

一、教学目标

熟悉鸭病毒性肝炎的流行特点、临床诊断方法。

二、实验内容

1. 鸭胚准备、病料制备及接种。

2. 结果观察及判定。

三、鸭(鸡)胚接种/中和试验

1. 材料准备

(1)1 mL 注射器及针头 4 套。

(2)生理盐水:在使用前加入青霉素和链霉素,使其最终浓度分别为 2 000 IU/ mL 和 2 000 μg/mL。

(3)DHV 高免血清。

(4)鸭(鸡)胚:75 枚 12～14 日龄的易感健康鸭胚;也可选用 9～10 日龄的无特定病原(SPF)鸡胚。

2. 操作方法

(1)取 0.5 mL 病料样品,加入 4.5 mL 的生理盐水,制备成 100 倍稀释的待检病毒液。

(2)选取 75 只鸭或鸡胚,分为 A、B 和 C 共三组,每组 25 只胚,处理如下:

A 组(中和试验组):取 2 mL 高免血清和 2 mL 的待检病毒液,混合均匀。置于 37℃温箱中作用 30 min 后,每胚经尿囊腔接种 0.2 mL。

B 组(接种试验组):取 2 mL 的生理盐水,加入 2 mL 待检病毒液,混匀,每只胚经尿囊腔接种 0.2 mL。

C组，对照组：每只胚经尿囊腔接种0.2 mL的生理盐水。

将上述三组接种的鸭（鸡）胚用石蜡或无菌胶布封口后，置于37C孵化箱内继续孵化，每天照蛋2次，剔除接种后24 h内A、B、C三组因细菌污染而死亡的胚，分组记录其死亡情况及胚胎剖检病变。观察至第7天（如用鸡胚，则为10 d）。

3. 结果判定

当C组中没有任何胚胎死亡，才可进行如下判定，否则应重检。

阳性（+）：B组特征性死亡的鸭（鸡）胚总数达20%以上（含20%），而A组的胚不死亡。

可疑（±）：B组特征性死亡的鸭（鸡）胚总数低于20%，而A组的胚不死亡。此可疑结果应重检，仍为可疑时则判为阳性。

阴性（－）：B组和A组的胚均不死亡。

四、作业

1. 简述鸭病毒性肝炎的临床诊断特征及防控措施。
2. 简述鸭病毒性肝炎的鸭（鸡）胚接种操作及注意事项。

实验十 禽巴氏杆菌病诊断技术

一、教学目标

1. 熟悉禽巴氏杆菌病的流行特点、临床诊断方法。
2. 掌握禽巴氏杆菌病的实验室诊断方法。

二、实验内容

1. 禽巴氏杆菌病的临诊特点。
2. 禽巴氏杆菌病的实验室诊断方法及步骤。

三、临床诊断

临床急性病例表现为最初出现禽群中一些禽只突然死亡，随后即出现另外禽只发热、厌食、抑郁、流涎、腹泻、羽毛粗乱、呼吸困难，临死前出现发绀。慢性症状表现为局部感染，在关节、趾垫、腱鞘、胸骨黏液囊、眼结膜、肉垂、喉肺、气囊、中耳、骨髓、脑膜等部位呈现纤维素性化脓性渗出、坏死或不同程度的纤维化。剖解特征为肝、脾肿大和局灶性坏死，肺炎、腹腔和心包液增多。慢性型主要是局灶部纤维素化脓性渗出、坏死和纤维化。

四、实验室诊断

1.微生物学诊断

(1)病料涂片检菌。

①抹片的制备：用镊子夹持病变组织肝或脾，然后以灭菌剪刀剪取小块，夹出后将其新鲜切面在载玻片上压印或涂抹成薄层；若取血液，用灭菌剪刀剪开心脏进行蘸取或剪取凝血块，用新鲜切面在载玻片上压印或涂抹成薄层。

②干燥：自然干燥。

③固定：将干燥好的抹片，涂抹面向上，以其背面在酒精火焰上来回通过数次，略作加热进行固定。

④革兰氏染色法：固定好的抹片上滴加草酸铵结晶紫色液，染色 2 min→水洗→加革兰氏碘溶液于抹片上媒染 2 min→水洗→加 95%酒精于抹片上脱色 1 min→水洗→加稀释碳酸复红复染 30 s→水洗→吸干→镜检。本病原体为革兰氏阴性球杆菌或短杆菌，菌体大小为(0.2～0.4)μm×(0.6～2.5) μm，单个或成对存在，常有荚膜。

(2)病原分离和鉴定。

①病原分离。

a.病料的采集。最急性和急性病例可采集死亡禽只的肝、脾、心血；慢性病例一般采集局部病灶组织；对不新鲜或已被污染的样品，可自骨髓中采取病料。采病料时用烧红的刀片烧烙组织，而后用灭菌棉拭子或接种环通过烧烙表面插入组织或心血内取样。

如果为活禽，可通过鼻孔挤出黏液，或将棉拭子插入鼻裂中取样。

b.培养基制备。5%鸡血清葡萄糖淀粉琼脂、鲜血琼脂培养基，配制方法见附录 A。

c.动物接种。如果病料污染严重，则可将 0.2 mL 碾碎的病料，经皮下或腹腔内接种家兔、小鼠或易感鸡，接种动物在 24～48 h 内死亡，可以从肝脏、心血中分离到多杀性巴氏杆菌。

d.培养。将病料接种于 5%鸡血清的葡萄糖淀粉琼脂、鲜血琼脂培养基在 35～37℃下培养，经 18～24 h 培养后菌落直径为 1～3 mm，菌落呈散在的圆形，表面凸起呈奶滴状。

②病原鉴定。

a. 培养特性。为兼性厌气菌，生长最适温度为 35～37℃，经 18～24 h 培养后，菌落直径为 1～3 mm，呈散在的圆形凸起和奶油状，有荚膜菌落稍大。

b. 镜检。从菌落上挑取少量涂片，干燥，固定、染色、镜检同上。

③动物接种试验。细菌纯培养物稀释后，以 100 个细菌经皮下或腹腔内接种家兔、小鼠或易感鸡，接种动物在 24～48 h 内死亡，并可以从肝脏、心血中分离到多杀性巴氏杆菌。

(3)结果判定。依据病原分离培养特性、动物接种试验可作出确切诊断。

五、作业

1. 简述禽巴氏杆菌病的流行特点及防控措施。

2. 简述禽巴氏杆菌病的微生物学诊断方法及步骤。

第四章　反刍动物传染病诊断技术

实验一　奶牛结核病的检疫技术

一、教学目标

1. 熟悉奶牛结核病的流行特点、临床诊断。
2. 掌握奶牛结核病的实验室诊断方法。
3. 了解奶牛结核病检疫的意义。

二、实验内容

1. 奶牛结核病的检疫要求及注意事项。
2. 奶牛结核病的皮肤变态反应操作、结果判定及处理。

三、操作方法

1. 注射部位及术前处理

将奶牛编号入槽位后，在颈部中部上 1/3 处，20 日龄以上 3 月龄以内的犊牛可在肩胛部刮毛，术部直径约 10 cm，无明显病变。用左手大拇指、食指轻微捏紧术部中央皮皱，右手用长尺量皮皱厚度，做好记录。读数一般只到几点几 mm（如 4.8 mm）。

2. 注射剂量

不论大、小牛只，一律皮内注射 0.1 mL（ 含 2 000 IU ）牛结核分枝杆菌 PPD

稀释液。PPD稀释液应当天用完，剩余部分收集后作无害化处理。

3.注射方法

检疫人员接近奶牛时，先用手多次抚摸奶牛敏感部位，与牛互动，消除牛紧张应激心理。人员跟进后将自己的右膀紧靠奶牛的左侧前腿根部(在左侧注射)，右肘部搭在奶牛背弓后凹部左侧牛背上，右脚朝前，左脚在右脚左后方站定。这样有利于人随牛动而动，也有利于注射中人体形变化，不被奶牛踩伤或踢伤。注射时，左手用75%酒精给术部消毒，右手手背前伸，身体前倾，右手食指与中指夹紧注射器前部，用手掌大拇指控好注射器尾部，用腕韧力带动二指尖紧贴术部表面滑行，用针尖轻挑起术部中央表皮，控制针头术部成45度角将针尖扎进皮内推进、注射，看见皮内起小疱，动作要连贯，一气呵成。如怀疑没扎好，可在术部15 cm外补针。

4.观察方法

皮内注射后72 h，观察判定。先观察术部皮上有无炎性肿胀，有无热痛感，牛头部运动时，术中褶皱是否明褶，皮面是否平坦无疱。手摸术部肿块时无波浪动感，有没有像柔面团一样。再量皮皱厚度并作记录。96 h 、120 h 再分别观察1次，防止个体牛有迟发性变态反应。

四、判定结果

1.阳性反应

局部变态炎性反应明显，有热痛感，肿胀面积大，手摸硬软度似面团，指弹有波动感，皮厚差大于或等于4.0 mm。

2.疑似反应

局部发生不明显，有小疱肿胀，皮厚差大于或等于2.0 mm，小于4.0 mm。

3.阴性反应

术部无热痛、肿胀等症状。术部平坦，头部动作时，皮的褶皱明显，皮厚差小于2.0 mm。

五、作业

1.简述奶牛结核病的流行特点及防控措施。

2.简述奶牛结核病的检疫及处理。

实验二 炭疽病的实验室诊断技术

一、教学目标

1. 熟悉炭疽病的流行特点、临床诊断特点。
2. 掌握炭疽患畜的病料采集、运送、保存要点。
3. 掌握炭疽病的实验室诊断及病畜尸体的处理。

二、实验内容

1. 炭疽病的临床检查。
2. 炭疽病的试验诊断。
3. 炭疽病畜的病料采集、送检、保存。

三、血常规检查

主要为白细胞计数升高。一般为 $10 \sim 20 \times 10^9$/L，病情严重时高达 $60 \sim 80 \times 10^9$/L。分类显示中性粒细胞增高，可达 70%以上。

四、病原学检查

炭疽杆菌的病原学操作，应在生物安全二级实验室中进行。

1. 涂片及培养

采集皮肤溃疡的渗出物、排泄物、血、胸腹水及脑脊液等标本进行涂片和培养。所采标本经涂片、革兰氏及碱性美蓝染色后行显微镜检查，可观察到大量两端平齐、呈长串联状排列的革兰氏阳性杆菌，菌体较大，周围环绕荚膜。陈旧培养物经孔雀绿芽孢染色可见到大量的细菌芽孢。

荚膜染色：在玻片上涂组织液，或荚膜菌培养物，自然干燥。置纯甲醇或乙醇中固定 1 min，取出晾干。滴加多色美蓝染料染色 3～5 min，在次氯酸盐中脱色。水洗，吸干，油镜观察。菌体呈现蓝色，荚膜呈现红色。

所有标本都应立即涂片，染色，进行显微镜检查。随后进行细菌培养。

2. PCR 检测

在正常的无菌标本（如血液、脑脊液）涂片镜检中，未发现大量均一的革兰氏阳性杆菌，而仅依靠细菌分离培养才能获得可疑的炭疽杆菌的细菌时，应尽可能进行PCR检测。可直接使用临床标本进行检测，也应对分离获得的培养物检测，标本可经沸水浴10 min处理，或经蛋白酶K消化，并使用碘化钠-玻璃粉吸附以富集DNA。

五、标本采集时注意事项

此操作规范应在生物安全二级实验室内进行。采集的标本不得用解剖的方式获取。所需的血液与组织标本，均应以穿刺方式取得。尽可能在抗生素治疗开始前采取标本。根据炭疽病例的不同型别酌情采集病灶标本。

1. 皮损部位标本的采集

皮肤炭疽水泡期时，注意无菌操作，以无菌棉签从未破溃水泡内蘸取水泡液(水泡期内以革兰氏染色法较易发现炭疽杆菌)；在结痂期时，收集焦痂组织时需小心提起外层的焦痂组织，以无菌棉签取焦痂组织转动棉签2～3 s，以保证有足够的标本。

2. 血培养

无菌条件下采集全血5～10 mL。

3. 粪便

运送大便标本应注意放置在清洁、干燥，无菌和密闭的容器内，标本应大于5 g。对部分无法收集粪便标本的患者，可以肛试子插入肛门1英寸采取标本。

4. 痰培养

收集痰标本应大于1 mL，应以无菌密封容器运送。无痰液者，应取培养基、打开平皿盖，将积液置于距离患者口鼻10 cm处；令患者对平皿咳嗽，然后迅速盖上平皿。

5. 其他体液标本

胸腔积液或脑脊液等标本，按照规定的程序穿刺取得。

6. 尸体标本

患者死于炭疽时，可通过穿刺心脏获得血液或穿刺肝脏等实质脏器获得组织标本。

六、标本运输及储存

1. 拭子

室温直接运输至实验室，如运输时间超过1 h，在2～8℃运输。

2. 粪便

1 h内运输新鲜大便至实验室，如运输时间超过1 h，在2～8℃运输。

3. 痰液

以无菌有盖的容器常温运送，如运输时间超过 1 h，在 2～8℃运输。

4. 血培养标本

室温直接运输至实验室。

七、标本培养的操作

按标准操作程序进行。

所有污染的和陈旧的标本，均应首先制成悬液。根据标本中含炭疽杆菌量的多少，可将悬液适当稀释，或经自然沉淀除去粗大沉淀物后，再以 10 000 g/min 离心 5 min，取富集的沉淀物。将所得的悬液沸水浴加热 15 min 后涂布平板。

1. 培养过程

适宜温度 35～37℃；环境气体：洁净空气或少量 CO_2。培养周期，至少培养 3 d，每日观察，在培养 18～24 h 内即可开始观察，少数炭疽杆菌在培养 8 h 后即生长。

2. 菌落特点

一般在 SBA 培养平板培养 15～24 h，生长完好的菌落大约直径 2～5 mm。菌落呈平或不规则的突起，边缘略不规则，毛玻璃外观，菌落边缘有"逗号"形，显微镜下观察边缘呈明显"狮头样"菌落。

血平板上炭疽杆菌不溶血，过度生长的菌落有轻微溶血，但与 β 溶血链球菌有明显区别。

需对照观察在 SBA 和 MAC 培养基的生长，因炭疽杆菌在 SBA 培养基生长良好而在 MAC 培养基不生长。

炭疽杆菌生长迅速，接种浓度高的局部，6～8 h 可以看到菌落生长，个别或可在 12～15 h 内看到菌落生长，利用这一特性，可以将炭疽杆菌与其他生长较慢的细菌进行区分。

3. 炭疽杆菌鉴定

含上述可疑菌落取出，划线接种于平板之上，在划线区内一处滴 1 滴诊断用炭疽噬菌体，另一处贴一片青霉素纸片。37℃孵育 8～24 h 后，在噬菌体处有透明噬菌斑，青霉素纸片周围有明显的抑菌环，便可判定接种物为炭疽杆菌。

八、作业

1. 简述炭疽病料采集、运送、保存要点及注意事项。

2. 简述炭疽病的实验室诊断方法及结果判定。

实验三　兔A型魏氏梭菌病的诊断技术

一、教学目标

1. 掌握兔A型魏氏梭菌病的流行特点、临床诊断特点。
2. 掌握兔A型魏氏梭菌病的实验室诊断 。

二、实验内容

1. 兔A型魏氏梭菌病的细菌染色镜检。
2. 兔A型魏氏梭菌病的细菌分离鉴定、毒素检查。
3. 兔A型魏氏梭菌病的中和试验。

三、病料采集

病料主要采取一段回肠或盲肠，两端结扎，保留肠内容物，同时采集实质脏器、肠系膜淋巴结或肠内容物作涂片和分离培养。

四、涂片镜检

采取病兔或死兔的空肠、盲肠内容物或其肠黏膜直接涂片，HE或瑞氏染色镜检，可见有大量革兰氏阳性大杆菌，多单个，有的成双，有荚膜。

五、分离培养

取肠内容物加热80℃ 10 min，2 000 r/min离心10 min，上清液接种厌氧肉肝汤，37℃培养20～24 h，肉汤混浊并产生大量气体，然后立即移植，培养2～4 h再移植，如此反复几次可获得纯培养。取肝、脾或心血划线接种血平板，37℃厌氧培养24 h，可见有典型的双重溶血圈的菌落，边缘整齐、表面光滑隆起，直径约2 mm，菌落淡灰色。

六、生化试验

为进一步确定病原，将纯培养菌接种牛奶培养基和卵黄琼脂平板上（点接种），37℃培养，定时观察。魏氏梭菌在牛奶培养基中呈爆烈发酵现象，产生大量气体，牛奶凝固。在卵黄琼脂平板上，由于该菌产生卵磷脂酶，可水解卵磷脂，在接种处细菌生长的周围出现一乳白色环，证明卵黄被水解。

七、毒素检查

将回肠或盲肠内容物用生理盐水 2 倍稀释(如肠道内容物很稀可不必稀释)，然后 5 000 r/min 离心 20 min，上清用微孔滤膜除菌，取滤液 2～4 mL 给家兔耳静脉注射。先小量注射，30 min 后无反应再较大剂量注射同一动物或另一动物。如毒素含量较高，小量注射即可使兔于 10 min 内死亡。如毒素含量低，兔可能于注射后 30～60 min 卧下，呈轻度昏迷，呼吸加快，经几小时可能恢复。健康动物肠内容物滤液，注射后不引起反应，此实验也可用小白鼠进行。此外，可进行家兔皮肤坏死试验，将液体培养菌离心，取上清 0.1～0.2 mL，注射家兔腹部皮内，一般在 3 d 内，阳性反应于注射部位发生水肿和坏死现象。

八、中和试验

用离心的肠内容物上清液或液体培养物的离心上清液 0.5 mL(应对兔和小白鼠含两个致死量以上)，加入各型标准混合血清或分型血清 0.5 mL 混合，另设待检上清液与等量生理盐水混合，置 37℃温箱内作用 30～40 min，然后将各混合物分别接种小白鼠，每只腹腔注射 0.5 mL 或尾静脉注射 0.2 mL，观察小白鼠死亡和存活情况，以确定毒素型。

九、作业

1. 简述兔 A 型魏氏梭菌病的临诊及流行特点。
2. 简述兔 A 型魏氏梭菌病的试验诊断要点。

实验四　布鲁菌病的诊断技术

一、教学目标

1. 熟悉布鲁菌病检疫的意义。
2. 掌握布鲁菌病的检疫操作及结果判定。
3. 熟悉布鲁菌病病畜的处理。

二、实验内容

1. 虎红平板凝集试验。

2. 奶牛布鲁菌病的全乳环状试验。

3. 布鲁菌病的试管凝集试验。

三、虎红平板凝集试验

1. 材料准备

(1)抗原、标准阳性血清、阴性血清，按说明书使用。

(2)受检血清应新鲜,无明显蛋白凝块,无溶血和无腐败气味。

(3)洁净的玻璃板,其上划分成 4 cm^2 的方格。

(4)吸管或分装器,适于滴加 0.03 mL 。

(5)牙签或火柴杆,供搅拌用。

2. 操作方法

(1)将玻璃板上各格标记受检血清号,然后加相应血清 0.03 mL。

(2)在受检血清旁滴加抗原 0.03 mL。

(3)用牙签类小棒搅动血清和抗原使之混合。

(4)每次试验应设阴、阳性血清对照。

3. 判定

(1)在阴、阳性血清对照成立的条件下,方可对被检血清进行判定。

(2)受检血清在 4 min 内出现肉眼可见凝集现象者判为阳性(+),无凝集现象,呈均匀粉红色者判为阴性(—) 。

四、奶牛布鲁菌病全乳环状试验

1. 材料准备

(1)布鲁菌病全乳环状抗原，按说明书使用。

(2)乳样。

①受检乳样须为新鲜的全乳。

②采乳样时应将母畜的乳房用温水洗净、擦干，然后将乳液挤入洁净的器皿中。

③采集的乳样夏季时应于当日内检查；保存于 2℃时,7 d 内仍可使用。

2. 操作方法

(1)取乳样 1 mL ，加于灭菌凝集试验管内。

(2) 取充分振荡混合均匀的全乳环状抗原 1 滴(约 50 μL) 加入乳样中充分混匀。

(3)置 37～38℃水浴中 60 min。

(4)加温后取出试管勿使振荡,立即进行判定。

3. 判定

标准分为:

(1)强阳性反应(+++),乳柱上层乳脂形成明显红色的环带,乳柱白色,临界分明。

(2)阳性反应(++),乳脂层的环带呈红色,但不显著,乳柱略带颜色。

(3)弱阳性反应(+),乳脂层的环带颜色较浅,但比乳柱颜色略深。

(4)疑似反应(±),乳脂层的环带颜色不明显,与乳柱分界不清,乳柱不退色。

(5)阴性反应(—),乳柱上层无任何变化,乳柱颜色均匀。

五、动物布鲁菌病试管凝集试验

1. 材料准备

(1)稀释液。0.5%石炭酸生理盐水,检验羊血清时用含 0.5%石炭酸的 10%盐溶液,如果血清稀释用含 0.5%石炭酸的 10%盐溶液,抗原的稀释亦用含 0.5%石炭酸的 10%盐溶液。

(2)抗原、阳性血清和阴性血清,按说明书使用。

(3)凝集试验管(三分管)、试管架、吸管及温箱。

2. 操作方法

(1)按常规方法采血分离血清。

(2)运送和保存血清样品时防止冻结和受热,以免影响凝集价。若 3 d 内不能送到实验室,按每 9 mL 血清加 1 mL 0.5%石炭酸生理盐水(徐徐加入) 防腐,也可用冷藏方法运送血清。

3. 受检血清的稀释

以羊和猪为例,每份血清用 4 支凝集试管。

(1)第一管标记检验编码后加 1.15 mL 稀释液。

(2)第 2～4 管各加入 0.5 mL 稀释液。

(3)然后用 1 mL 吸管取被检血清 0.1 mL;加入第 1 管内,并混合均匀。混合方法是将该试管中的混合液吸入吸管内,再沿试管壁吹入试管中,如此吸入、吹出 3～4 次,充分混匀后以该吸管吸混合液 0.25 mL 弃去。

(4)取 0.5 mL 混合液加入第 2 管,用该吸管如前述方法混合。

(5)再吸第 2 管混合液 0.5 mL 至第 3 管，如此倍比稀释至第 4 管，从第 4 管弃去混匀液 0.5 mL。

(6)稀释完毕，从第 1 至第 4 管的血清稀释度分别为 1∶12.5、1∶25、1∶50 和 1∶100。

(7)牛、马、鹿、骆驼血清稀释法与上述基本一致，差异是第一管加 1.2 mL，稀释液和 0.05 mL 被检血清。

(8)将 0.5 mL 20 倍稀释的抗原加入已稀释好的各血清管中，并振摇均匀，羊和猪的血清稀释则依次变为 1∶25，1∶50，1∶100 和 1∶200，牛、马和骆驼的血清稀释度则依次变为 1∶50，1∶100，1∶200 和 1∶400。

大规模检疫时也可只用 2 个稀释度，即牛、马、鹿、骆驼用 1∶ 50 和 1∶100，猪、山羊、绵羊和狗用 1∶25 和 1∶50 。

(9)置 37～40℃温箱 24 h，取出检查并记录结果。

(10)每次试验均应设阳性血清、阴性血清和抗原对照，即

①阴性血清对照：阴性血清的稀释和加抗原的方法与受检血清同。

②阳性血清对照：阳性血清须稀释到原有滴度，加抗原的方法与受检血清同。

③抗原对照：1∶20 稀释抗原液 0.5 mL，再加 0.5 mL 稀释液，观察抗原是否有自凝现象。

4. 判定

(1)供判定参照比浊管制备方法按《羊布鲁菌病变态反应技术操作规程及判定标准》进行 。

(2)结果判定。

①凝集反应程度分为：参照比浊管，按各试管上层液体清亮度判读

a. ＋＋＋＋菌体完全凝集，100％下沉，上层液体 100％清亮；

b. ＋＋＋菌体几乎完全凝集，下层液体 75％清亮；

c. ＋＋菌体凝集显著，液体 50％清亮；

d. ＋凝集物有沉淀，液体 25％清亮；

e. 一凝集物无沉淀，液体均匀混浊。

②牛、马、鹿和骆驼 1∶100 血清稀释，猪、山羊、绵羊和狗 1∶50 血清稀释，出现“＋＋”以上凝集现象时，受检血清判定为阳性。

③牛、马、鹿、骆驼 1∶50 血清稀释，猪、山羊、绵羊、狗 1∶25 血清稀释，出现“＋＋”以上凝集现象时，受检血清判定为可疑反应。

可疑反应家畜经 3～4 周后重检，如果仍为可疑，该牛、羊判为阳性。猪和马经重检仍保持可疑水平，而农场的牲畜没有临床症状和大批阳性患畜出现，该畜被判

为阴性。

猪血清偶有非特异性反应，须结合流行病学调查判定，必要时应配合补体结合试验和鉴别诊断，排除耶森氏菌交叉凝集反应。

六、作业

1.简述布鲁菌病检疫的重要意义。

2.简述布鲁菌病的检疫方法、结果判断及病畜处理。

实验五　牛口蹄疫 RT-PCR 诊断技术

一、教学目标

1.掌握口蹄疫流行特点及防控。

2.掌握牛口蹄疫的 PCR 诊断原理及操作。

3.掌握 PCR 试验的注意事项及结果判断。

二、实验内容

1.病料的采集及处理。

2.RT-PCR 操作。

3.结果判断。

三、材料

1.样品的采集和处理

(1)样品的采集，保存和运送方法见附录 A。

(2)处理。在无菌室内将采集的动物组织，如淋巴结、脊腱、肌肉等除去被膜及其他结缔组织，尽量选取中心洁净的部分。依据检测试验的要求，将各种组织分别剪碎，用研钵加灭菌石英砂磨碎；或将组织样品分组合成大样，用组织捣碎机磨碎。然后加 0.0 4 mol/L PBS(pH 7.4) 制成 1∶5 悬液。置室温(20℃左右)2 h 以上，或 4℃冰箱过夜。3 000 r/min 离心 10 min，取上清液作为检测材料。

(3)阳性对照。以已知病毒材料，如 FMDV 感染乳鼠或细胞为阳性对照。与待检病料同时萃取总 RNA，再反 RT-PCR 扩增。其扩增产物作为电泳对照样品。

2. 试剂

总 RNA 萃取试剂盒，商品出售。也可自行配制。包括：

(1)变性液：6 mol/L，异硫氰酸胆。

(2)2 mol/L 乙酸钠(pH 4.0)。

(3)酚一三级甲烷一异戊醇(25∶24∶1)混合液。

(4)异丙醇。

(5)AMV 反转录酶：300 U /支，10 U/μL。

(6)5×RT 缓冲液：500 μL，(1 支)。

(7)TaqDNA 聚合酶：100 U/支，5 U/μL。

(8)10×PCR 缓冲液：500 μL(1 支)。

(9)25 mmol/L 氯化镁：500 μL (1 支)。

(10)dNTP：包括 100 mmol/L 脱氧腺苷三磷酸(dATP)、胞苷三磷酸(dTTP)、脱氧胞苷三磷酸(dCTP)、脱氧三磷酸乌苷 dGTP 各 1 支。用 DEPC－ddH_2O 配制成 2.5 mmol/l，dNTP，方法是 4 种脱氧核苷酸各取 10 μL，加入 360 μL DEPC 双蒸水中，混匀即可。

(11)无水乙醇：用(焦碳酸二乙酯)DEPC-ddH_2O 配制成 75%乙醇。

(12)DEPC：一种 RNA 酶的强烈抑制剂。按 0.1%含量加入蒸馏水(DEPC-ddH_2O)，作为 RT-PCR 反应用试剂。也用于浸泡移液器尖头、塑料管等接触 RNA 的试验器材，以减少试验过程中萃取 RNA 的失活和断裂。

(13)矿物油。

(14)引物：检测 FMDV 的引物对。

3. 专用仪器设备

台式高速(12 000 r/min)离心机；DNA 扩增仪；稳压稳流电泳仪和水平电泳槽；电泳凝胶成像分析系统(或紫外透射仪)；可调移液器一套，包括 1～20 μL 2 支，20～200 μL 1 支，200～1 000 μL 1 支；与移液器匹配的滴头；1.5 mL 带盖塑料离心管(Eppendorf 管) 0.5 mL 或 0.2 mL(与扩增仪配套)带盖塑料管。

4. 电泳缓冲液

(1)5×TBE 缓冲液

三羟甲基氨基甲烷(Tris)	54.0 g
硼酸	27.5 g
0.5 mol/L 乙二胺四乙酸(EDTA)(pH 8.0)	20.0 mL
加双蒸水(ddH_2O)至	1 000.0 mL

(2)1×TBE(电泳缓冲液)

临用时将 5×TBE 缓冲液 1 份加蒸馏水 4 份,混匀即可。

(3)电泳加样缓冲液

溴酚蓝	0.25 g
甘油	30.0 mL
双蒸水	70.0 mL

四、操作程序

1.总 RNA 萃取

(1)用 1.5 mL 带盖塑料离心管。取 300 μL 待检样品,再加 300 μL 变性液混匀,冰水浴 5 min。

(2)加 60 μL 2 mol/L 乙酸钠(pH 4.0),混匀。

(3)加 800 μL 酚-三氯甲烷-异戊醇混合液,混匀,冰水浴 5 min。

(4)8 000 r/min 离心 10 min。将上清液转入另一洁净管。

(5)加 800 μL 异丙醇混匀后置−80℃ 1 h,或−30℃ 4 h 以上(或过夜)。

(6)12 000 r/min 。离心 10 min 。尽量倒干液体，留下 RNA 沉淀。

(7)加 800 μL 75%乙醇。轻轻摇荡 2～3 次,12 000 r/min 离心 8 min。

(8)倒干液体晾干后的 RNA 即可用于反转录。

2.反转录

反应液总 20 μL。向 RNA 沉淀管中依次加入下列反应物：

(1)模板:300 μL,待检样品萃取的 RNA。

(2)引物 VPIA (5 pmol/μL):5 μL。

(3)加 DEPC 双蒸水：9 μL 高速(10 000 r/min 以上,下同) 离心 10 s。70℃水浴 5 min ，然后再加：

(4)5×RT 缓冲液：4 μL。

(5)底物 dNTP (2.5 mmol/ μL):1 μL。

(6)AMVRT 酶(10 U/μL):1 μL,

高速离 10 s,置 42℃水浴至少 1 h,

3.PCR 扩增

反应液总量 50 μL。试验开始,首先将反转录产物转入 PCR 专用小塑料管中。然后如下操作：

(1)模板：反转录产物 20 μL。

(2)引物：VPIA (12.5 pmol/ μL)2 μL ，VPIA (12.5 pmol/ μL)2 μL。

(3)DEPC-ddH_2O：18.5 μL。

高速离心 10 s。沸水浴 5 min 后，转入冰水中骤冷。然后再加。

(4)10×PCR 缓冲液：3 μL。

(5)底物 dNTP(2.5 mmol/ μL)：4 μL。

(6)TagDNA 聚合酶(5 U/μL)：0.5 μL(高速离心 10 s 或不离心）。

(7)矿物油：40 μL。

高速离心 10 s。

将反应管插入扩增仪中，指令设定程序开始工作。30 个循环。

每个循环包括：变性 94℃ 1 min，退火 55℃ 1 min，聚合 72℃ 1.5 min 。最后一个循环的聚合延长为 10 min。

五、结果分析和判定

1. 琼脂精凝胶板的制备

称取 1 g 琼脂糖，加入 100 mL 1×TBE 缓冲液中。加热融化后加 5 μL (10 mg/mL) 溴乙锭，混匀后倒入放置在水平台面上的凝胶盘中，胶板厚 5 mm 左右。依据样品数选用适宜的梳子。待凝胶冷却凝固后拔出梳子(胶中形成加样孔)，放入电泳槽中，加 1×TBE 缓冲液淹没胶面。

2. 加样

取 6～8 μL PCR 扩增产物和 2～3 μL 加样缓冲液混匀后加入一个加样孔。每次电泳至少加 1 孔阳性对照的扩增产物作为对照。

3. 电泳

电压 80～100 V，或电流 40～50 mA，电泳 30～40 min。

4. 结果观察和判定

电泳结束后，取出凝胶板置于紫外透射仪上打开紫外灯观察。如某一待检样品扩增产物的 DNA 带与阳性对照的带在一条直线上，即它们与加样孔的距离相同，则该样品判定为阳性。

六、作业

1. 简述口蹄疫的流行特点及防控要点。

2. 如何进行口蹄疫的实验室诊断及结果判定。

3. 简述如何对口蹄疫患畜做出科学处理。

参考文献

[1] 吴清民.兽医传染病学.北京:中国农业大学出版社,2002.

[2] 蔡宝祥.家畜传染病学.4版.北京:中国农业出版社,2001.

[3] 蔡宝祥.动物传染病诊断学.南京:江苏科学技术出版社,1993:53-59.

[4] 王阳伟,王双山,李文刚.河南:河南科学技术出版社,2008.

[5] 王扬伟.畜禽传染病诊疗技术.北京:中国农业大学出版社,2007.

[6] 李佑民.家畜传染病学.北京:蓝天出版社,1993:31-49.

[7] 费恩阁.家畜传染病学.长春:吉林科学技术出版社,1995:67-151.

[8] 于恩庶.中国人兽共患病学.2版.福州:福建科学技术出版社,1996:24-58.

[9] 葛兆宏.动物传染病.北京:中国农业出版社,2006.

[10] 于大海,崔观林.中国进出境动物检疫规范.北京:中国农业出版社,1997:36-69.

[11] 中国农科院哈尔滨兽医研究所.兽医微生物学.北京:中国农业出版社,1998:11-26.

[12] 甘孟侯.中国禽病学.北京:中国农业出版社,1999:53-59.

[13] 廖延雄.兽医微生物实验诊断手册.北京:中国农业出版社,1991:34-78.

[14] 李清艳.动物传染病学.北京:中国农业科学技术出版社,2008:26-44.

[15] 吴清民.兽医传染病学.北京:中国农业大学出版社,2002:41-65.

[16] 陈缚言. 兽医传染病学.5版.北京:中国农业出版社,2006.

[17] 李玉冰.动物疫病学.北京:中国农业科学技术出版社,2008:29-54.

[18] 张宏伟.动物疫病.北京:中国农业出版社,2001:31-79.

[19] 张宏伟.动物疫病.北京:中国农业出版社,2008.

[20] 朴范泽.动物传染病学.重庆:中国科学文化出版社,2004.

[21] 中国农科院哈尔滨兽医研究所.家畜传染病学.北京:农业出版社,1989:27-83.

[22] 何昭阳.动物传染病学导读.北京:中国农业出版社,2007.
[23] 葛兆宏.动物传染病.北京:中国农业出版社,2006.
[24] 刘振湘,梁学勇.动物传染病防制技术.北京:化学工业出版社,2009.
[25] 梁学勇.动物传染病.重庆:重庆大学出版社,2007:130-166.
[26] 宣长和,任凤兰,孙福先.猪病学.北京:中国农业科技出版社,1996:44-207.
[27] 吴清民. 兽医传染病学.北京:中国农业大学出版社,2002.
[28] 费恩阁,李德昌,丁壮.动物疫病学.北京:中国农业出版社,2004.
[29] 白文彬,于康震.动物传染病诊断学.北京:中国农业出版社,2002.
[30] 陆承平. 兽医微生物学.3版.北京:中国农业出版社,2001.
[31] 殷震,刘景华.动物病毒学.2版.北京:科学出版社,1997.
[32] 甘肃农业大学.家畜传染病学实习指导.北京:中国农业出版社,1998.
[33] 南京农业大学,甘肃农业大学. 家畜传染病学实习指导.3版,北京:中国农业出版社,1999.
[34] 王建辰,曹光荣.羊病学.北京:中国农业出版社,2002:66-119.
[35] D. G. Pugh.绵羊和山羊疾病学.北京:中国农业大学出版社,2004:57-95.
[36] 肖定汉.奶牛病学.北京:中国农业大学出版社,2002:1-86.